Heiko Lippold, Paul Schmitz und Heinrich Kersten (Hrsg.)

Sicherheit in Informationssystemen

Heiko Lippold, Paul Schmitz
und Heinrich Kersten (Hrsg.)

Sicherheit in Informationssystemen

Proceedings des gemeinsamen Kongresses
SECUNET '91 –
Sicherheit in netzgestützten Informationssystemen
(des BIFOA)
und
2. Deutsche Konferenz über Computersicherheit (des BSI)

BSI

Der Verlag Vieweg ist ein Unternehmen der Verlagsgruppe Bertelsmann International.

Druck und buchbinderische Verarbeitung: W. Langelüddecke, Braunschweig

ISBN-13: 978-3-528-05178-5   e-ISBN-13: 978-3-322-89434-2
DIO: 10.1007/978-3-322-89434-2

Inhaltsverzeichnis

Plenumsvorträge

Sektion A
Management der Informationssicherheit:

Sektionsleiter: Prof. Dr. Paul Schmitz

x

Vorwort

Dr. Heiko Lippold

Prof. Dr. Paul Schmitz

Dr. Heinrich Kersten

VORWORT

Mit der immer stärkeren Verbreitung rechnergestützter Informationsverarbeitung in Gesellschaft, Unternehmen und Behörden, mit der zunehmenden Integration, Dezentralisierung und Vernetzung von Systemen sowie der damit einhergehenden Vielfalt von Kommunikationsverbindungen und Zugriffsmöglichkeiten auf Informationsbestände nehmen sowohl die Gefährdungen sensitiver Informationen, die mögliche (oder tatsächliche) Betroffenheit des Menschen als auch die Abhängigkeit ganzer Organisationen von 'sicheren' Systemen zu. Die Gewährleistung der technischen Verfügbarkeit und Funktionsfähigkeit von Informationssystemen, die Nachweisbarkeit von Kommunikationsvorgängen sowie die Sicherstellung und Kontrolle von Befugnissen sind daher Aufgaben von grundlegender Bedeutung für Unternehmen und Behörden zur Erreichung von 'Informationssicherheit', d. h. von Sicherheit in der Informationsverarbeitung. Informationssicherheit muß somit 'Chefsache' sein. Dabei ist zu beachten, daß Sicherheit in offenen Netzen, Diensten und Benutzergruppen sowie im Zusammenwirken verteilter Rechner und Rechenzentren schwieriger zu realisieren ist als in 'closed-shop'-Rechenzentren oder geschlossenen Benutzergruppen.

Ziel des Kongresses ist es, Sicherheitsprobleme und -lösungen von Informationssystemen unter organisatorischen, technischen, personellen, wirtschaftlichen und rechtlichen Gesichtspunkten umfassend zu diskutieren. Als besondere Schwerpunkte sind Fragen der Entwicklung und Evaluierung sicherer Informationssysteme (bzw. -komponenten) sowie 'netzgestützte Informationssysteme' vorgesehen; hierzu werden Verbundlösungen unter Einbeziehung von Groß-, Abteilungs- und Arbeitsplatzrechnern (sowie auch anderen Endgeräten), von Nebenstellenanlagen und Local Area Networks sowie von öffentlichen Netzen und Diensten (einschließlich des grenzüberschreitenden Datenverkehrs) gerechnet. Besonderes Gewicht liegt dabei auf Konzepten, Lösungen, Erfahrungen und Entwicklungstendenzen der Sicherheit.

Der Kongreß bietet

- 4 Plenumsvorträge - mit den Schwerpunkten 'Europa', 'Kryptologie', 'Strategie' und 'Evaluierung/Zertifizierung',

- eine Podiumsdiskussion zum Thema 'Techno-Terrorismus' mit hochrangigen Teilnehmern aus Wirtschaft und Verwaltung sowie

- 10 Sektionen mit insgesamt 31 Vorträgen, und zwar

  * am ersten Tag - mit jeweils drei Vorträgen - die Sektionen: Management der Informationssicherheit, Interne Netze, Öffentliche Netze (insbes. ISDN),

  * am zweiten Tag die starke Anwendungsorientierung mit jeweils vier Vorträgen für: Versicherungs-/Kreditwirtschaft und Handel, Industrie und Transport sowie Öffentliche Verwaltung,

  * am dritten Tag in den Sektionen: Forschung und Abstrahlsicherheit (je 2 Vorträge) sowie PC- und Workstation-Sicherheit bzw. Sichere Datenbanken (je 3 Vorträge).

Kongreßbegleitend präsentieren mehr als 30 Aussteller ihre Sicherheits-Produkte (Orgware, Software, Hardware).

Die Veranstaltung wendet sich an Sicherheits-Verantwortliche in Unternehmungen aller Wirtschaftszweige und Branchen und in der öffentlichen Verwaltung sowie an Anbieter von Sicherheitslösungen. Ebenso werden Wissenschaftler auf dem Gebiet der Sicherheit an diesem Kongreß interessiert sein. Der breite thematische Ansatz findet seinen Niederschlag auch in der Kongreßdokumentation. Wir sind der Auffassung, daß damit ein umfassender Überblick über den 'state-of-the-art' der Sicherheit in Informationssystemen - unter Hervorhebung ausgewählter Schwerpunkte - gegeben wird, der seinen Wert über die Veranstaltung hinaus behält.

Heiko Lippold
Paul Schmitz
Heinrich Kersten

XIV

Eröffnungsansprache

Dr. Otto Leiberich

Begrüßung der Konferenzteilnehmer
durch Dr. Otto Leiberich
Präsident des Bundesamtes für Sicherheit
in der Informationstechnik

Meine Damen und Herren,
ich begrüße Sie zur zweiten deutschen Konferenz über Computer-Sicherheit, die in diesem Jahr gemeinsam mit der SECUNET 91 ausgerichtet wird.
Ich freue mich über die Resonanz, die unsere Ankündigung erfahren hat und bedanke mich für Ihr Kommen. Mein besonderer Dank gilt auch den Mitarbeiterinnen und Mitarbeitern des BIFOA. Denn nicht wir, das BSI, sondern das BIFOA hat die Hauptlast der Organisation dieser gemeinsamen Konferenz getragen.
Es ist mir eine Ehre mit dem BIFOA zusammen aufzutreten, denn wir haben nicht nur eine nun über Jahre währende Zusammenarbeit, sondern es verbindet mich auch mit seinem langjährigen Leiter, Herrn Prof. Schmitz, eine bald 30-jährige Freundschaft.
Ein besonderer Dankesgruß gilt allen Vortragenden und ich freue mich sehr, daß es wiederum gelungen ist, ein sehr respektables Team an Vortragenden zu gewinnen. Ich wünsche viel Erfolg.

Nach wie vor befindet sich die Informationstechnik in rasantem Aufschwung. Doch zu meiner Befriedigung kann ich jetzt weit mehr Sensitivität gegenüber Fragen der IT-Sicherheit beobachten als in den vergangenen Jahren. Die Erkenntnis, daß in der sorglosen Benutzung der Informationstechnik Gefahren liegen, ist beinahe Allgemeingut geworden; die möglichen Schäden fehlender oder unzureichender Sicherheit haben viele Mitbürger nachdenklich gemacht - Schäden, die sowohl im Bereich der Wirtschaft entstehen können - ich erwähne das Stichwort Computer-Kriminalität - als auch im Bereich staatlicher Institutionen. Ein Bericht des Bundesrechnungshofes hat hier empfindliche Lücken aufgezeigt.
Aber auch Erkenntnisse über Angriffe des ehemaligen MfS haben Sicherheitslücken offengelegt, insbesondere bei Telefon- und bestimmten Datenfernverbindungen.
Die Sensitivität ist gewachsen, die Probleme sind jedoch ebenfalls gewachsen. Alle die dazu beitragen können, die Sicherheit zu erhöhen, werden dies gleichermaßen in Wissenschaft, Wirtschaft und Behörden tun müssen. Auch diese Konferenz wird einen Beitrag hierzu leisten.

Eröffnungsansprache

Prof. Dr. Dietrich Seibt

ERÖFFNUNGSANSPRACHE

Meine sehr verehrten Damen, meine Herren!

Ich freue mich, Sie als geschäftsführender Direktor des BIFOA zu unserem Kongreß begrüßen zu dürfen. Mit dem Kongreß setzen wir - in diesem Jahr gemeinsam mit dem BSI - das fort, was wir uns im BIFOA vorgenommen und 1990 erstmalig realisiert haben, nämlich ein regelmäßig stattfindendes Forum für die Diskussion von Sicherheitsproblemen und -lösungen zu schaffen für einen breiten Informations- und Erfahrungsaustausch zwischen Anwendern, Herstellern und Wissenschaftlern.

Informationssicherheit, also die Gewährleistung von Integrität, Verfügbarkeit und Vertraulichkeit von Informationen und Informations- und Kommunikationssystemen, ist eine Aufgabe von hoher Bedeutung für Wirtschaft und öffentliche Verwaltung. Medienwirksame Berichte über "Hacker-Einbrüche", "Elektronischen Bankraub" oder "Viren" zeugen von der Verletzlichkeit moderner Informations- und Kommunikationssysteme. Die Informationssicherheit ist aber auch - und vor allem - durch Nachlässigkeit und Irrtümer der Benutzer sowie durch Mißbrauch durch Insider bedroht. Informations"un"sicherheit bedroht nicht nur materielle Werte der Anwender, sondern führt auch zu einer kritischeren Einstellung der Gesellschaft zu neuen Kommunikationsmedien.

Eine reibungslose und sichere Kommunikation ist eine der lebensnotwendigen Voraussetzungen für das Funktionieren einer arbeitsteiligen Wirtschaft und für die gesellschaftliche Akzeptanz rechnergestützter Informationsverarbeitung. Wir dürfen dabei nicht vergessen, daß Informationssicherheit mehr ist als die Abwesenheit von Gefahren und Schäden - wie auch Frieden mehr ist als die Abwesenheit von Krieg und Gesundheit mehr als die Abwesenheit von Krankheit; Informationssicherheit bedeutet und fordert mehr als dies, nämlich auch gesellschaftlichen Konsens über zulässige Informationsverarbeitung, Ausführung nur der zugelassenen Funktionen und die Kontrollierbarkeit technisch-organisatorischer Systeme.

Vor der Eröffnung des fachlichen Teils möchte ich all jenen danken, die zum Zustandekommen des Kongresses beigetragen haben. Mein besonderer Dank gilt natürlich den Damen und Herren Sektionsleitern und Referenten, die sich bereit erklärt haben, über ihre Erfahrungen auf diesem sensiblen Gebiet zu berichten.

Mein Dank gilt ebenso den Mitgliedern des Programmkomitees für ihre Arbeit bei der Vorbereitung des Kongresses. Ich danke auch den Unternehmungen, die durch ihre Beteiligung an der Ausstellung zur wichtigen Ergänzung und Abrundung des Kongresses beitragen.

Als Kölner Hochschullehrer ist es mir natürlich ein besonderes Anliegen, der Stadt Köln - namentlich dem Herrn Oberbürgermeister, dem Dezernenten für Wirtschaft und Stadtentwicklung der Stadt Köln sowie den Damen und Herren des Wirtschaftszentrums der Stadt - besonders herzlich zu danken für ihre sehr intensive Unterstützung, obwohl der Kongreß dieses Jahr - leider - nicht (wie SECUNET '90) in Köln stattfindet. Die Wahl der Stadt Bonn als Veranstaltungsort erfolgte jedoch bewußt auch deshalb, um der regionalen Bedeutung des Kongresses besonderes Gewicht zu verleihen.

Nicht zuletzt danke ich schließlich allen Mitarbeitern des BSI und des BIFOA, die an der Vorbereitung dieser Großveranstaltung beteiligt waren; insbesondere gilt dabei mein Dank Herrn Dr. Heinrich Kersten, Referatsleiter Evaluierung im BSI und Herrn Dr. Heiko Lippold, Geschäftsführer des BIFOA.

Gemäß dem Programm beinhaltet der Kongreß 4 Plenumsvorträge, eine Podiumsdiskussion zum Thema 'Techno-Terrorismus' und 10 Sektionen mit insgesamt 31 Vorträgen. Gleichzeitig präsentieren mehr als 30 Aussteller ihre Sicherheits-Produkte (Orgware, Software, Hardware).

Ich glaube, daß es uns gelungen ist, ein attraktives Programm zusammenzustellen. Ich hoffe, daß sich Ihre Erwartungen an den Kongreß erfüllen und daß Sie interessante und hilfreiche Informationen erhalten und untereinander austauschen. Ich wünsche dem Kongreß einen guten Verlauf und Ihnen einen angenehmen Aufenthalt in Bonn - und auch in Köln.

Dietrich Seibt

Grußwort

**Dr. Wolfgang Schäuble
Bundesminister des Innern**

Grußwort

In diesem Jahr haben sich das Betriebswirtschaftliche
Institut für Organisation und Automation an der Universität Köln und das Bundesamt für Sicherheit in der Informationstechnik entschlossen, ihre bisher getrennt durchgeführten Kongresse "SECUNET" und "Deutsche Konferenz über
Computersicherheit" zu einer gemeinsamen Veranstaltung zu-
sammenzufassen.

Ich begrüße diesen gemeinsamen Kongreß. Er bietet zum
einen ein ideales Forum für den notwendigen Austausch von
Erfahrungen und Ideen und macht darüber hinaus deutlich,
daß das neu geschaffene Bundesamt bewußt die Verbindung
mit allen Kräften sucht, die zur Lösung der Sicherheitsprobleme in der Informationstechnik einen Beitrag leisten
können.

IT-Sicherheit ist schon längst nicht mehr nur eine nationale Angelegenheit. Die vielfältige Verflechtung von Interessen aller Art führt zu einem zunehmenden Informationsfluß über Ländergrenzen hinweg und verleiht damit den
Sicherheitsproblemen eine neue Dimension. Ich freue mich
besonders, daß auch dieser Aspekt auf dem Kongreß behandelt wird.

Nicht zuletzt zeigt die mit dem Kongreß verbundene Ausstellung, daß es neben den Problemen der IT-Sicherheit
auch bereits ein breites Angebot von Lösungen gibt.

Ich wünsche dem Kongreß einen erfolgreichen Verlauf.

Dr. Wolfgang Schäuble
Bundesminister des Innern

Programm

Montag, 10. Juni 1991

10.00 Uhr **Grußworte zur Eröffnung des Kongresses**
Dr. O. Leiberich / BSI
Prof. Dr. D. Seibt / BIFOA

10.45 Uhr **Dr. R. Hüber / KEG**
Aktivitäten der EG im Bereich der
'IT-Sicherheit'

12.00 Uhr **M. Hange / BSI**
Rolle der Kryptologie im Rahmen der
'IT-Sicherheit'

13.00 Uhr **Mittagspause und Ausstellungsbesuch**

Montag, 10. Juni 1991

	Sektion A	Sektion B	Sektion C
	Management der Informationssicherheit: Strategie, Organisation, Personal Sektionsleiter: Prof. Dr. Paul Schmitz	Sicherheit in internen Netzen Sektionsleiterin: Andrea Kubeile	Sicherheit in öffentlichen Netzen (insb. ISDN) Sektionsleiter: Dr. Udo Winand
15:00 - 15:45	**W. Monzel /** IBM — Risikomanagement - Theorie und Praxis am Beispiel IBM	**H. Meltner /** IAO Fraunhofer-Institut für Arbeitswirtschaft und Organisation — Modellierung und Analyse von Ausfallrisiken in verteilten Informationssystemen	**Dr. W. Schmidt /** Bundesbeauftragter für den Datenschutz — Datenschutz und ISDN: Stand und Ausblick
16:15 - 17:00	**G. Scheibe /** RWE — Bedeutung und Management der Informationssicherheit bei der RWE Energie AG	**R. Zeyen /** CoNet — Sicherheitsvergleich von LAN	**K.-D. Wolfenstetter /** DBP TELEKOM — TeleSec und ISDN - Datensicherheits-Aktivitäten der Deutschen Bundespost TELEKOM
17:00 - 17:45	**K.-M. Bornfleth /** Colonia — Sicherheit der Informationsverarbeitung aus Sicht der Arbeitnehmervertretung	**Prof. Dr. R. Posch /** Universität Graz — Sicherheitsaspekte beim Zusammenschluß lokaler Netzwerke	**R. Exner /** Gerling — Sicherheit in Mehrwertdiensten

19:00 Abendessen im Hotel Maritim

Dienstag, 11. Juni 1991

	Sektion D	Sektion E	Sektion F
	Anwender 1: Kredit- und Versicherungswirtschaft, Handel Sektionsleiter: Manfred Güss	Anwender 2: Industrie und Transport Sektionsleiter: Dr. Manfred Windfuhr	Anwender 3: Öffentliche Verwaltung Sektionsleiter: Dipl.-Ing. Heinrich Wortmann
9:00 - 9:45	Dr. W. Dinkelbach/ WestLB Sicherheitskonzept für den PC-Einsatz bei der WestLB	H.-J. Bartels/ Volkswagen Informationssicherheit in ODETTE	Dr. Dr. G. van der Giet/ Deutscher Bundestag Informationssicherheit und Dienstvereinbarung beim Einsatz ISDN-fähiger Systeme
9:45 - 10:30	Dr. S. Klein / GMD - Gesellschaft für Mathematik und Datenverarbeitung Informationssicherheit bei der Kommunikation von Versicherungen mit Dritten	E. Kuhns / LION Gesellschaft für Systementwicklung Informationssicherheit beim Einsatz des EDI-Server-Systems TIGER im Transportwesen	Dr. A. Liesen / Bundesamt für Finanzen SISYFOS und die Systemsicherheit - Erfahrungsbericht einer oberen Bundesbehörde
11:00 - 11:45	K.-H. Kronenberger/ Colonia Konzept für den Einsatz eines Security-Management-Systems bei der Colonia	Dr. H. Teschke / GE Information Services Informationssicherheit als kritischer Erfolgsfaktor beim Einsatz von Mehrwertdiensten - dargestellt am Beispiel 'CargoLink'	Dr. U. Seidel / GMD Gesetzeskonforme elektronische Unterschrift am Beispiel des DFÜ-Mahnverfahrens
11:45 - 12:30	H. Bongarz / Kaufhof Sicherheit in Kassensystemen der Kaufhof AG	K. Louis/ Siemens Informationssicherheit im Industrieunternehmen - Erfahrungsbericht eines Anwenders	D. Herson / CESG Communications Experiences with the British certification scheme

12:45 - 16:30 Mittagspause und Ausstellungsbesuch

16:30 - 18:00 **Podiumsdiskussion "Techno-Terrorismus"**

19:00 Abendessen im Hotel Maritim / Schiffstour mit Abendessen

Mittwoch, 12. Juni 1991

9:00-10:00

Plenumsvortrag -
Dr. H. Lippold / BIFOA:
Strategie für die
Informationssicherheit -
Grundsätze und Instrumente

10:15-11:15

Plenumsvortrag -
Dr. H. Kersten / BSI:
Evaluierung und Zertifizierung
von IT-Systemen

Sektion G

Forschung
Sektionsleiter:
Prof. Dr.
Friedrich W. von Henke

Sektion H

**PC- und Workstation-
Sicherheit**
Sektionsleiter:
Dr. Hartmut Pohl

Sektion I

Sichere Datenbanken
Sektionsleiterin:
M. A. Angelika Jennen

Sektion J

Abstrahlsicherheit
Sektionsleiter:
Dipl.-Ing. Markus Ullmann

	Sektion G		Sektion H		Sektion I		Sektion J
11:30 - 12:15	**Dr. F. Helder /** Systemhaus GEI Verifikation von Systemsicherheit	11:30 - 12:15	**H. A. Gartner /** BIFOA PC-Sicherheitsprodukte der Klasse F1 - Marktübersicht und Leistungen	11:30	**T. F. Lunt /** Stanford Research Institute International Security in Database Systems - from a Researcher's View	11:30 - 12:15	**V. Fricke /** BSI Das Zonenmodell bei der kompromittierenden Abstrahlung
12:15 - 13:00	**S. Spöttl /** Siemens Nixdorf Informationssysteme Ein formales Sicherheitsmodell für eine vertrauenswürdige Schnittstellen-Komponente	12:15 - 13:00	**G. Hohpe/** RWTH Aachen, van den Berg Neue Entwicklung zur PC-Sicherheit **B. Staudinger/** Daimler Benz Neue Lösungsansätze für den sicheren PC-Einsatz im Hause Daimler-Benz	12:15 - 13:00	**K. Sondermann/** Informix Sicherheit und Fehlertoleranz von INFORMIX-OnLine **M. Forster /** SYBASE B1-Level-Security am Beispiel des SYBASE Secure SQL Server	12:15 - 13:00	**J. Opfer/** BSI Schutzmaßnahmen gegen kompromittierende Abstrahlung - dargestellt an ausgewählten Beispielen

13:15 Mittagessen, anschl. Ende der Veranstaltung

Dr. Roland Hüber

Aktivitäten der EG im Bereich der 'IT-Sicherheit'

Arbeiten der EG im Bereich der Informationssicherheit

(Dr. R. Hüber, Kommission der Europäischen Gemeinschaft)

Zusammenfassung

Informationen in unterschiedlicher Form bilden immer mehr eine Bereicherung des einzelnen, der Unternehmen und Staaten. Wachstum und Leistung von annähernd zwei Dritteln der Wirtschaft basieren auf Produktionen bzw. Diensten, die stark von Informationstechnologien, Telekommunikation und Rundfunk abhängig sind, und sind damit wesentlich auf die Präzision, Sicherheit und "Vertrauenswürdigkeit" der Informationen angewiesen. Dieser Umstand ist für Privatpersonen ebenso wie für den Handel, die Industrie und öffentliche Verwaltungen maßgebend. Daher ist der umfassende Schutz der Informationen, nachstehend als "Informationssicherheit"1) bezeichnet, zu einer zentralen politischen Frage und einem wichtigen weltweiten Anliegen geworden.

In den letzten Jahrzehnten sind grundlegende Veränderungen eingetreten; diejenigen, die auf uns zukommen, könnten jedoch noch tiefgreifender sein. Supercomputer für den Schreibtisch, direkt strahlender Satellitenrundfunk, digitaler Mobilfunk, integrierte Breitbandkommunikation und andere neue Anwendungen von Technologien werden derzeit entwickelt und eröffnen Möglichkeiten für die weltweite, kostengünstige, mobile Hochleistungskommunikation in einem bislang unerreichten Maßstab. Mit der Einführung effizienter globaler Kommunikationsdienste wurde der Schwerpunkt verstärkt auf die Notwendigkeit eines angemessenen "Schutzes" gelegt, der durch Zugangsrechte, Nachrichtenintegrität und Schutz der Privatsphäre entsprechend dem voraussichtlichen Grad der administrativen oder technischen Risiken zu gewährleisten ist.

Dieses Thema ist für die sozioökonomische Entwicklung der Europäischen Gemeinschaft und die Vollendung des Binnenmarktes 1992 von zentraler Bedeutung. Ein kohärentes Konzept auf europäischer Ebene sollte zunehmendes Vertrauen in den Einsatz neuer Informationstechnologien und Telekommunikationsdienste schaffen und dazu beitragen, die Entstehung neuer Schranken zwischen einzelnen Mitgliedstaaten und gegenüber Drittländern zu vermeiden. Daher sind umgehend die Anforderungen und Optionen Im Hinblick auf eine gemeinschaftsweite Aktion in enger Zusammenarbeit mit den betreffenden Akteuren und Mitgliedstaaten zu prüfen. Bei allen Maßnahmen sind die kommerziellen, rechtlichen und technischen Entwicklungen auf einzelstaatlicher und internationaler Ebene zu berücksichtigen. Da Informationssicherheit nicht nur den Schutz des Menschen und des Eigentums, sondern auch den Schutz der Gesellschaft als solche umfaßt, ist sie für die Mitgliedstaaten ein Thema, das die nationale Souveränität berührt.

Gleichzeitig ist es für die Gemeinschaft und die Mitgliedstaaten von entscheidender Bedeutung, daß die Informationssicherheit die Förderung der harmonischen Entwicklung in der Gemeinschaft und die Beziehungen zu anderen Ländern nicht behindert. Die Entwicklung eines harmonisierten Konzepts der Informationssicherheit muß wesentlicher Bestandteil der Gemeinschaftspolitiken zum Ausbau der sozioökonomischen Leistungen der Europäischen Gemeinschaft, der internationalen Wettbewerbsfähigkeit und zur Vollendung des Binnenmarktes sein.

---

1)   Informationssicherheit (IS) bedeutet Schutz der elektronisch gespeicherten, verarbeiteten oder übertragenen Informationen gegen beabsichtigte und unbeabsichtigte Risiken. Elektronische Informationsdienste benötigen eine sichere Kommunikationsinfrastruktur, sichere Endgeräte (einschließlich Prozessoren und Datenbanken) und sichere Nutzungsmöglichkeiten.

> *In erster Linie geht es darum, Privatbenutzern, Verwaltungen und Unternehmen eine wirksame und praktikable Sicherheit der elektronisch gespeicherten Informationen zu bieten, ohne die Interessen der breiten Öffentlichkeit zu beeinträchtigen.*

Eine Aktion auf Gemeinschaftsebene erfordert konzertierte Maßnahmen zur Entwicklung der notwendigen Technologien, Normen, Prüf- und Zertifizierungsverfahren und gegebenenfalls Regelungen im Rahmen der Gemeinschaftspolitik.

Die Kommission möchte eine Diskussion über Fragen der Informationssicherheit mit den betreffenden Akteuren in der Gemeinschaft fördern und einen Konsens hinsichtlich der geeigneten Schritte, die zu erwägen sind, herbeiführen. Diese Diskussion könnte aufgrund der im Anhang erläuterten Themen und Aktionslinien eingeleitet werden. Dabei muß sich die Gemeinschaftsinitiative angesichts der Verantwortlichkeit der Mitgliedstaaten in diesem Bereich unbedingt auf eine enge Zusammenarbeit mit hohen Beamten der Mitgliedstaaten stützen können.

Daher wird vorgeschlagen, die Kommission durch einen Beratenden Ausschuß zu unterstützen, der sich aus Vertretern der Mitgliedstaaten zusammensetzt und dessen Vorsitz ein 'Vertreter der Kommission führt. Die Arbeitsweise dieses Ausschusses muß den Besonderheiten des Bereichs entsprechen. Er würde die Bezeichnung "Gruppe hoher Beamter Informationssicherheit (SOG-IS)" führen.

Die Kernfrage des Schutzes persönlicher Daten wird in einem Vorschlag für eine Richtlinie behandelt, der parallel zu dieser Mitteilung vorgelegt wird.

<u>Gliederung</u>

A. Die neuen Herausforderungen und die gesellschaftliche, wirtschaftliche, strategische und politische Bedeutung der Informationssicherheit

B. Notwendigkeit einer gemeinschaftsweiten Aktion in Zusammenarbeit mit den Mitgliedstaaten

C. Übersicht über die Aktionslinien

   1. Aktionslinie I - Entwicklung einer Rahmenstrategie für Informationssicherheit

   2. Aktionslinie II - Anforderungen an die Informationssicherheit

   3. Aktionslinie III - Lösungen für den kurz- und mittelfristigen Bedarf

   4. Aktionslinie IV - Spezikation, Normung und Überprüfung der Informationssicherheit

   5. Aktionslinie V - Technologische und funktionale Entwicklungen im Hinblick auf die Informationssicherheit

   6. Aktionslinie VI - Maßnahmen zur Gewährleistung der Informationssicherheit

Arbeiten der EG im Bereich der Informationssicherheit

A.   Die neuen Herausforderungen und die gesellschaftliche, wirtschaftliche, strategische und politische Bedeutung der Informationssicherheit

1. Die Verwaltung und Nutzung von Informationen mit Hilfe der Informationstechnologien und Informatikdienste setzt sich in allen Bereichen des wirtschaftlichen, gesellschaftlichen und politischen Lebens durch. Sie hat die Integration von Tätigkeiten über ein globales Kommunikationssystem ermöglicht, an das Fertigungsanlagen, Forschungsinstitute, Datenbanken, Rechenzentren und Diensteanbieter ebenso wie politische und wirtschaftliche Entscheidungsträger angeschlossen sind.

2. Diese verstärkte Integration getrennter Tätigkeiten schafft einen erheblichen Mehrwert durch Einsparungen oder Effizienzsteigerung. Sie ist daher ein Schlüsselfaktor der internationalen Wettbewerbsfähigkeit. Daraus ergibt sich jedoch auch in zunehmendem Maße die Notwendigkeit, die legitimen Interessen von Privatpersonen, der breiten Öffentlichkeit, des Handels, der Industrie, der Netzbetreiber, der Diensteanbieter und der einzelstaatlichen Verwaltungen zu schützen.

3. Um eine Expansion des Dienstebereichs und damit Investitionen in elektronische Anlagen, Telekommunikation, Rundfunk und Fernsehen, Computer und Endgeräte und eine breite Palette von Telematikanwendungen zu ermöglichen, ist ein sicheres europäisches Umfeld für elektronische Informationsver- und bearbeitung zu schaffen. Eine breite Akzeptanz und Zustimmung aller Parteien sind wichtig, um legitime Interessen zu wahren und den Mißbrauch von Informationen zu verhindern. Dies muß in einer Weise geschehen, die für Benutzer in verschiedenen Rechtssystemen sowohl effizient als auch angemessen ist. Darüber hinaus müssen Informationssicherheitssysteme die Privatsphäre, das geistige Eigentum, den lauteren Wettbewerb, die nationale Sicherheit und sonstige Interessen schützen.

4. Mit der Einführung der Mikrocomputer hat sich der Einsatz von Informationstechnologien, Telekommunikation und Rundfunk-Techniken über den professionellen Bereich hinaus ausgedehnt und ist zu einer "Verbraucheraktivität" mit entsprechenden "Verbraucherdiensten" geworden. Mit dieser quantitativen Veränderung ging eine wesentliche qualitative Verbesserung einher: Telekommunikationsdienste ermöglichen heute den Dialog und die Kommunikation weltweit.

5. Wesentliche Veränderungen sind in den letzten Jahrzehnten eingetreten; diejenigen, die noch vor uns liegen, könnten jedoch noch tiefgreifender sein. Schreibtisch-Supercomputer, direktstrahlender Satellitenrundfunk, digitaler Mobilfunk, integrierte Breitbandkommunikation und weitere neue Anwendungen werden derzeit entwickelt und Möglichkeiten für eine weltweite, kostengünstige, mobile Hochleistungskommunikation in nie dagewesenem Maßstab eröffnen.

6. Die Einführung effizienter globaler Kommunikationsdienste bildet qualitativ und quantitativ eine neue Herausforderung, d.h. es muß ein angemessener Schutz durch Zugangsrechte, Nachrichtenintegrität und Schutz der Privatsphäre geboten werden, der den voraussichtlichen administrativen und technischen Risiken entspricht.

7. Angesichts der zunehmenden Bereitschaft der Industrie, der Regierungen und der Gesellschaft insgesamt, Informationsdienste in Anspruch zu nehmen, sind diese wesentlicher Bestandteil der Grundstruktur des täglichen Lebens geworden. Allgemeine Steuerungs-, Kommunikations- und Kontrollfunktionen, Prozeßsteuerung in der Fertigung, Verkehrswesen, Finanzdienste, Büroautomation u.a. erfordern ausnahmslos Zugangsrechte und eine funktionelle Robustheit, die bei der ursprünglichen Konzeption der Dienste oder Geräte noch nicht vorgesehen waren.

8. Neue Anwendungen werden künftig definiert und implementiert, die sich unter Umständen innerhalb der derzeitigen Rahmenarchitektur der IBC nicht realisieren lassen. Eine grundlegende Neudefinition der Architektur und der Leistungsnormen (einschließlich Konformitätsanforderungen) für Dienste und Hardware wird gegebenenfalls erforderlich sein.

9. Neue Disziplinen und entsprechende Tätigkeiten und Organisationen sind zu entwickeln, um diesen gestiegenen funktionellen Erwartungen gerecht zu werden. Der Hauptbedarf wird jedoch nicht durch technische, sondern durch kulturelle Veränderungen bestimmt. Die umfassende Nutzung von Informationsdiensten über weitgespannte Telekommunikationsnetze wird den Begriff der organisatorischen und menschlichen Beziehungen in der Gesellschaft verändern.

10. Die Kommunikation wird in zunehmendem Maße über Vermittler abgewickelt, wie es z.B. auf den verschiedenen Stufen Iinformationstechnologie-gestützter Mehrwertdienste der Fall ist, oder findet unmittelbar statt, nachdem Vermittler die Verbindung zugelassen haben. Unter diesen Umständen muß "Vertrauen" im Zusammenhang mit organisatorischen Beziehungen, Behörden, Privilegien und zahlreichen "Qualitätskontrollen" von Diensten und Produkten ausdrücklich definiert werden. in einer solchen Gesellschaft ist sorgfältig darauf zu achten, daß die Rechte von Privatpersonen und Organisationen in der Gesetzgebung und bei ordnungspolitischen Rahmenbedigungen voll berücksichtigt werden. Parallel dazu müssen die Technologien so ausgelegt und realisiert sein, daß sie den Sicherheitsanforderungen gerecht werden.

B.   Notwendigkeit einer gemeinschaftsweiten Aktion in Zusammenarbeit mit den Mitgliedstaaten

11. Soweit der Schutz des Eigentums, der Personen und sogar der Gesellschaft auf dem Spiel steht, unterliegt die Informationssicherheit eindeutig der obersten Zuständigkeit der Mitgliedstaaten. Sowohl im Bereich der Verteidigung als auch in bezug auf die normale Arbeitsweise seiner Institutionen ist jeder Mitgliedstaat unmittelbar für die Sicherheit verantwortlich. Angesichts dieser innerstaatlichen Anliegen haben die Verwaltungen historisch gesehen eine solide, langfristige Kompetenz im Bereich der Informationssicherheit erworben und kontrollieren die entsprechenden Technologien und Techniken, um die Weitergabe vertraulicher Informationen zu verhindern. Wenngleich jeder Benutzer für seine eigene Sicherheit verantwortlich ist, basieren seine Entscheidungen wesentlich auf den Garantien, die letztlich von den Behörden, beispielsweise durch rechtliche Einschränkungen, geboten werden.

12. Die Politiken und Programme der EG zur Entwicklung der Informations- und Kommunikationsindustrien und zur Vollendung des Binnenmarktes könnten ernstlich in Frage gestellt werden, wenn nicht eine aktive Politik zur Einführung, Entwicklung und Förderung von Sicherheitsnormen für Informationsdienste festgelegt wird. Im Interesse der Gemeinschaft darf die Informationssicherheit die Förderung der harmonischen Entwicklung innerhalb der Gemeinschaft und die Beziehungen zu anderen Ländern nicht behindern. Die Entwicklung eines harmonisierten Konzepts der Informationssicherheit muß wesentlicher Bestandteil der Gemeinschaftspolitiken zum Ausbau der sozioökonomischen Leistungen und der internationalen Wettbewerbsfähigkeit der europäischen Industrie und zur Vollendung des Binnenmarktes sein.

13. Sie erfordert insbesondere konzertierte Maßnahmen zur Festlegung der erforderlichen Normen, Prüf- und Zertifizierungsverfahren, der technologischen Entwicklungen und gegebenenfalls Regelungen im Rahmen der Gemeinschaftspolitik. Da es sich um überaus technische Fragen handelt, erfordert die Konzertierung der Maßnahmen eine Zusammenarbeit der Akteure im vorwettbewerblichen Stadium der Forschung und Entwicklung.

14. Die Einführung "offener Normen" durch die Regierungen (GOSIP in den USA und im UK), die westliche Verteidigungsgemeinschaft (NATO/NOSI), die Computer- und Telekommunikationsindustrie und Netzbetreiber (OSI-Normen der ISO) führte zu einer stärkeren Betonung der Sicherheitsfragen bei Informationssystemen, Architekturen, Normen, Kommunikationsprotokollen und Techniken.

15. Nur schätzungsweise 2 % der Dienste, die bis zum Jahr 2000 in der Gemeinschaft bereitstehen werden, sind heute schon verfügbar. Bis dahin werden die Dienste generell auf den Benutzerbedarf eingehen können und ein Spektrum an integrierten Merkmalen mit flexibler Kombination von Sprach-, Daten- und Bildübertragung bieten. Dementsprechend wird es wesentlich schwieriger sein, den Benutzeranforderungen an die Informationssicherheit wie Datenschutz, Schutz der Privatsphäre, Authentifizierung, Genehmigung, Fakturierung usw. gerecht zu werden. Daher sind die Informationssicherheit und entsprechende technische Merkmale wie Integrität u.a. systematisch zu entwickeln und zu untersuchen. Die US-Behörden finanzieren Programme für sichere Computersysteme, offene Systemarchitekturen, Protokolle und Techniken, die den Einsatz anwenderspezifischer Sicherheitslösungen international beschleunigen. Die Mitgliedstaaten müssen in erster Linie bestrebt sein, ein gleichberechtigter Partner bei der Lösung von Normungsfragen in diesem Bereich zu sein. Die Übernahme einer De- facto-Normung würde zu neuen technologischen Abhängigkeiten führen, die die internationale Wettbewerbsfähigkeit der EG-Wirtschaft ernsthaft gefährden könnten. Daher sind in der Gemeinschaft entsprechende Maßnahmen zu treffen, die die Voraussetzung für eine konstruktive Interaktion mit Drittländern, insbesondere den USA, bilden.

16. Kurz, die Gemeinschaft und ihre Mitgliedstaaten sind angesichts ihrer jeweiligen Verantwortlichkeit an folgenden Kernfragen besonders interessiert:

- Wie sind wirksame Spezifikationen und Normen der Informationssicherheit festzulegen und zu verbreiten?

- Wie sind die formale Bewertung und Zertifizierung der Normenkonformität von Produkten und Systemen (sowohl funktional als auch hinsichtlich der Qualitätssicherung) zu realisieren?

- Wie sind Sicherheitsprodukte und -systeme zu realisieren, bereitzustellen und einzusetzen?

17. Informationssicherheit ist ein typisches Beispiel für eine Politik, bei der angesichts der Komplexität des Themas, der Beteiligung zahlreicher Akteure und der Notwendigkeit, eine Reihe politischer Werkzeuge einzusetzen, das Prinzip der Subsidiarität zum Tragen kommt. In einem Aktionsplan wird im wesentlichen festgelegt, was von wem und wie zu tun ist. Einerseits müssen die Mitgliedstaaten diese Fragen bearbeiten; andererseits ist die Gemeinschaft sehr daran interessiert, Bedingungen auszuarbeiten, die sowohl die Kompatibilität zwischen der Vollendung des Binnenmarktes, der Schaffung des Europas der Bürger, der Einführung einer Telekommunikationspolitik, der Wettbewerbsfähigkeit der europäischen Elektronikindustrie und Informationsdienste als auch die Erfüllung grundlegender Anforderungen von Einzelpersonen und Geschäftsleuten an die Informationssicherheit gewährleistet. Daher werden nachstehend im Hinblick auf die Konzentration der Maßnahmen verschiedene Aktionstypen und eine Verfahrensstruktur als Basis für weitere eingehende Studien vorgeschlagen, aufgrund derer Maßnahmen auf den jeweiligen Ebenen getroffen werden können.

C. Übersicht über die Aktionslinien

1. Aktionslinie I – Entwicklung einer Rahmenstrategie für Informationssicherheit

1.1 Problematik

1. Informationssicherheit gilt unbestritten als eine Dimension, die in allen Bereichen der modernen Gesellschaft vorhanden sein muß. Elektronische Informationsdienste erfordern eine sichere Kommunikationsinfrastruktur, sichere Endgeräte (einschließlich Prozessoren und Datenbanken) sowie sichere Anwendungen. Es muß eine Gesamtstrategie entwickelt werden, die alle Aspekte der Informationssicherheit berücksichtigt und somit ein aufgesplittertes Konzept vermeidet. Jegliche Strategie für die Sicherheit der elektronisch verarbeiteten Informationen muß den Wunsch der Gesellschaft berücksichtigen, effizient zu arbeiten und sich gleichzeitig in einem sich rasch wandelnden Umfeld zu schützen.

1.2 Zielsetzung

2. Es muß eine Rahmenstrategie geschaffen werden, um die gesellschaftlichen, wirtschaftlichen und politischen Ziele mit den technischen, operationellen und legislativen Optionen in Einklang zu bringen. Das empfindliche Gleichgewicht zwischen verschiedenen Anliegen, Zielen und Sachzwängen muß von den Akteuren des Bereichs ermittelt werden, die bei der Entwicklung eines gemeinsamen Standpunkts und einer abgestimmten Strategie zusammenarbeiten. Dies sind die Voraussetzungen, um Interessen und Bedürfnisse sowohl im politischen Bereich als auch bei industriellen Entwicklungen zu vereinen.

1.3 Derzeitiger Stand und Tendenzen

3. Charakteristisch für die Lage ist das zunehmende Bewußtsein der Notwendigkeit zu handeln. In Ermangelung einer Konzertierungsinitiative ist es jedoch sehr wahrscheinlich, daß verstreut Maßnahmen in verschiedenen Bereichen ergriffen werden und damit in der Praxis eine widersprüchliche Situation entsteht, die nach und nach zu ernsthaften rechtlichen, gesellschaftlichen und wirtschaftlichen Problemen führt.

1.4 Anforderungen, Optionen und Prioritäten

4. Innerhalb eines solchen Rahmens wären Risikoanalyse und Risikomanagement zu behandeln und abzugrenzen. Diese betreffen: die Schwachstellen der Informationsdienste, die Angleichung von Gesetzen und Regelungen im Zusammenhang mit dem Mißbrauch von Computern und Telekommunikationsdiensten, Verwaltungsinfrastrukturen einschließlich Sicherheitspolitiken und die Frage, wie sich diese in verschiedenen Industrien/Disziplinen effizient einführen lassen, und schließlich soziale und private Anliegen (z.B. die Einführung von Plänen für Identifizierung, Authentifizierung und gegebenenfalls Zugangsberechtigung in einem demokratischen Umfeld).

5. Es bedarf einer klaren Ausrichtung für die Entwicklung physischer und logischer Architekturen für sichere verteilte Informationsdienste, Normen, Leitlinien und Definitionen für Sicherheitsprodukte und -dienste, Pilotprojekte und Prototypen, um die Brauchbarkeit verschiedener Verwaltungsstrukturen, Architekturen und Normen, gemessen an dem Bedarf spezifischer Bereiche, zu ermitteln.

6. Es muß ein Sicherheitsbewußtsein geschaffen werden, damit die Benutzer die Sicherheit in der Informationstechnologie und in Telekommunikationssystemen zu ihrem eigenen Anliegen machen.

2.   Aktionslinie II - Anforderungen an die Informationssicherheit

2.1 Problematik

7. Informationssicherheit ist die unerläßliche Voraussetzung für den Schutz der Privatsphäre, des geistigen Eigentums, des gewerblichen Rechtsschutzes und der nationalen Sicherheit. Dies führt unweigerlich zu einem empfindlichen Gleichgewicht und erfordert gelegentlich eine Wahl zwischen einem Engagement für den freien Handel und einem Engagement für den Schutz der Privatsphäre und des geistigen Eigentums. Diese Entscheidungen und Kompromisse müssen auf einer Gesamteinschätzung des Bedarfs und der Auswirkungen möglicher Informationssicherheitsoptionen basieren, die sich zur Deckung dieses Bedarfs anbieten.

8. Die Benutzeranforderungen umfassen Funktionalitäten in Verbindung mit technologischen, operationellen und ordnungspolitischen Aspekten. Daher ist eine systematische Untersuchung der Anforderungen an die Informationssicherheit für die Entwicklung geeigneter und wirksamer Maßnahmen unerläßlich.

2.2 Zielsetzung

9. Ermittlung der Benutzeranforderungen (Art und Merkmale) und ihre Beziehung zu Informationssicherheitsmaßnahmen.

2.3 Derzeitiger Stand und Tendenzen

10. Bislang wurden keine konzertierten Maßnahmen ergriffen, um den Bedarf der Hauptakteure im Bereich der Informationssicherheit zu ermitteln, der sich rasch weiterentwickelt und ständig verändert. Die EG-Mitgliedstaaten haben den Harmonisierungsbedarf der nationalen Tätigkeiten (insbesondere in bezug auf "IT-Sicherheitskriterien") festgelegt. Einheitliche Bewertungskriterien und Regeln für die gegenseitige Anerkennung der Bewertungsergebnisse und Zertifikate sind von grundlegender Bedeutung.

2.4 Anforderungen, Optionen und Prioritäten

11. Als Grundlage für eine kohärente und transparente Behandlung der fundierten Bedürfnisse der Akteure ist eine abgestimmte Klassifizierung der Benutzeranforderungen und ihrer Beziehungen zu den Maßnahmen zur Gewährleistung der Informationssicherheit zu entwickeln.

12. Ferner sind die Anforderungen an Rechts- und Verwaltungsvorschriften und Verfahrensregeln festzulegen. Dabei sind die aktuellen Trends der Dienstmerkmale und Technologien zu berücksichtigen, um alternative Strategien zur Erreichung der Ziele durch administrative, dienstspezifische, operationelle und technische Bestimmungen zu entwickeln. Ferner sind die Wirksamkeit, Benutzerfreundlichkeit und Kosten alternativer Optionen und Strategien der Informationssicherheit für Benutzer, Diensteanbieter und Netz-Betreiber einzuschätzen.

3. Aktionslinie III - Lösungen für den kurz- und mittelfristigen Bedarf

3.1 Problematik

13. Computer können heutzutage gegen unberechtigten externen Zugriff durch "Isolierung", d.h. konventionelle organisatorische und technische Maßnahmen, hinreichend geschützt werden. Dies gilt auch für die elektronische Kommunikation, die innerhalb einer geschlossenen Benutzergruppe über ein dediziertes Netz abgewickelt wird. Eine ganz andere Situation ergibt sich, wenn Informationen mehreren Benutzergruppen zur Verfügung stehen oder über ein öffentliches bzw. allgemein zugängliches Netz ausgetauscht werden. Hier stehen grundsätzlich weder die Technologien, Endgeräte und Dienste noch die entsprechenden Normen und Verfahren zur Verfügung, um eine vergleichbare Informationssicherheit zu gewährleisten.

3.2 Zielsetzung

14. Ziel ist es, kurzfristig Lösungen zu erarbeiten, die dem dringendsten Benutzerbedarf gerecht werden. Sie sollten "offen" konzipiert sein, um auch künftige Anforderungen und Lösungen zu berücksichtigen.

3.3 Derzeitiger Stand und Tendenzen

15. Einige Benutzergruppen haben Techniken und Verfahren für ihre speziellen Anwendungen entwickelt, die insbesondere dem Bedarf an Authentifizierung, Integrität und Nachweisbarkeit gerecht werden. In der Regel werden Magnet- oder Chipkarten verwendet. Teilweise bedient man sich mehr oder weniger ausgefeilter Verschüsselungstechniken. Hierzu sind häufig Benutzergruppen spezifischer "Instanzen" zu definieren. Eine Anpassung dieser Techniken und Verfahren an die Anforderungen einer offenen Umgebung erweist sich jedoch als schwierig.

16. Die ISO entwickelt derzeit eine OSI-Informationssicherheitsnorm (ISO DiS 7498-2), während der CCITT diese Frage im Zusammenhang mit dem X.400 bearbeitet. Eine Möglichkeit besteht darin, Sicherheitssegmente in die Nachrichten zu integrieren. Authentifizierung, Integrität und Akzeptanz werden als Teil der Nachrichten (EDIFACT) und des Systems X.400 MHS behandelt.

17. Gegenwärtig befindet sich der rechtliche Rahmen für den elektronischen Datenaustausch noch in der Entwicklungsphase. Die internationale Handelskammer hat einheitliche Verhaltensregeln für den Austausch von kommerziellen Daten über Telekommunikationsnetze veröffentlicht.

18. Mehrere Länder (z.B. Deutschland, Frankreich, UK und USA) haben Kriterien zur Bewertung der Vertrauenswürdigkeit von IT- und Telekommunikationsprodukten und -systemen sowie entsprechende Bewertungsverfahren entwickelt bzw. in Arbeit. Diese Kriterien wurden mit den nationalen Herstellern koordiniert und werden in zunehmendem Maße die Entwicklung sicherer Produkte und Systeme, ausgehend von einfachen Produkten, ermöglichen. Dieser Trend wird durch die Einrichtung nationaler Organisationen unterstützt, die Bewertungen durchführen und Zertifikate erteilen.

19. Maßnahmen zur Wahrung der Vertraulichkeit werden von den meisten Benutzern für weniger dringend erachtet. Künftig wird sich diese Lage jedoch angesichts der allgemeinen Verbreitung moderner Kommunikationsdienste, insbesondere der Mobilfunkdienste, voraussichtlich ändern.

3.4 Anforderungen, Optionen und Prioritäten

20. Die Verfahren, Normen, Produkte und Werkzeuge zur Gewährleistung der Informationssicherheit in öffentlichen Kommunikationsnetzen müssen umgehend entwickelt werden. Hohe Priorität kommt dabei der Authentifizierung, Integrität und Nachweisbarkeit zu. Pilotprojekte sind durchzuführen, um die vorgeschlagenen Lösungen auf ihre Eignung zu prüfen. Lösungen für prioritäre Anforderungen im Bereich des elektronischen Datenaustausches werden mit dem Programm TEDIS angestrebt, das sich in den breiteren Rahmen dieses Aktionsplans einfügt.

4. Aktionslinie IV – Spezikation, Normung und Überprüfung der Informationssicherheit

4.1 Problematik

21. Anforderungen an die Informationssicherheit stellen sich in allen Bereichen; daher sind gemeinsame Spezifikationen und Normen unerläßlich. Solange keine abgestimmten Normen und Spezifikationen vorliegen, können sich daraus wesentliche Hindernisse für den Fortschritt informationsgestützter Vorgänge und Dienste in der gesamten Wirtschaft und Gesellschaft ergeben. Es müssen Maßnahmen ergriffen werden, um die Entwicklung und den Einsatz von Technologien und Normen in verschiedenen zusammenhängenden Kommunikations- und Computernetzen zu beschleunigen, die für Benutzer, Industrieunternehmen und Verwaltungen von ausschlaggebender Bedeutung sind.

4.2 Zielsetzung

22. Es sind Maßnahmen zu treffen, um die Unterstützung und Durchführung spezieller Funktionen in den allgemeinen Bereichen OSI, ONP, ISDN/IBC, Netzmanagement und Netzsicherheit für nicht klassifizierte, jedoch sensitive Informationen zu ermöglichen. In engem Zusammenhang mit der Normung und Spezifikation stehen die notwendigen Überprüfungstechniken und -konzepte.

4.3 Derzeitiger Stand und Tendenzen

23. Vor allem die USA haben größere Initiativen zur Frage der Informationssicherheit im nichtmilitärischen Bereich ergriffen. In Europa wird dieses Thema von ETSI und CEN/CENELEC im Zusammenhang mit der IT- und Telekommunikationsnormung als Vorbereitung der entsprechenden Arbeiten des CCITT und der ISO behandelt.

24. Da dieses Thema immer mehr in den Brennpunkt rückt, werden die Arbeiten in den USA zügig vorangetrieben; Hersteller und Diensteanbieter verstärken ihre Bemühungen in diesem Bereich. in Europa haben Frankreich, die Bundesrepublik Deutschland und das Vereinigte Königreich unabhängig voneinander ähnliche Tätigkeiten aufgenommen; ein gemeinsamer Vorstoß wie in den USA zeichnet sich jedoch nur zögernd ab.

4.4 Anforderungen, Optionen und Prioritäten

25. Im Bereich der Informationssicherheit besteht zwangsläufig eine enge Verbindung zwischen ordnungspolitischen, operationellen, administrativen und technischen Aspekten. Staatliche Vorschriften sind in Normen zu berücksichtigen; Maßnahmen zur Gewährleistung der Informationssicherheit müssen nachweislich den Normen und Vorschriften entsprechen. In mehrfacher Hinsicht erfordern Vorschriften Spezifikationen, die über den traditionellen Bereich der Normung hinausgehen, d.h. Verfahrensregeln beinhalten. Anforderungen an Normen und Verfahrensregeln gibt es in allen Bereichen der Informationssicherheit. Dabei ist zu unterscheiden zwischen den Schutzanforderungen, die den Sicherheitszielen entsprechen, und einigen technischen Anforderungen, mit deren Erfüllung die zuständigen europäischen Normungsgremien (CEN/CENELEC/ETSI) beauftragt werden können.

26. Spezifikationen und Normen müssen zahlreiche Bereiche abdecken: die der Informationssicherheitsdienste (Authentifizierung von Personen und Unternehmen, Protokolle für die Nachweisbarkeit, rechtlich zulässige elektronische Belege, Berechtigungskontrolie>, Kommunikationsdienste (Schutz der Privatsphäre bei Bild-, Mobil- und Datenkommunikation, Schutz von Daten- und Bildbanken, Sicherheit integrierter Dienste), Kommunikations- und Sicherheitsmanagement (öffentliche/private Schlüsselsysteme für "offenen" Netzbetrieb, Schutz des Netzmanagements, Schutz der Diensteanbieter) und Zertifizierung (Kriterien und Stufen der Informationssicherheit, Verfahren zur Gewährleistung der Sicherheit).

5.   Aktionslinie V - Technologische und funktionale Entwicklungen im Hinblick auf die Informationssicherheit

5.1 Problematik

27. Voraussetzung für die Entwicklung des Dienstemarktes und der Wettbewerbsfähigkeit der Europäischen Wirtschaft insgesamt ist die systematische Erforschung und Entwicklung der Technologien, um wirtschaftlich rentable und operationell zufriedenstellende Lösungen für eine Reihe gegenwärtiger und künftiger Anforderungen an die Informationssicherheit zu erarbeiten.

28. Bei technologischen Entwicklungen im Hinblick auf die Sicherheit der Informationssysteme sind grundsätzlich Aspekte sowohl der Computersicherheit als auch der Kommunikationssicherheit zu berücksichtigen, da es sich bei den heutigen Systemen überwiegend um verteilte Systeme handelt und der Zugang über Kommunikationsdienste erfolgt.

5.2 Zielsetzung

29. Systematische Erforschung und Entwicklung der Technologien, um wirtschaftlich rentable und operationell zufriedenstellende Lösungen für eine Reihe gegenwärtiger und künftiger Anforderungen zu erarbeiten.

5.3 Anforderungen, Optionen und Prioritäten

30. Die Arbeiten im Bereich der Informationssicherheit betreffen Entwicklungs- und Implementierungsstrategien, Technologien, Integration und Überprüfung.

31. Die strategischen FuE-Arbeiten müssen theoretische Modelle für sichere Systeme, Modelle der Funktionsanforderungen, Risikomodelle und Sicherheitsarchitekturen abdecken.

32. Die technologischen FuE-Arbeiten müssen die Authentifizierung von Benutzern und Nachrichten (z.B. durch Stimmerkennung und elektronische Unterschriften), technische Schnittstellen und Protokolle für die Verschlüsselung, Zugriffskontrollmechanismen und Implementierungsverfahren für nachweislich sichere Systeme abdecken.

33. Integrations- und Überprüfungsprojekte dienen der Verifikation und Validierung der technischen Systemsicherheit und ihrer Anwendbarkeit.

34. Über die Entwicklung und Konsolidierung von Sicherheitstechnologien hinaus sind eine Reihe von flankierenden Maßnahmen notwendig. Diese betreffen die Erstellung, Aktualisierung und konsequente Anwendung von Normen sowie die Validierung und Zertifizierung von IT- und Telekommunikationsprodukten in bezug auf ihre Sicherheitsmerkmale; dazu gehören auch die Validierung und Zertifizierung von Verfahren zum Entwurf und zur Implementierung der Systeme.

35. Aufgrund des dritten FuE-Rahmenprogramms der Gemeinschaft können kooperative Projekte auf vorwettbewerblicher und pränormativer Ebene gefördert werden.

6.   Aktionslinie VI - Maßnahmen zur Gewährleistung der Informationssicherheit

6.1 Problematik

36. Je nach Art der erforderlichen Sicherheitsmerkmale sind die Funktionen an verschiedenen Stellen der Kommunikationssysteme zu integrieren. Hierzu gehören Endgeräte/Computer/Dienste, Netzmanagement ebenso wie Verschlüsselungsgeräte, Chipkarten, öffentliche und private Schlüssel usw. Einige Funktionen können voraussichtlich vom Hersteller in die Hard- oder Software integriert werden, während andere Bestandteil verteilter Systeme sind (z.B. Netzmanagement), sich im Besitz des einzelnen Benutzers befinden (z.B. Chipkarten) oder von einer besonderen Organisation geliefert werden (z.B. öffentliche/private Schlüssel).

37. Informationssicherheitsprodukte und -dienste dürften überwiegend von Herstellern, Diensteanbietern oder Netz-Betreibern bereitgestellt werden. Für spezielle Funktionen, z.B. die Zuteilung öffentlicher/privater Schlüssel, Überwachung oder Berechtigungskontrolle müssen ggf. entsprechende Organisationen bestimmt und beauftragt werden.

38. Gleiches gilt für die Zertifizierung, Bewertung und Überprüfung der Dienstqualität. Diese Aufgaben müssen von Organisationen wahrgenommen werden, die von den Interessen der Hersteller, Diensteanbieter und Netz-Betreiber nicht beeinflußt werden. Dies können private oder staatliche Organisationen sein oder solche, die eine staatliche Lizens zur Ausübung bestimmter Funktionen besitzen.

6.2 Zielsetzung

39. Um die harmonische Entwicklung der Informationssicherheit in der Gemeinschaft im Hinblick auf den Schutz öffentlicher und geschäftlicher Interessen zu fördern, ist ein kohärentes Konzept zu entwickeln. Soweit damit unabhängige Organisationen beauftragt werden müssen, sind ihre Funktionen und Bedingungen festzulegen und abzustimmen und nach Bedarf in den ordnungspolitischen Rahmen zu integrieren. Ziel ist es, eine klar definierte und abgestimmte Verteilung der Zuständigkeiten unter den verschiedenen Akteuren auf Gemeinschaftsebene als Voraussetzung für die gegenseitige Anerkennung zu erreichen.

6.3 Derzeitiger Stand und Tendenzen

40. Zum gegenwärtigen Zeitpunkt sind Informationssicherheitsmaßnahmen nur in bestimmten Bereichen durchorganisiert und beschränken sich auf spezielle Bedürfnisse. Die Organisation auf europäischer Ebene ist zumeist informell und die gegenseitige Anerkennung der Überprüfung und Zertifizierung, ausgenommen in geschlossenen Gruppen, noch nicht eingeführt. Mit der zunehmenden Bedeutung der Informationssicherheit wird die Festlegung eines kohärenten Konzepts der Informationssicherheitsmaßnahmen in Europa und international zu einem dringenden Anliegen.

6.4 Anforderungen, Optionen und Prioritäten

41. Angesichts der Zahl der betroffenen Akteure und des engen Zusammenhangs mit ordnungspolitischen und rechtlichen Fragen muß in erster Linie eine Einigung über die Grundsätze erzielt werden, die für den Bereich der Informationssicherheit gelten sollen.

Bei der Entwicklung eines kohärenten Konzepts zu dieser Frage sind die Aspekte der Festlegung und Spezifikation von Funktionen zu prüfen, die eine unabhängige Organisation (bzw. kooperierende Organisationen) erfordern. Dies gilt unter anderem für Funktionen wie die Verwaltung eines öffentlichen/privaten Schlüsselsystems.

Ferner sind zu einem frühen Zeitpunkt die Funktionen festzulegen und zu spezifizieren, die im öffentlichen Interesse einer unabhängigen Organisation (bzw. kooperierenden Organisationen) übertragen werden müssen. Dies gilt beispielsweise für Überwachung, Qualitätssicherung, Überprüfung, Zertifizierung und ähnliche Funktionen.

Michael Hange

Rolle der Kryptologie im Rahmen der 'IT-Sicherheit'

Die Rolle der Kryptographie im Rahmen der IT

1 Zusammenfassung

Die rasante Entwicklung der Informationstechnik hat dazu geführt, daß IT-Systeme in immer größerer Zahl und immer mehr Anwendungsbereichen eingesetzt werden. Mit der Ausbreitung preisgünstiger IT-Systeme bei gleichzeitig zunehmender Vernetzung sind auch die Risiken der Anwender gewachsen, durch Fälschung, Ausforschung oder nichtautorisierten Zugang Schäden zu erleiden.

Kryptographische Verfahren in unterschiedlichen Anwendungen stellen geeignete Maßnahmen dar, die Sicherheit von IT-Systemen gegenüber Mißbrauch zu verbessern. Im folgenden Vortrag wird auf der Basis kryptographischer Verfahren das Modell einer *sicheren Kommunikation* vorgestellt und deren Realisierung mittels sogenannter asymmetrischer Verfahren erläutert.

2 Gliederung

Einführung

Modell einer sicheren Kommunikation

Realisierung durch den Einsatz asymmetrischer Verfahren

3 Vortragstext

Aufgrund des rapiden Preisverfalls der Hardware hat die Leistungsfähigkeit der Informations- und Kommunikationstechnik — vor allem hinsichtlich der Verarbeitungsgeschwindigkeit, Speicherfähigkeit und Vernetzung — in erheblichem Maße zugenommen. Diese Entwicklung bedingt auch einen Trend zu *mehr Dezentralisierung von IT-Systemen*. Durch die Vernetzung dieser sogenannten verteilten Systeme werden auch in größerem Umfang sensible Nachrichten auf öffentlichen Netzen ausgetauscht. Darüber hinaus haben sich in den Rechenzentren mit der Einführung von Mehrbenutzersystemen und frei zugänglichen Terminals die Zugriffsmöglichkeiten auf Datenbestände grundlegend geändert. Viele der heutigen Sicherheitsprobleme sind u.a. auch auf diese Entwicklung zurückzuführen, so daß für den Anwender der IT — trotz erheblich verbesserter Funktionalität und Leistungsfähigkeit — die Risiken hinsichtlich der IT-Sicherheit zugenommen haben.

Traditionelle Sicherungsmaßnahmen — wie der materielle Geheimschutz — nutzen für den Schutz sensibler Daten wenig, wenn diese z.B. in verteilten Systemen als Klartexte über offene Kommunikationsverbindungen ausgetauscht werden.

Geeignete Sicherungsmaßnahmen bei modernen IT-Systemen müssen daher sowohl die lokale Datenverarbeitung wie die Kommunikationsverbindungen umfassen.

Auch potentiellen Angreifern stehen heute leistungsstarke DV-Hilfsmittel zur Verfügung, die sie für die Ausforschung und Aufdeckung von Schwachstellen in IT-Systemen einsetzen können. Die zunehmende — und wünschenswerte — Verwendung von Standardsoftware kommt bisweilen ihren Bemühungen entgegen.

Ein weiterer Aspekt von großer Wichtigkeit für die IT-Sicherheit ist die Frage der Rechtsverbindlichkeit der elektronischen Kommunikation, d.h. der Austausch von Dokumenten, Angeboten und Bestellungen muß dieselbe Verbindlichkeit besitzen, wie dies für Dokumente in Papierform gilt. Es bedarf also besonderer Sicherheitsfunktionen, mit deren Hilfe sogenannte elektronische Unterschriften erzeugt werden können, die als rechtsverbindlich anerkannt werden.

Grundsätzlich ist festzustellen, daß Sicherheit im allgemeinen als Widerspruch zu einem ungehinderten Betriebsablauf angesehen wird, der ausschließlich auf Leistungsfähigkeit ausgelegt ist. Andererseits ist Sicherheit unverzichtbar, denn bei der heutigen Abhängigkeit von der IT kann die Arbeitsfähigkeit einer gesamten Organisation auf dem Spiel stehen, wenn bestimmte Risiken "voll" durchschlagen. Die Bedeutung der "Information" in der heutigen Gesellschaft verlangt einen überlegten Umgang mit dem Einsatz der IT-Technik. Dieses Ziel ist nur dann zu erreichen, wenn die Risiken hinsichtlich der IT-Sicherheit auf ein tragbares Maß reduziert und die Restrisiken bekannt und allgemein akzeptiert werden.

3.1 Grundmodell einer sicheren Kommunikation

A und B sind Kommunikationspartner über einen ungeschützten Kanal.

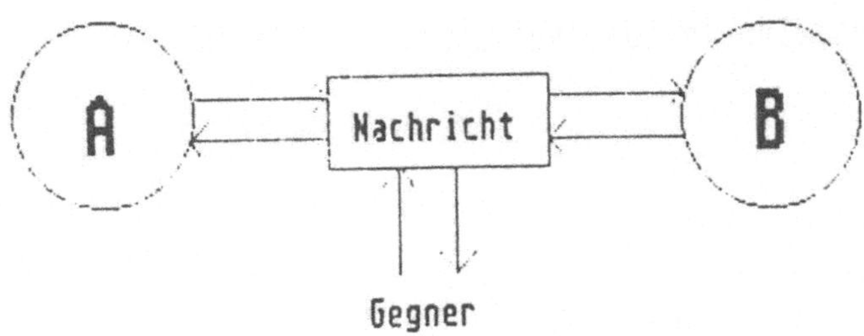

3.2 Forderungen an eine sichere Kommunikation:

— Schutz der Vertraulichkeit
Die von A an B übersandte Nachricht ist auf dem Übertragungsweg gegenüber Dritten vertraulich.

— Schutz der Integrität

Die von A an B übersandte Nachricht ist auf dem Übertragungsweg nicht manipulierbar.

— Authentisierung der Kommunikationspartner

A kann überprüfen, daß B Empfänger der Nachricht ist wie B überprüfen kann, daß A der Sender der Nachricht ist.

Diese Grundfunktionen für Sicherheitsanforderungen an IT-Systeme sind auf viele Prozesse des IT-Systems, die Eingabe, Verarbeitung, Speicherung, Übertragung, Darstellung und Ausgabe von Informationen anwendbar.

3.3 Das Prinzip sogenannter asymmetrischer Kryptoverfahren

In einem richtungsweisenden Artikel mit dem programmatischen Titel "New Directions in Cryptography" haben 1976 M.E. Hellmann und W. Diffie erstmalig das Prinzip der asymmetrischen Kryptoverfahren vorgestellt. Durch diese Veröffentlichung ist das allgemeine Interesse der Wissenschaft an Kryptographie nachhaltig geweckt worden.

Im Gegensatz zu *symmetrischen Kryptoverfahren*, — wie z.B. der Data Encryption Standard (DES) von IBM — bei dem der Ver- und Entschlüsselungsschlüssel übereinstimmen, sind bei einem *asymmetrischen Kryptoverfahren* Ver- und Entschlüsselungsverfahren <u>nicht</u> identisch. Entscheidend für die Sicherheit solcher Verfahren ist allerdings das Kriterium, daß die Kenntnis des Verschlüsselungsschlüssels einen Gegner nicht dazu befähigt, eine damit verschlüsselte Nachricht zu entziffern. Damit kann der Verschlüsselungsschlüssel auch veröffentlicht werden, wodurch sich auch die Bezeichnung "public-key Verfahren" für asymmetrische Verfahren herleitet. Aufgrund der Vorteile beim Schlüsselmanagement eignen sich public-key oder asymmetrische Kryptoverfahren insbesondere für die Verschlüsselung auf öffentlichen Netzen mit vielen Teilnehmern.

Prinzip der Schlüsselverteilung bei public-key Verfahren

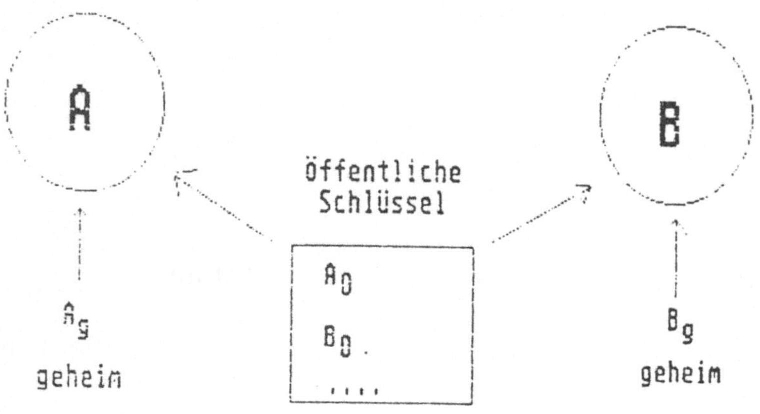

Die Entwicklung konkreter Vorschläge für ein public-key Verfahren ist erheblich schwieriger als die Konstruktion symmetrischer Kryptoverfahren. Einige Beispiele konnten auch gelöst werden. Als stabil hingegen erwies sich u.a. das bekannteste public-key System von Rivest, Shamir und Adleman (kurz: *RSA-Verfahren* genannt).

Die Sicherheit des RSA-Verfahrens beruht auf der Schwierigkeit, große Primzahlen zu faktorisieren. Um dies für einen Angreifer unmöglich zu machen, müssen die RSA-Schlüssel genügend lang sein und sorgfältig ausgewählt werden.

Anwendbarkeit der public-key Verfahren für das Grundmodell der sicheren Kommunikation
— Schutz der Vertraulichkeit

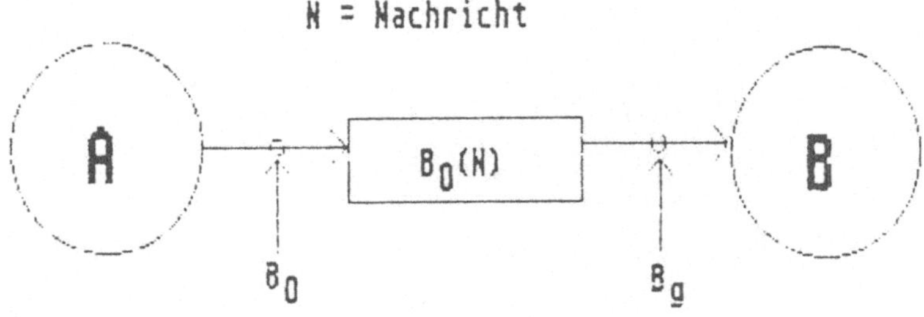

— Schutz der Integrität

Zum einen ist dies realisierbar durch Verschlüsseln der Nachricht. Falls — wie z.B. beim elektronischen Zahlungsverkehr — eine vollständige Verschlüsselung der Nachricht nicht erforderlich ist, dann ist dies realisierbar durch das folgende Modell (wobei auf die Nachricht vor der Verschlüsselung zur Datenreduzierung zweckmäßigerweise eine sogenannte *Hashfunktion* angewandt werden sollte):

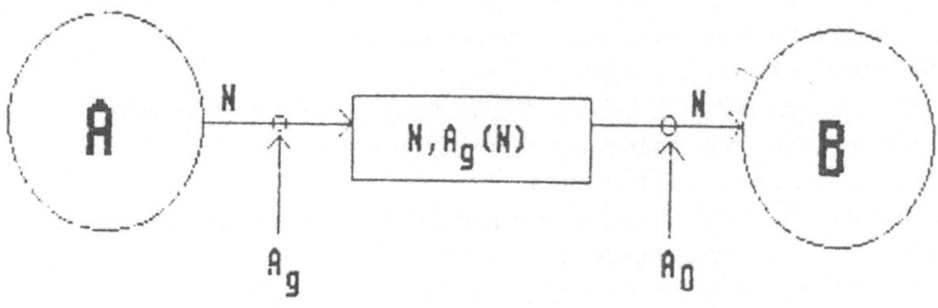

B ist in der Lage, die Integrität der Nachricht dadurch zu überprüfen, daß er den öffentlichen Schlüssel A_o auf $A_g(N)$ anwendet und das Ergebnis mit N vergleicht.

Mit diesem Prinzip, das in genau umgekehrter Reihenfolge wie bei der Geheimhaltung von Nachrichten den offenen und geheimen Schlüssel einsetzt, ist ebenso die Identität von A überprüfbar. Dieses Verfahren läßt sich allgemein für Probleme der Authentisierung verwenden.

— Authentisierung der Kommunikationspartner

Die Authentisierung erfolgt mittels eines Protokolls. A erzeugt eine Zufallszahl mit Zeitdatum (Bez.: Z) und verfährt folgendermaßen:

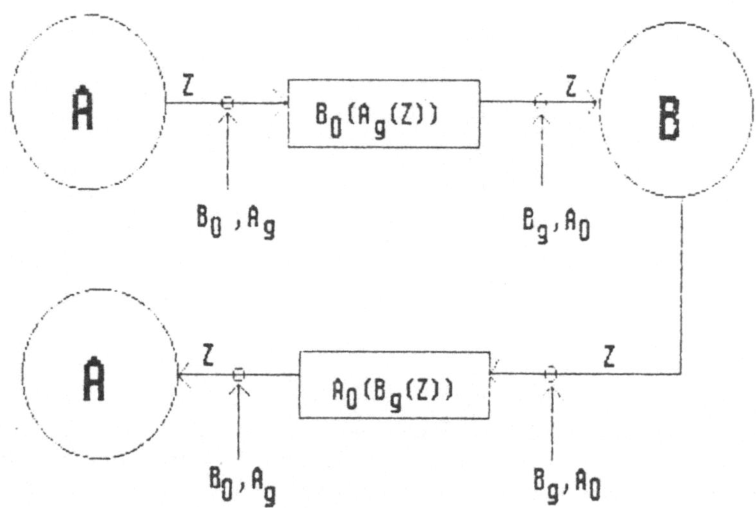

Wie man sieht, ist die Anwendbarkeit kryptographischer Verfahren keineswegs auf die Geheimhaltung von Daten beschränkt. Integrität und Authentisierung sind ebenso von Bedeutung. Ein weiterer wichtiger Einsatzbereich kryptographischer Verfahren ist das Gebiet der Identifizierung (etwa bei Zugangskontrollen).

Die Forschung konzentriert sich bei der Entwicklung neuer Kryptoverfahren nicht ausschließlich auf asymmetrische sondern auch auf symmetrische Verfahren, die hinsichtlich des Datendurchsatzes leistungsfähiger sind.

Verschlüsselungsverfahren spielen bei der Realisierung vieler Sicherheitsfunktionen in Kommunikations- und Computersystemen eine zentrale Rolle. Dies liegt zum einen an den breiten Anwendungsmöglichkeiten und zum anderen an Verlagerung der Risiken hinsichtlich der Vertraulichkeit und Integrität in IT-Systemen auf Festigkeit mathematisch beschreibbarer Objekte wie Kryptoverfahren sowie der Geheimhaltung des verwendeten Schlüssels.

3.4   Vorgehensweise des BSI

Die mathematischen Verschlüsselungsalgorithmen bzw. kryptographischen Anwendungen, die im staatlichen Bereich eingesetzt werden, bleiben grundsätzlich geheim. Damit soll zum einen vermieden werden, daß Designprinzipien dieser Algorithmen bekannt und hinsichtlich Schwachstellen analysiert werden, sowie zum anderen daß Ansätze für Modifikationen erkennbar werden, die eigentlich sichere Verfahren schwächen könnten.

Kryptographische Anwendungen, die der Authentisierung oder Signatur im nicht-staatlichen Bereich dienen, werden veröffentlicht, wenn sie so beschaffen sind, daß sie nur für die genannten Funktionen und nicht für die Verschlüsselung genutzt werden können.

Die Frage der Veröffentlichung bzw. Geheimhaltung von Verschlüsselungsalgorithmen für den nicht-staatlichen Bereich steht im Spannungsfeld unterschiedlicher Interessen. In welcher Weise das BSI Algorithmen für entsprechende Verfahren zur Verfügung stellt, bedarf noch der Erörterung und Abstimmung.

Grundsätzlich gilt, daß dem Einsatz von Verschüsselungsgeräten im Fernmeldeverkehr keine Rechtsvorschriften und Regelungen entgegen stehen.

Es sei auch darauf hingewiesen, daß für diese Zwecke Kryptoalgorithmen in ausreichender Zahl auf dem Markt vorhanden sind, die bereits von der Wissenschaft ausgiebig diskutiert wurden.

Sektion A

Management der Informationssicherheit:
Strategie, Organisation, Personal

Leitung:
Prof. Dr. Paul Schmitz

Walter Monzel

Risikomanagement - Theorie und Praxis
am Beispiel IBM

SECUNET '91
Sektion A
Management der Informationssicherheit
Strategie, Organisation, Personal

Risikomanagement - Theorie und Praxis - am Beispiel der IBM

Abstract

Risikomanagement und damit zwangsläufig verbunden die Schwach-
stellenanalyse sind inzwischen gängige Begriffe. Auf dem Gebiet
der Informationssicherung sind die Ergebnisse jedoch wenig zu-
friedenstellend.
Obwohl sich zunehmend die Erkenntnis durchsetzt, daß Informatio-
nen einen Wert haben, herrscht im Umgang mit den Inforamtions-
werten noch immer eine erhebliche Unsicherheit.
Das Referat gibt Hilfestellung fuer ein erfolgreiches Risiko-
management und praxisnahe Anregungen. Es zeigt auf, daß Risi-
komanagement und Schwachstellenanalyse integraler Bestandteil
einer Sicherheitsstrategie sein müssen.
Abgesehen von der Methodik wird bei den einzelnen Schritten
verdeutlicht, wie wichtig die Einbindung in ein strategisches
Konzept der Informationssicherung ist.

Gliederung: *1   Schwachstellenanalyse*
                  2   Prioritäten
                  3   Informationssicherungsplan
                  4   Risikoübernahmen
                  5   Bewußtes Handeln
                  6   Kontrollen
                  7   Summary

Kurzbiographie des Referenten

Die über 2Ø-jährige IBM-Tätigkeit in Stichworten:
- 3½ Jahre verschiedene Tätigkeiten im internen Großrechenzentrum
  Anfang der 7Ø-ger Jahre;
- Wechsel zur Anwendungsentwicklung und 11 Jahre für diverse in-
  terne Verfahren wie z.B. Gehaltsabrechnung, Zeiterfassung und
  Subsysteme des Personaldatensystemes zuständig;
- Infolge der Einführung der Informationssicherungsprogramme
  3 Jahre als Beauftragter Informationssicherung für den Bereich
  der internen Anwendungsentwicklung verantwortlich;
- Seit Ende 87 Programmleiter für Informationssicherung für den
  gesamten Bereich Informationssysteme der IBM Deutschland.

Die Stufen zu einem erfolgreichen Risikomanagement sind:

1. Schwachstellenanalyse in der Informationssicherung

     o Ziel: - Risiken erkennen
             - Risiken bewerten
     o wann: feste Frequenz z.B. 1 x jährl.
     o wer : jede Führungskraft
     o wie : revisionsfähig

Risikomanagement - Theorie und Praxis - am Beispiel der IBM

o *Hilfsmittel: Checkliste mit z.B. strateg. Schwerpunkten*

Die Frage ist, welche Risiken, welche denkbaren Ereignisse können einen Schadensfall auslösen?

Eine realistische Einschätzung von Risiken setzt ausreichende Kenntnis der Sachlage voraus.
Die Voraussetzungen dafür sind:
- *Regeln und Vorgaben*
- *eindeutige Verantwortlichkeiten*
- *die Auswahl der zu schützenden Werte*
- *Begrenzungen beim Zutritt und Zugriff*

Nicht erkannte und falsch bewertete Risiken bedrohen das Unternehmen, Mitarbeiter, Kunden und Lieferanten.

2. *Prioritäten*

Die Bewertungskriterien für eine Priorisierung bei der Behebung von Schwachstellen sind:
- *das geschlossene Sicherungssystem*
- *die Wirtschaftlichkeit*

Bei den Lösungsalternativen sind organisatorische Maßnahmen ebenso zu berücksichtigen wie Hardware und Software-Lösungen. Ausreichender Raum für Varianten ist notwendig z.B. Risiko- übernahmen.

3. *Informationssicherungsplan*

Hier werden alle erforderlichen Maßnahmen konsolidiert. Er ist Grundlage für die Planung der benötigten Ressourcen wie für die Terminverfolgung und verhindert, daß Risiken einfach vergessen werden.

Über die Genehmigung durch die Geschäftsleitung wird sicher- gestellt, daß die Entscheidungsträger die Risiken kennen.

4. *Risikoübernahmen*

Zur Beseitigung notwendige Mittel feststellen; Risiko gegen Aufwand gewichten und nach dem Angemessenheits- prinzip entscheiden.

Was ist aber angemessen?

o *Die möglichen Alternativen:*   - *Beseitigung*
                                  - *Reduzierung*
                                  - *Verteilung*
                                  - *Tragen*
                                  des Risikos

In Abhängigkeit von der Gefährdung wird die Übernahme des Risikos durch verschiedene Managementebenen bis hin zur Geschäftleitung genehmigt.

Risikomanagement - Theorie und Praxis - am Beispiel der IBM

Bei der Übernahme nicht übernehmen!

Risikoübernahmen sind in der Gültigkeitsdauer zu begrenzen.

5. Bewußtes Handeln

Bewußtes Handeln setzt die ständige Sensibilisierung voraus.

Maßnahmen: Mitarbeiterunterweisungen
*   - jede Führungskraft 1 x jährlich*
*   - revisionsfähig 8Ø% alle Mitarbeiter*

*   ½-jährliche Workshops für die Informations-*
*   sicherungsbeauftragten*

*   Bewußtsein für Informationssicherung als*
*   Beurteilungskriterium.*

6. Kontrollen

Extern durch   - Datenschutzbehörde
*   - Price Waterhouse*

Intern auf wirkungsvolle und termingerechte:

- Einführung der Programme der Informationssicherung
- Durchführung der Maßnahmen

o Peer Review
* - Management veranlaßt.*
* - Ergebnisse bleiben im Bereich*
o Independent Review
* - SV Infosicherung veranlaßt*
* - Ergebnisse zum Country Management*
o Corporate Audit
* - Ergebnis zum General Manager*
* - Ergebnis an EHQ/CHQ*

o Ziel: Feststellen Abweichung von Richtlinien

o Audit Grundsätze
* - Richtlinien sind einzuhalten*
* - Einhaltung von Empfehlungen wird nicht geprüft*
* - Fehlen für ein Gebiet Richtlinien und Empfehlungen*
*   wird gegen allgemeine Geschäftspraktiken geprüft*
* - Zur Einführung neuer Richtlinien wird angemessene*
*   Zeit gewährt*
* - Bei Abweichungen von Richtlinien ist das Risiko zu*
*   bewerten und eine formale Risikoübernahme zu erstellen*

Risikomanagement - Theorie und Praxis - am Beispiel der IBM

---

7. Summary

   Die 1Ø Gebote der Informationssicherung

   1. Unternehmensgrundsätze

   2. Organisation/Verantwortlichkeiten

   3. Bewußtseinsförderung

   4. Klassifikationssystem

   5. Zugangskontrollen

   6. Netz- u. Systemzugriffskontrollen

   7. Datenzugriffskontrollen

   8. Anwendungskontrollen

   9. Wiederanlaufplanung

   1Ø. Revisionen

   o Informationssicherung bedarf der unternehmensweiten
     Beachtung durch die Führungskräfte;

   o Abweichungen von den Regeln sind genehmigungspflichtig;

   o Sicherheitsbewußtsein ist Kriterium der Beurteilung;

   o Die Verteidigung bedarf einer Fülle abgestimmter Maßnahmen;

   o Ein abgestimmtes Security-System, klare Verantwortlichkeiten
     und aktives Security-Management sind der beste Schutz!

   Informationssicherung ist nicht statisch sondern dynamisch!

Risikomanagement Theorie und Praxis

Agenda

1	Schwachstellenanalyse
2	Prioritäten
3	Informationssicherungsplan
4	Risikoübernahmen
5	Bewußtes Handeln
6	Kontrollen
7	Summary

Risikomanagement Theorie und Praxis

Berichtsweg Informationssicherung

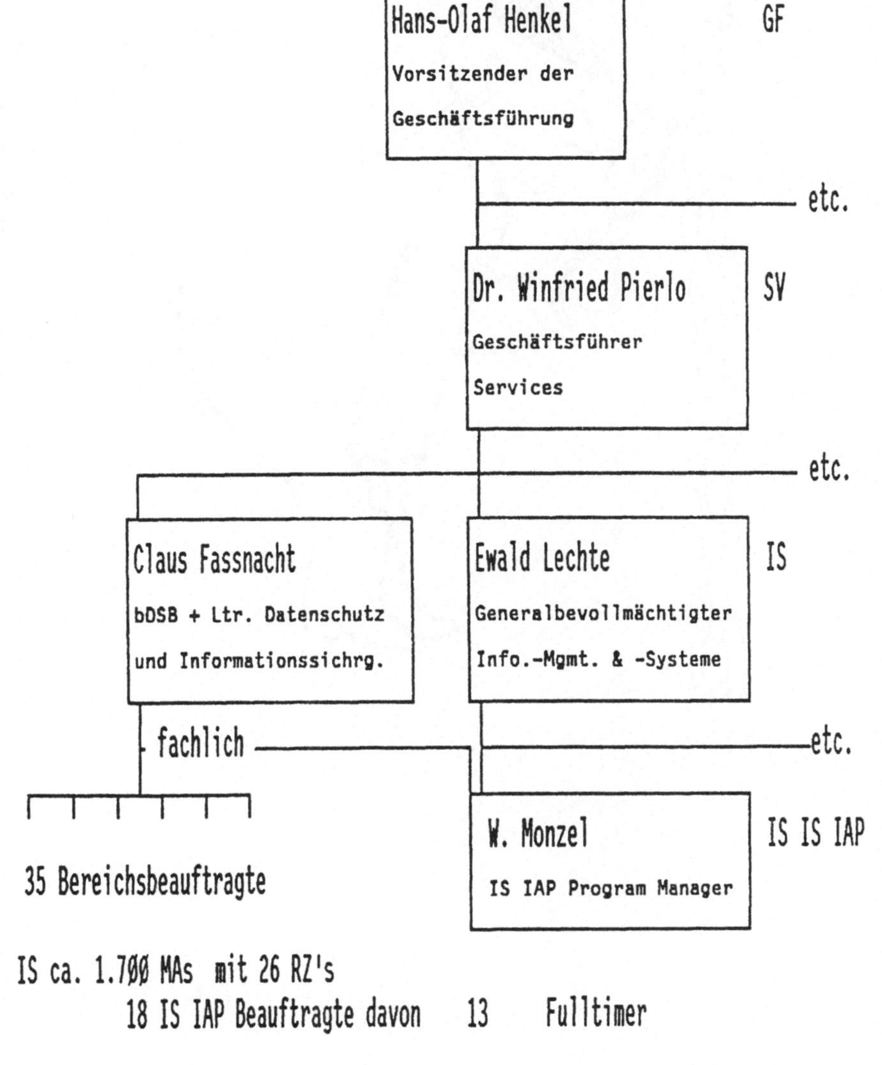

IS ca. 1.700 MAs mit 26 RZ's
        18 IS IAP Beauftragte davon   13   Fulltimer

Die Suche nach Schwachstellen ist schwierig

Risikomanagement Theorie und Praxis

zum Risikomanagement

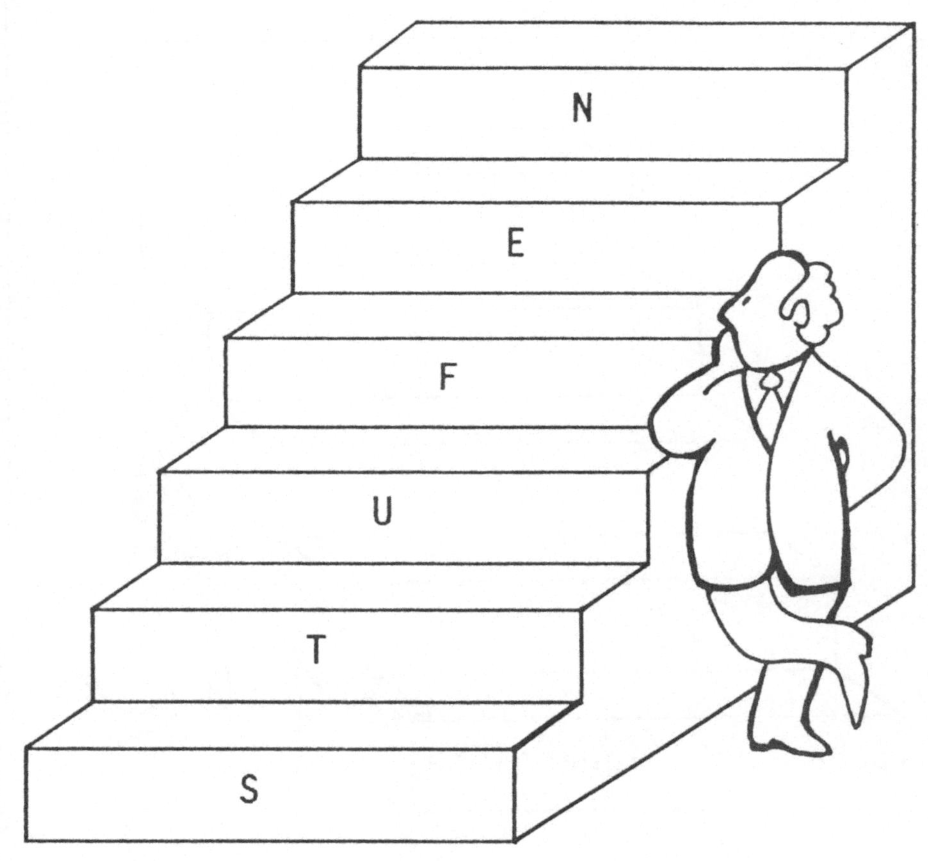

1 Schwachstellenanalyse

Risikomanagement Theorie und Praxis

1 Schwachstellenanalyse

- Ereignis, das bei Eintritt einen Schadensfall auslöst

- Realistische Einschätzung von Risiken setzt ausreichende Kenntnisse der Sachlage voraus

- Nichterkannte und falsch bewertete Risiken bedrohen

    - das Unternehmen

    - den Mitarbeiter

    - den Kunden
      den Lieferanten

Risikomanagement Theorie und Praxis

2 Prioritäten

Risikomanagement Theorie und Praxis

3 Informationssicherungsplan

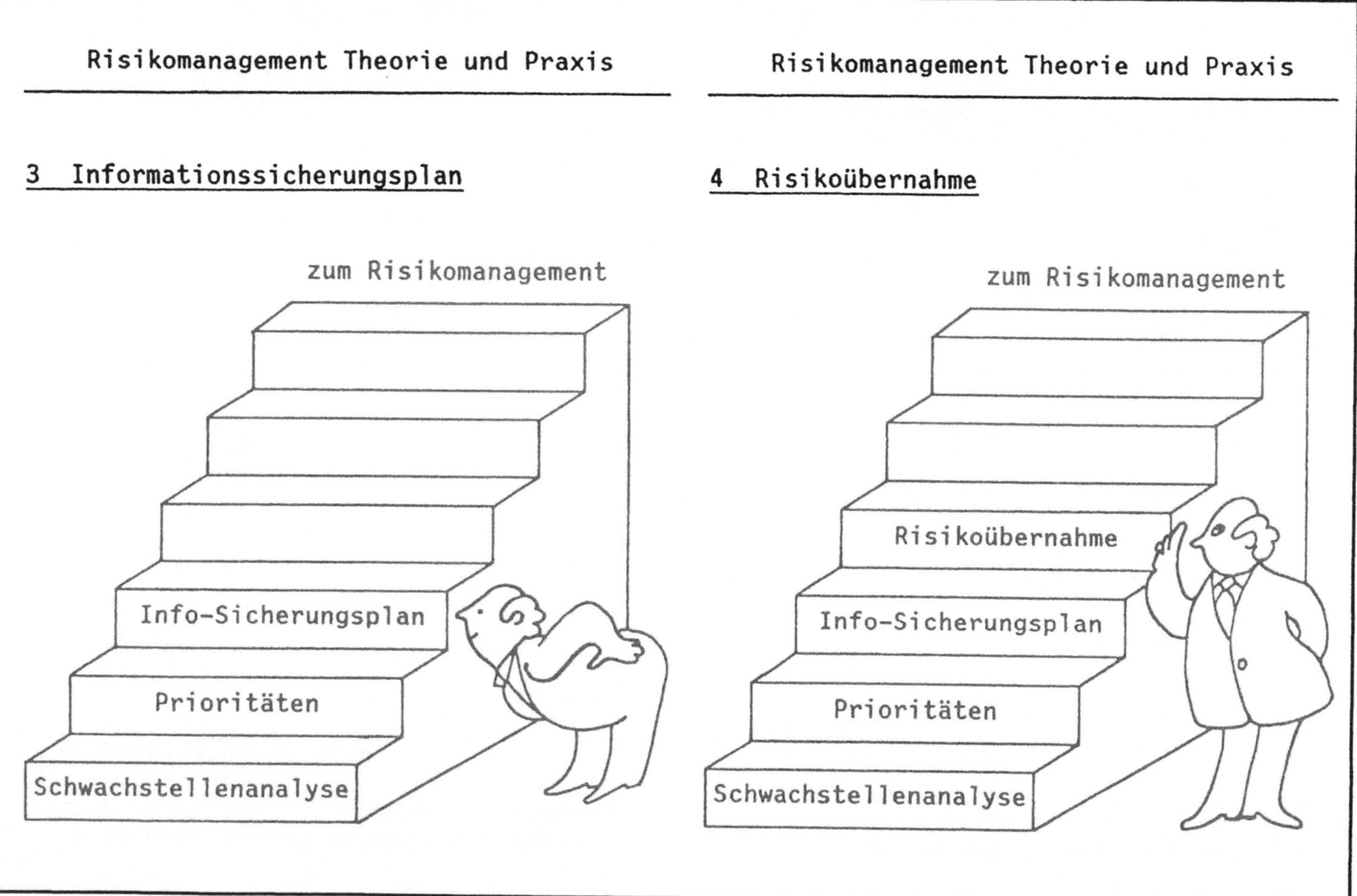

Risikomanagement Theorie und Praxis

4 Risikoübernahme

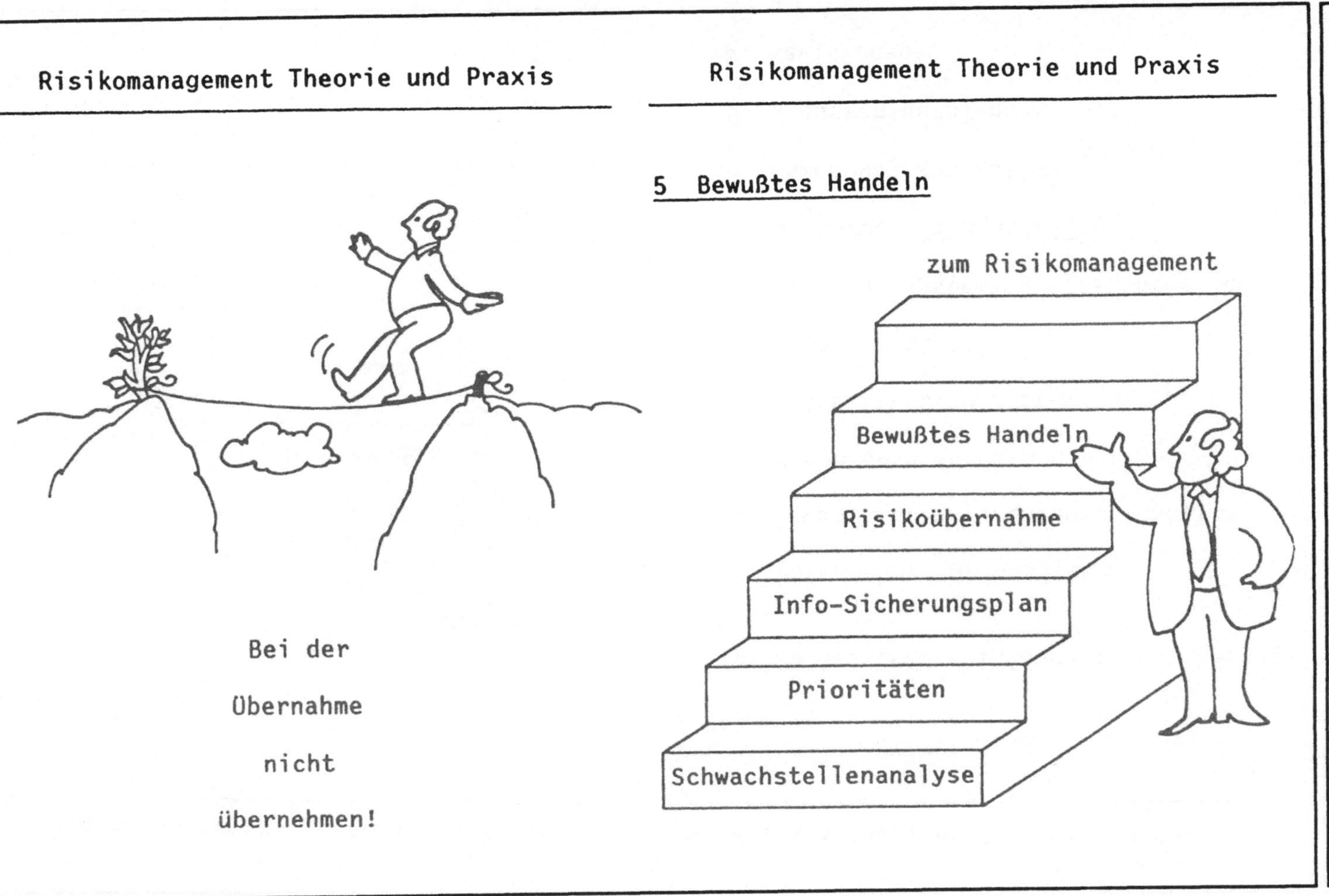

Risikomanagement Theorie und Praxis
Risikomanagement Theorie und Praxis
5 Bewußtes Handeln
zum Risikomanagement
Bewußtes Handeln
Risikoübernahme
Info-Sicherungsplan
Prioritäten
Schwachstellenanalyse
Bei der
Übernahme
nicht
übernehmen!

Risikomanagement Theorie und Praxis

6   Kontrollen

zum Risikomanagement

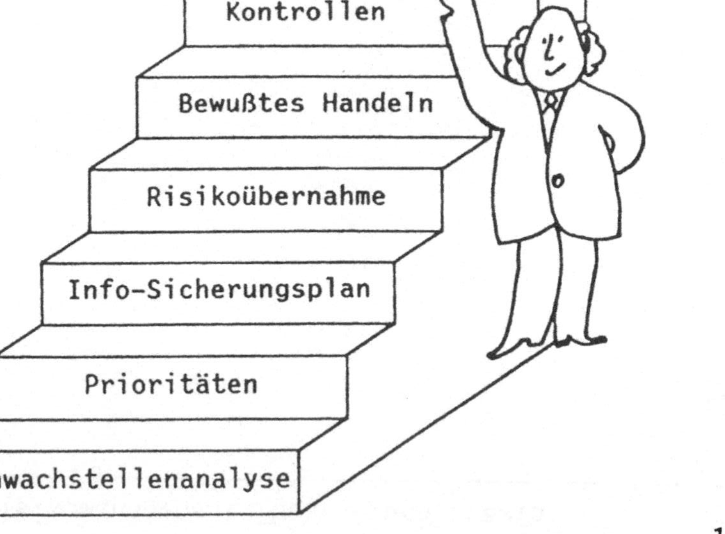

Risikomanagement Theorie und Praxis

7   Summary

Die 10 Gebote der Informationssicherung

1. Unternehmensgrundsätze

2. Organisation/Verantwortlichkeiten

3. Bewußtseinsförderung

4. Klassifikationssystem

5. Zugangskontrollen

6. Netz- u. Systemzugriffskontrollen

7. Datenzugriffskontrollen

8. Anwendungskontrollen

9. Wiederanlaufplanung

10. Revisionen

Risikomanagement Theorie und Praxis

7   Summary

o Informationssicherung bedarf der
  unternehmensweiten Beachtung durch
  die Führungskräfte;

o Abweichungen von den Regeln sind
  genehmigungspflichtig;

o Sicherheitsbewußtsein ist Kriterium
  der Beurteilung;

o Die Verteidigung bedarf einer Fülle
  abgestimmter Maßnahmen;

o Ein abgestimmtes Security-System,
  klare Verantwortlichkeiten
  und aktives Security-Management
  sind der beste Schutz!

  Informationssicherung ist
  nicht statisch
  sondern dynamisch!

Gerhard Scheibe

Bedeutung und Management der Informationssicherheit bei der RWE Energie AG

Bedeutung und Management der Informationssicherheit bei der RWE Energie Aktiengesellschaft

Zusammenfassung:

Der schnelle technologische Fortschritt in der Informationsverarbeitung und die beschleunigte Erschließung neuer
Anwendungsbereiche – aktuell: Bürokommunikation –
lassen die Gefahr aufkommen, daß Sicherheitsaspekte
nicht genügend berücksichtigt werden und der Entwicklung
nachlaufen. Dies darf angesichts einer steigenden Abhängigkeit der Unternehmen von der Informationsverarbeitung
nicht hingenommen werden. Der vorliegende Vortrag zeigt
die Anstrengungen der RWE Energie zur Erreichung der
ihrer Gefährdung entsprechenden Informationssicherheit;
hierbei werden die Teilbereiche Hardware/Software, Zugriffskontrolle, Kommunikationsnetzwerke, RZ-Betrieb, physische Sicherheit, Notfall-Vorkehrungen und IDV in der
Fachabteilung angesprochen. In einem durchgeführten
Vergleich mit den Sicherheitsvorkehrungen anderer Unternehmen zeigte sich, daß - gemessen am individuellen
Risiko eines jeden Unternehmens - die getroffenen Maßnahmen das gesteckte Ziel erreichen.

Bedeutung und Management der Informationssicherheit bei der RWE Energie Aktiengesellschaft

Gliederung:

■ **Sicherheitsmaxime bei RWE Energie**

■ **Begriffsdefinition**

■ **Maßnahmen je Sicherheitsbereich**
- generelle Sicherheitsaspekte
- Hardware und Software
- Zugriffskontrolle
- Kommunikationsnetzwerk
- RZ-Betrieb
- physische Sicherheit
- Notfall-Vorkehrungen
- IDV in der Fachabteilung

■ **Leitgedanken für die zukünftige Ausrichtung**

■ **Das Europäische Sicherheitsforum**

Bedeutung und Management der Informationssicherheit bei der RWE Energie Aktiengesellschaft

Sicherheitsmaxime bei RWE Energie

■ **Kraftwerksbetreiber haben ein besonders ausgeprägtes Sicherheitsbewußtsein**

■ **absolut zufriedenstellende Sicherheitsmaßnahmen sind kaum zu erreichen**

■ **einzelne Sicherheitslücken sind von individuellen Unternehmen nicht zu bewältigen**

■ **dennoch:**   **alle nur möglichen, wirtschaftlich vertretbaren Sicherheitsmaßnahmen sollten zunächst durchgeführt werden**

■ **Sicherheit darf dem Technologiefortschritt nicht nachlaufen**

■ **Risiken nur unternehmensindividuell bewertbar, also auch Sicherheitsmaßnahmen individuell ausgeprägt**

Bedeutung und Management der Informationssicherheit bei der RWE Energie Aktiengesellschaft

Informationssicherheit

➤ **VERTRAULICHKEIT**

(Verhinderung von unberechtigtem Einblick, Geheimhaltung von Informationen)

➤ **INTEGRITÄT**

(Verschluß vor unberechtigter Veränderung oder Zerstörung, Wahrung von Richtigkeit und Vollständigkeit)

➤ **VERFÜGBARKEIT**

(Verfügbarkeit bei entsprechender Nachfrage)

■ Informationen (Daten)

■ Netzkomponenten (Hardware, Software, Leitungen)

Bedeutung und Management der Informationssicherheit bei der RWE Energie Aktiengesellschaft

IV-Sicherheitsbereich 1: Generelle Sicherheitsaspekte

- zentrale Richtlinienkompetenz bei der Hauptverwaltung (Essen)

- Einbezug von FA bzgl. Sicherheitsprioritäten/ Geschäftseinfluß

- Bewußtseinsschaffung bei IV-Mitarbeitern

- Sicherheit ist Prüfungsobjekt bei interner Revision

- Sicherheitsstudien durch "Cooper & Lybrand" und "von zur Mühlen"

- strikte Funktionstrennung - wo immer möglich

- definierte Aufbewahrungsfristen für Kontrollunterlagen

- generelle Verpflichtung der gesamten Belegschaft auf § 5 BDSG

- Austritt von Mitarbeitern aus dem Unternehmen
    - Meldung von Personalabteilung an IV-Abteilung
    - Löschung von Zugriffsrechten
    - Einbezug von Sicherheitsausweisen

Bedeutung und Management der Informationssicherheit bei der RWE Energie Aktiengesellschaft

IV-Sicherheitsbereich2: Hardware und Software

■ **Anwendungsentwicklung**

- eigener logischer Rechnerkomplex, getrennt von Produktion
- fest vorgegebener Phasenablauf mit Prüfpunkten
- schriftliche "Leitfäden" (Sollkonzept, Realisierung, Test, Abnahme)
- Bibliotheksschutz je Projektgruppe

■ **Änderungen an Anwendungssystemen**

- schriftlicher Auftrag von Fachabteilung notwendig
- i. d. R. Abnahme durch Fachabteilung

■ **Testprozeduren**

- separate Testdaten für IV-Mitarbeiter
- Fachabteilungen testen mit eigenen Testfällen
- formelle Freigabe durch Fachabteilung

■ **Produktionsübernahme**

- nur über maschinell-unterstützte Prozeduren (PROGVER)

■ **Systemsoftware**

- maschinelles Bestandsverzeichnis
- Tests in der geschützten Umgebung der Anwendungsentwicklung

■ **Hardware-Integrität**

- maschinelles Bestandsverzeichnis
- redundante Auslegung zentraler Komponenten

Bedeutung und Management der Informationssicherheit bei der RWE Energie Aktiengesellschaft

IV-Sicherheitsbereich 3: Zugriffskontrolle

- Grundsatz: alle Produktionsdaten sind geschützt

- Grundsatz: "Besitzer" der Daten ist die Fachabteilung

- Namenskonventionen ermöglichen effektiven Einsatz von Sicherheitssoftware

- zentrale Sicherheitssoftware: RACF

- Logon-Prozeduren sind auf wirkliche Bedürfnisse reduziert

- keine Ausnahmen bei TSO, Queries, Utilities, Downloading ...

- Aufzeichnung (SMF) aller Aktivitäten

- regelmäßige Überprüfung auf Zugriffsverletzungen

- nur individuelle User-Identifikation; keine Gruppen-USERID

- Paßworte: nicht zu einfach und regelmäßig zu wechseln

- Zulassungen ausgeschiedener Mitarbeiter werden sofort gelöscht

- (fast) keine Wählleitungsverbindungen im Einsatz

Bedeutung und Management der Informationssicherheit bei der RWE Energie Aktiengesellschaft

IV-Sicherheitsbereich 4: Kommunikationsnetzwerk

- maschinelles Bestandsverzeichnis

- nur bewährte Hardware, Software und Protokolle

- redundante Netzwerkauslegung (mit/ohne Sitzungsabbruch)

- zentrale Netzwerksteuerung

Bedeutung und Management der Informationssicherheit bei der RWE Energie Aktiengesellschaft

IV-Sicherheitsbereich 5: RZ Betrieb (1)

■ Closed-Shop-Betrieb

■ Raumplan trennt Funktionsbereiche

■ <u>alle</u> Arbeiten werden im Auftragsverfahren abgewickelt

■ Operating/Arbeitsvorbereitung
- automatische Kontrollsysteme für Arbeitsvorbereitung Job-Netze, JCL-Zugriff, Aktivitäten-Log
- schriftliche Anweisungen für Ausnahme- und Notfälle
- regelmäßige Notfallübungen
- 4-Augen-Prinzip
- keine Zugriffsmöglichkeit auf Daten oder Programme

■ Sicherheitskopien
- regelmäßige Auslagerung von Kopien über 3 Sicherheitsebenen
- Prüfungen auf Lesbarkeit

Bedeutung und Management der Informationssicherheit bei der RWE Energie Aktiengesellschaft

IV-Sicherheitsbereich 5: RZ-Betrieb (2)

■ **Datenträger**

- automatisches Verwaltungssystem
- Aufbewahrung in Sicherheitszellen
- schriftliche Regeln zur Übernahme fremder Datenträger
- schriftliche Regeln zur Vernichtung von Datenträgern

■ **Druckausgaben**

- Weitergabe nur gegen hinterlegte Unterschrift und Quittung
- schriftliche Regeln zur Vernichtung von sensitiven Druckausgaben

■ **Dokumentationsunterlagen**

- schriftliche Vorgaben für Inhalte von Anwendungs- und RZ-Dokumentation
- Sicherheitskopien sind ausgelagert

Bedeutung und Management der Informationssicherheit bei der RWE Energie Aktiengesellschaft

IV-Sicherheitsbereich 6: Physische Sicherheit

■ Lage der Gebäude

- vornehmlich RWE-Werksgelände
- keine besonderen Wegweiser
- div. Überwachungssysteme sowie Bewachungsdienst

■ Generelle Zugangskontrollen (RZ)

- Sicherheitszonen
- Zutritt über Magnet-Ausweise zu autorisierten Zonen
- Protokollierung des Zutritts
- Spezialregelung für Besucher (Begleitung, Protokolle)

■ Betriebssicherheit aller technischen Einrichtungen

- Wasser (Meldeschleifen)
- Feuer (Rauchmelder, CO_2-Flutung, Sicherheitszellen, Bautechnik)
- Vandalismus (Glasbruchmelder, Panzerglas)

■ Ausweich-RZ bei Fa. INFO/Hamburg

Bedeutung und Management der Informationssicherheit bei der RWE Energie Aktiengesellschaft

IV-Sicherheitsbereich 7: Notfall-Vorkehrungen

■ Ausweich-RZ bei Fa. INFO

■ ausgelagertes Magnetband-(Kassetten-) Archiv

■ ausgelagerte Dokumentationsteile

■ Notfall-Handbuch

■ regelmäßige Notfallübungen für Batch-Abläufe

■ Übernahme-Möglichkeit des Dialogverkehrs derzeit im Aufbau

■ Erkenntnis: Übungen kehren vergessene "Kleinigkeiten" ans Tageslicht

Bedeutung und Management der Informationssicherheit bei der RWE Energie Aktiengesellschaft

IV-Sicherheitsbereich 8: IDV in der Fachabteilung

■ PC mit MS/DOS bzw. OS/2 ist ein Einplatzsystem

■ zentrale Beschaffung und maschinelle Bestandsführung

■ verbindliches "PC-Einsatzkonzept"
- Eigenverantwortlichkeit
- Pflichten
- Warenkorb-Produkte
- Lizenz-Regeln
- Verbot von Spielen und Privatdisketten

■ unangemeldete Revisionen durch externe Prüfer

■ Viren-Anlaufstelle

■ RWE-Entwicklung: "Datei-Fingerabdruck"

■ RWE-Entwicklung: "Menü-System"

■ offenes Problem: Lokale Netze (Token Ring)

Bedeutung und Management der Informationssicherheit bei der RWE Energie Aktiengesellschaft

Leitgedanken für die zukünftige Ausrichtung der „Informationssicherheit"

■ noch tieferes <u>methodisches Vorgehen</u> praktizieren

■ Ergebnisse schriftlich in <u>Richtlinien oder Dokumente</u> festhalten

■ Sicherheitsvorgehen vom oberen Management vertreten lassen

■ <u>Zuständigkeit</u> für Sicherheitsaufgaben formell institutionalisieren
(Sicherheitsbeauftragter, Sicherheitsausschuß)

Bedeutung und Management der Informationssicherheit bei der RWE Energie Aktiengesellschaft

Europäische Sicherheitsforum
(BRD: Treuhand-Vereinigung AG, Essen)

■ **Ziele:**

- Bildung einer kompetenten Zentralstelle in Sicherheitsfragen gegenüber Herstellern, Gesetzgebern und Dienstleistungsanbietern
- Analyse und Formulierung der IV-Sicherheitsbedürfnisse
- Förderung der Entwicklung von Sicherheitsnormen

■ **Teilnehmer:**

- führende europäische Unternehmen, die sich den Sicherheitsfragen in besonderer Form verpflichtet fühlen ("Vorbilder")

■ **Arbeitsweisen:**

- regelmäßige Analyse des Sicherheitstandes je Mitgliedsunternehmen (Fragebogen, Interviews, Inspektionen)
- Vergleich mit dem Ergebnis anderer Unternehmen
- Austausch von "guten Praxislösungen"
- Erstellung verläßlicher Informationen über bedeutende Sicherheitsthemen

Klaus-M. Bornfleth

Sicherheit der Informationsverarbeitung aus Sicht der Arbeitnehmervertretung

Sicherheit der Informationsverarbeitung aus Sicht der Arbeitnehmervertretung

Die Verarbeitung verschiedenartigster Informationen ist ein Wesensmerkmal des Versicherungsbetriebes. Damit ist auch die Sicherheit in der Informationsverarbeitung für ein Versicherungsunternehmen eine existentielle Frage. Der Anspruch auf Sicherheit - insbesondere im Bereich der maschinellen Informationsverarbeitung - bedingt jedoch immer mehr Kontrollen sowohl der Systeme als auch der Benutzer. Dies berührt Kernpunkte der betrieblichen Mitbestimmung, wonach eine maschinelle Leistungs- und Verhaltenskontrolle der Arbeitnehmer ohne Zustimmung des Betriebsrates verboten ist. Eine Auflösung dieses - scheinbaren - Widerspruchs ist nur dann möglich, wenn Betriebsrat und Arbeitgeber sich auf eine neue Art der Zusammenarbeit verständigen. Dies erfordert auf beiden Seiten ein erhebliches Umdenken.

Gliederung

1. Thesen zur Informationssicherheit

2. Die Möglichkeiten des Betriebsrates und ihre gesetzlichen Grundlagen

3. Voraussetzungen zur Konfliktlösung

4. Beispiele aus der Praxis

5. Vorschläge zur Umsetzung

THESEN:

- Die Sicherheit von Informationen ist für Dienstleistungsunternehmen lebensnotwendig

- Wenn Informationssicherheit (IS) als Unternehmensziel verstanden wird, sind Kontrollen erforderlich

- Praktizierte IS und Wahrung von Mitarbeiterrechten schließen sich n i c h t aus

- Eine Lösung ist nur dann möglich, wenn Betriebsrat und Arbeitgeber umdenken

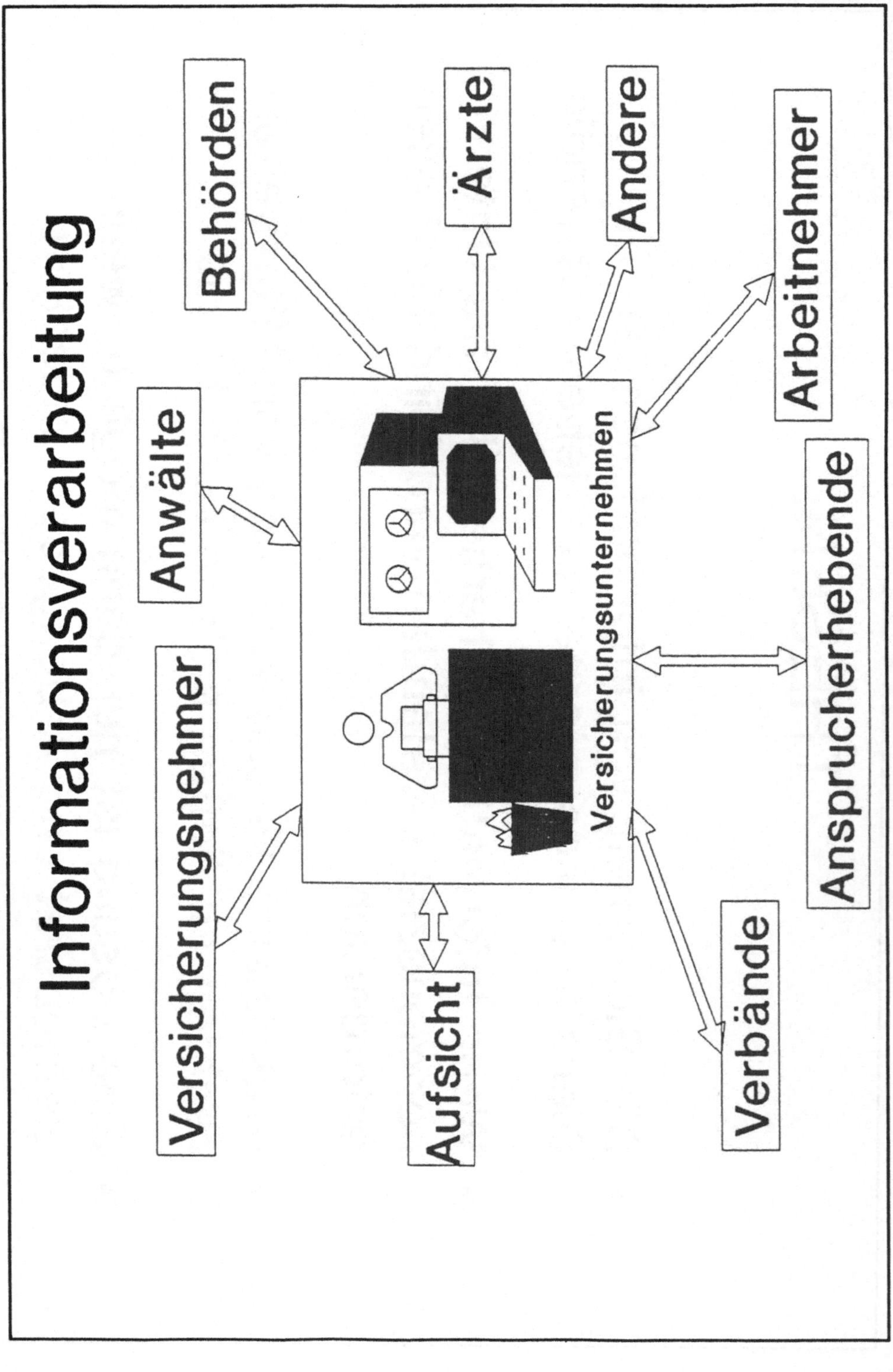

Informationsverarbeitung
Behörden
Ärzte
Andere
Arbeitnehmer
Anwälte
Versicherungsnehmer
Versicherungsunternehmen
Ansprucherhebende
Aufsicht
Verbände

Die Möglichkeiten des Betriebsrates und die rechtlichen Grundlagen

- "Volkszählungsurteil" des Bundesverfassungsgerichtes (informationelle Selbstbestimmung)

- Betriebsverfassungsgesetz
  - Mitbestimmung bei Verhaltenskontrolle
  - Überwachung, ob Gesetze zum Schutz der Arbeitnehmer eingehalten werden.
  - Information bei geänderten Abläufen

- Bundesdatenschutzgesetz
  - insbesondere die Anlage zu Par.6 Abs.1 Satz 1 BDSG (Anlage 1)

Voraussetzungen zur Konfliktlösung:

- Information des Betriebsrates über neue Systeme und Anwendungen nur durch den EDV-Bereich

- Der Betriebsrat muß bereit sein, sein technisches Wissen ständig zu aktualisieren

- Eine enge Kooperation und Kommunikation mit dem betrieblichen Datenschutzbeauf-tragten ist erforderlich

- O h n e Sachverständige Beratung (extern oder intern) geht es nicht!

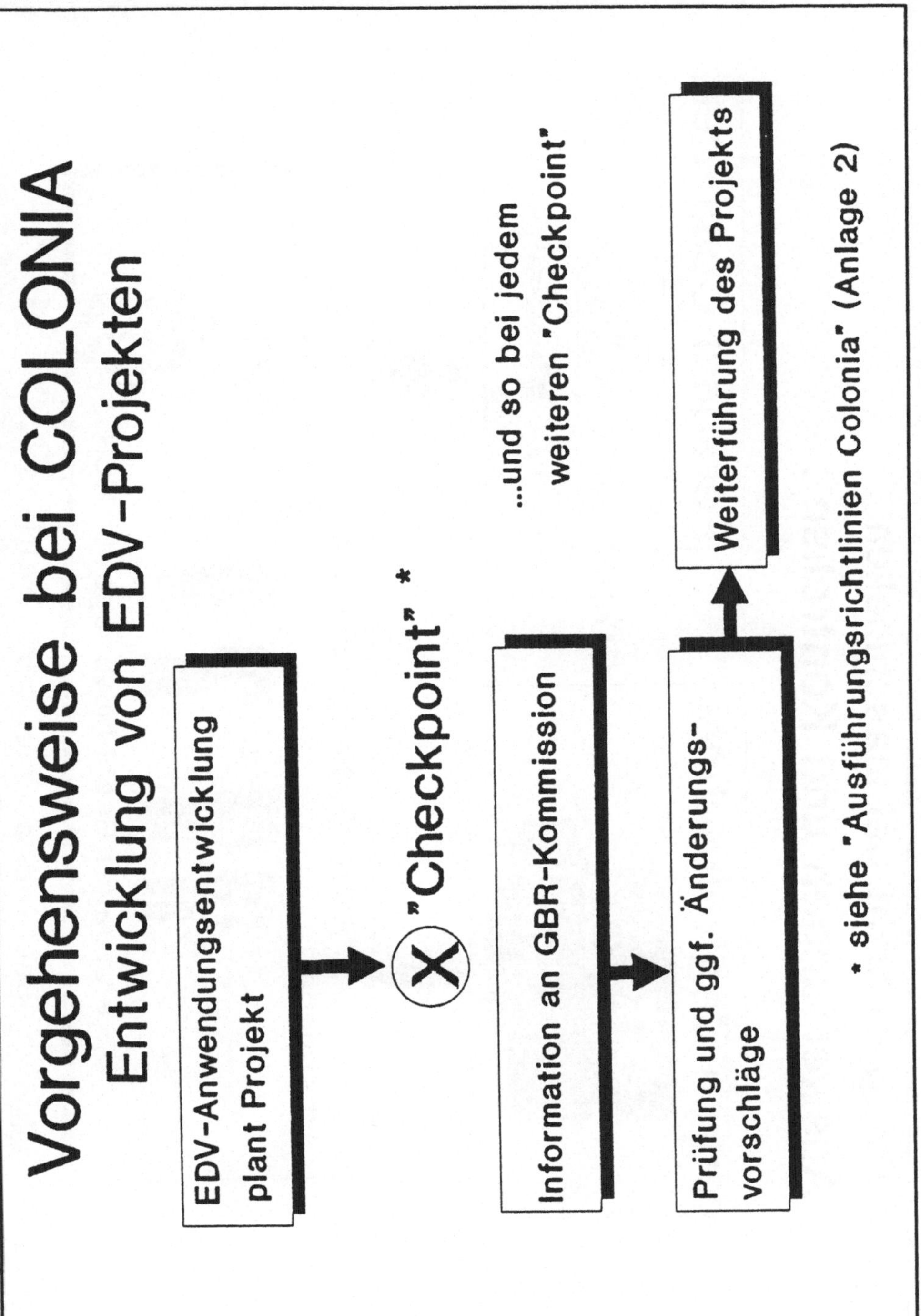

Vorgehensweise bei COLONIA
Entwicklung von EDV-Projekten

EDV-Anwendungsentwicklung plant Projekt

(X) "Checkpoint" *

Information an GBR-Kommission

...und so bei jedem weiteren "Checkpoint"

Prüfung und ggf. Änderungs-vorschläge

Weiterführung des Projekts

* siehe "Ausführungsrichtlinien Colonia" (Anlage 2)

Was geschieht bei maschinellen Auswertungen und Kontrollen :

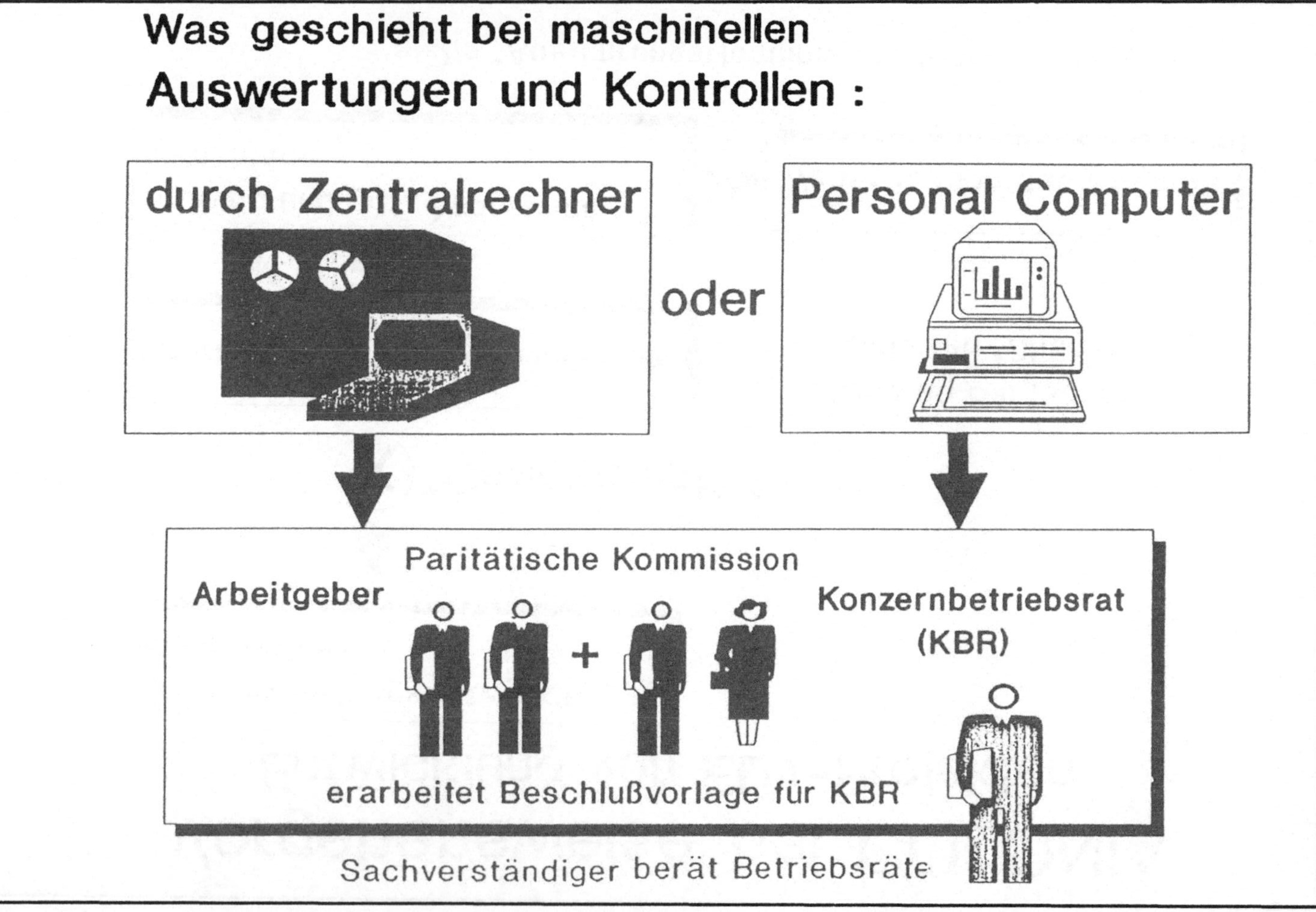

FAZIT (I) :

- Offene Informationspolitik des Arbeitgebers bei neuen Technologien

- Klare Festlegung, w e r für Information und Kommunikation zuständig ist

- Der Betriebsrat m u ß auf eine "Maschinenstürmermentalität" verzichten und bereit sein zur "Weiterbildung"

- Hierbei kann ein sachverständiger Berater (intern oder extern) sehr helfen

- Der betriebliche Datenschutzbeauftragte als gleichberechtigter Partner b e i d e r Seiten

FAZIT (II) :

- Die Zusammenarbeit muß durch eine Betriebsvereinbarung formalisiert werden

- Beide Seiten müssen die volle Anwendung und
strikte Einhaltung laufend kontrollieren

- alle Mitarbeiter, besonders aber die Führungskräfte, müssen IS als Unternehmensziel akzeptieren
und für diese Problematik sensibilisiert werden. *

* siehe Anlage 3

Auszug aus dem Bundesdatenschutzgesetz (BDSG)

§ 6
Technische und organisatorische Maßnahmen

(1) Wer im Rahmen des § 1 Abs. 2 oder im Auftrag der dort genannten Personen oder Stellen personenbezogene Daten verarbeitet, hat die technischen und organisatorischen Maßnahmen zu treffen, die erforderlich sind, um die Ausführung der Vorschriften dieses Gesetzes, insbesondere die in der Anlage zu diesem Gesetz genannten Anforderungen zu gewährleisten. Erforderlich sind Maßnahmen nur, wenn ihr Aufwand in einem angemessenen Verhältnis zu dem angestrebten Schutzzweck steht.

(2) Die Bundesregierung wird ermächtigt, durch Rechtsverordnung mit Zustimmung des Bundesrates die in der Anlage genannten Anforderungen nach dem jeweiligen Stand der Technik und Organisation fortzuschreiben. Stand der Technik und Organisation im Sinne dieses Gesetzes ist der Entwicklungsstand fortschrittlicher Verfahren, Einrichtungen oder Betriebsweisen, der die praktische Eignung einer Maßnahme zur Gewährleistung der Durchführung dieses Gesetzes gesichert erscheinen läßt. Bei der Bestimmung des Standes der Technik und Organisation sind insbesondere vergleichbare Verfahren, Einrichtungen und Betriebsweisen heranzuziehen, die mit Erfolg im Betrieb erprobt worden sind.

Anlage zu § 6 Abs. 1 Satz 1

Werden personenbezogene Daten automatisch verarbeitet, sind zur Ausführung der Vorschriften dieses Gesetzes Maßnahmen zu treffen, die je nach der Art der zu schützenden personenbezogenen Daten geeignet sind,

1. Unbefugten den Zugang zu Datenverarbeitungsanlagen, mit denen personenbezogene Daten verarbeitet werden, zu verwehren (Zugangskontrolle),
2. Personen, die bei der Verarbeitung personenbezogener Daten tätig sind, daran zu hindern, daß sie Datenträger unbefugt entfernen (Abgangskontrolle),
3. die unbefugte Eingabe in den Speicher sowie die unbefugte Kenntnisnahme, Veränderung oder Löschung gespeicherter personenbezogener Daten zu verhindern (Speicherkontrolle),
4. die Benutzung von Datenverarbeitungssystemen, aus denen oder in die personenbezogene Daten durch selbsttätige Einrichtungen übermittelt werden, durch unbefugte Personen zu verhindern (Benutzerkontrolle),
5. zu gewährleisten, daß die zur Benutzung eines Datenverarbeitungssystems Berechtigten durch selbsttätige Einrichtungen ausschließlich auf die ihrer Zugriffsberechtigung unterliegenden personenbezogenen Daten zugreifen können (Zugriffskontrolle),
6. zu gewährleisten, daß überprüft und festgestellt werden kann, an welchen Stellen personenbezogene Daten durch selbsttätige Einrichtungen übermittelt werden können (Übermittlungskontrolle),
7. zu gewährleisten, daß nachträglich überprüft und festgestellt werden kann, welche personenbezogenen Daten zu welcher Zeit von wem in Datenverarbeitungssysteme eingegeben worden sind (Eingabekontrolle),
8. zu gewährleisten, daß personenbezogene Daten, die im Auftrag verarbeitet werden, nur entsprechend den Weisungen des Auftraggebers verarbeitet werden können (Auftragskontrolle),
9. zu gewährleisten, daß bei der Übermittlung personenbezogener Daten sowie beim Transport entsprechender Datenträger diese nicht unbefugt gelesen, verändert oder gelöscht werden können (Transportkontrolle),
10. die innerbehördliche oder innerbetriebliche Organisation so zu gestalten, daß sie den besonderen Anforderungen des Datenschutzes gerecht wird (Organisationskontrolle).

Ausführungsrichtlinien über Inhalt und Zeitpunkt der Unterrichtung
bzw. Beteiligung der Gesamtbetriebsräte nach § 2 Betriebsvereinbarung über Arbeitsplätze mit Datensichtgeräten.

Der Arbeitgeber informiert die Gesamtbetriebsräte rechtzeitig und
umfassend unter Vorlage der Unterlagen über die Systementwicklung
und insbesondere deren Auswirkungen bezüglich der Einrichtung von
Arbeitsplätzen mit Datensichtgeräten oder vergleichbaren technischen
Lösungen. Dies beinhaltet auch arbeitsrelevante Änderungen in der
technischen Ausstattung von Arbeitsplätzen mit Datensichtgeräten.
Die rechtzeitige und umfassende Information wird durch die Colonia
dadurch sichergestellt, daß die Gesamtbetriebsräte bzw. deren
Kommissionen zum jeweiligen Erscheinungszeitpunkt die nachstehenden
Berichtsunterlagen in ungekürzter Form ausgehändigt erhalten.

1.1 <u>EDV-Arbeitsplanung</u>

Zum Beginn eines neuen Kalenderjahres erhält die Datensichtkommission die EDV-Arbeitsplanung, die auf Wunsch der Kommission in
Details erläutert wird.

1.2 <u>Berichte zu den Einzelprojekten</u>

Bei größeren Projekten wird der GBA/GBR zu drei Zeitpunkten
eingeschaltet:

- unmittelbar nach Abschluß der Problemanalyse,
       nach der Systemplanung,
- vor Einführung des Projekts.

Bei kleineren Projekten, die ohne Problemanalyse und Systemplanung direkt mit der Detailorganisation aufgesetzt werden, erfolgt die Einschaltung im ersten Drittel der Detailorganisation
und vor Einführung des Projektes.

Soweit Berichtsunterlagen über Problemanalyse, Systemplanung,
Detailorganisation erstellt werden, erhält der GBA/GBR die Berichte zum jeweiligen Erscheinungszeitpunkt.

Bei Bedarf werden die Berichte mit dem GBA/GBR besprochen und
die Auswirkungen der Planung auf die Art der Arbeit und die Anforderungen an die Mitarbeiter in jeder Planungsphase mit ihm
beraten. Mitbestimmungsrechte werden gewahrt.

Die Weiterverfolgung des Projekts wird unterbrochen, wenn berechtigte Einwände der BR-Gremien eine Weiterentwicklung nicht zulassen.

2. Projektberichte EDV-ORG

Die Datensichtkommission erhält die monatlich erscheinenden Projektberichte zu den von ihr gewünschten Erscheinungsterminen ausgehändigt.
Auf Wunsch der Kommission werden die Berichte im Detail erläutert.

3. Monatsbericht CV EDV-Betrieb

Die Datensichtkommission erhält diesen Bericht ebenfalls zu den
von ihr gewünschten Erscheinungsterminen. Der Bericht wird auf
Wunsch der Kommission im Detail erläutert.

Köln, den 04.05.87

◣COLONIA

Colonia Versicherung
Aktiengesellschaft
Colonia Lebensversicherung
Aktiengesellschaft

Mitarbeiterbrief
an alle Mitarbeiter CV/CL

Betriebsvereinbarung
über den Einsatz von EDV für die Personaldatenverarbeitung

Hauptverwaltung

Colonia-Allee 10–20
5000 Köln 80

Köln, im April 1988

Zwischen Vorstand und Konzernbetriebsrat ist am 21. 01. 1988 eine Betriebsvereinbarung über die Speicherung und Auswertung mitarbeiterbezogener und -beziehbarer Daten in EDV-Systemen und in PC's abgeschlossen worden.

Die Betriebsvereinbarung ist für Mitarbeiter und Führungskräfte deshalb von besonderer Bedeutung, weil sie den Einsatz der EDV-Technologie umfassend regelt und darüber hinaus die Frage der Mitarbeiterführung berührt und insbesondere zur Frage der Mitarbeiterkontrolle über die in PC's und EDV-Systemen eingegebenen und gespeicherten Daten Stellung nimmt.

Arbeitgeberseite und Betriebsräte stimmen darin überein, daß eine gewisse Kontrolle unverzichtbar ist. Nach unseren Grundsätzen zur Führung und Zusammenarbeit ist der Vorgesetzte zu geeigneten Kontrollmaßnahmen verpflichtet. Kontrolle erfordert persönlichen Einsatz und soll nach unserem Verständnis nicht durch technische Überwachung ersetzt werden. Die Kontrolle durch die Vorgesetzten wird nach unseren Führungsgrundsätzen im Rahmen des Delegationsprinzips durch Selbstverantwortung und weitgehende Selbstkontrolle der Mitarbeiter unterstützt. So will auch das Betriebsverfassungsgesetz Kontrolle und damit Führung nicht verhindern, sondern die Mitarbeiter vor einer ausschließlichen technischen Überwachung schützen.

Ziel der Verhandlungen war es, für die Großrechneranlage eine Möglichkeit zu finden, die von vornherein eine automatisierte Leistungs- und Verhaltenskontrolle ausschließt und lediglich unabdingbare Kontrollen als Ausnahmetatbestände der Vereinbarung zwischen Geschäftsleitung und Betriebsräten unterwirft (siehe § 3 der Betriebsvereinbarung).

Bei PC-Geräten, bei denen gleiche technische Vorkehrungen nicht getroffen werden können, waren Regeln aufzustellen, die die Speicherung und Auswertung von Daten, die auf den einzelnen Mitarbeiter rückführbar sind, nicht gestattet. Ausnahmeregelungen bedürfen auch hier einer Vereinbarung zwischen der Geschäftsleitung und den betriebsrätlichen Gremien.

Der generellen oder der Einzelfall-Zustimmung durch den KBR bedürfen damit künftig Auswertungen, die mit Hilfe von selbst entwickelten Programmen oder mit Standardsoftware erstellt werden und die über Personalnummer, Name oder indirekt auf den einzelnen Mitarbeiter schließen lassen. Dies gilt auch für Programmauswertungen und Listenausdrucke, die bisher eingesetzt waren.

Alle, die mit Datentechnik umgehen, besonders aber die Führungskräfte, sind mit diesem zwischen Vorstand und Konzernbetriebsrat geschlossenem Vertrag für die Einhaltung der hier getroffenen Regelungen verantwortlich. Verstöße oder Mißachtung sind durch die Vereinbarung mit schwerwiegenden Folgen verknüpft, die die Befolgung absichern sollen (§ 12 Betriebsvereinbarung).

Wir bitten Sie, sich mit dem Inhalt der Betriebsvereinbarung eingehend vertraut zu machen. Wir sind uns bewußt, daß es sich um eine komplexe und nicht ganz einfache Materie handelt. Für Rückfragen stehen Ihnen in den ZN/FDen die LTVs und im übrigen BO, P-FD und P-HVw der HVw zur Verfügung.

Mit freundlichen Grüßen

Verwandte Literatur

1. Ellerbroek/Bornfleth

"Mitwirkung des Betriebsrates bei der Anwendungsentwicklung"

Information Management 2/88, S. 48

2. Rottenwalter

"Datenschutzprobleme im Unternehmen – dargestellt am Spannungsverhältnis Betriebsrat/betrieblicher Datenschutzbeauftragter"

Diplomarbeit Fachhochschule München, Fachbereich Wirtschaftsingenieurwesen 1989

Sektion B

Sicherheit in internen Netzen

Leitung:
Andrea Kubeile

Dipl.-Inform. Helmut Meitner

Modellierung und Analyse von Ausfallrisiken in verteilten Informationssystemen

Modellierung und Analyse von Ausfallrisiken in verteilten Informationssystemen*

Dipl.-Inform. Helmut Meitner

Fraunhofer-Institut für Arbeitswirtschaft und Organisation (IAO)
Nobelstr. 12, D-7000 Stuttgart 80

Zusammenfassung

In nahezu allen Unternehmensbereichen sind heute rechner-gestützte Informationssysteme zur vielfältigen Unterstützung der anfallenden Aufgaben zu finden. Dabei bestimmt die Einbindung von Informationstechnologien in einem immer größeren Maße die Wettbewerbsfähigkeit eines Unternehmens. Diese Entwicklung führt jedoch zwangsläufig auch zu einer steigenden Abhängigkeit der Unternehmen von der Zuverlässigkeit der automatisierten Datenverarbeitung. Störungen, Beschädigungen oder Manipulationen der elektronischen Informationsverarbeitung können daher sehr leicht zu einer existenzbedrohenden Gefährdung werden. Im Rahmen des Risikomanagements muß die Abhängigkeit der Geschäftsprozesse des Unternehmens von Komponenten des Informationssystems analysiert werden. Schwachstellen im System sind zu ermitteln und Schutzmaßnahmen müssen in die Systemkonfiguration eingebracht werden. Diese Aufgaben sollten soweit wie möglich durch ein rechner-gestütztes Werkzeug unterstützt werden. Die Architektur eines solchen Werkzeugs und das zugrundeliegende Modell werden beschrieben.

Gliederung

1 Einleitung
2 Risikomanagement bei verteilten Informationssystemen
3 Besonderheiten eines verteilten Informationssystems
4 Modellierung des verteilten Informationssystems
5 Analyseverfahren
6 Werkzeugunterstützung für das Risikomanagement
7 Status und Ausblick
8 Literatur

---

* Diese Arbeit wurde im Rahmen des ESPRIT Projekts 2071, COMANDOS (Construction and Management of Distributed Open Systems), gefördert.

1   Einleitung

<u>Ursachen der Beeinträchtigung der DV-Sicherheit</u>

(vgl. KES und Cap Gemini (1990))

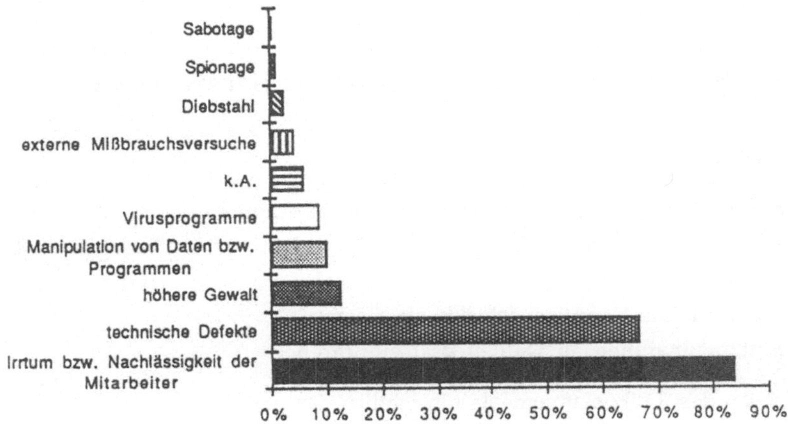

- Technischen Defekte sind neben Nachlässigkeiten und Irrtümern der Mitarbeiter, eine der wesentlichen Ursachen, die zu einer Beeinträchtigung der Sicherheit der Informationsverarbeitung führen.
- Ausfallrisiken aufgrund technischer Defekte müssen genauer untersucht werden.

<u>Anforderungen an das Risikomangement</u>

Im Rahmen des Risikomanagements des Unternehmens sind auch auch die Risiken für das Unternehmen aufgrund von Systemausfällen zu untersuchen.

- Systemmodell zur Darstellung der Abhängigkeiten zwischen Systemkomponenten (Hardware und Software) ist erforderlich.
- Verfügbarkeitseigenschaften von Systemkomponenten sind zu ermitteln.
- Wechselwirkungen, die sich durch den Ausfall einer Systemkomponente für das Arbeiten anderer Systemkomponenten ergeben müssen untersucht werden.

- Auswirkungen von Ausfällen von Systemteilen auf den Ablauf von Geschäftsprozessen müssen untersucht werden. Eine prozess-orientierte Betrachtungsweise bietet sich an.
- Gegenmaßnahmen zur Verminderung des Ausfallrisikos müssen realisiert werden.
- Einsatz von Werkzeugen zur Unterstützung des Risikomanagement-Prozesses ist sinnvoll.

2   Risikomanagement bei verteilten Informationssystemen

<u>Aufgaben des Risikomanagements</u>

- Vermögensobjekte im Informationssystem bestimmen.
- Gefahren für die Vertraulichkeit, Integrität und Verfügbarkeit von Informationen analysieren.
- Risiken für die Vermögensobjekte abschätzen.
- Schutzmaßnahmen auswählen und einführen.

Aufgaben des Risikomangements hinsichtlich des Aspekts der Verfügbarkeit:

- Vermögensobjekte hinsichtlich der Verfügbarkeit analysieren.
- Ausfallverhalten von Systemkomponenten analysieren und Ausfallwahrscheinlichkeiten durch Messung oder Expertenschätzung bestimmen.
- Verfügbarkeitskennziffern ermitteln.
- Auswirkungen auf den bestimmungsgemäßen Ablauf von Geschäftsprozessen ermitteln.
- Konfiguration des Informationssystems verbessern.

<u>Vorgehensweise für das Risikomanagement</u>

- Analyse der Objekte des Vermögens: Die Objekte des Informationssystems werden hinsichtlich des Wertes, den sie für die Unternehmung haben untersucht und klassifiziert.
- Analyse der möglichen Bedrohungen: Ausfälle von Systemteilen (z.B. Datenverlust, Hardwareausfälle) werden analysiert und ihre Häufigkeit durch Ausfallraten bestimmt.
- Ermittlung des Risikos: Aus dem Wert eines Objekts und der möglichen Ausfalldauer wird eine Maßzahl für das Risiko errechnet. Sie gibt den geschätzten Verlust für eine bestimmte Ausfalldauer an.

- Bewertung des Schadensausmaßes: Verschiedene Szenarien von Systemausfällen werden durchgespielt und miteinander verglichen.
- Auswahl und Bewertung von Schutzmaßnahmen: Schutzmaßnahmen können Änderungen in der Hardware- oder Software-Konfiguration sein. Basierend auf den Informationen über das Schadensausmaß werden verschiedenen Konfigurationsänderungen miteinander verglichen.
- Durchführung der Schutzmaßnahmen: Die erforderlichen Maßnahmen werden im verteilten Informationssystem realisiert.

3   Besonderheiten eines verteilten Informationssystems

<u>Auswirkungen der Verteilung der Informationsverarbeitung auf die Verfügbarkeit</u>

Nachteile:

- Zunahme der Komplexität der Systemkonfiguration durch Verteilung von Programmen und Daten
- Abhängigkeit des Unternehmens von Systemteilen ist nicht mehr offensichtlich.
- Dynamik aufgrund der Eigenschaften Flexibilität und Erweiterbarkeit (vgl Wedekind (1988)) erschwert das Risikomanagement. Einmalige Analysen sind nicht ausreichend.

Vorteile:

- Einbau von Redundanzen mit einer feineren Granularität möglich.
- Kontrollierte Degradierung der Systemfunktionalität möglich.
- Einsatz von fehlertoleranten Rechnern im Netz

4   Modellierung des verteilten Informationssystems

<u>Anforderungen an das Modell</u>

- Prozess-orientierte Betrachtungsweise als Basis
- Konzepte zur Analyse und Handhabung des Ausfallrisikos bereitstellen.
- Wechselwirkungen zwischen Komponenten müssen berücksichtigt werden.

<u>Beschreibung des Modells</u>

- Geschäftsprozesse bilden die oberste Ebene des Modells.

- Geschäftsprozesse bestehen aus einer Sequenz von Aktivitäten, die sequentiell oder parallel abgearbeitet werden.
- Ein Geschäftsprozess besteht aus mindestens zwei Aktivitäten (Start- und Endeaktivität).
- Aktivität ist eine atomare Einheit, die nicht weiter zerlegt werden soll.
- Jede Aktivität ist einem bestimmten Aktivitätstyp zugeordnet.
- Einem Aktivitätstyp ist eine Menge von Funktionen zugeordnet, die für die Bearbeitung der Aktivitäten von diesem Typ erforderlich sind.
- Die Funktionen in einer Funktionsmenge werden durch Anwendungen bereitgestellt.
- Eine Anwendung besteht aus Software-Komponenten (Programme oder Daten).
- Software-Komponenten benötigen bei ihrer Ausführung den Zugriff auf bestimmte Hardware-Komponenten des Systems.
- Hardware-Komponenten sind physikalischen Einheiten, wie zum Beispiel Rechner.
- Eine Hardware-Komponenten kann noch in weitere Einheiten unterteilt werden, wie zum Beispiel CPU, Hauptspeicher, Festplatte oder Bandlaufwerk.

<u>Beziehungen zwischen den Modellelementen</u>

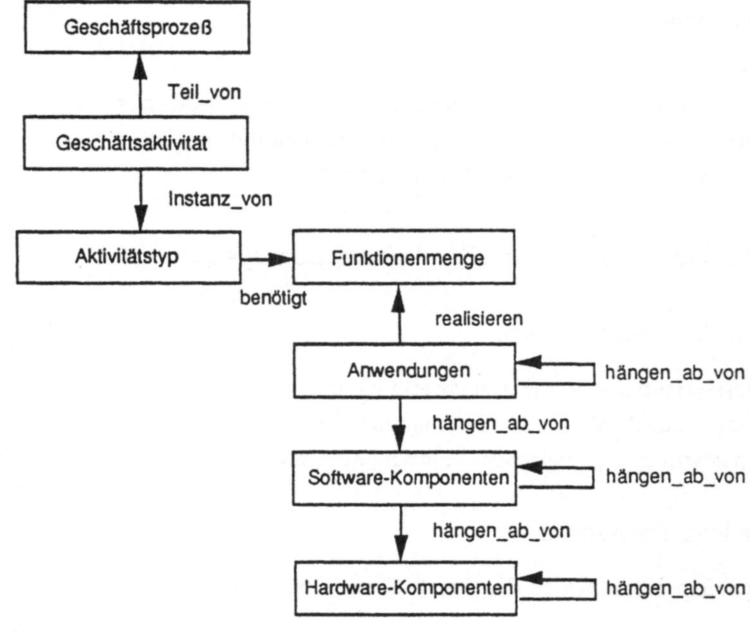

<u>Vermögensobjekte und Bedrohungen</u>

Objekte, deren Ausfall zu einem bestimmten Verlust führt werden als Vermögensobjekte bezeichnet.

Als Vermögensobjekte werden betrachtet:
- Geschäftsprozesse
- Geschäftsaktivitäten
- Anwendungen
- Software-Komponenten
- Hardware-Komponenten

Bewertung der Vermögensobjekte
- entgangener Gewinn bei Geschäftsprozessen und -aktivitäten
- Wiederbeschaffungswert für Software- und Hardware-Komponenten

Komponentenausfälle werden als Bedrohungen betrachtet. Attribute einer Bedrohung sind:
- Eintrittswahrscheinlichkeit
- Schadenshöhe
- Auswirkungsgrad (z. B. Ausfalldauer)

Als Kennziffer für das Risiko wird die Schadenserwartung durch das Produkt der drei Attribute berechnet. Zur Beurteilung des Risikos sind aber alle drei Angaben wesentlich.

<u>Modellsprache</u>

Generelle Anforderungen:
- formale Spezifikation
- einfache Handhabung der Sprache
- frei wählbares Aggregationsniveau

Inhaltliche Anforderungen:
- Beschreibung der Entitäten des Modells
- Beschreibung der Zusammenhänge zwischen den Entitäten des Modells

(zu Modellsprachen vgl. Goyal und Lavenberg (1987))

Beispiel zur Beschreibung einer Software-Komponente "Tabellenkalkulation":

SW_COMP:	Tabellenkalkulation
SW_TYPE:	Anwendung
AUSFALL_RATE:	0.005
REPAR_RATE:	0.9
ORT:	Rechner2
ABHÄNGIGKEIT:	Standard-Makros, Kalkulationsdaten

<u>Abhängigkeitsgraph</u>

Darstellung der Zusammenhänge zwischen den Entitäten mit einem Abhängigkeitsgraphen:
- Verwendung der Modellinformation ABHÄNGIGKEIT
- ermöglicht die Auswirkungen eines Komponentenausfalls zu erkennen

Abhängigkeitsgraph am Beispiel eines Geschäftsprozesses "Angebotserstellung":

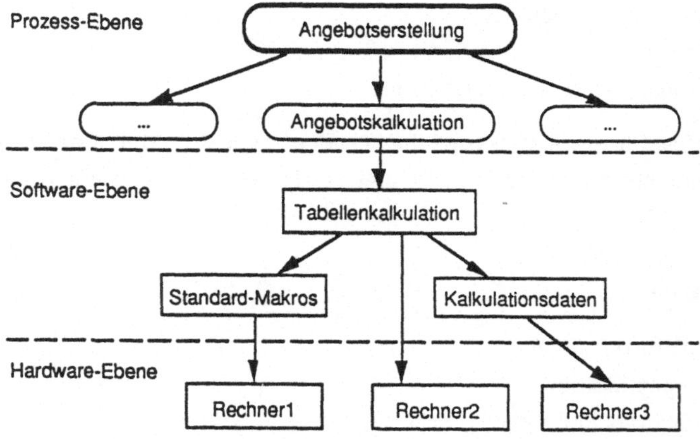

<u>Betrachtung von Zuständen des Informationssystems</u>

- Zustand ist definiert durch eine Kombination von arbeitenden und ausgefallenen Komponenten
- Für ein System mit n Komponenten sind maximal 2^n Zustände möglich
- Simulation der Zustandsübergänge mittels kontinuierlicher Markov-Prozesse
- volle Verfügbarkeit: alle benötigten Funktionen sind vorhanden
- kontrollierte Rückstufung der Systemfunktionalität

5 Analyseverfahren

Analyse von Vermögensobjekten

Es ist zu analysieren, welche materiellen oder immateriellen Objekte einen Wert für das Unternehmen darstellen.

Grundsätzliche Methoden der Wertbestimmung:

- direkte Messung und Berechnung (z. B. Berechnung der Arbeitszeit, wenn Wiederholung von Arbeitsgängen nötig sind, Messen der Ausfalldauer und Ausfallhäufigkeit einer Komponente)
- Ermittlung über Hilfsgrößen und vorhandenes Datenmaterial (z. B. branchenübliche Statistiken)
- subjektive Schätzung aufgrund der Befragung eines oder mehrerer Experten

Mögliche Analyseverfahren:

- Bilanzanalyse bei materiellen Objekten (vgl. Blankenburg (1984))
- Nutzwertanalyse (vgl. Zangemeister (1970))
- Scoring-Modelle (vgl. Wagener (1978)
- Vier-Ebenen-Modell (vgl. VDI (1987)

Analyse von möglichen Bedrohungen

Es ist zu untersuchen, welche Ereignisse im Informationssystem und welche Systemzustände zu einer Bedrohung für den geordneten Ablauf von Geschäftsprozessen werden können.

Mögliche Analyseverfahren:
- Fehlerbaum-Analyse (vgl. Bishop (1990), DIN (1977))
- Ausfall-Effekt-Analyse (vgl. Bishop (1990))
- Störablaufanalyse (vgl. DIN (1979))
- Zwei-Punkt-Schätzung (vgl. Carroll (1983))
- Drei-Punkt-Schätzung (vgl. Carroll (1983))
- Simulation mit Hilfe der Monte-Carlo Methode (vgl. Schindel (1977))
- Simulation mit Hilfe von Markov-Modellen (vgl. Bishop (1990))

6   Werkzeugunterstützung für das Risikomanagement

Da Risikoanalysen in verteilten Informationssystemen sehr komplex werden
können, sind rechner-gestützte Werkzeuge erforderlich.

<u>Anforderungen an das Werkzeug</u>

* Unterstützung in den Phasen eines Entscheidungsprozesses (Erkenntnis-
  gewinnung, Modellerstellung, Bewertung und Implementierung)
* Modellierung der Abhängigkeiten im verteilten System
* Verfügbarkeitsmessungen im laufenden System
* Bewertung der Verlässlichkeit der Systemkomponenten
* Änderung der Systemkonfiguration

<u>Struktur für ein Risikomanagement-Werkzeug</u>

(vgl. Meitner, Medina, Finn et al. (1990))

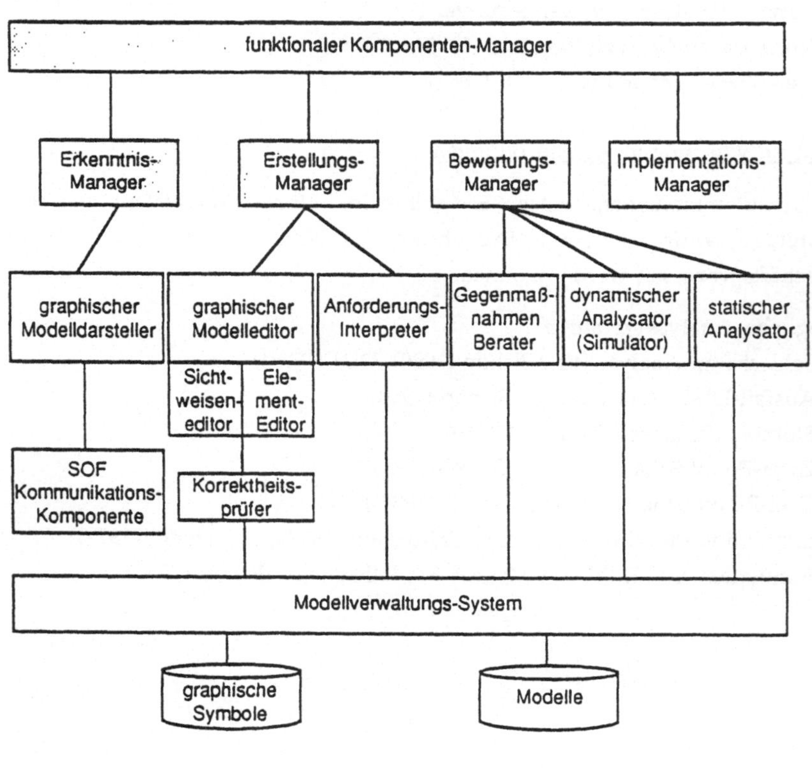

<u>Beschreibung der einzelnen Komponenten</u>

Funktionaler Komponenten-Manager:
- Steuerung der anderen Komponenten

Erkenntnis-Manager:
- Zugriff auf Daten aus dem laufenden System
- graphische Darstellung des Modells
- Informationen über das Ausfallverhalten von Hardware- und Software-Komponenten
- Statistiken über die Anzahl der Ausfälle, die mittlere Ausfalldauer, die mittlere Zeitdauer zwischen Ausfällen und die Verfügbarkeit

Erstellungs-Manager:
- Erstellung des Modells vom Informationssystem und der Geschäftsprozesse
- Anforderungs-Interpreter zur Erfassung der organisatorischen Gestaltung von Geschäftsprozessen
- Modelleditor mit unterschiedlichen Sichtweisen:
  - Sichtweise der Hardware-Komponenten stellt die Beziehungen unter den Hardware-Komponenten dar.
  - Sichtweise der Software-Komponenten stellt die Beziehungen zwischen den Hardware-Komponenten und Software-Komponenten sowie unter den Software-Komponenten selbst dar.
  - Aktivitäten Sichtweise stellt die Beziehungen zwischen Aktivitäten und Software-Komponenten dar.
- Sichtweisen-Editor ermöglicht es die Sichtweise durch Hinzufügen oder Löschen von Elementen zu verändern.
- Element-Editor wird verwendet, um die Attribute der Modellelemente zu bestimmen.

Bewertungs-Manager:
- Bewertung der Risiken für Vermögensobjekte
- Statischer Analysator zur strukturellen Analyse des Abhängigkeitsgraphen
- Dynamischer Analysator zur Simulation der Zustandsübergänge der Hard- und Software-Komponenten
- Hinweise auf mögliche Schutzmaßnahmen

Implementations-Manager:
- Verlagern von Software-Komponenten
- Erzeugen von Redundanzen

7   Status und Ausblick

<u>RiskMa - ein Werkzeug-Prototyp</u>

Status:

- Erkenntnis-Manager und Erstellungs-Manager vorhanden
- Implementierungsumgebung:
  - vernetzte Unix Workstations
  - Programmiersprache C++
  - Benutzerschnittstelle realisiert mit dem Fenstersystem X und dem objekt-
    orientierten InterViews
- Einsatzfeld:
  - lokale Netze
  - unternehmensweite Netze

Weitere Forschungsarbeiten:
- Einsatz der statischen Analyse
- Einsatz der dynamischen Analyse
- Bewertung von Vermögensobjekten
- Ausdehnung auf Fragestellungen der Vertraulichkeit und Integrität

8   Literatur

Bishop, P. G. (1990, Hrsg.): Dependability of Critical Computer Systems 3 -
    Techniques Directory. London und New York: Elsevier Science Publishers,
    1990.

Blankenburg, J. (1984): Risiko-Management. In: Management Enzyklopädie, Band
    8, 2. Auflage, München: Moderne Industrie, 1984, S. 218-226.

Carroll, J. M. (1983): Decision Support for Risk Analysis. In: Computers & Security
    2 (1983), S. 230-236.

DIN (1977, Hrsg.): Fehlerbaumanalyse. DIN 25424, Berlin: Beuth-Verlag, Juni
    1977.

DIN (1979, Hrsg.): Störablaufanalyse. DIN 25419, Teil 1, Juni 1977, Teil 2, Februar
    1979, Berlin: Beuth-Verlag.

Goyal, A. und S.S. Lavenberg (1987): Modeling and analysis of computer system
    availability. In: IBM Journal on Research and Development, Vol. 31, Nr. 6,
    November 1987, S. 651-664.

KES und Cap Gemini (1988): KES / Cap Gemini Sesa Sicherheits-Enquête 1989/90.
    Ingelheim: Peter Hohl Verlag, 1990.

Meitner, H., M. Medina, E. Finn, C. Persy (1990): Security Facilities in Distributed Systems. In: Lippold, H. und P. Schmitz (Hrsg.): Sicherheit in netzgestützten Informationssystemen, Tagungsband der SECUNET 90, Vieweg Verlag, 1990, S. 357-371.

Schindel, V. (1977): Risikoanalyse. München: Florentz, 1977.

VDI (1987, Hrsg.): Technikbewertung der Bürokommunikation. VDI-Richtlinie 5015, Düsseldorf: VDI-Verlag, Entwurf 1987.

Wagener, F. (1978): Die partielle Risikoanalyse als Instrument der integrierten Unternehmensplanung. München: Florentz, 1978.

Wedekind, H. (1988): Grundbegriffe verteilter Systeme aus der Sicht der Anwendung. In: Informationstechnik it, Jg. 30, Nr. 4, R. Oldenbourg Verlag, 1988.

Zangemeister, Ch. (1970): Nutzwertanalyse in der Systemtechnik. München: Wittemannsche Buchhandlung, 1970.

Dipl.-Inform. Rüdiger Zeyen

Sicherheitsvergleich von LAN

Sicherheitsvergleich von Lokalen Netzwerken (LAN)

Ein Sicherheitsvergleich von Lokalen Netzwerken kann sich nicht nur auf die eingesetzten Netzwerkbetriebssysteme beschränken, sondern muß das gesamte LAN als ein System der Informationstechnik (IT) in die Betrachtungen einbeziehen.

Die IT-Sicherheit eines LAN soll folgendes gewährleisten:

* **Vertraulichkeit** - Verhinderung einer unbefugten Preisgabe von Informationen
* **Integrität** - Verhinderung einer unbefugten Veränderung von Informationen
* **Verfügbarkeit** - Verhinderung der unbefugten Beeinträchtigung der Funktionalität,

wobei in Abhängigkeit vom Einsatz des Netzwerks unterschiedliche Anforderungen in den drei Bereichen zu stellen sind.

Ein LAN als IT-System besteht aus unterschiedlichen Komponenten, die sicherheitsrelevant in o.a. Sinne für das Gesamtsystem sind:

* Server
* Netzwerkarbeitsplätze
* Kommunikationsperipherie
* Netzwerkbetriebssystem.

In Bezug auf die Bewertung der Sicherheit eines im Einsatz befindlichen oder geplanten LAN muß das Zusammenspiel aller technischer Komponenten als auch die getroffenen oder möglichen organisatorischen Maßnahmen im Umfeld, infrastruktureller oder personeller Art, mit berücksichtigt werden. Einerseits ist das Gesamtsystem so sicher wie sein schwächstes Glied, andererseits können Schwachstellen an gewissen Komponenten durch Sicherheitsmechanismen an anderer Stelle im System oder durch organisatorische Maßnahmen ausgeglichen werden. Die Schnittstellen zwischen den verschiedenen Komponenten bedürfen besonderer Beachtung aus sicherheitstechnischer Sicht.

Im folgenden werden mögliche Sicherheitsmaßnahmen gegen wesentlichen Bedrohungen der IT-Sicherheit im LAN dargestellt. Diese können als Ansätze für eine sicherheitstechnische Bewertung jedes LAN genutzt werden. Abschließend wird am Beispiel von drei Netzwerkbetriebssystemen vergleichend erläutert, welche Mechanismen dort umgesetzt sind, bzw. welche Maßnahmen an Netzwerkarbeitsplätzen, Servern oder der Kommunikationsperipherie beim Einsatz dieser Netzwerkbetriebssysteme umsetzbar sind.

Die Nutzung des Systems darf nur durch autorisierte Nutzer erfolgen, daher muß vor jeglicher Aktivität im Netz eine Identifikation mit Authentisierung erfolgen. Bei einer Authentisierung durch Paßwort ist dessen minimale Länge, der erzwungene Paßwortwechsel und die verschlüsselte Übertragung des Paßworts sicherheitsrelevant. Besser wäre der Einsatz von Chipkarten in Kombination mit einem Paßwort.

Um das unbefugte Einbringen von Programmen (Viren und Trojanische Pferde) in das System zu verhindern, sollten die Netzwerkarbeitsplätze beim Systemstart sofort vom Server gebootet werden. Lokale Diskettenlaufwerke beinhalten diesbezüglich erhebliche Sicherheitsrisiken. Auch sonstige frei nutzbare Schnittstellen der Netzwerkarbeitsplätze stellen in Bezug auf das unbefugte Installieren von Programmen ein Risiko dar.

Die Rechteverwaltung gewährleistet, daß Zugriffsrechte unterschiedlicher Art für die unterschiedlichen Resourcen im Netz nutzerabhängig definiert werden können. Neben der Notwendigkeit der Konsistenz der Rechtevergabe sind die Übersichtlichkeit der Rechtestruktur und die Unterstützung des Administrator bei der Vergabe von Rechten wichtige Aspekte. Die darauf aufbauende Rechteprüfung muß vor jedem Zugriff die entsprechende Berechtigung überprüfen und unberechtigte Zugriffe verweigern. Insbesondere der Zeitpunkt der Rechteprüfung ist von besonderer Bedeutung. Möglichkeiten bei Zugriffen auf die Daten, die Rechteprüfung durch ein Ausschalten des Netzwerkbetriebssystems und Nutzung des Servers in einen anderen Modus oder durch Nutzung der Backup-Daten zu umgehen können durch sichere Dateiformate bzw. Verschlüsselung der Daten verhindert werden.

Die Beweissicherung soll alle wesentlichen sicherheitsrelevanten Ereignisse protokollieren und einem Administrator zugänglich machen. Dies muß auf dem Netzwerkserver erfolgen. Der Zugriff auf die entsprechenden Dateien muß geschützt sein. Maßnahmen, die ein Überlaufen dieser Dateien verhindern, müssen vorhanden sein.

Um eine hohe Verfügbarkeit des Netzes zu gewährleisten, müssen die Kommunikationsinfrastruktur als auch die Server Möglichkeiten zur Fehlerüberbrückung bieten. Ziel ist es, bei Ausfällen von Komponenten eine Mindestfunktionalität weiterhin bereitzustellen. Ansatzpunkte bieten: Serverduplizierung, Plattenduplizierung, Plattenspiegelung, geprüfte Datenspeicherung mit Umgehung von Plattenfehlern oder Nutzung von unterbrechungsfreien Stromversorgungen. In Bezug auf die Kommunikationsinfrastruktur ist eine Abtrennung von fehlerhaften Segmenten und die Verhinderung von unbefugt erzeugter Kommunikationslast, mit dem Ziel das Netz lahmzulegen, zu betrachten.

Die Kommunikationsinfrastruktur soll eine sichere Datenübertragung gewährleisten. Es müssen die Vertraulichkeit der Daten während der Übertragung und deren Integrität gewährleistet werden. Hierzu ist der Einsatz von verschlüsselter Information bei der Datenübertragung die einzig sichere Alternative. Durch entsprechende Verschlüsselung kann auch eine gegenseitige Authentisierung der Kommunikationspartner erfolgen. Diese Bereiche werden durch Netzwerkbetriebssysteme in der Regel nicht abgedeckt, so daß hier auf Sicherheitsmechanismen der Kommunikationsinfrastruktur zurückgegriffen werden muß. Sicherheitslücken in diesem Bereich bieten Ansatzpunkte, um die Sicherheitsmechanismen der Netzwerkbetriebssysteme zu umgehen. Daher müssen die Schnittstellen zur Kommunikationsinfrastruktur klar definiert und abgegrenzt sein.

Prof. Dr. Reinhard Posch

Sicherheitsaspekte beim Zusammenschluß lokaler Netzwerke

Sicherheitsaspekte beim Zusammenschluß lokaler Netzwerke

R.Posch[1]

<u>Zusammenfassung</u>

Der Vortrag geht von einer realen Situation des Zusammenschlusses einer Reihe unterschiedlicher Netzwerke über ein Glasfasernetz aus. Die tatsächlichen Anforderungen an die Netzwerksicherheit der einzelnen Subnetze ist aufgrund der Heterogenität der Applikationen gänzlich unterschiedlich.

Beginnend mit den Sicherheitsaspekten und Sicherheitsmechanismen wird das Design sicherer lokaler Netzwerke vorgestellt. Dieses ist aber - und das ist in der Praxis der Regelfall - aufgrund des nachträglichen Zusammenschlusses von Produkten des realen Marktes nur in sehr eingeschränkter Form anwendbar.

Ein weiterer Abschnitt beschäftigt sich mit den Möglichkeiten, Sicherheit von außen im Wege filternder Brücken in das Netzwerkkonglomerat zu bringen. Der konkrete Zugang zu diesem Problem wird mit den resultierenden Sicherheitseffekten und den Möglichkeiten des Managements in einem dezentral verwalteten Gesamtsystem aus der Sicht der Praxis diskutiert.

Insgesamt versteht sich der Vortrag als eine Darstellung einer Möglichkeit, durchschaubar Sicherheit einzubringen im Bewußtsein, ein Übergang bis zum gesamthaft sicher konzipierten Neztwerk zu sein.

Gliederung

DAS UMFELD

- Lokale Netzwerke verschiedenster Topologien und mit verschiedensten Netzwerk-produkten sind in gewachsener Form und großer Mannigfaltigkeit vorhanden.
- Die Organisation der lokalen Netzwerke sowie der "SECURITY PERIMETER" sind in der Mehrzahl der Fälle der betrieblichen Organisationsstruktur abteilungsorientiert und angepaßt.
- Der Wunsch nach Zusammenschluß der einzelnen LANs als funktionale Erweiterung ist durchwegs zu beobachten.

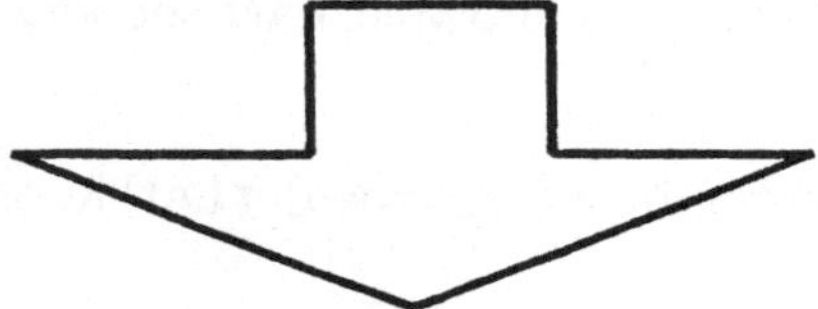

a) Die totale Integration ist vor dem Hintergrund der Heterogenität meist Utopie

b) Backbone Netze (z.B.: FDDI) ermöglichen die reale Integration ohne sich um die Seiteneffekte wirklich zu kümmern.

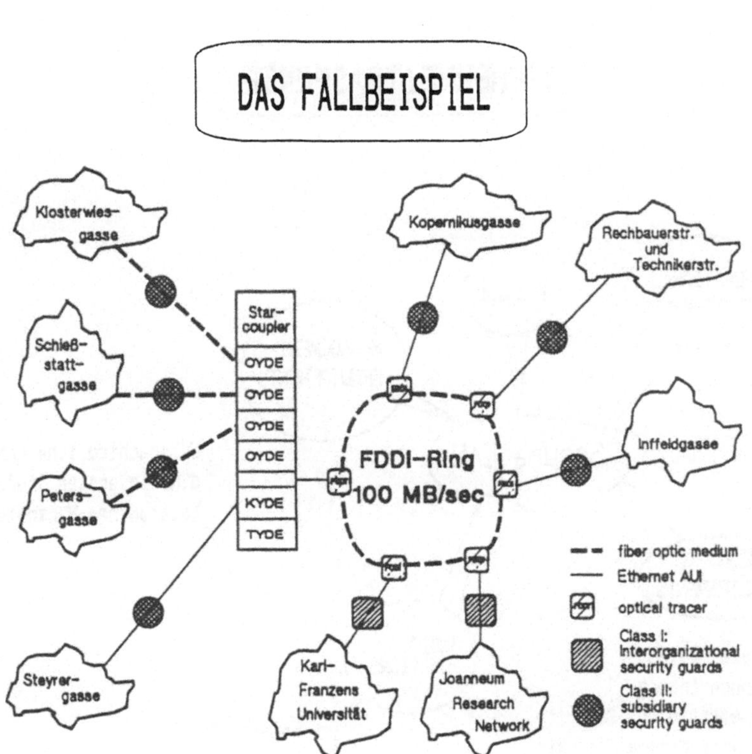

- Verschiedenste Sicherheitsanforderungen; vom "unbedarften Studenten" bis zur kritischen Notenverwaltung.
- Verschiedenste Produkte:

```
    * Ethernet:         IEEE  802.3
  [ * Token Ring:       IEEE  802.5]
    * FDDI:             ANS, X3.139 - 1987
    * INMOS LINK


    o X400                              [o SNA]
  [ o X500]                              o DECNET
  [ o FTAM]                              o TCP/IP
                                         o NFS
                                         o NOVELLE
                                         o 3COM
                                         .........
```

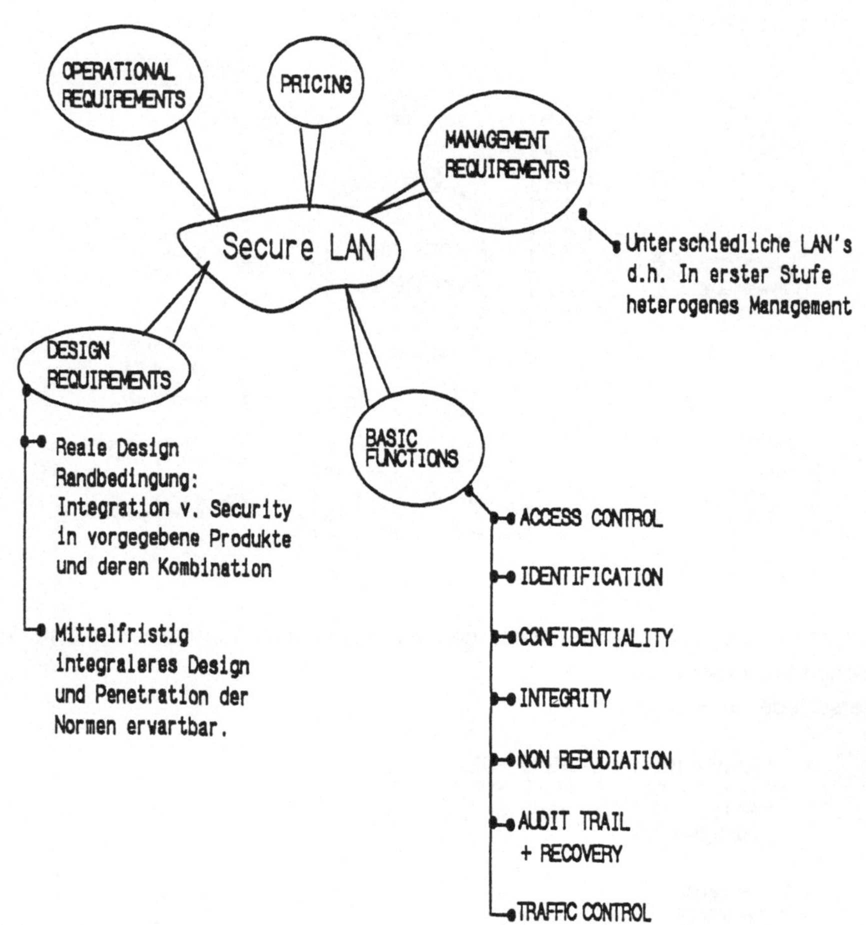

SICHERHEITSASPEKTE
OPERATIONAL REQUIREMENTS
PRICING
MANAGEMENT REQUIREMENTS
Secure LAN
Unterschiedliche LAN's
d.h. In erster Stufe
heterogenes Management
DESIGN REQUIREMENTS
Reale Design
Randbedingung:
Integration v. Security
in vorgegebene Produkte
und deren Kombination
Mittelfristig
integraleres Design
und Penetration der
Normen erwartbar.
BASIC FUNCTIONS
ACCESS CONTROL
IDENTIFICATION
CONFIDENTIALITY
INTEGRITY
NON REPUDIATION
AUDIT TRAIL
+ RECOVERY
TRAFFIC CONTROL

NETWORK SECURITY DESIGN

I) SPEZIFIKATION

Definition der Requirements

- Definition der Applikation

- Definition des "Security Perimeters"

- Definition der geforderten Sicherheit

- Definition des Security Managements

Identifikation der Randbedingungen

- Anwendbare Standards

- Netzwerk Typ und Topologie

- Organisationsformen

II) DESIGN

Definition der "Security Architecture"
Zuordnen der Funktionen zur Architektur
Definition der "Service Primitives"
Auswahl der Mechanismen
Definition der Protokolle

III) IMPLEMENTIERUNG

Identifikation/Entwicklung v. HW- und SW-Komponenten
Test und Verifikation
Performance Analyse
Zertifizierung

$$\text{SICHERHEIT:} \quad \frac{\text{AUFWAND der ATTACKE}}{\text{AUFWAND des SENDENS}}$$

SINGLE-LAN / MULTI-LAN

Single LAN Security

* Methoden existieren
* Produkte, die diese Methoden (teilweise) berücksichtigen, existieren z.B.: X400,
  RCAF etc.

> Sofern Security ein wesentliches Bedürfnis ist,
> kann sie beachtet werden.

- Workstationbereich TCP/IP etc. eher schwach
- Security ist nicht das alleinige Entscheidungskriterium

> In der Praxis wird in vielen Bereichen
> Sicherheit vernachlässigt.

Multi LAN Security

* LANs existieren lange vor dem Zusammenschließen.
* Meist steht die technische Koppelung im Vordergrund.
* Heterogene LANs haben heterogenen Securitybedarf.
* Jedes LAN hat seinen eigenen "Security Perimeter".
* Management ist meist nur heterogen und dezentral denkbar.
* Standards kümmern sich zunehmend um diesen Bereich IEEE 802.10

> "Sauberes Design" ist oft nicht möglich,
> aber die Koppelung muß durchgezogen werden.
> Trotz allem ist ein gewisses Maß an Sicher-
> heit erforderlich; notwendiger als im Single LAN.

SICHERHEITSPROBLEME

o Offene Busstrukturen, insbesondere Ethernet zeichnen sich aus durch:

- Die Art, Daten zu übertragen (Contention)
- Die Art, Daten zu empfangen (CSMA)
- Die Methode, Adressen zu manipulieren
- Die geographische Verteilung

► Spezifische Attacken

* Verkehrsflußstörungen (overflow)
* Lesen beliebiger Pakete
* Maskerade beliebiger Stationen
* Umleitung mit oder ohne Modifikation

! Die Protokolle der darüberliegenden Schichten sind nicht auf die Spezifikation von Ethernet abgestimmt. Meist stammen sie von vermaschten Netzwerken (vgl. DOD-Protokolle)

! Derartige Attacken wurden an Fallbeispielen nachvollzogen. Aufwand der Attacken ca. 1 Tag.

► Vereinigung mehrerer LANs zu einem LAN bringt ALLE PROBLEME mit sich und ist nur zentralistisch lösbar.

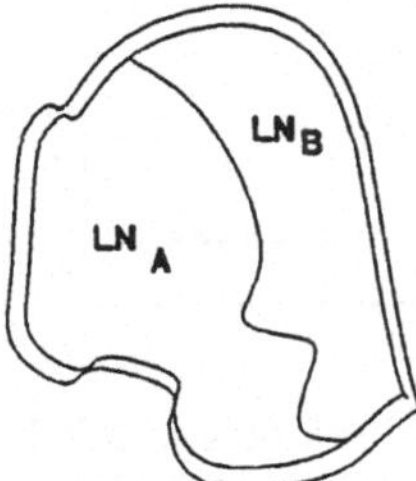

LN_{A+B}:
Verkehr $\Sigma L_A + \Sigma L_B + \Sigma T_{AB}$

• Lokaler und globaler Verkehr addiert sich

• Lokale und globale Probleme addieren sich

BRÜCKEN

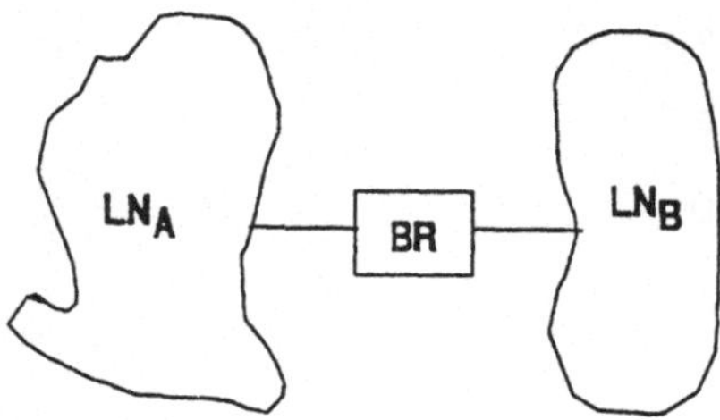

BRÜCKE:
Übertragungselement, das nur für Pakete zwischen den LANs 'offen' ist.

vgl. adaptive Brücken.

- Brücken sind eine Lösung für den "gutmütigen" Kommunikationsfall.

- Verkehrsbetrachtung: LN_A: $\Sigma L_A + \Sigma T_{AB}$
LN_B: $\Sigma L_B + \Sigma T_{AB}$

+ In der Praxis gilt: $\Sigma T_{AB} \ll \Sigma L_A$
$\Sigma T_{AB} \ll \Sigma L_B$

+ Der Verkehr im "günstigsten" Fall ist innerhalb der LANs ungestört.

- Die LANs sind in der Regel unabhängig organisiert

  ► MANAGEMENT ANFORDERUNG
  - Passwortmanagement (Keymanagement)
  - Management der Zugriffsrechte
  - Management der Ressourcenkontrolle

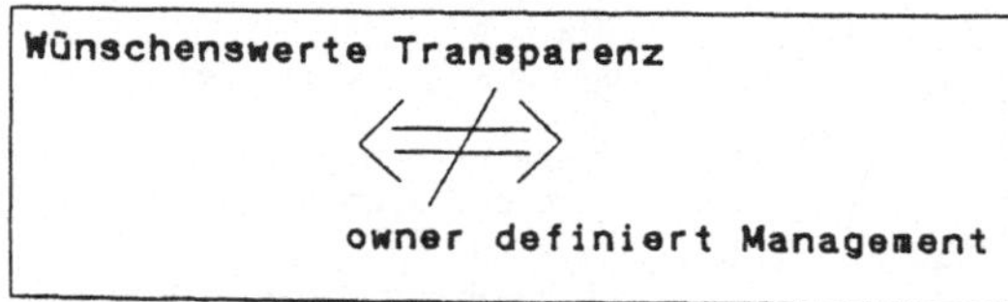

- Netzunabhängige Strukturen (z.B.: unter Verwendung von X500) denkbar und in der Literatur vorgeschlagen, doch in der Praxis nicht verfügbar.

BRÜCKE MIT FILTER

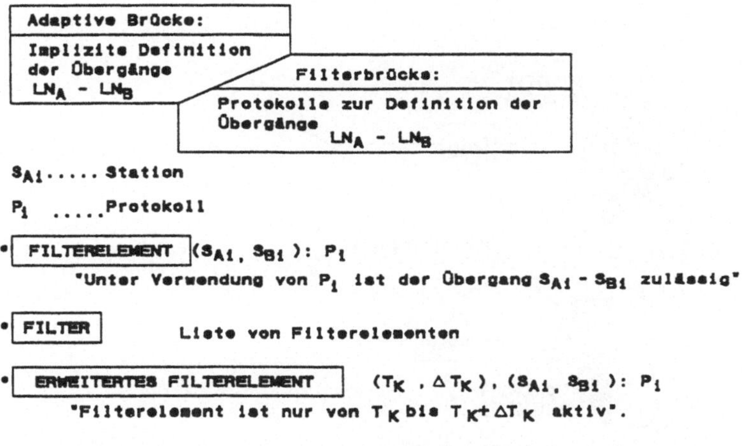

S_{Ai} ..... Station

P_i ..... Protokoll

- **FILTERELEMENT** (S_{Ai}, S_{Bi}): P_i

  "Unter Verwendung von P_i ist der Übergang S_{Ai} - S_{Bi} zulässig"

- **FILTER** Liste von Filterelementen

- **ERWEITERTES FILTERELEMENT** $(T_K, \Delta T_K)$, (S_{Ai}, S_{Bi}): P_i

  "Filterelement ist nur von T_K bis $T_K + \Delta T_K$ aktiv".

- Vereinfachung: Ersetzen von S_{Ai} durch E_{Ai} (Netzadresse)

AUSWIRKUNG:

- ▸ Der kontrollierende Effekt von Filterbrücken ist klar durchschaubar.

- ▸ Filter sind Server- bzw. Applikationsorientiert.

- ▸ Klassifikation von LAN Stationen: Lokal, Lokal + transient.

- ▸ Maskerade stark eingeschränkt.

- ▸ Verkehrskontrolle immanent.

- ▸ Audit trail des transienten Verkehrs möglich.

- ▸ Strategien der Belastung des Verkehrs implementierbar.

- ! Durch Abwicklung einiger Protokollelemente (z.B.: DOD - ARP) in den Brücken lassen sich wesentliche zusätzliche Sicherheiten erreichen.

BRÜCKEN IN HETEROGENEN STRUKTUREN

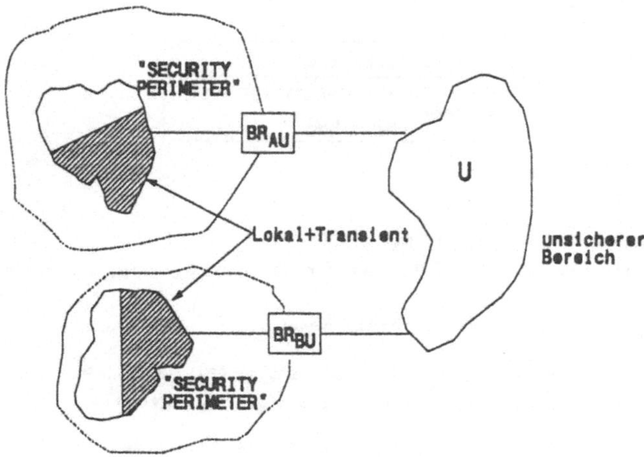

- Die Kapazität der Brücken ist beschränkt, d.h. es können nur wenige Security Services in der Brücke abgewickelt werden.
- Aus designtechnischen Randbedingungen ist END to END Security des transienten Verkehrs nicht möglich.

VERSCHLÜSSELUNG IN LAN UND BRÜCKE

$$\text{SICHERHEIT} := \frac{\text{AUFWAND für ATTACKE}}{\text{AUFWAND für SENDER}}$$

o VERNAM Cypher: One time key. Sehr gut, aber! (Schlüsselkommunikation)

o RSA Cypher: Sehr gut, wenn anwendbar. (Blockorientiert, kommerziell < 20 Kb/sec)

o DES Cypher: Sehr schnell bei zusätzlicher HW. Geheimer Kanal für Schlüssel notwendig.

> • Verschlüsselung sollte in der Bridge nur selten verwendet werden.
>
> • Kombination aus verschiedenen Cyphers notwendig.

1) Verschlüsselung gerechtfertigter Meldungen:
   - selten
   - Aufwand u. Verzögerung gerechtfertigt

2) Authentifizierung von Brücken untereinander:
   - Normvorschläge vorhanden

3) Management von Filterelementen:
   - Notwendig wegen der Heterogenität

4) Signatur von Paketgruppen.

▶▶ IM FALLBEISPIEL

   * VERNAM/RSA Kombination

$$BR_{AU} \quad z_1 \dots z_n \quad \boxed{RSA_{(z_1)} \dots RSA_{(z_n)}} \Rightarrow \quad BR_{BU} \quad z_1 \dots z_n$$

   * Kann in den off-Peak Phasen vorberechnet und übertragen werden.
   * Kann in kleinen Portionen als Streamcypher verwendet werden.
   * Kein geheimer Kanal nötig.

MANAGEMENT DER FILTERBRÜCKE

IM FALLBEISPIEL

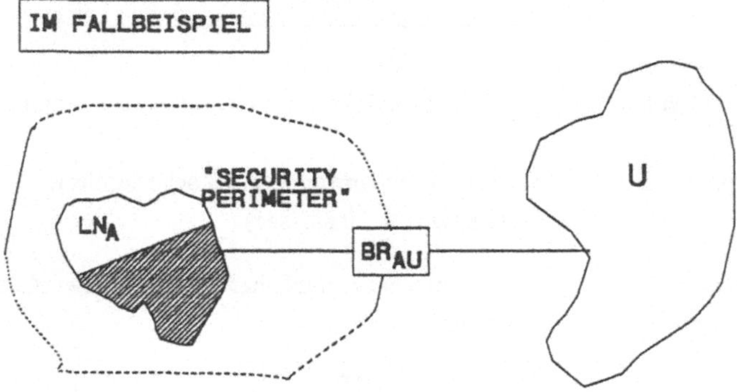

o Definition von Filterelementen und Security Funktionen seitens des "OWNERS".

o OWNER der Brücke BR_{AU} ist der Netzwerkmanager von LN_A

o Innerhalb von LN_A gibt es unabhängige station owner.

▸▸   - Directory als name server.

- Authentifizierungsprotokolle zwischen BR_i, BR_j.

- S_{Aj} --> BR_{AU}:   - Filterelemente
                            - Security Function Request

- BR_{AU} --> S_{Aj}:   - Status

- Protokollelemente durch RSA gesichert. (Vertretbar, da selten).

CONCLUSIO

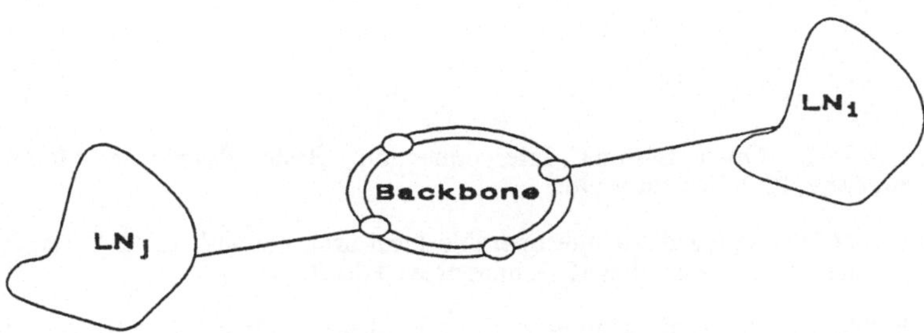

o Integrales Design bei Heterogenität der Hersteller u. Produkte nicht verfügbar.

o Teilaspekte der Security sind durch geeignete Bridges "überlagerbar".

▸ Überschaubares, daher anwendbares Sicherheitskonzept; ist in weiten Bereichen einsetzbar.

AUSBLICK: Normen werden sich
bis zur Anwendbarkeit
im Inter-Network-
bereich durchsetzen.

LITERATURHINWEISE

[1]   **ISO 7498-2:** Open Systems Interconnection: Basic Reference Model-Security Architecture, ISO, February 1989.

[2]   **IEEE 802.10:** Standard for interoperable local area network (LAN) security (SILs), part a - the model. December 1989, unapproved draft.

[3]   **IEEE 802.10:** Standard for interoperable local area network (LAN) security (SILs), part b - secure data exchange. June 1990, unapproved draft.

[4]   **F. Backes:** Transparent bridges for interconnection of IEEE 802 LAN's. IEEE Network, 2(1), January 1988.

[5]   **W.D. Sincoski, C.J. Cotton:** Extended bridge algorithms for large networks. IEEE Network, 2(1), January 1988.

[6]   **W. Diffie:** The first ten years of public-key cryptography. Proceedings of the IEEE, 76(5):560-577, May 1988.

[7]   **Philip Marsden:** Internetworking IEEE 802/FDDI LAN's via the ISDN frame relay bearer service. Proceedings of the IEEE, 79(2):223-229, February 1991.

[8]   **J.H. Moore:** Protocol failures in cryptosystems. Proceedings of the IEEE, 7685:594-602, May 1988.

[9]   **R. Needham and M. Schroeder:** Using encryption for authentication in large networks of computers. Communications of the ACM, 21(12):993ff, December 1978.

[10] **V. Voydock and S. Kent:** Security mechanisms in high-level network protocols. Computing Surveys, 15(2):135ff, June 1983.

[11] **M. Soha R. Perlman:** Comparison of two LAN bridge approaches. IEEE Network, 2(1), January 1988.

Sektion C

Sicherheit in öffentlichen Netzen (insb. ISDN)

Leitung:
Dr. Udo Winand

Dr. Werner Schmidt

Datenschutz und ISDN:
Stand und Ausblick

Dr. W. Schmidt

beim Bundesbeauftragten
für den Datenschutz

Datenschutz und ISDN
Stand und Ausblick

Zusammenfassung

Für die Datenverarbeitung in der Telekommunikation, die auf
absehbare Zeit über das ISDN (Integrated Services Digital
Network) geführt werden wird, ist Datenschutz _ein_ zu beach-
tendes Gestaltungsmerkmal. Einige der mit den voraussichtlich
ab 1. Juli 1991 geltenden Datenschutzverordnungen getroffenen
Regelungen sind verbesserungsfähig oder auch verbesserungsbe-
dürftig. Das Verfahren zu ihrer Gestaltung hatte mit
Konsensbildung wenig gemein; mit besseren Verfahren werden
auch bessere Ergebnisse zu erreichen sein.

Gliederung

A. Einleitung

B. Interessenlagen bei der Telekommunikation

C. Einige Lösungen für kritische Fragen in den Datenschutzverordnungen

D. Anmerkungen zum Verfahren

A. Einleitung

These 1

In den achtziger Jahren hat sich die Zielrichtung des Datenschutzes verändert: Ging es früher vorrangig um <u>Mißbrauchs-
verhinderung,</u> so wird heute der <u>Umgang</u> mit personenbezogenen
Daten <u>geregelt.</u> Die generelle Forderung ist, möglichst wenig
personenbezogene Daten zu verarbeiten, um möglichst wenig von
der Privatsphäre der Betroffenen deren Kontrolle zu entziehen.
Konnte man früher fragen:
 "Stört das denn den Betroffenen?",
so lautet die Frage jetzt:
 "Was geht das den Datenverarbeiter an?"

These 2

Die Telekommunikation wächst
- in der Menge,
- in der Qualität und
- immer mehr in die automatisierte Datenverarbeitung hinein.

Auch wenn die Wachstumsraten im Datenverkehr zwischen überwiegend juristischen Personen besonders groß sind, wird der
Umfang der Verarbeitung personenbezogener Daten in den
öffentlichen Netzen, die schon in naher Zukunft und dann für
lange Zeit wie ISDN aussehen werden, stets beachtlich sein.
Während der Schutz der Inhaltsdaten wegen der Zurückhaltung
der Netzbetreiber kaum Probleme aufwirft, wird damit der
Datenschutz für die Rahmendaten wichtiger.

These 3

Mit dem Erlaß der "Verordnung über den Datenschutz bei
Dienstleistungen der Deutschen Bundespost TELEKOM (TELEKOM-
Datenschutzverordnung - TDSV -)" und der im wesentlichen
gleichlautenden "Verordnung über den Datenschutz für Unternehmen, die Telekommunikationsdienstleistungen erbringen
(Teledienstunternehmen-Datenschutzverordnung - UDSV -)", mit
denen die Regeln der Telekommunikationsordnung (TKO) abgelöst
werden, ist in der Diskussion über den Datenschutz bei ISDN
eher ein Meilenstein als das Ende erreicht. Die Organisationen, die sich zum Teil erst in der Schlußphase an der Diskussion beteiligt haben - Kirchen, Gewerkschaften, Verbraucher-
verbände - werden sich mit den gemachten Erfahrungen weiterhin engagieren, wenn das aus ihrer Sicht geboten ist. Dasselbe gilt für die früh einsetzende und ungewöhnlich intensive
Beteiligung des Parlaments an der Diskussion über diese Verordnungen, die von der Bundesregierung zu erlassen sind und
bei denen eine Mitwirkung der Abgeordneten verfahrensmäßig
nicht vorgesehen ist.

B. Interessenlagen bei der Telekommunikation

These 4

Die Aspekte, die bei der Gestaltung von Telekommunikations-
dienstleistungen und der zugehörigen Datenverarbeitung
berücksichtigt werden sollten, sind sehr unterschiedlich.
Einige dieser Aspekte sind:
- Einfache und kostengünstige Leistungserbringung
- Erbringen nützlicher, hochwertiger Leistungen
- Motivation von Vertriebshelfern, einschließlich der Anbie-
  ter von Endgeräten und Mehrwertdiensten
- Vereinbarkeit mit geltendem und zukünftigem, nationalem und
  internationalem Recht

- Kompatibilität zum bestehenden technischen System
- Akzeptanz bei Großkunden
- Akzeptanz beim breiten Publikum
- Vertraulichkeit, Transparenz, Sicherheit

These 5

Auch innerhalb eines einzigen Dienstes gibt es von Fall zu
Fall so verschiedene Konstellationen, daß "richtige" Problem-
lösungen schwierig sind, zumal der Netzbetreiber oft nicht
erkennen kann (und meist nicht erkennen darf), welche Art von
Fall gerade vorliegt.
Besonders deutlich wird das beim vielfältig nutzbaren Tele-
fondienst, bei dem natürlich die häufigsten Verbindungen
diejenigen sind, bei denen niemand etwas zu verbergen hat.
Unter rund 100.000.000 Telefonverbindungen pro Tag gibt es
aber auch viele, bei denen aus dem einen oder anderen In-
teresse heraus Diskretion erwünscht ist, und zwar nicht nur
in bezug auf den Inhalt sondern auch schon in bezug auf die
Verbindungsdaten z.B.:
Erste Kontaktaufnahme auf Zeitungsanzeige,
Anrufe bei verschiedenen Versicherungen - auch der eigenen -
      um die Prämienhöhe für eine (neu) abzuschließende
      Versicherung zu erfragen,
Anrufe bei einer Beratungsstelle, von der man nicht erkannt
      werden möchte,
"Rückruf" von einer Beratungsstelle im Rahmen eines Dritten
      nicht bekanntzugebenden Beratungsverhältnisses, z.B. vom
      Notar wegen des eigenen Testaments,
Anruf bei einer Beratungsstelle, von dem im eigenen Haushalt
      niemand etwas wissen soll,
Vom Anschlußinhaber nicht erlaubtes, teures Gespräch,
Nächtlicher Anruf, absichtlich störend,
Nächtlicher Anruf, verwählt, vor Schreck aufgelegt,
Diskreter, anonymer Anruf bei der Polizei (im Gegensatz zum
      Notruf - 110 oder 112).

C. Einige Lösungen für kritische Fragen
in den Datenschutzverordnungen

These 6

Mit der Regelung für die Speicherung der (Teile der) Verbindungsdaten, die für Abrechnungszwecke benötigt werden,
wurde eine unter vielen Aspekten tragbare Lösung für ein
schwieriges Problem - und rund 100 Millionen Datensätze pro
Tag - gefunden:

Spätestens mit Versendung der Entgeltrechnung werden die
Verbindungsdaten

1.   in Sprachkommunikationsdiensten nach Wahl des
     entgeltpflichtigen Kunden
     a)   vollständig gelöscht
     b)   unter Verkürzung der Zielrufnummer um die letzten
           drei Ziffern gespeichert oder
     c)   vollständig gespeichert, wenn ein
           Einzelentgeltnachweis nach Absatz 9 beantragt wurde.

2.   in allen anderen Telekommunikationsdiensten vollständig
     gespeichert." (§ 6 Abs. 2)

These 7

Die Bedingungen, unter denen der Einzelentgeltnachweis
erteilt werden kann, sind kompliziert, entsprechen aber
weitgehend den zu schützenden Interessen der Netzbetreiber,
der Kunden und der an den Gesprächen tatsächlich beteiligten
Personen:

- Bei stationären Anschlüssen im Haushalt müssen alle zum
  Haushalt gehörenden Mitbenutzer sich damit schriftlich
  einverstanden erklärt haben.
- Bei Anschlüssen in Betrieben und in Behörden sind die
  Mitbestimmungsregelungen einzuhalten.
- Die Kunden müssen schriftlich erklären, daß sie alle
  Mitbenutzer darauf hinweisen.
- Wegen der anderen Verhältnisse bei der Verwendung von
  Kundenkarten, insbesondere im - teuren - Mobilfunk wird
  (ersatzweise) verlangt, daß auf der Karte ein deutlicher
  Hinweis steht.
- Aus dem Nachweis darf der Anruf bei Stellen, die
  Beratungsaufgaben (insbesondere soziale, kirchliche und
  gesundheitliche) ganz oder überwiegend über Telefon
  abwickeln, nicht ersichtlich sein.

These 8

Es ist wahrscheinlich, daß die Regelungen gegen Mißbräuche
(§§ 7, 8) sich in der Praxis bewähren:

- Datenverarbeitungen zur Aufdeckung von Mißbräuchen sind nur
  im Einzelfall erlaubt, also nachdem bereits konkrete An-
  haltspunkte vorliegen.
- Weil für Mobilfunknetze bestimmte Erscheinungsformen von
  Mißbräuchen schon bekannt sind, dürfen hier Auswertungen
  zur Ermittlung von Anhaltspunkten für Mißbrauch vorgenommen
  werden. Diese Verfahren bedürfen der Zustimmung des BMPT.
  Die zuständigen Datenschutzkontrollbehörden sind vor der
  Zustimmung anzuhören.
- Wenn der Kunde glaubhaft macht, daß bei seinem Anschluß
  anonyme bedrohende oder belästigende Anrufe ankommen,
  dürfen ihm für die so bezeichneten Anrufe Datum und Uhrzeit
  sowie die Rufnummern der rufenden Anschlüsse und Namen und
  Anschriften von deren Inhabern mitgeteilt werden.

Weil dabei deren Rechte beeinträchtigt werden, sind sie von
dieser Mitteilung zu unterrichten. Weil dies im Einzelfall
zu wesentlichen Nachteilen für den Belästigten führen
könnte, kann von der Benachrichtgung abgesehen werden, wenn
er solche Nachteile glaubhaft macht und diese Nachteile
schwerwiegender erscheinen, als die Beeinträchtigung der
Interessen des Anrufers (bzw. des Anschlußinhabers). Stellt
aber - z.B. weil er von der ganzen Sache irgendwie erfahren
hat - dieser Anschlußinhaber einen Antrag auf Auskunft über
solche Mitteilungen, so ist ihm diese Auskunft doch zu
geben.

So verwirrend diese Kombinationen aus Regeln, Ausnahmen und
Gegenausnahmen ist, so trägt sie doch den bisher aufgetrete-
nen Fallkonstellationen und der Tatsache, daß der Netzbetreiber den Inhalt und Zweck der Anrufe und die wahren Interessen
der Beteiligten nicht kennt, so gut wie möglich Rechnung.

Nicht abgedeckt ist übrigens hiermit das Interesse des
Betreibers einer anwählbaren DV-Anlage, nachträglich etwas
über die Anschlüsse der Anrufer zu erfahren. Der hier
bestehende Sicherungsbedarf muß (und kann!) anders gedeckt
werden.

These 9

Es wird allgemein für sinnvoll gehalten, daß in der Regel die
Rufnummer des anrufenden Anschlusses beim Angerufenen
angezeigt wird, damit der Angerufene weiß, "wer" ihn zu
sprechen wünscht. Umstritten ist dagegen, in welcher Form
Ausnahmen zugelassen werden sollen.

Weil diese Frage noch nicht so gelöst war, daß alle dabei
maßgeblich Beteiligten mit der Lösung einverstanden sein
konnten, wurde die bereits terminierte Verabschiedung der
Verordnung im Kabinett ausgesetzt. Die vorgelegte Lösung sah
vor, daß der Anschlußinhaber wählen kann, ob seine Rufnummer
bei jedem oder bei keinem Anruf beim Angerufenen angezeigt
werden soll (sofern das dort technisch möglich ist). Die
Anonymität von Anrufen bei Beratungsstellen sollte dadurch
gesichert werden, daß dorthin die Nummer des Anrufers nie
weitergereicht und dies auch im Telefonbuch angezeigt werden
soll.

Die Möglichkeit, die Anzeige der eigenen Rufnummer fallweise
zu unterdrücken, war ausdrücklich nicht vorgesehen, und
gerade diese Entscheidungsfreiheit bei jedem Anruf wurde von
den Kritikern der vorgelegten Lösung verlangt. Bis zur Abgabe
dieses Manuskripts ist die Entscheidung offen geblieben.
Ebenso ist noch nicht entschieden, ob bei den Notrufen (110
und 112) die Rufnummer des Anrufenden - am besten mit der
Adresse - beim Angerufenen angezeigt werden soll, und zwar
unabhängig von einer eventuell anders getroffenen Grundsatz-
entscheidung des Anschlußinhabers.

Unumstritten ist dagegen, daß für andere Mitteilungsformen
als "Sprache" die Rufnummer oder Kennung stets an den
angerufenen Anschluß übermittelt werden darf. Die Nutzung
dieser Nebenleistung des Netzbetreibers für Sicherungszwecke
setzt aber voraus, daß der Netzbetreiber sie auch tatsächlich
erbringt und hinreichend sicher erkennen kann, daß etwas
anderes als Sprache übertragen wird, was im ISDN wegen der
einheitlichen Darstellung von Sprache und Daten für den
Netzbetreiber nicht immer möglich ist.

These 10

Die Regelungen für das Weiterleiten eines Anrufs an ein
anderes Ziel zeigen, daß über die praktischen Probleme dieser
im Prinzip zu begrüßenden Möglichkeit zu spät und zu wenig
nachgedacht wurde:

- Die Information des Anrufers über die Umleitung wäre am
  sichersten dadurch gewährleistet, daß ihm eine verständ-
  liche Stimme sagt: "Der Anruf wird weitergeleitet".
  Technisch dürfte das kaum schwieriger sein als andere,
  bereits realisierte Aussagen, z.B. "Die Rufnummer wurde
  geändert, bitte ..."

  Der in der Verordnung jetzt enthaltene Vorbehalt, daß der
  Anrufer über eine Weiterleitung nur zu unterrichten ist,
  "soweit dies technisch möglich ist", ist nur nötig, weil
  man weder diese noch eine andere Lösung rechtzeitig zu
  realisieren begonnen hat.

- Daß die Weiterleitung nur eingerichtet werden darf, wenn
  der Inhaber des als Ziel neu bestimmten Anschlusses "dem
  Weiterschaltenden hierzu vorher seine Zustimmung erteilt
  hat", ist offenbar so gemeint, daß sich die beiden Kunden
  einigen sollen, der Netzbetreiber mit der Sache aber nichts
  zu tun hat.

  Der Netzbetreiber muß sich also nicht um die irrtümlich
  falsch gerichtete Zieländerung kümmern oder um den Fall,
  daß aus anderen Gründen die Einigung nicht erfolgte.
  Technisch wäre das alles auch recht schwierig.

Eine Verpflichtung des Netzbetreibers, auf einen
entsprechenden Wunsch des Inhabers (vertreten durch einen
Benutzer) des als Ziel ausgewählten Anschlusses eine
dorthin gerichtete Weiterleitung unverzüglich zu beenden,
fehlt aber. Dabei kann das gar nicht schwer sein, weil das
Einrichten und das Beenden von Weiterleitungen vom Anschluß
des Weiterleitenden aus ohnehin möglich sein muß. Außerdem
könnte auf die Einwilligung dann vielleicht sogar
verzichtet werden, weil dann unerwünschte Weiterleitungen
sehr schnell zu Ende wären. Das dürfte sich in der Praxis
als ein sehr wirksames Regulativ erweisen.

D. Anmerkungen zum Verfahren

These 11

Weder die Techniker und "Telekommunikations-Designer" noch
die Datenschützer können alle Fragen der Datenverarbeitung
bei der Telekommunikation allein lösen; sie könnten das auch
nicht zusammen.

These 12

Das Zusammendrängen der Diskussion über die Rechtsverordnung
auf wenige Wochen mag durch die Umstände
- Neuordnung durch das Poststrukturgesetz,
- interner Klärungsbedarf der "Postseite",
- Ausmaß der Differenzen und dadurch vielleicht geminderte
  Gesprächsbereitschaft und
- Unterschätzung der Probleme
erklärlich sein, hilfreich war es nicht.

Dipl.-Math. Klaus-Dieter Wolfenstetter

TeleSec und ISDN-Datensicherheits-Aktivitäten der Deutschen Bundespost TELEKOM

Inhalt

0   Zusammenfassung

Auf dem Weg zu einem marktgerechten Sicherheitsdienstleistungs-
angebot sind sehr verschiedenartige Probleme zu bewältigen, die
dennoch miteinander in einer vernetzten Beziehung stehen. Disziplinen wie Chipkartentechnologie, Kryptologie, Rechtsprechung
(auch europäisches Recht) usw. greifen ineinander. Nachfolgen-
der Aufsatz versucht, einige dieser Dimensionen zu beleuchten,
wobei insbesondere mögliche Gefährdungen, die Entwicklung der
Informationssicherheit in den letzten Jahren und schließlich
die Realisierung eines modernen Sicherheitsdienstleistungsange-
botes für das ISDN beschrieben werden.

1   Ausgangssituation

Die heutige Telekommunikationslandschaft ist in einem tief-
greifenden Umbruch begriffen. Konventionelle Kommunikati-
onsformen wie das reine Telefonieren werden um zusätzliche,
teils neuartige Kommunikationsdienste, wie z.B. der Mobil-
kommunikation mit Datenübermittlung, erweitert. Vernetzte
Informationssysteme einerseits und Kommunikationssysteme,
die das Anbieten von Informationsdiensten gestatten, andererseits, führen zu neuen Anwendungen für den Teilnehmer an
diesen Medien.

Die Entwicklung innovativer Kommunikationstechnik und die
Bedürfnisse eines modernen Wirtschafts- und Gesellschafts-
systems beeinflussen sich dabei wechselseitig. Allerdings
erhöhen sich mit der zunehmenden gesellschaftlichen Abhängigkeit von diesen modernen I & K - Systemen auch die Anforderungen an Zuverlässigkeit, Verläßlichkeit und Vertrauenswürdigkeit derartiger Systeme. Wenn - bildlich gespro-

chen - Telefon- und Datennetze die Nervenbahnen einer modernen Gesellschaft darstellen sollen, dann läßt sich nach-
empfinden, wie sensibel sie auf Verletzungen oder Störungen
dieser Netze reagieren würde.

Am Anfang des sich abzeichnenden technologischen Genera-ti-
onswechsels steht das ISDN, in dem Telefongespräche, Texte,
Bilder sowie DV-Anwendungen digital und in einem einheitlichen Netz, also integriert, übertragen werden. Für den Anwender bedeutet dies durch die Integration und kostengünstige Nutzung eine Diversifikation des Dienstleistungsange-
botes, und durch die Standardisierung der Dienste letztlich
eine weltweite, offene Kommunikation.

Nach den Planungen der DBP soll im Bundesgebiet das ISDN
bereits 1993 flächendeckend verfügbar sein; bis 1995 werden
bis zu 500 000 Teilnehmer geschätzt. Die eingangs genannten
Gründe für die Interdependenz zwischen Automation in I & K-
Technik und den Sicherheitsbedürfnissen empfehlen eine
rechtzeitige Bereitstellung von Sicherheitsfunktionen, welche am besten die Erschließung der relevanten Anwendungen
begleiten sollte. Leistungsfähige Sicherheitsfunktionen modernen Zuschnitts müssen dabei nicht nur technisch und
wirtschaftlich vertretbar, sondern auch ganzheitlich angelegt sein, damit sie auf eine breite Zustimmung stoßen können. Die Gründe hierfür sind allgemeiner Natur, d. h. nicht
nur auf ISDN beschränkt. Die Ausführungen hierzu sind an
anderen Stellen nachzulesen.

2   Gefährdungspotentiale, Sicherheitsbedarf und Sicherheitsdienstmerkmale

Diensteintegration und die daran anknüpfende, vielfältige
Nutzung der nunmehr zunehmend verteilten Informationsverarbeitung für Entwurf, Planung, Produktion, Vertrieb, Transport und nicht zuletzt für die strategische Unternehmensplanung sind ebenso mannigfaltigen wie subtilen Bedrohungen
ausgesetzt.

Daraus erwächst ein erheblicher Sicherheitsbedarf, nicht
nur bei Netzbetreibern, deren berechtigtes Interesse die
Sicherstellung der Leistungsentgelte und die Verfügbarkeit
bzw. Verläßlichkeit ihrer Netz- und Kommunikationsdienste
ist, sondern auch bei den Nutzern, denen der Schutz von
Nachrichteninhalten sowie ihres Kommunikationsverhaltens
geboten werden muß. Die Grundbedrohungen, denen ein Netz
wie das ISDN ausgesetzt ist, sind prinzipiell in passive
(z.B. Abhören) und aktive (z.B. Einschleußen von Nachrichten) Bedrohungen unterteilbar. Ihnen stehen Sicherheitsmerkmale gegenüber:

Grundbedrohungen	Sicherheitsmerkmale
Ausforschung der Identität	Anonymität der Identität
Vorgeben, ein anderer zu sein	Authentizität, Nachweis der Identität
Fälschung, Leugnung, Wiederabspielen	Authentizität und Unversehrtheit einer Nachricht; Ursprungsnachweis und Empfangsnachweis implizit enthalten
Abhören, Ausforschen, Mitschneiden von Nachrichten	Nachrichtenvertraulichkeit durch Chiffrierung

3   Maßnahmen zur Sicherung von Nutzdaten

In einem modernen Netz wie dem ISDN liegt in der Verwendung
technisch hochentwickelter Prozesse für Übertragung und Vermittlung eine nicht vernachlässigbare Grundschutzfunktion.
Dienstmerkmale wie z.B. "Teilnehmerbetriebsklasse, geschlossene Benutzergruppe, Sperre ankommender bzw. abgehender Verbindungen, permanente Verbindung und Anschlußkennung" des ISDN
tragen zum Schutz vor unberechtigtem Zugriff nicht autorisier-
ter Netzteilnehmer auf Nutzerinformationen immerhin bei. Die
Schutzfunktion hängt dabei von der korrekten Implementierung
und technischen Umsetzung der Mechanismen ab. Diese natürlichen
Schutzfunktionen reichen aber, gemessen an Volumen und Sensibilität der übermittelten Informationen, nicht aus. Es müssen
vielmehr zusätzliche Schutzfunktionen angeboten werden, die
wirkungsvoll, für den Nutzer leicht handhabbar, und auf die jeweilige Anwendung zugeschnitten sind.

Da nun im ISDN selbst die zu übertragende Sprachinformation in
digitaler Form vorliegt, besteht die Möglichkeit einer durchge-
henden, d.h. für das Netz transparenten Sprachverschlüsselung
von Teilnehmer zu Teilnehmer. Zur Zeit können zwar solche Verschlüsselungsverfahren von den Teilnehmern selbst eingesetzt
werden, die damit verbundenen zusätzlichen Kosten, die Vertrauenswürdigkeit der Mechanismen für das Schlüsselmanagement usw.
sind allerdings genau zu prüfen. Deshalb hat die DBP Telekom
schon vor Jahren grundlegende Vorarbeiten geleistet, um künftig
ein nach modernen Gesichtspunkten gestaltetes Dienstmerkmal
"Sprachverschlüsselung im ISDN" anzubieten. So wurden etwa im
Bereich der Sicherungsverfahren durch die Studienkommission VII
des CCITT schon 1985 Grundsatzarbeiten für Sicherungskonzepte
abgeschlossen, die inzwischen in der CCITT-Empfehlung X.509
"Authentication Framework" ihren Ausdruck finden. Diese Empfehlung wurde später im wesentlichen von der ISO übernommen. Die
DBP Telekom wirkte an den Empfehlungsentwürfen maßgeblich mit,
wobei die Arbeiten stets von externen Fachstudien im Bereich

der kryptologischen Datensicherung und von Realisierungsanaly-
sen der Sicherheitsmechanismen anhand von Telematikprotokollen
(z.B. X.400, Teletex, Temex) begleitet wurden. Am Ende der Nor-
mungsarbeiten stand eine umfangreiche Bedrohungsanalyse mit an-
gepaßten Gegenmaßnahmen und eine formale (und weitgehend standardisierte) Beschreibung der zu verwendenden Sicherheitssche-
mata und -algorithmen, sowie der passenden Implementierungsme-
dien zur Verfügung. Die danach identifizierten Sicherheitsanforderungen erstrecken sich auf vier Bereiche:

- Systemsicherheit der Hardware/Software in den Telekommunika-
  tionsendgeräten

- datenschutzgerechte Sicherheit in der Kommunikationsinfrastruktur (z.B. Trust Center) für das gesamte Hard- bzw.
  Softwaremanagement der Sicherheitsmodule bzw. der benutzereigenen Chipkarten

- anwendungsabhängige Kommunikationssicherheit inkl. Sicherheitsmanagement der Protokolle und Algorithmen

- Zutritts- und Zugriffskontrolle für Netzdienste sowie
  individuelle Applikationen (z.B. Datenbankabfragen)

An diesem Modell wird deutlich, daß nur ein Gesamtkonzept für
Informationssicherheit den vielfältigen Anforderungen an Datensicherheit und Datenschutz gerecht werden kann. Deshalb begann
eine Gruppe von Datensicherheitsexperten der DBP bereits im
Sommer 1988, ein derartiges Gesamtkonzept - mit dem Namen Telesec - zu entwerfen.

4   TeleSec

4.1   Das Konzept

Sicherheit muß ein gemeinsames Anliegen der Informationsverarbeitung und der Telekommunikation sein. Daher hat sich die
Telekom mit ihrem Projekt TeleSec dieser Problematik angenommen
und entwickelt z.Z. gemeinsam mit Anwendern, Herstellern und
unter Nutzung eigener Wissens- und Entwicklungsressourcen Sicherheitsdienste, die als "Add on" zu gängigen, marktgerechten
Mehrwertdiensten dem Kunden angeboten werden sollen. Die neuartige Dienstleistung besteht in der Bereitstellung und Wartung
von Endgeräten, die Sicherheitskomponenten enthalten und im Angebot von Beratungsdienstleistungen in den Problemfeldern der
Datensicherung und des Datenschutzes. TeleSec verfolgt letztlich ein Gesamtkonzept für Systemsicherheit, das nicht nur
technische Komponenten enthält, sondern das auch rechtsrele-
vante Fragen aufgreift und diskutiert. Ziel ist, neben der angestrebten Systemsicherheit auch die geforderte Rechtssicherheit zu bieten, so daß über technische Medien hinweg auch
Rechtsgeschäfte abgewickelt werden können.

4.2   TeleSec und ISDN

Seit den ersten Ansätzen, auch für das ISDN spezifische Sicherheitsmechanismen zu charakterisieren, konzentrierten sich die
Arbeiten auf die Verschlüsselung der Sprache im B-Kanal. Wie
bei allen anderen PC-gestützten Diensten wird auch hier eine
Sicherheitsendeinrichtung vorausgesetzt, die aus einem Steuer-
teil, einem Authentifizierungsmodul, einem Verschlüsselungsmodul, einem Chipkartenleser, einer Tastatur und einem Display
besteht.

In der ersten Projektphase erfolgt die Übertragung der Synchro-
nisationsinformation, die dem Kommunikationspartner den Chif-

frierwunsch signalisiert, über den B-Kanal (es gibt also keinen
Eingriff in den D-Kanal). Nach erfolgter gegenseitiger Authen-
tifikation und dem Schlüsselaustausch mit Hilfe der teilnehmer-
eigenen Chipkarten läuft der Chiffrierprozeß selbst dann im
Verschlüsselungsmodul ab. Es muß hier betont werden, daß diese
vertrauliche Ende-zu-Ende-Kommunikation von den Benutzern in
sicherheitstechnischer Hinsicht völlig autark abgewickelt wird.
Es werden keine sensiblen, teilnehmerbezogenen oder möglicherweise kompromittierenden Daten übertragen. Als Chiffrieralgorithmus wird derzeit eine gegenüber dem Original stark verbes-
serte Variante eines weltweit eingesetzten und offengelegten
Verfahrens, des sog. Data Encryption Standard (DES), benutzt.
Die kryptographische Sicherheit des von TeleSec benutzten DES_3
beruht im Kern auf derjenigen des einfachen DES, der bis heute
tiefgehenden kryptoanalytischen Untersuchungen unterworfen war
und allen Attacken standhalten konnte.

Die Weiterentwicklung derartiger Sicherheitssysteme für das
ISDN wie z.B. die Einbeziehung des D-Kanal-Protokolls, die Verschlüsselung der Nutzdaten auf der Schicht 3 (z.B. bei Datex-P)
oder die nachladbare Debit-Funktion für Chipkarten zur weitge-
henden Anonymisierung ihrer Benutzer, wird zügig in Angriff genommen. Alle derartigen Sicherheitsdienstleistungen, die als
"Add on" sowohl für Basisdienste als auch für die Mehrwertdienste des ISDN einzuordnen sind, dürften die gesellschaftliche Akzeptanz des ISDN und der damit genutzten Kommunikationsdienste fördern.

Der Informationsaustausch im ISDN erfolgt zwischen den beteiligten Endgeräten über das Vermittlungssystem transparent hinweg. Die Sicherungsmaßnahmen erfolgen daher nicht notwendigerweise im Funktionsverbund zwischen Vermittlungssystem und Endgerät. Deshalb können die für die Abwicklung der Sicherheitsdienstleistungen erforderlichen Vermittlungsdienstleistungen
(z.B. von zertifizierten öffentlichen Teilnehmerschlüsseln)
wieder ohne Eingreifen des Netzes von einem vertrauenswürdigen
Dritten erbracht werden. Dies gilt insbesondere für den über-
greifenden Informationsfluß in einem offenen Systemverbund.

4.3   Authentikation beim Telefonieren

Beim Telefonieren mit ISDN-Telefonen wird die Authentikation, d.h. die zweifelsfreie Identifikation, während des
Gesprächs von einem der beiden Partner eingeleitet, indem
er seine Chipkarte in den Kartenleser einlegt und anschließend über die Eingabe eines Paßwortes in das Sicher-
heitsendgerät ("pin-pad") aktiviert. Der Gesprächspartner
wird danach via Display aufgefordert, seine Chipkarte ebenfalls einzulegen.

Anschließend erfolgt die Authentikationsprozedur in drei
Dialogschritten nach dem sog. "challenge-and-response-pro-
tocol". Die Prozedur ist an die Empfehlung für den "three-
way-handshake" des CCITT-Standards X.509 angelehnt, wobei
auch das Public Key-Verfahren RSA zur Anwendung kommt. Das
sehr rechenzeitaufwendige RSA-Verfahren läuft zur Zeit noch
innerhalb des an das ISDN-Telefon angeschlossenen Sicher-
heitsmoduls ab, wird aber in einer zweiten Phase innerhalb
der benutzereigenen Chipkarte ablaufen. Dann werden sich
Kryptoalgorithmus und geheime Teilnehmerkennungen bzw.
Schlüssel nicht nur in einer geschützten Umgebung befinden,
sondern Verlust oder Kompromittierung dieser sensiblen Informationen liegen in der Verantwortung des Chipkartenbe-
sitzers.

Neben der eigentlichen, gegenseitigen Authentikation werden
während der Prozedur auch die Sitzungsschlüssel für eine
anschließende Chiffrierung der Kommunikationsinhalte ausgetauscht bzw. ausgehandelt. Die Konzelation erfolgt also be-
nutzerautark und ohne Zuhilfenahme einer konventionellen
Schlüsselverteilzentrale, die u. U. aus der Vermittlung der
Sitzungsschlüssel einen von den beteiligten Kommunikationspartnern nicht erwünschten Nutzen ziehen kann!

4.4   Nachrichtenvertraulichkeit beim Telefonieren

Nach erfolgreicher Authentikationsprozedur wird die Ver-
schlüsselungsfunktion per Tastendruck durch einen der beiden Benutzer und nach Bestätigen durch den Gesprächspartner
eingeschaltet. Zur Initialisierung des Chiffrieralgorithmus
- des DEA_3 im Cipher Feedback Mode (CFM) werden Informationen über den Rahmenzähler im ISDN genutzt. Da der CFM
selbstsynchronisierend ist, muß bei fehlerhafter Übertragung nicht neu synchronisiert werden. Außerdem werden
durch den Einsatz als Vernam-Chiffre (einfaches EXORen von
Klartext- und "running-key" bits) die Zeitverzögerungen
auf ein Minimum reduziert.

4.5 Gestaltungspotentiale des ISDN-Telefons mit Sicherheitsendeinrichtung

Grundsätzlich können PCs über eine asynchrone V.24-Schnitt-
stelle an das ISDN-Telefon angeschlossen werden und mit einer Geschwindigkeit von bis zu 9600 bits/sec parallel zum
Telefongespräch über den gleichen B-Kanal miteinander im
Dialog kommunizieren.

Die V.24-Schnittstelle wird auch die automatische Wahl
(über die PC-Tastatur) nach dem Hayes-Standard unterstützen. Für die PC-Verbindung wird das oben skizzierte, drei-
stufige Authentikationsprotokoll zur gegenseitigen Authentifizierung beider Kommunikationspartner ebenfalls genutzt.
Die Authentikation gilt auch hier nur für den Zeitpunkt ihrer Durchführung und muß jederzeit von jedem Kommunikationspartner während der Verbindung wiederholt werden können.

Für den vertraulichen Datendialog wird - analog zum vertraulichen Fernsprechdialog - zunächst eine gegenseitige
Authentikation mit Generierung und Austausch eines gemein-

samen symmetrischen DES-Sitzungsschlüssels durchgeführt.
Auch der Datendialog wird mit dem DES_3 im Cipher Feedback
Mode gesichert übertragen. Sofern es sich um kurze Transak-
tionsdatensätze handelt, wird jedoch ein Block-Mode zur Anwendung kommen. Die optionale Verschlüsselung des gesamten
Datendialogs im unmittelbaren Anschluß an den Sitzungs-
schlüsselaustausch bietet eine zusätzliche Sicherheit gegen
unbemerkte Modifikationen der übertragenen Daten durch
Dritte, kommt also einer impliziten Authentikation der Daten gleich.
Am Schluß des Beitrages illustrieren zwei Bilder die wesentlichen Komponenten der momentan demonstrierbaren Endgerätekonfiguration.

5   Ausblick und Kennzeichnung neuer Problembereiche

Mit der Entwicklung eines neuartigen Sicherheitsdienstekon-
zeptes und seiner beispielhaften Umsetzung bei Telekommuni-
kationsanwendungen über das ISDN markiert TeleSec neue Wege
zur sicheren Kommunikation in einer künftigen Telekommunikationslandschaft. Über diesen Anfangserfolg soll aber
nicht vergessen werden, daß die Lösung vielfältiger und
häufig brisanter Fragen noch bevorsteht. Einige dieser Fragen seien abschließend noch angerissen.

Zu den kryptographisch relevanten Komplexen zählen z.B.:
Können die Interessen für anonyme Kommunikation (auch gegenüber dem Netzbetreiber) einerseits und die im Interesse
des Netzbetreibers liegende, zweifelsfreie Identifikation
des Nutzers zur korrekten Entgelderhebung andererseits miteinander in Einklang gebracht werden?

Wie läßt sich das Authentikationsproblem bei Mehrpunkt-
Verbindungen bzw. Konferenzschaltungen kostengünstig und
mißbrauchsicher lösen? Wie kann man die Sicherheitsattribute Authentikation und Vertraulichkeit disjunkt voneinander trennen, so daß z.B. nicht über "unterschwellige

Kanäle" ("subliminal channels") unbemerkt konzeliert werden
kann und etwa eine legale Verkehrsanalyse nicht greift?

Wie muß eine sichere Kommunikationsinfrastruktur mit Trust
Center-Funktionen (Chipkartenmanagement, Zertifizierung von
Schlüsseln etc.) und ihre Organisation aussehen, damit
letztlich Informationssicherheit auch Rechtssicherheit im-
pliziert?

Eher übergreifende Probleme ergeben sich im Spannungsfeld
zwischen dem informationellen Selbstbestimmungsrecht des
Einzelnen, zu dem auch Sicherheitsdienstleistungen verhel-
fen vermögen, und den berechtigten staatlichen Interessen,
einen Mißbrauch eben dieser, z.B. flächendeckend angebote-
nen Sicherheitsdienstleistungen zu verhindern.

Wie lassen sich in einem weltweiten, zunehmend offenen Systemverbund Sicherheitsdienstleistungen nutzen, ohne die
jeweils gültigen staatlichen Restriktionsbestimmungen über
derartige Techniken zu verletzen?

Es ist zu vermuten, daß die Lösung dieser Fragen die Bedin-
gung für den Erfolg einer künftigen Kommunikationsindustrie
ist.

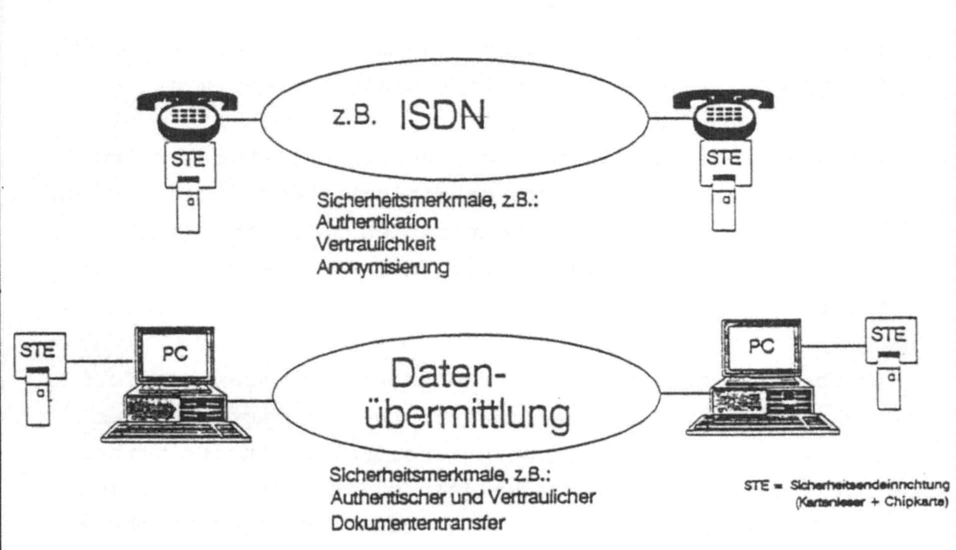

Geplantes Produktprofil:

Standard-Kommunikationsdienst

+

Standard-Sicherheitsdienst (Ende-zu Ende)

Chipkarte mit Standardfunktionen für
authentische,
vertrauliche und/oder
anonyme Kommunikation

TeleSec Standardprodukte

Kryptoverfahren:

RSA für Authentikation und Schlüsseltausch
DES-3 für Verschlüsselung

STE - Security Terminal Equipment

ICC - personalisierte *TeleSec*
CPU-Chipkarte

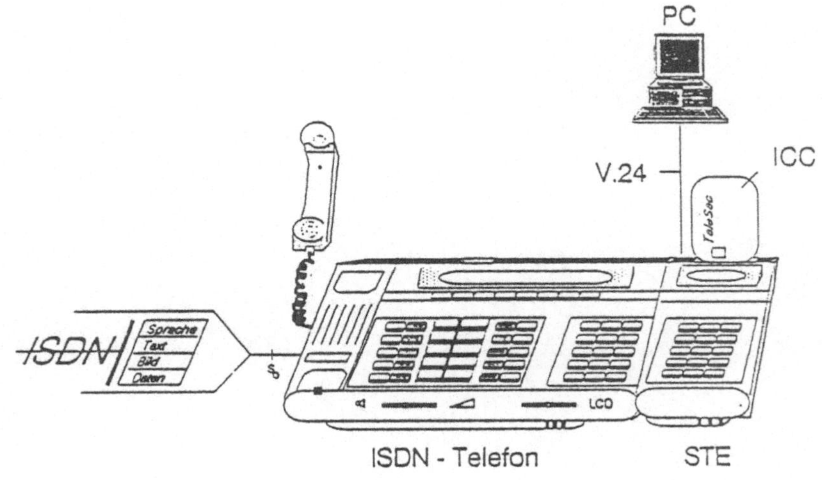

<u>Anwendung:</u>

Gegenseitige Authentikation/Identifikation der
Kommunikationspartner und vertraulicher Sprach-
und Datenverkehr im ISDN

<u>Bedienung:</u>

Verbindungsaufbau (im D-Kanal)über die Tastatur
des ISDN Telefons

[Automatischer Verbindungsaufbau über PC später]

Auswahl und Anzeige der Sicherheitsfunktionen über
Tastatur und Display der STE

TeleSec Voice Endgerätekonfiguration

Reiner Exner

Sicherheit in Mehrwertdiensten

Abstract zum Vortrag SICHERHEIT IN MEHRWERTDIENSTEN

GERLING-Konzern, Köln
MEGANET Gesellschaft für Mehrwertdienste mbH, Köln

Als "Strategische Allianz" könnte man die Entscheidung des GERLING-Konzern werten, im August 1988 zusammen mit drei anderen Gesellschaften ein eigenes Unternehmen für Mehrwertdienste (die Firma MEGANET) gegründet zu haben.

MEGANET ist seit 1989 als privater Netzanbieter mit einem eigenen Netz am Markt vertreten und stellt dem Nutzer Mehrwertdienste zur Verfügung.

Auch der GERLING-Konzern wickelt zum gößten Teil seine Kommunikationsverbindungen über das Netz der Firma MEGANET ab.
Das Thema "Sicherheit in Mehrwertdiensten" ist daher auch für den GERLING-Konzern von größter Bedeutung.
MEGANET hat zur Gewährleistung eines hohen Sicherheitsniveaus im Hinblick auf die Betriebssicherheit innerhalb des Netzes und Sicherstellung des Zugriffsschutzes wirkungsvolle Maßnahmen ergriffen.

Gliederung des Vortrages:

1. Vorstellung des GERLING-Konzern

2. Vorstellung der Firma MEGANET

3. Anforderungen an die Sicherheit

4. Betriebssicherheit

5. Zugriffssicherheit

6. Ausblick

GERLING-KONZERN

Vortragsinhalt

● Vorstellung des GERLING-Konzern
● Vorstellung der Firma MEGANET
● Anforderungen an die Sicherheit
● Betriebssicherheit
● Zugriffssicherheit
● Ausblick

SECUNET '91

GERLING-KONZERN

Vorstellung des GERLING-Konzern

● 8 202,6 Mio. DM Prämieneinnahmen
● 8 084 Mitarbeiter
● Großrechner SIEMENS, IBM
● 37 FEP
● 3600 Bildschirme/600 Drucker
● 600.000 Transaktionen/Tag

SECUNET '91

GERLING-KONZERN

Vorstellung der Firma MEGANET

- **Gesellschaft für Mehrwertdienste mbH**

- **Gegründet am 15.08.88, Köln**

- **Gesellschafter:**
  Colonia Versicherung, Köln
  GERLING-Konzern, Köln
  DAT AG, Köln
  Magdeburger Versicherung, Hannover
  Westdeutsche Landesbank, D.-dorf
  PreussenElektra Telekom, Hannover

- **Stammkapital: 18 Mio. DM**

SECUNET '91

VZR 240-3.88-2'

GERLING-KONZERN

MEGANET Dienstleistungen

- **Netze**

- **Netzdienstleistungen (VANS)**

- **Mehrwertdienste (VAS)**

SECUNET '91

VZR 240-3 88-2'

GERLING-KONZERN

MEGANET Dienstleistungen
Netze

- MEGANET   transp. Multiplexernetz (- 64 KBps)
- MEGAPAC   privates X.25-Netz (- 64 KBps)
- MEGASAT   Satellitenkommunikation (- 3 MBps)
- MEGAVOICE nicht vermittelte Sprache über MEGANET
- (4Q/91)   transp. Multiplexernetz (- 2 MBps)

SECUNET '91

VZR 240-3 89-2'

GERLING-KONZERN

MEGANET Dienstleistungen
Netzdienstleistungen (VANS)

- Bereitstellung von Verbindungen

- Netzwerkmanagement

- Kundenbezogene Anwendungen

- Gateways zu internationalen Netzen

SECUNET '91

VZR 240-3 89-2'

GERLING-KONZERN

MEGANET Dienstleistungen
Mehrwertdienste (VAS)

- **Datenbanken** (ASSDATA, GENIOS, andere …)

- **Mailbox** (MAXDAT, MARK III)

- **Backup-RZ** (Anbindung an diverse Anbieter)

- **Consulting** (Netzoptimierung, Projekte, ect.)

VZR 240-3 89-2'   SECUNET '91

GERLING-KONZERN

MEGANET Dienstleistungen
Mehrwertdienste (VAS)

in Vorbereitung:

- **EDI**

- **TELEFAX**

VZR 240-3 89-2'   SECUNET '91

GERLING-KONZERN

Anforderungen an die Sicherheit

- Erhöhung der technischen Verfügbarkeit
- Analyse der Risiken
- Abhören von Informationen
- Manipulation von Informationen
- Unterbrechen von Verbindungen
- Sabotage
- Ergreifen von Maßnahmen

SECUNET '91

GERLING-KONZERN

Betriebssicherheit

- Personal

- Organisation

- Netztechnik

- Netzknotenstandorte

SECUNET '91

GERLING-KONZERN

Betriebssicherheit
Personal

- Verpflichtung auf BDSG

- Verpflichtung auf Fernmeldegeheimnis

- Sicherheitsüberprüfung

SECUNET '91

VZR 240-3 89-2'

GERLING-KONZERN

Betriebssicherheit
Organisation

- Wechselnder Schichtdienst

- Umfassende Anwesenheitskontrolle

- Bereichsabsicherung

- Sonstige Maßnahmen

SECUNET '91

VZR 240-3 89-2'

GERLING-KONZERN

Betriebssicherheit Netztechnik

- Vermaschung des Netzwerks

- Mehrfachanbindung versch. Städte

- Automatisches Routing

- Verteilte Intelligenz im Netz

SECUNET '91

GERLING-KONZERN

- Redundanz

- Backup-Systeme

- USV

- Netzwerkmanagementsystem

- Mobiles Backup-Netzkontrollzentrum

SECUNET '91

GERLING-KONZERN

Betriebssicherheit
Netzknotenstandort

● Besondere Räume

● Außenhautüberwachung

● Zutrittskontrolle

● Alarmanlage

VZR 240-3.89-2°

SECUNET '91

GERLING-KONZERN

● Gesicherte Schränke

● Ferngesteuertes Schließsystem

● Sonstige Überwachunssysteme
und Maßnahmen

VZR 240-3.89-2°

SECUNET '91

GERLING-KONZERN

Zugriffssicherheit

- Abschottung der Wählzugänge
- Getrennte Sende- u. Empfangsrichtung
- Variables Routing der Datenströme
- Verschlüsselung
- Stillegung von Netzknoten
- Geheimhaltung

SECUNET '91

VZR 240-3.89-2'

GERLING-KONZERN

Ausblick

- Nutzung "üblicher" Sicherheitsstandards

- Entwicklung zusätzlicher Sicherheitssysteme

Mehrwertdienstanbieter verbinden die öffentlichen Sicherheitsmaßnahmen mit den selbst entwickelten Verfahren und bieten dem Kunden individuelle Sicherheitspakete an.

SECUNET '91

VZR 240-3.89-2'

Sektion D

Anwender 1: Kredit- und Versicherungswirtschaft, Handel

Leitung:
Manfred Güss

Dr. Werner Dinkelbach

Sicherheitskonzept für den PC-Einsatz bei der WestLB

Zusammenfassung:

Der PC-Einsatz in der Westdeutschen Landesbank ist gekennzeichnet durch ein breites Spektrum an Anwendungen mit stark unterschiedlichen Sicherheitsanforderungen. Daher sieht das Sicherheitskonzept für den PC-Einsatz abgestufte Maßnahmen in Abhängigkeit von der Art der Anwendung (standardisierte Datenverarbeitung, individuelle Datenverarbeitung) und der Sensitivität der gespeicherten Daten vor. Das jeder Anwendung angemessene Sicherheitsniveau wird durch eine Kombination von organisatorischen, technischen und benutzerbezogenen Maßnahmen angestrebt. Anhand von Beispielen bei der PC-Host-Kommunikation und bei der Virenvorsorge wird dieses Konzept verdeutlicht.

Gliederung:

1 Einführung

2 Generelles Sicherheitskonzept für den PC-Einsatz

   2.1 Organisatorische Sicherheitsmaßnahmen
      2.1.1 Aufbauorganisation
      2.1.2 Richtlinien zur Datenverarbeitung auf PCs

   2.2 Technische Sicherheitsmaßnahmen
      2.2.1 Software-Einsatz
      2.2.2 Hardware-Einsatz

   2.3 Benutzerbezogene Sicherheitsmaßnahmen

3 Sicherheitsvorkehrungen bei der PC-Host-Kommunikation

4 Virenvorsorge

5 Schlußbetrachtung

Die rd. 1.000 PCs in der Bank werden zu vielfältigsten Aufgaben eingesetzt.

PC — Einsatz

▶ **Anzahl PCs:** rd. 1.000

▶ **HW, System — SW:** IBM — XT, — AT, PS/2;
Toshiba LAP — TOPS (3200, 5100, 5200)
MS — DOS

▶ **Vernetzung:** rd. 240 LAN — Anschlüsse; 8 LANS
rd. 170 Host — Anschlüsse

▶ **Netzwerk:** Token — Ring; NOVELL (286/2.15 SFT)

▶ **Standard — SW:** Text4, dBase III Plus, Symphony, Windows, Graph Plus, diverse Tools

▶ **Anwendungen:** z. B. Sekretariats — Arbeitsplatz; Auswertung Host — Daten für Controlling — Berichte;
Händler — Unterstützung Investment — Banking

**DV – Sicherheit und die DV – Revision streben ein gleichmäßiges
Sicherheitsniveau für alle DV – Anwendungen in der Bank an**

Aufbauorganisation

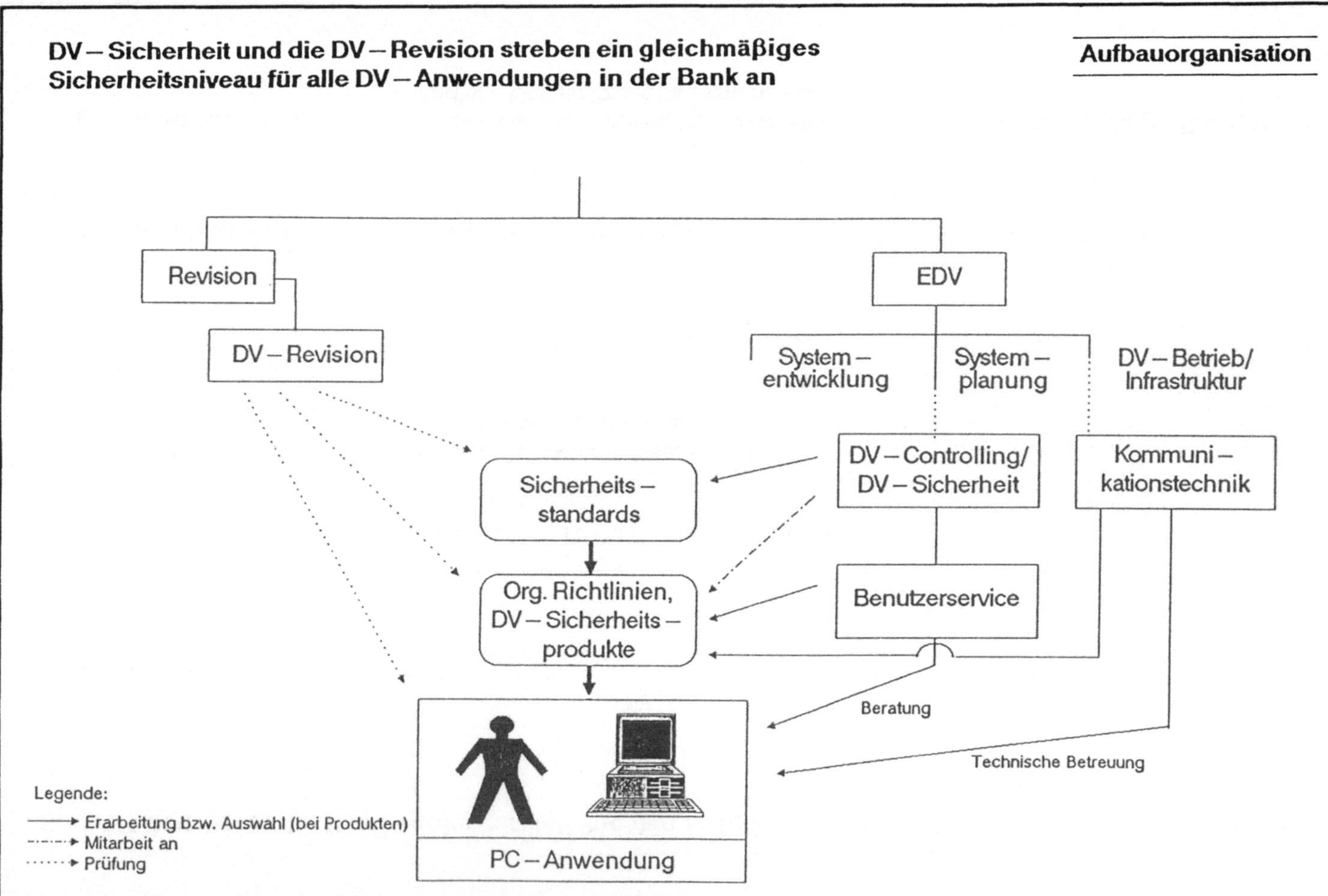

Basis des WestLB – Sicherheitskonzeptes ist eine Unterscheidung zwischen Anwendungen der standardisierten und der individuellen DV.

**Unterscheidung
SDV / IDV**

	Standardisierte Datenverarbeitung (SDV)	Individuelle Datenverarbeitung (IDV)
Definition	– Anwendungen, deren Verarbeitungs – ergebnisse formalen Qualitätsanforderungen bzgl. Ordnungsmäßigkeit und Sicherheit genügen müssen – Anwendungen, die Daten für o.g. Anwendungen bereitstellen	Anwendungen, die nicht zur SDV gehören
Erläuterung	insbesondere: – Modifikation zentraler Datenbestände für Rechnungs – oder Meldewesen – Überstellung der Daten in SDV – Anwendungen ohne zusätzliche Kontrollmaßnahmen – Ergebnisse durch Nutzer wg. Komplexität nicht kontrollierbar; Nutzer $\neq$ Entwickler – Auswirkungen von Systemfehlern gravierend	– Anwendung = persönliches Hilfsmittel – Nutzer für Ergebnisse verantwortlich

Für SDV – Anwendungen auf PCs gelten grundsätzlich die gleichen Regelungen wie für die Host – DV. Die Regelungen für das PC – Umfeld sind in einer speziellen Richtlinie beschrieben.

Richtlinien SDV

▶ **Projektmanagementverfahren**

z. B.:

- Information EDV – Bereich/Revision

- Entwicklungsphasen
  (evtl. Phasenzusammenfassung)

- Abnahmen nach Phasenende, insbesondere vor Praxiseinsatz

▶ **Richtlinien bez. Dokumentation und Sicherung**

- Hand"bücher"
  (System, Organisation, Bedienung, Produktion)

- Programmdokumentation

- Archivierung von Programmen und Daten

Allgemeingültige Richtlinien

In den PC – Anwendungsrichtlinien sind neben allgemeinen Vorschriften für den PC – Einsatz Empfehlungen zur Daten – und Programmsicherung verankert.

Allgemeine Vorschriften mit Auswirkungen auf die PC – Sicherheit	Empfehlungen zur Daten – und Programmsicherung *
• Ein Verantwortlicher je PC bzw. PC – Netz; Vertreter	• Daten mindestens 4, Programme mindestens 2 Generationen
• Überwachung/Abnahme von Installationen durch Fachabteilung	• Beschriftung und Bestandsverzeichnis Datenträger
• Autorisierungsprüfung Techniker	• Örtlich getrennte Aufbewahrung, insbes. von wertvollen Programmen
• Einsatzverbot für nicht freigegebene SW	• Zugangskontrolle
• Zentrale Beschaffung und Betreuung HW/SW	• Physisches Löschen bzw. Vernichten von Daten (– trägern) mit schutzwürdigen Daten
• Meldepflichten Landesdatenschutzgesetz, Landespersonalvertretungsgesetz	• Aufbewahrungsfristen
• Anwendungsinventuren; zentrales Bestandsverzeichnis	

* zwingend vorgeschrieben für SDV – Anwendungen und personenbezogene Daten

**Stufenkonzept
Zugriffsschutz**

Ein abgestuftes Konzept für den Zugriffsschutz ermöglicht es dem Anwender, die jeweils angemessenen Maßnahmen zu ergreifen.

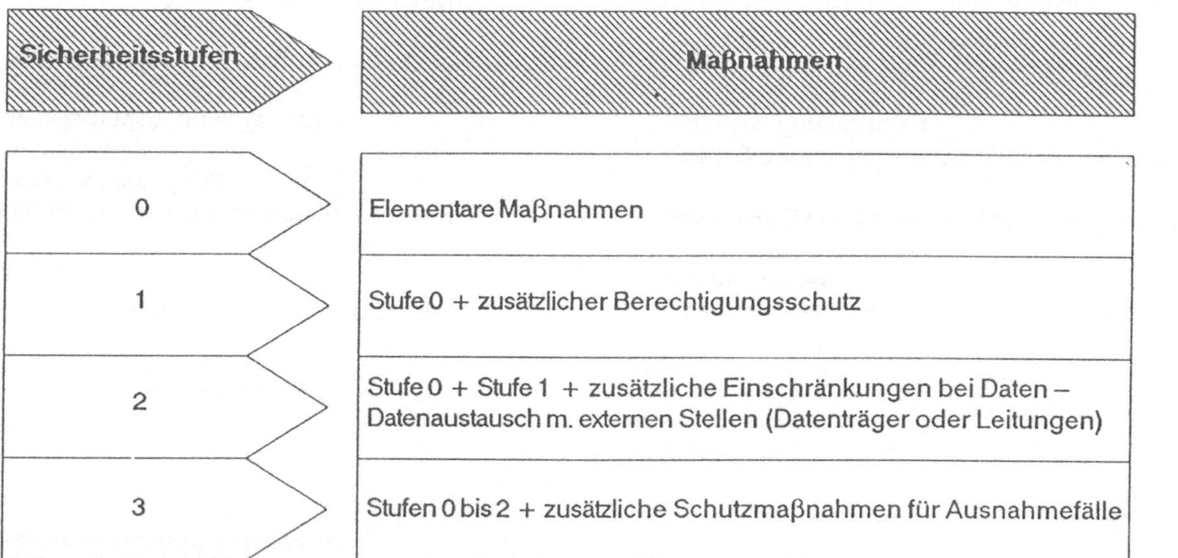

**Technische und
benutzerbezogene
Maßnahmen**

**Neben technischen sind benutzerbezogene Maßnahmen wesentlicher
Bestandteil des Sicherheitskonzepts.**

▶ **Technische Maßnahmen**

- **Software**

  z. Z. Zugriffsschutz – SW im Piloteinsatz (Safe Guard Professional)

- **Hardware**

  Selektiver Einsatz von Streamern

▶ **Benutzerbezogene Maßnahmen**

- **Schulungen**   nach eigenem Konzept (Hinweis auf Richtlinien; Übungen)
- **Sensibilisierung**   im Rahmen der Beratung durch Benutzerservice und
  durch Rundschreiben

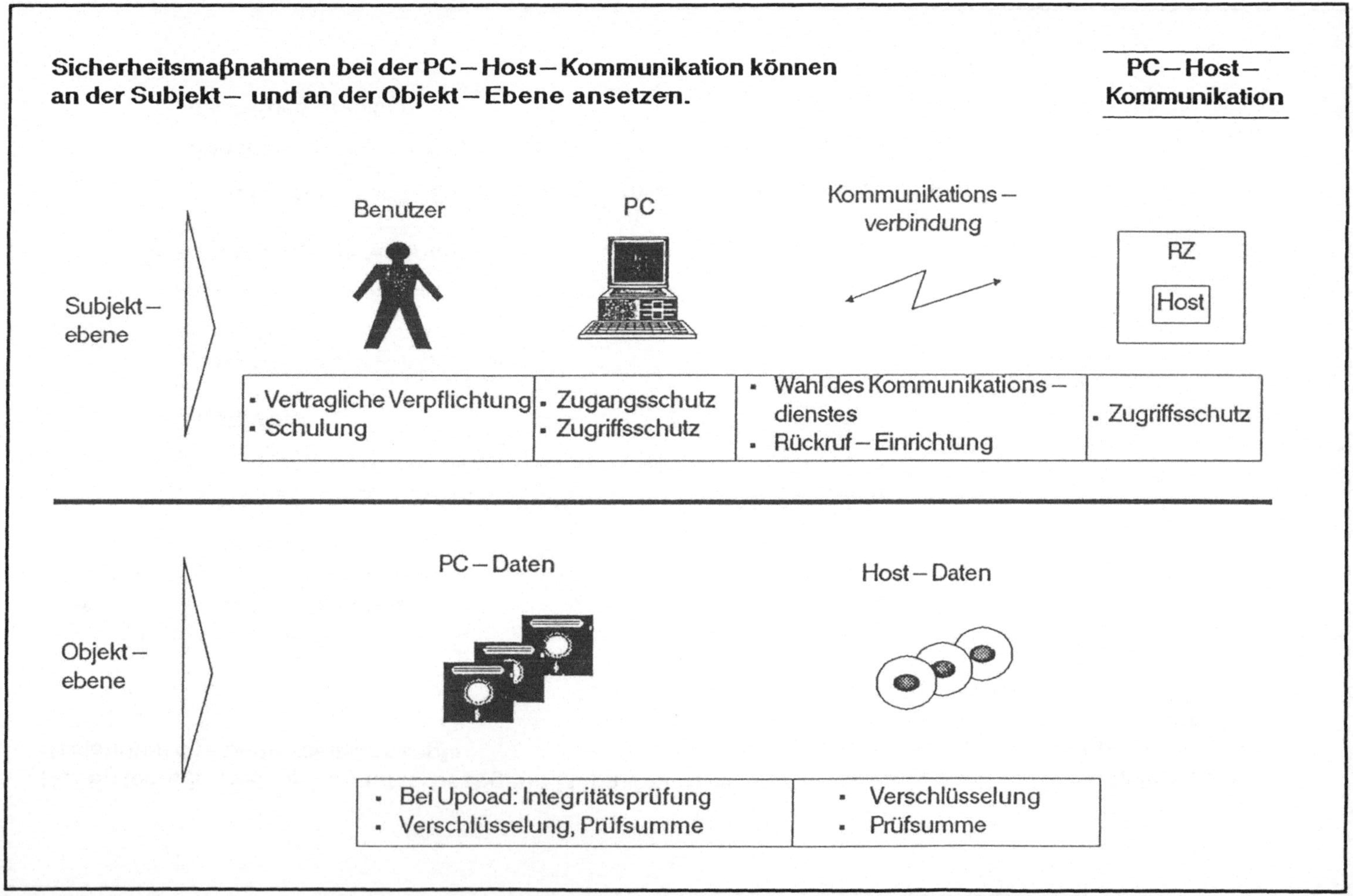
Sicherheitsmaßnahmen bei der PC – Host – Kommunikation können an der Subjekt – und an der Objekt – Ebene ansetzen.
PC – Host – Kommunikation
Subjekt – ebene
Benutzer
PC
Kommunikations – verbindung
RZ
Host
Vertragliche Verpflichtung
Schulung
Zugangsschutz
Zugriffsschutz
Wahl des Kommunikations – dienstes
Rückruf – Einrichtung
Zugriffsschutz
Objekt – ebene
PC – Daten
Host – Daten
Bei Upload: Integritätsprüfung
Verschlüsselung, Prüfsumme
Verschlüsselung
Prüfsumme

Beispiel 1: Download zu Auswertungszwecken

PC–Host–
Kommunikation

Host	Kommunikations–Verbindung	PC

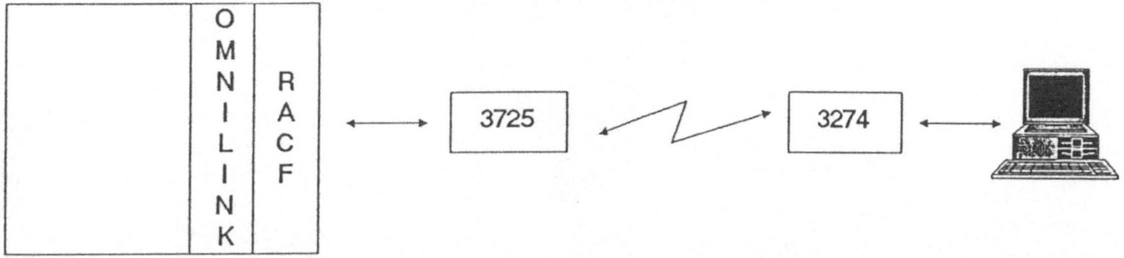

OMNILINK   RACF

3725   3274

Besondere Sicherheitsmaßnahmen

- Voraussetzung für Datenzugriff:
  Datenbereitstellung durch Anwendungsbetreuung
- Zugriffsschutz auf VIEWS
  (Benutzerautorisierung im Dictionary;
  Genehmigungsverfahren)
- Funktionstrennung

- Zugriffsschutz für CICS – Transaktionen in OMNILINK

- Nur Inhouse – bzw.
  Standleitungen

- Zugriffsschutz – SW

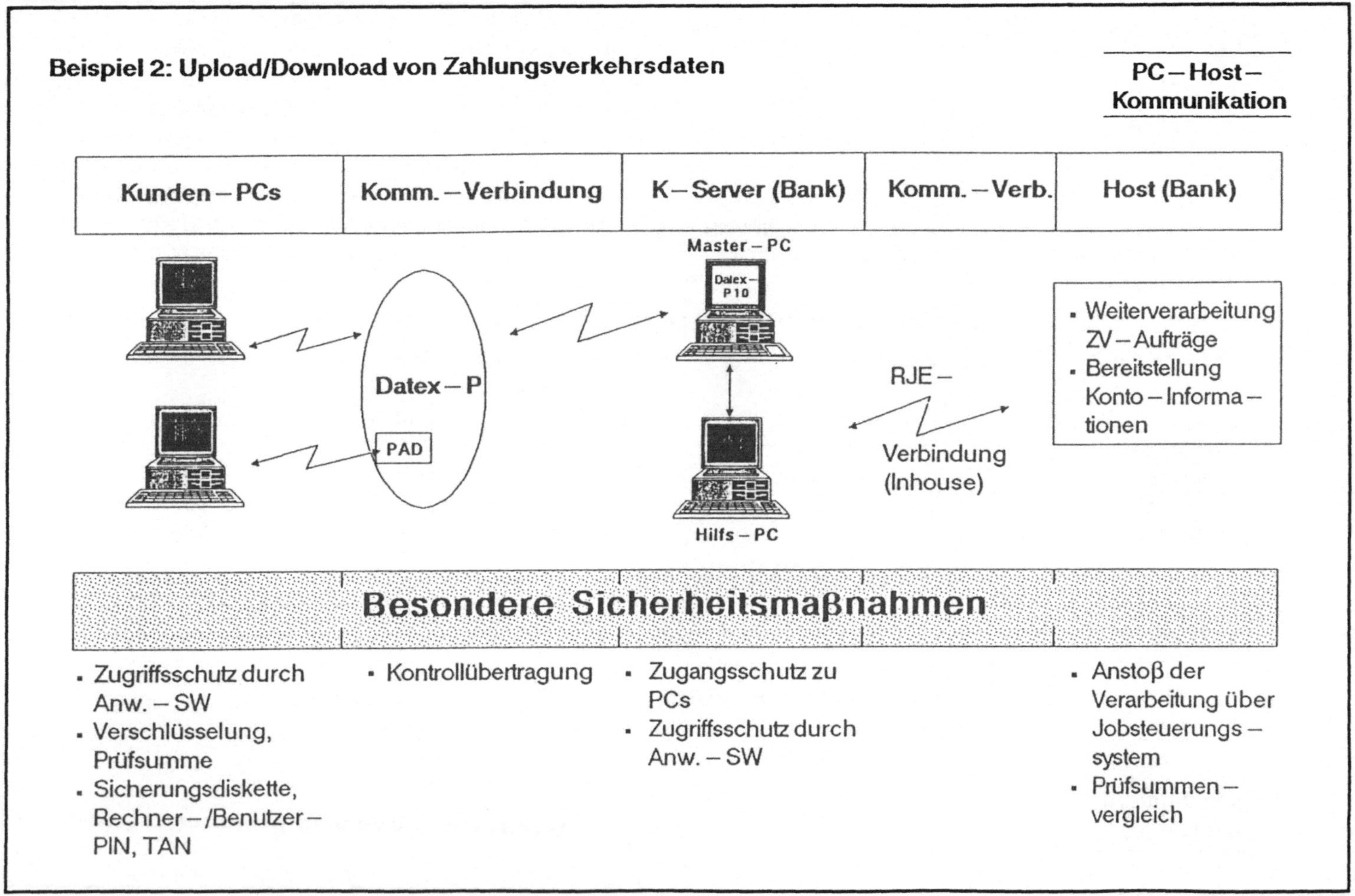
Beispiel 2: Upload/Download von Zahlungsverkehrsdaten
PC – Host – Kommunikation
Kunden – PCs
Komm. – Verbindung
K – Server (Bank)
Komm. – Verb.
Host (Bank)
Master – PC
Datex – P10
Datex – P
PAD
Hilfs – PC
RJE – Verbindung (Inhouse)
▪ Weiterverarbeitung ZV – Aufträge
▪ Bereitstellung Konto – Informationen
Besondere Sicherheitsmaßnahmen
▪ Zugriffsschutz durch Anw. – SW
▪ Verschlüsselung, Prüfsumme
▪ Sicherungsdiskette, Rechner – /Benutzer – PIN, TAN
▪ Kontrollübertragung
▪ Zugangsschutz zu PCs
▪ Zugriffsschutz durch Anw. – SW
▪ Anstoß der Verarbeitung über Jobsteuerungs – system
▪ Prüfsummen – vergleich

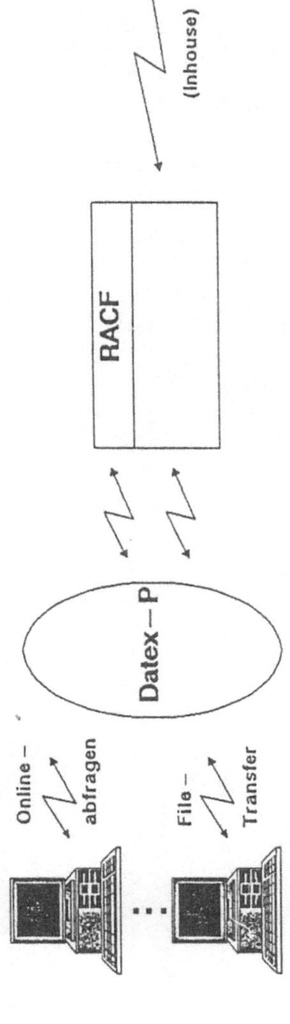

Beispiel 3: Außendienstsystem Bausparkasse (Konzept)

PC—Host—Kommunikation

Dezentraler Rechner Außendienst
Komm.—Verbindung
Host
Komm.—Verb.
Dezentraler Rechner Administration

Online—abfragen
File—Transfer
Datex—P
RACF
(Inhouse)

Besondere Sicherheitsmaßnahmen

Zugriffsschutz (softwaremäßig)
Password—Handling
Protokollierung

Eigene Teilnehmer—betriebsklasse in Datex—P

Hostinitiiert File—Transfer
Protokollierung; Archivierung Protokolle zentral/dezentral

Zugriffsschutz

Die wachsende Gefährdung machte umfassende Gegenmaßnahmen notwendig.

Organisatorische Maßnahmen

- "Virenspezialist" im BS
- "Viren – PC" für Test
- Verpflichtung Service – Fa.
- Notfall – Vorsorge:
  - Formular für Virenmeldungen im Hotline – Service
  - Dokumentation der Recovery – Maßnahmen
  - Kompetenzen im K – Fall

Benutzerbezogene Maßnahmen

- Sensibilisierung (Rundschreiben, Aufkleber)
- Schulung (Hinweise, Demo – Programm)
- Merkblatt (Gefährdungsstufen; angemessene Maßnahmen)

Technische Maßnahmen

- Software zur Virenerkennung (zur fallweisen Virenprüfung durch BS; residente SW im Test)

Literatur:

Datapro Research (Hrsg.)   Datapro Reports on Information Security.
                                  New York (McGraw-Hill) 1991

Sebastian Dworatschek, Alfred   Personalcomputer und Datenschutz. Der
Büllesbach, Hans-Dietrich Koch   Leitfaden für jeden PC-Arbeitsplatz.
u.a.   3. Auflage, Köln 1989

Winfried Gleißner u.a.   Manipulation in Rechnern und Netzen. Risiken,
                                  Bedrohungen, Gegenmaßnahmen. Bonn u.a.
                                  (Addison-Wesley) 1989

Robert Hürten   Hard- und Software zur PC-Sicherheit. In:
                                  Kommunikations- und EDV-Sicherheit 1990,
                                  Heft 3, S. 171-194

Richard Nowak   Sicherheit beim PC-Einsatz in Kreditinsti-
                                  tuten. In: Bank und Markt 1990, Heft 9,
                                  S. 17-20

Edward Wilding   Guidelines to Assist Virus Prevention and
                                  Post-Attack Recovery. In: Virus Bulletin
                                  February 1990, S. 3f

Manfred Wolf   Sicherheit bei der PC-Host-Kooperation. In.
                                  Heiko Lippold und Paul Schmitz (Hrsg.):
                                  Sicherheit in netzgestützten Informationssy-
                                  stemen, S. 343-356.

Ute Zimmer   Sicherheit beim Money-Transfer. In: Wirt-
                                  schaftskriminalität 1988, Heft 2, S. 54.

ZSI - Zentralstelle für Sicherheit in der Informations-
technik (Hrsg.)   IT-Sicherheitskriterien. Köln 1989

Dr. Stefan Klein

Informationssicherheit bei der Kommunikation von Versicherungen mit Dritten

Zusammenfassung

Die strategische Bedeutung der Anwendung elektronischer Datenkommunikation (EDI) für die Versicherungswirtschaft bildet den Hintergrund der Suche nach Konzepten für sichere, vertrauenswürdige Kommunikation mit zahlreichen Partnern weltweit in offenen Netzen. Sicherheit bildet ein zentrales Qualitäts-Merkmal der betrieblichen Leistungserstellung, Sicherheitsmechanismen sollten daher integraler Bestandteil von DV-Anwendungen sein und schon bei der Planung neuer Anwendungsformen mitberücksichtigt werden.

Aufbauend auf einer Analyse spezifischer Risiken bei EDI, wird ein anwendungsbezogenes Sicherheitskonzept zur Erreichung vertrauenswürdiger Kommunikation skizziert. Die im TeleTrusT-Konzept formulierten Sicherheitsfunktionen und -dienste dienen als Systematisierung für die Darstellung von Ansatzpunkten der Standardisierung und Implementierung von Sicherheitsmechanismen in Verbindung mit Standards der 7. ISO-Schicht: EDIFACT, X.400, X.500.

Gliederung

1. EDI und Kommunikationssicherheit - strategische Entscheidungen im Vorfeld

    1.1   Anwendungsszenario
    1.2   Stellenwert der Informationssicherheit

2. Risiken bei der elektronischen Kommunikation

    2.1   Risiken der EDI-Anwendung
    2.2   Sicherheitsanforderungen
    2.3   Bewertung von Risiken

3. Sicherheitskonzept

    3.1   Netzwerk-Sicherheit
    3.2   Anwendungs-Sicherheit
         3.2.1   TeleTrusT-Konzept
         3.2.2   TeleTrusT-Sicherheitsfunktionen für EDI-Anwendungen

4. Ansatzpunkte für die Implementierung

    4.1   Anwendungs-Architektur
    4.2   Sicherheitsmechanismen im Rahmen von Anwendungsstandards
    4.3   Implementierungsebenen
    4.4   Sicherheitsbewertung

1. EDI und Kommunikationssicherheit - strategische Entscheidungen im Vorfeld

Elektronische Datenkommunikation mit - aus Sicht der Versicherungsunternehmen - Dritten[1], kurz *EDI*: »electronic data interchange«, gewinnt für Versicherungsunternehmungen zunehmend strategische Bedeutung. In enger werdenden Märkten gilt es, *Wettbewerbsvorteile* unter anderem dadurch zu erzielen, daß die Abwicklung von Geschäftsvorgängen (Transaktionen) schneller und effizienter erfolgt. Die Dienstleistungsangebote der Versicherungen orientieren sich zunehmend an den Anforderungen einer vernetzten Informationsgesellschaft. Dabei werden die Potentiale offener Kommunikation zwischen Rechnern auch in Richtung verteilter Aufgabenbearbeitung (*open distributed processing*) genutzt.

Die Geschwindigkeit in der Abwicklung von Transaktionen und damit verbunden die Fähigkeit, schnell auf Kundenanforderungen zu reagieren, die Responsefähigkeit, ist ein bedeutendes Element im Service für den Kunden. Die Möglichkeit, dezentral oder bei Dritten bereits erfaßte Daten ohne nochmalige manuelle Eingabe zu übernehmen, erschließt Geschwindigkeitsvorteile und Rationalisierungspotentiale bei gleichzeitiger Vermeidung von Fehlern durch Neuerfassung. Die organisatorische und technische Integration externer Kommunikation stellt eine konsequente Fortsetzung der unter dem Stichwort »kundenorientierte Vorgangsbearbeitung« durchgeführten Organisationsmaßnahmen dar. Der elektronischen Kommunikation mit der *Vertriebsorganisation* kommt vor diesem Hintergrund besondere Bedeutung zu, da diese einen wesentlichen Anteil an der Produktion hat, und am ehesten zu sichtbarem Service für den Kunden führt.

1.1 Anwendungsszenario

> "Typical of most service companies, insurers rely heavily on IS to help their agents serve their clients as effectively and efficiently as possible."[2]

Versicherungsgesellschaften stehen mit Partnerunternehmen und Rückversicherern z.T. über elektronische Netzwerke, wie RINET, mit anderen Dienstleistern, mit Versicherungsvermittlern und Großkunden in enger Kommunikation.

Empirische Erhebungen belegen, daß zahlreiche Vesicherungsgesellschaften eine Ausweitung der elektronischen Kommunikation und Kooperation, insbesondere mit der Außendienstorganisation planen.[3] Im Vordergrund stehen dabei Anwendungen wie

- Online-Anfragen, Zugang zu internen und externen Datenbanken sowie Expertensystemen
- Austausch von Kunden- und Vertragsdaten sowie Dokumenten
- Angebotserstellung und Policierung
- Schadenmeldung, -abwicklung
- Inkasso/Exkasso, Electronic Banking
- E-Mail
- Softwareupdate/ -wartung.

---

[1] *Dritte* aus Sicht der Versicherungsgesellschaften sind: die Vertriebsorganisation, andere VU, Rück-Versicherungen, Großkunden, Verband (Anwendung: Warndateien), Dienstleister, Behörden (z. B. Bundesaufsichtsamt), Banken, Anbieter von Online-Datenbanken (Hosts).

[2] N.N.: Health and Life Insurers, S. 62.

[3] Vgl. Shillito: Insurance, S.9: Application prioritiesZu den Perspektiven für Agentur-Informationssysteme vgl. Marock: EDV-Nutzung.

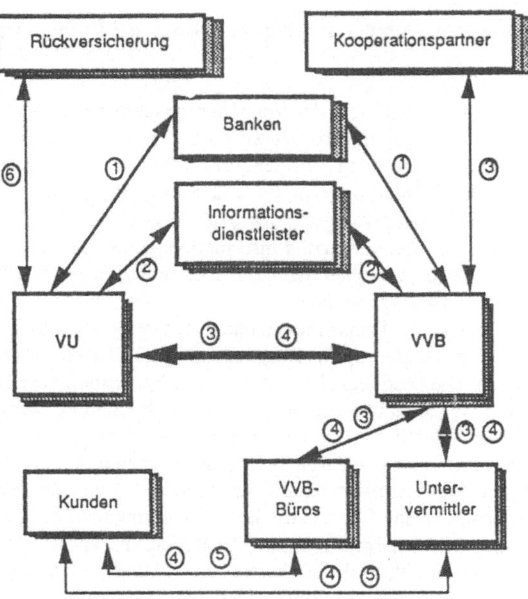

① Zahlungs-/Einzugsaufträge, Konteninformationen, Zahlungseingänge
② Markt- und Fachinformationen
③ Abrechnungen, Vertragsdaten, Inkassodaten, Schadendaten
④ Angebote, Tarif- und Prämieninformationen, Versicherungsanträge, Policen
⑤ Prämienrechnungen, Schadeninformationen
⑥ Kontokorrent, Rückversicherungsabrechnungen

Abb. 1: EDI-Verbund

Mit der Implementierung derartiger Anwendungen ist eine partielle Auslagerung von Funktionen in die Agentur-Informationssysteme (AIS) der Vermittlerbetriebe ebenso verbunden, mobile Vertriebseinheiten kommunizieren dann mit der Versicherungsgesellschaft und übertragen Kunden-, Vertrags und Schadensdaten.
Dies bedeutet eine zunehmende Abwicklung von Rechtsgeschäften, Wertetransfer, Erteilung rechtsverbindlicher Auskünfte und Eingriffe in das AIS über offene Netze.

1.2 Stellenwert der Informationssicherheit

Vertrauenswürdige Kommunikation ist Basis für die Ausweitung der Telekooperation.

Aus der Perspektive einer computerintegrierten Unternehmung muß Informationssicherheit integraler Bestandteil des Gestaltungshandelns auf allen Ebenen, von der Strategie und Sicherheitsphilosophie bis zur Organisation und Sicherheitsarchitektur werden. Die strategisch motivierte Gestaltung von Informations- und Kommunikationssystemen steht im Kontext weiterer betrieblicher Gestaltungsziele: Die Qualität wirtschaftlicher Leistungserstellung muß gewährleistet sein und es dürfen keine negativen Effekte für Externe (Informationssicherheit, Sozialverträglichkeit) auftreten. Die Technik und ihre Wirkungen müssen beherrschbar bleiben. Der

Verlust der Vertrauenswürdigkeit bei der Kommunikation und der Verlust der Verfügbarkeit von Anwendungen (ein Sicherheits-GAU) gefährden die Existenz des gesamten Unternehmens. Auf der anderen Seite kann eine qualitäts- und sicherheitsbewußtere Gestaltung von Geschäftsabläufen durchaus auch positive Image-Effekte haben. Sicherheit als Produkt der Versicherungsgesellschaften muß zugleich auch Maßstab der Leistungserstellung, der Produktion in Zusammenarbeit mit ihren Partnern sein.

2. Risiken bei der elektronischen Kommunikation

> "Sobald Sie über ein Netzwerk mit dem System eines anderen verbunden sind, machen Sie selbst einer beliebigen Anzahl anderer den Zugriff auf Ihre Daten möglich. [...] Da immer mehr Verbindungen nach außen bestehen, werden in der Praxis immer mehr Leute zu Insidern, übernehmen Teilaufgaben und erhalten autorisierten Zugang zum Netz." Leslie Chalmers[4]

Bei der elektronischen Kommunikation werden die bekannten Bedrohungen, der Verlust von Vertraulichkeit, Integrität, Verfügbarkeit und Verbindlichkeit, dadurch verschärft, daß Externe Zugriff auf Daten und Programme erhalten,[5] und die Übertragungswege von den Kommunikationspartnern nicht kontrolliert werden können.

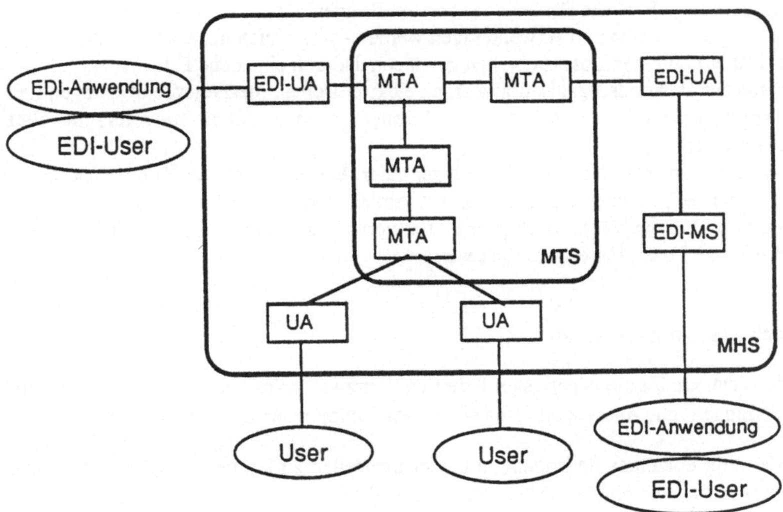

Abb. 2: X. 400-Kommunikationsmodell

Da es sich bei EDI-Anwendungen um rechtsverbindliche, wirtschaftlich bedeutsame Kommunikation mit Externen über öffentliche Netze handelt, gibt es - wie empirische Studien belegen - generell ein ausgeprägtes Risikobewußtsein.

---

[4] Zitiert nach: Francett: Datensicherheitskonzepte, 39.
[5] "The biggest group of security threats are those with authorized access." Kerr: Using AI, S. 60. Die Autorin schlägt die Anwendung von wissensbasierten Systemen zur Überwachung von Tätigkeitsprofilen vor.

Most important factors in establishing a communication strategy[6]

Security	(50)
Reliability/availability of service	(50)
Ease of use	(49)
Management control	(42)
Cost of service	(40)
Ability to control cost	(38)
Proven track record of supplier	(38)
Open connectivity	(26)

n=56

2.1 Risiken der EDI-Anwendung

Bei EDI-Anwendungen in der Versicherungswirtschaft wird die spezifische Qualität der Kommunikations-Risiken besonders deutlich. Die Risiken betreffen dabei die Interessen der Versicherungsgesellschaften, des Dritten wie auch der Kunden:

- Zentrale Datenbestände und Anwendungen werden - wenn auch nur partiell - Dritten geöffnet. Datenschutz und Datensicherheit gewinnen dadurch eine neue Dimension.
- Daten aus der Vertriebsorganisation werden elektronisch an die Zentrale übertragen und dort weiterverarbeitet. Geschäftstransaktionen können dabei ausgeforscht oder manipuliert werden.
- Die Anforderungen an die Verfügbarkeit zentraler Anwendungen für Kommunikationspartner steigt bei gleichzeitig zunehmender Komplexität des Gesamtsystems.
- Dezentral, z. B. beim Versicherungsvermittler verwaltete Daten und Programme müssen vor dem Zugriff Unbefugter geschützt werden.

2.2 Sicherheitsanforderungen

Die folgende Liste enthält die wichtigsten Kriterien vertrauenswürdiger Netze und Kommunikationsanwendungen[7] zur Analyse und Bewertung von funktionalen Sicherheitsanforderungen.

Um die Bedeutung einzelner Bedrohungen besser beurteilen zu können, empfiehlt sich eine Differenzierung in die Bedrohung der Vertrauenswürdigkeit

- der Kommunikationsanwendung und der damit verbundenen Daten und Programme sowie
- des Kommunikationsprozesses und der "Transportwege".[8]

---

[6] Nach Shillito: Insurance, S. 12.

[7] vgl. zu den Kriterien: Gundlach et. al.: Vertrauenswürdige Netze, S. 357f.

[8] Das im Bereich der elektronischen Kommunikation bestehende Risikobewußtsein hängt sicher damit zusammen, daß es sich um eine relativ junge Technologie handelt, die zudem für den einzelnen Nutzer wenig transparent und kontrollierbar ist.

Vertraulichkeit, Abhörsicherheit und Anonymität,
- Datenvertraulichkeit
- Schutz persönlicher oder geschäftswichtiger Daten[9]
- Anonymität bei bestimmten Geschäftstransaktionen
- Anonymität der Nutz- und der Vermittlungsdaten (Schutz vor Verkehrsflußanalyse)

(Kommunikations-)Integrität
- Authentifizierung - Partnergewißheit
- Zugangs-, Zugriffskontrolle (Rechteverwaltung, Rechteprüfung)
- Integrität der gesendeten Daten
- Sende- und Empfangsbeweis (Verhinderung der Nichtanerkennung)

Verfügbarkeit
- Funktionalität
- Betriebskontinuität

Verbindlichkeit
- Nachweisbarkeit der Urheberschaft (Ausstellerauthenzität)
- Nachweisbarkeit von Kommunikationsvorgängen (Beweissicherung, Protokollierung)[10]
- Rechtssicherheit der Kommunikation
- Zertifizierung

2.3 Bewertung von Risiken

Eine Bewertung der Risiken muß ergeben, welche
- Sicherheitsdienste (*Funktionalität*) in welcher
- *Qualität der Implementierung* und
- *Stärke der verwendeten Mechanismen*

für welche Anwendung benötigt werden? Ein Beurteilungkriterium bildet dabei die Verletzlichkeit der Versicherungsgesellschaft, z. B. durch einen Netzausfall für einen längeren Zeitraum. Das Maß der Abhängigkeit von der Verfügbarkeit einer Anwendung wird etwa deutlich, wenn man sich die Konsequenzen eines Funktionsausfalls der Anwendungssoftware in Folge von Programm-Manipulationen bewußt macht. Darüber hinaus sind die Sensitivität von Daten und Anwendungen, das wirtschaftliche Risiko von Manipulationen sowie die Bedrohungen für das Image der Versicherungsgesellschaften zu bestimmen.

3. Sicherheitskonzept

> "Just as it is difficult to link computers using different communication protocols, so it is unlikely that proprietary security implementations will interwork sensibly. Thus, a defined approach to security within the OSI model not only makes OSI look attractive, but can also play its part in enhancing security."[11]

Für die Einbettung der Sicherheitsdienste in die Schichten des OSI-Referenzmodells existieren in der Regel mehrere Möglichkeiten. Es fehlen allerdings fundierte, theoretische Untersuchungen der Wirkungen der Einbettung von Sicherheitsdiensten in die verschiedenen Schichten, ihre Abhängigkeiten und gegenseitigen Beeinflussungen.[12] Die Abbildung zeigt welche Schicht zur Implementierung von Sicherheitsdiensten geeignet ist, und in welchen Bereichen bereits Normungsaktivitäten bestehen.[13]

---

[9] Vgl. Raubold: Sicherheit, S. 18-19.
[10] Vgl. Rihaczek: Vertrauenszentren, S. 71-76.
[11] Brysh: Security, S. 47.
[12] Vgl. Rieß: Bewertung, S. 295.
[13] Vgl. Fumy: Kommunikationssicherheit, S. 445; Brysh: Security, S. 51 Vgl. auch International Organization for Standardization: Open System Interconnection Reference Model, Part 2: Security Architecture, International Standard 7498-2.

Security-Service	OSI-Layer						
	1	2	3	4	5	6	7
Peer Entity Authentication			+	+			+
Data Origin Authentication			+	+			+
Access Control Service			+	+			+
Connection Confidentiality	+	+	+	+		+	+
Connectionless Confidentiality		+	+	+		+	+
Selective Field Confidentiality						+	+
Traffic Flow Confidentiality	+		+			+	+
Connection Integrity with Recovery				+			+
Connection Integrity without Recovery			+	+			+
Selective Field Connection Integrity							+
Connectionless Integrity			+	+			+
Selective Field Connectionless Integrity							+
Non-repudiation, Origin							+
Non-repudiation, Delivery							+

+ = Realisierung der Sicherheitsdienste

▓ = Normungsaktivitäten der ISO

Abb. 3: Sicherheitsdienste in den OSI-Schichten

Sicherheitsdienste	Encipherment	Digital Signature	Access Control	Data Integrity	Authentication Exchange	Traffic Padding	Routing Control	Notarization
Peer Entity Authentication	+	+			+			
Data Origin Authentication	+	+						
Access Control Service			+					
Connection Confidentiality	+						+	
Connectionless Confidentiality	+						+	
Selective Field Confidentiality	+							
Traffic Flow Confidentiality	+					+	+	
Connection Integrity with Recovery	+			+				
Connection Integrity without Recovery	+			+				
Selective Field Connection Integrity	+			+				
Connectionless Integrity	+	+		+				
Selective Field Connectionless Integrity	+	+		+				
Non-repudiation, Origin		+		+				+
Non-repudiation, Delivery		+		+				+

+ = geeignete Mechanismen

Abb. 4: Sicherheitsdienste und -mechanismen

Die Implementierung von Sicherheitsdiensten erfolgt in Form von Sicherheitsmechanismen. Die Tabelle zeigt die mögliche Zuordnung von Sicherheitsdiensten und -mechanismen.[14]

Grundsätzlich bestehen zwei Ansatzpunkte für die Implementierung von Sicherheitsdiensten:
- Netzwerk-Sicherheit (*link mechanisms* - Schichten 1-6) und
- Anwendungssicherheit (*end-to-end-mechanisms* - Schicht 7).

3.1 Netzwerk-Sicherheit

Zum Austausch von EDI-Nachrichten können verschiedene, in der Regel öffentliche Kommunikationsnetze[15] und -dienste, mit unterschiedlichen Leistungsmerkmalen, Kosten und Sicherheitsstufen verwendet werden. Für die Beurteilung der Netzsicherheit sind zwei Grundtypen der Kommunikation zu unterscheiden:
- Ende-Ende-Verbindung (*point-to-point connection*)
- verbindungsloses Message Handling Protokoll (*connectionless, store-and-forward*).[16]

Nun gibt es in Form der *Trusted Network Interpretation (TNI) of the Trusted Computer System Evaluation Criteria*[17] Bemühungen, Standards für die Vertrauenswürdigkeit von Netzen zu formulieren. Diese fallen in der Regel in den Verantwortungsbereich der Netz- und Mehrwertdiensteanbieter. Sie sollten jedoch durchaus bei der Auswahlentscheidung über Kommunikationsnetze und -Dienstleistungen (VANs) Berücksichtigung finden. Im Vordergrund stehen dabei folgende Kriterien:
- Schutz vor Verkehrsflußanalyse (*traffic flow confidentiality*)
- Auswahl von Sendestrecken (*selective routing*)
- Dienstverweigerung (*denial of service*)
- Betriebskontinuität (*continuity of operation*)
- Protokollbasierter Schutz (*protocol-based DoS protection mechanisms*)
- Netzüberwachung (*network management*).

Die spezifischen netzbezogenen Mechanismen sind
- Verkehrserzeugung (*traffic padding*) und
- Leitweg-Kontrolle (*routing control*).

Die Zertifizierung (*notarization*) muß von einer von den Kommunikationspartnern unabhängigen Instanz, ggf. kann dies ein VAN sein, erbracht werden.

Auf absehbare Zeit muß jedoch von einer zwar graduell unterschiedlichen, insgesamt jedoch unzureichenden Sicherheit der Netze ausgegangen werden:
- Die Verwirklichung der TNI im Rahmen internationaler Netze ist noch nicht in Sicht
- die Netze sind von ihren Anwendern allenfalls sehr begrenzt kontrollierbar
- aus wirtschaftlichen Gründen werden teilweise auch wenig sichere Netze in Anspruch genommen werden müssen.

---

[14] Zur Zuordnung von Sicherheitsdiensten und -Mechanismen vgl. Fumy: Kommunikationssicherheit, S. 446. Vgl. auch Brysh: Security, S. 50.

[15] Zur Netzwerk-Sicherheit vgl. Gundlach, et. al.: Vertrauenswürdige Netze, S. 354-359 und Kraus: Computersicherheit, S.229-233.

[16] Zu Sicherheitsdrohungen in Message Handling Systemen vgl. Schneider: Sicherheit, 33.

[17] National Computer Security Center: Trusted Network Interpretation of the Trusted Computer System Evaluation Criteria, NCSC-TG-005, 1987. Diese Kriterien sollten insbesondere auch bei der Gestaltung interner Netze Verwendung finden.

3.2 Anwendungs-Sicherheit

"trustworthy communication in a potentially insecure environment"

Aus der Beurteilung der Vertrauenswürdigkeit der Netze folgt, daß Sicherheitsmechanismen so weit wie möglich im Bereich der Anwendung(sschicht), d.h. auch im Verantwortungsbereich der Kommunikationspartner, zu implementieren sind.

3.2.1 TeleTrusT-Konzept

Vertrauenswürdige Kommunikation ist als ein technisches Mittel zur Unterstützung der Telekooperation zu sehen.

TeleTrusT ist ein in der GMD entwickeltes Konzept zur Erreichung vertrauenswürdiger Kommunikation. Hierbei geht es um ein Bündel von Entwicklungen und Maßnahmen
- technischer,
- organisatorischer und
- rechtlicher

Art, um Telekooperation zwischen verschiedenen Partnern realisieren zu können. Die TeleTrusT-gerechte Implementierung einer konkreten Sicherheitstechnik (wie etwa der Chip-Karte) und die Kombination der verschiedenen damit realisierbaren Sicherheitsdienste erfordert eine sorgfältige Analyse der Anwendungssituation sowie der organisatorischen, technischen und ökonomischen Rahmenbedingungen der Implementierung von Sicherungsmechanismen, z.B. auf dem Host einer Versicherungsgesellschaft, im Rahmen des AIS sowie ggf. beim Anbieter von Mehrwertdiensten (VAN). Ein Sicherheitskonzept umfaßt damit - neben dem generellen Lösungsansatz - Soft-, Hard-, Org- und Firmware.

3.2.2 TeleTrusT-Sicherheitsfunktionen für EDI-Anwendungen

Aufbauend auf bisherigen Implementierungen des TeleTrusT-Konzepts[18], die auf dem Einsatz kryptographischer Verfahren (Public Key-Verfahren auf der Basis des RSA-Algorithmus, symmetrische Verfahren) und der Verwendung von Prozessor-Chipkarten als personenorientiertes Sicherheitsinstrument zur Erzeugung und Prüfung elektronischer Unterschriften sowie zur Chiffrierung und Dechiffrierung von Dokumenten basieren, lassen sich folgende Sicherheitsfunktionen für EDI-Anwendungen realisieren:

Authentifizieren, Signieren
Die elektronische Unterschrift hat über die Echtheits-, Identitäts- und Warn-Funktionen einer konventionellen Unterschrift hinaus, eine Abschlußfunktion: Mit Hilfe des geheimen Schlüssels wird aus der gesamten Nachricht ein Authentikator erstellt, der die Teilnehmer-Authentikation, Daten-Authentikation sowie den Nachweis der Datenintegrität gewährleistet. Dieses Verfahren kann auch zur Zugriffskontrolle sowie zum Empfangsnachweis verwendet werden und verstärkt Rechtsverbindlichkeit der elektronischen Geschäftstransaktion.

---

[18] Das TeleTrusT-Konzept wird auch vom Verein »TeleTrusT Deutschland« mitgetragen, in dem namhafte Unternehmen Mitglied sind. Vgl. auch Struif (Hrsg.): Concepts.

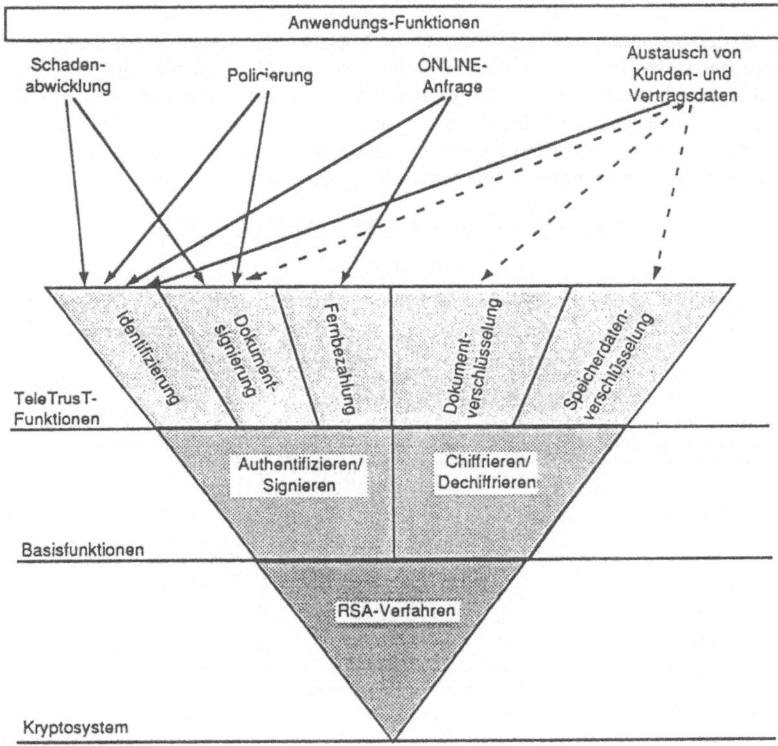

Abb. 5: TeleTrusT-Funktionen

Chiffrieren, Dechiffrieren

Ist Vertraulichkeit der Daten bei der Übertragung erforderlich so ermöglicht der RSA-Algorithmus eine wirksame Verschlüsselung der zu versendenden Dokumente. Verschlüsselungsverfahren lassen sich auch auf Speicherdaten anwenden, so daß sensible Daten nur während der Bearbeitung im Arbeitsspeicher im Klartext vorliegen. Durch die Speicherdatenverschlüsselung ist z.B. ein wirksamer Schutz gegen unbefugten Zugriff auf Daten beim Versicherungsvermittler sowie gegen Diebstahl von Festplatten oder Datenendgeräten (Laptops) erzielbar.

4. Ansatzpunkte für die Implementierung

Offene Kommunikation braucht offene Sicherheits-*Mechanismen*

Die Festlegung von Konventionen für Sicherheitselemente, Zertifikate, Protokolle etc. sind Bestandteil des TeleTrusT-Konzepts bzw. der Konzept-Weiterentwicklung. Existierende Standards werden dabei berücksichtigt. Im Rahmen von EDI-Anwendungen mit verschiedenen Partnern (Vertriebsorganisation, Banken, Rückversicherungen, Großkunden) gewährleisten nur standardisierte Sicherheitsmechanismen ein hohes und zugleich wirtschaftlich vertretbares Sicherheitsniveau.

4.1 Anwendungs-Architektur

Die skizzierten Sicherheitsmechanismen sind im Rahmen einer Anwendungsarchitektur zu implementieren. Dabei ist insbesondere zu prüfen, welche Mechanismen auf der Ebene der Anwendungsprogramme und welche im Bereich der Basis-Funktionen (Kommunikation - Erstellung von EDI-Nachrichten, elektronischer Versand[19] -, Repräsentation oder Datenmanagement) realisiert werden sollten. Die Entwicklung von Data-Dictionaries oder Repositories bietet Ansatzpunkte für die Verankerung der Rechteverwaltung.

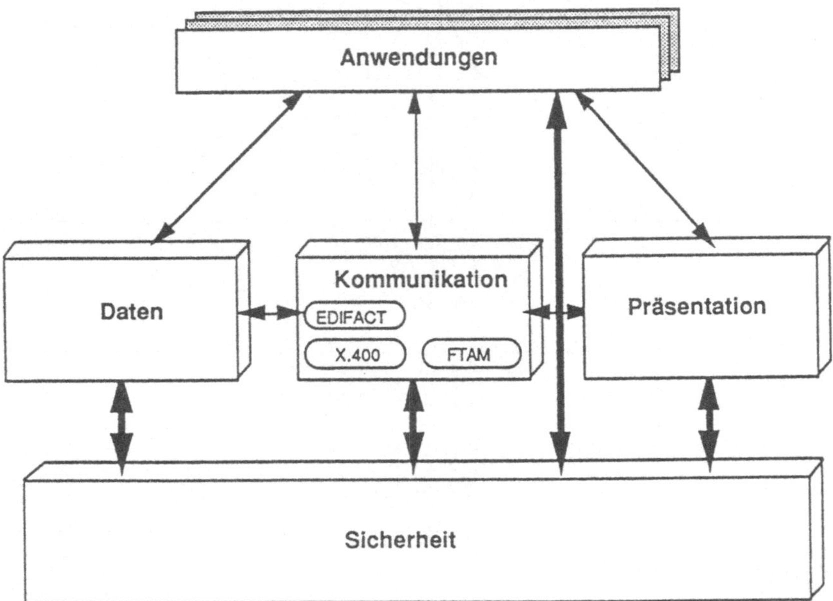

Abb. 6: Anwendungsarchitektur

4.2 Sicherheitsmechanismen im Rahmen von Anwendungsstandards

Zur Zeit werden in verschiedenen internationalen Gremien Vorschäge für die Implementierung von Sicherheitsmechanismen in anwendungsnahe Standards entwickelt:

EDIFACT
Generierung einer elektronischen Unterschrift oder eines Nachrichtenauthentikators (*Message Authentification Code* - symmetrische Verschlüsselung) auf der Ebene einzelner Nachrichten oder der Übertragungsdatei.[20]

CCITT X.400
X.400 umfaßt Sicherheitsmechanismen, die für einen vertrauenswürdigen Versand von EDIFACT-Nachrichten verwendet werden können. X.435 spezifiziert P_{edi}, einen neuen

---

[19] In der Praxis werden vorwiegend zwei Kommunikationsprotokolle zum Transfer von EDI-Nachrichten verwendet, FTAM (*ISO 8571 file transfer, access and management*) und X.400, als Message Handling Protokoll.

[20] Vgl. Cryptomatic A/S: Digital Signatures, S. 19: Scheme for embedding digital signatures in EDIFACT structures: messages and interchanges.

content type für den Versand von EDI-Nachrichten. Bei der Verwendung von P_{edi} kann die versandte Nachricht jedoch nicht verschlüsselt werden.[21]

FTAM

Im Rahmen des FTAM-Protokolls können chiffrierte EDIFACT-Dateien als *unstructured binary files* versandt werden.[22]

X.509: Authentication Framework[23]

Diese in der Entwicklung befindliche Norm beschreibt die Vorgabe genormter Verschlüsselungsalgorithmen nach dem *public-key*-Verfahren (*Registration Authority for Cryptograhic Algorithms*). Ihre Anwendung setzt eine Zertifizierungs-Instanz (*Certification Autority*) voraus.

	Implementierungsebene		
Funktionen	Anwendung	EDIFACT-Dokument	X.400
Zugriffskontrolle	•		
Urheberschaftsnachweis		•	
Datenintegrität		(•)	•
Signatur		•	•
Dok.-Verschlüsselung		•	
Speicherdaten-Verschl.	•		

Abb. 7. Implementierungsebene der Sicherheitsmechanismen

4.3 Implementierungsebenen

Implementierung beim VU-Host

Aus Sicht des Hosts ist z. B. zu erörtern, wie die Kommunikationssicherungsmaßnahmen - gewissermaßen als »Sicherheitsschleuse« - in das vorhandene RZ-Sicherheitskonzept eingebunden werden können, und welche organisatorischen Maßnahmen erforderlich sind.

Implementierung beim Dritten

Im Hinblick auf die dezentralen Anwendungen in den Vertriebseinheiten ist der Aufwand für Sicherungsmaßnahmen für den Zugriff auf Programme und Daten wie auch für die Datenübertragung abzuschätzen. Dabei gilt es, verschiedene Typen von Vertriebseinheiten sowie von Organisations- und Kommunikationsmodellen zu unterscheiden. Darüber hinaus stellen sich Fragen, wie nach dem Berechtigungsnachweis innerhalb verteilter Anwendungen[24], nach Zugangskontrolle zu unterschiedlichen Ressourcen oder nach der Absicherung einer Anwendung auf einem mobilen Rechner.

Sicherheitsdienstleistungen beim Anbieter von Mehrwertdiensten

Es ist zu prüfen, welche Sicherheitsdienste, z. B. Zertifizierung oder Bereitstellung eines Directories nach dem ISO Standard X.500, von den Netzbetreibern oder VANS, z. B. Meganet, übernommen werden können.

---

[21] Vgl. Cryptomatic A/S: Digital Signatures, S. 7-8, zur Implementierung von Sicherheitsmechanismen in Message Handling Systemen vgl. auch Schneider: Security.

[22] Vgl. Cryptomatic A/S: Digital Signatures, S. 8.

[23] Vgl. dazu Rihaczek: Vertrauenszentren, S. 74-75.

[24] Wenn z. B. ein AIS im LAN genutzt wird.

Dienstleistungen des sogenannten »vertrauenswürdigen Dritten«
Im TeleTrusT-Konzept asymmetrischer Verschlüsselungsverfahren gibt es eine neutrale Instanz, den »vertrauenswürdigen Dritten«, der die Aufgaben der Generierung und Verwaltung von Schlüsseln wahrnimmt. Hier ist zu prüfen, welche Institution im gegebenen Fall zur Übernahme dieser Funktion geeignet ist.[25]

4.4 Sicherheitsbewertung

Die vorgestellten Sicherungsmaßnahmen sind einer differenzierten Bewertung im Hinblick auf ihre Eignung unter technischen, organisatorischen, ökonomischen wie Sicherheitsaspekten zu unterziehen. Insbesondere ist eine Bewertung der Reichweite der getroffenen Maßnahmen einschließlich einer Abschätzung nicht abgedeckter Sicherheitsrisiken vorzunehmen.

Darüber hinaus sind sie in Sicherheits-Strategie, -Management und -organsation zu integrieren.

Literatur

Brysh, H.: Security in OSI Network, in: Telecommunications, February 1989, S. 47-51.

Cryptomatic A/S: Digital Signatures in EDIFACT, Report prepared in the context of the TEDIS Programme of the Commssion of the EC, 29. Nov. 1990.

Francett, B.: Datensicherheitskonzepte weisen Lücken auf, in PC Woche, 4. März 1991, S. 39-40.

Fumy, W.: Kommunikationssicherheit in lokalen Netzen - Einsatz kryptographischer Verfahren, in: DuD 9/88, S. 440-447.

Gundlach, M.; Hoffmann, G.; Leclerc, M.: Vertrauenswürdige Netze - Die Trusted Network Interpretation, in: DuD, 7/88, S. 357f.

International Organization for Standardization (Hrsg.): Open System Interconnection Reference Model, Part 2: Security Architecture, International Standard 7498-2

Kerr, S.: Using AI to Improve Security, in: Datamation, Febr. 1, 1990, S. 57-60.

Kraus, D.: Computersicherheit in paketvermittelten Netzen, in: DuD 5/88, S.229-233.

Marock, J.: EDV-Nutzung im Vermittlerbetrieb - Perspektiven für Agentur-Informationssysteme, in Versicherungsvermittlung Dez. 1990, S. 563-572.

National Computer Security Center: Trusted Network Interpretation of the Trusted Computer System Evaluation Criteria, NCSC-TG-005, 1987

N.N.: Health and Life Insurers Cut Risks via IS Coverage, in: Datamation, Nov. 15, 1989, S. 62.

Raubold, E.: Sicherheit ist mehr als Schutz vor Angriffen, in: GMD-Spiegel 2/3'89, S. 18-19.

Rieß, H. P.: Die Bewertung von Sicherheit in Netzen und verteilten Systemen, in DuD 6/90, S. 293-298.

Rihaczek, K.: Vertrauenszentren zur Nachweisbarkeit von Kommunikationsvorgängen, in: DuD 2/90, S. 71-76.

Schneider, W.: Security in Message Handling Systems, in: Struif, B. (Hrsg.): Concepts, Applications, Activities. TeleTrusT International Publication, März 1989, S. 2.7-2.9.

Schneider, W.: Sicherheit bei X.400-Systemen, in: DuD 1/90, S. 32-37.

Shillito, D.: Insurance Electronic Communications for the 1990's. A Confidential Market Trend Survey

Struif, B. (Hrsg.): Concepts, Applications, Activities. TeleTrusT International Publication, März 1989.

---

[25] Aufgaben für Vertrauenszentren vgl. Rihaczek, Karl: Vertrauenszentren zur Nachweisbarkeit von Kommunikationsvorgängen, in: DuD 2/90, S. 71-76.

Karl-Heinz Kronenberger

Konzept für den Einsatz eines Security-Management-Systems bei der Colonia

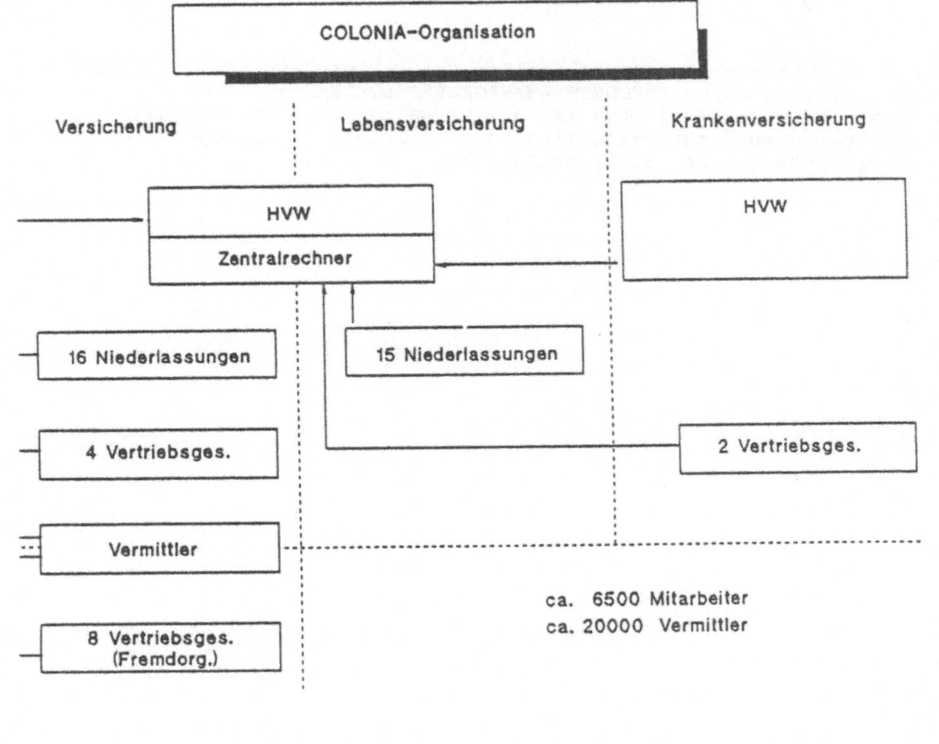

Vortrag 'SECUNET 91' (Zusammenfassung)

THEMA: Konzept für den Einsatz eines SECURITY-Management-Systems
       bei der COLONIA
       ==

Die stürmische Entwicklung in der Datenverarbeitung hat auch den
Verwaltungsumfang für Benutzer- und SECURITY-Informationen erheblich
wachsen lassen. Für die Zukunft ist eine Fortsetzung dieses Trends
zu erwarten.

Der expandierende Einsatz neuer EDV-Systeme und Anwendungen führt
zur weiteren Zersplitterung der Benutzer-/ SECURITY-Datenbasis
und damit zur Verwaltung mit unterschiedlichen Verwaltungsoberflächen/
-Systemen ggf. durch mehrere organisatorische Einheiten.

Die Folge dieser Entwicklung ist ein hoher Aufwand für Administrations-
aktivitäten, Inkonsistenzen zwischen den Benutzer-/ SECURITY-Datenbe-
ständen und viele Fehlerquellen.

Die COLONIA begegnet der aktuellen Entwicklung mit einem Konzept/
Realisierung eines 'SECURITY-MANAGEMENT-SYSTEMS'.
Bestandteil des Konzeptes ist ein Verwaltungssystem, welches
system-/ anwendungsübergreifend die Administrationsaufgaben mit
einer einheitlichen Benutzeroberfläche abdeckt.

1 COLONIA-Organisation

2 Hardware-/Softwareumgebung

3 SECURITY-Vollmachtenvergabe

4 FORDERUNGEN an ein systemübergreifendes
Benutzer- und SECURITY-Verwaltungssystem

5 Zwischenlösung

6 LOGICAL-SECURITY-MANAGER (LSM)

Hardware-/Softwareumgebung

1 Übersicht

2 Benutzer- und SECURITY-Verwaltung

3 Kennzahlen

Übersicht

Hardware		Software
CPU's:	3090-60J	MVS/ESA
	3090-40J	JES2
	AS/400 (Testbetrieb)	RACF
		IMS
		CICS
Platten:	3390 (ca. 600 GB)	TSO
		SESAM (Sess.Manager)
Bandeinheiten:	3490	

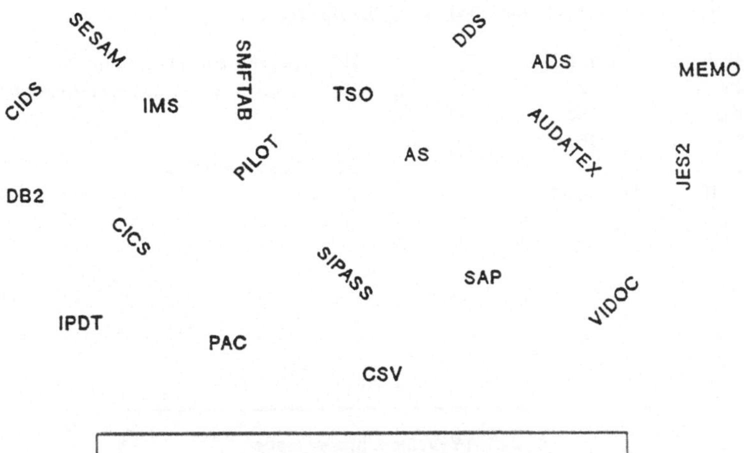

EDV-System	Verwaltungssysteme:		
	RACF	Colonia-Anwendung	System-Bestandteil
SESAM	X		X
IMS	X	X	
IMS-Anwendungen		X	(X)
TSO	X		
TSO-Anwendungen		X	X
CICS	X		
CICS-Anwendungen			X
MEMO	X		X

etc.

Kennzahlen

System	Anzahl Benutzer	Zusatzinformationen
RACF	6900	4000 geschützte Resourcen
IMS	6000	130000 Segmente mit SEC-Informationen
CICS	600	
TSO	2000	
DB2	–	5000 Tabellen/Views
MEMO	5300	

SECURITY-Vollmachtenvergabe

1 Ist-Zustand

2 Nachteile und Risiken des Ist-Zustandes

3 Logische Ansätze für Weiterentwicklung

Ist-Zustand

1 Anforderung/Löschung von IMS-Zugriffsberechtigungen
über SECURITY-Verwaltungs-Programm (IMS)

2 Anforderung/Löschung von sonstigen Zugriffsberechtigungen
über elektronisches Formular im MEMO

Anforderung/Löschung von IMS-Zugriffsberechtigungen
über SECURITY-Verwaltungs-Programm (IMS)

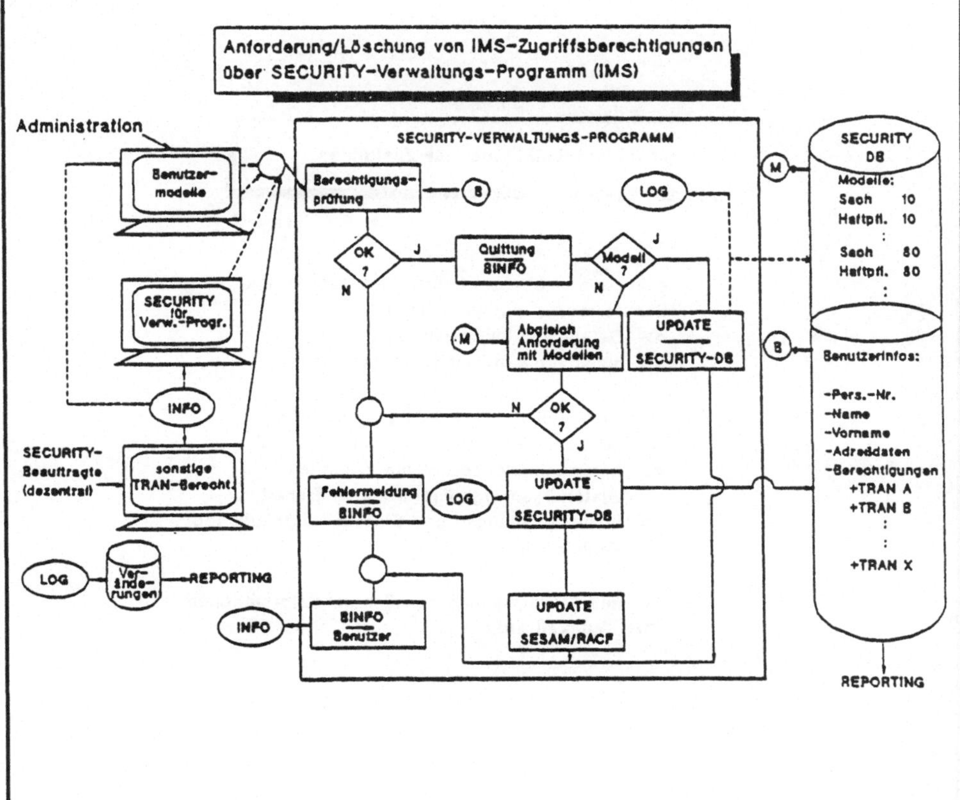

Anforderung/Löschung von sonstigen Zugriffsberechtigungen über elektr. Formular im MEMO

- dezentrale Eingabe durch die SECURITY-Beauftragten/
  teilweise durch zuständige Vorgesetzte

- fest vorgegebene Folge von Adressaten

- Freigabe durch die zuständigen Stellen auf elektr. Wege

- bei Nichtzustimmung einer Prüfungsinstanz elektr.
  Zurückweisung an den Antragsteller mit Info auf
  dem elektr. Formular

- nach Bearbeitung durch die letzte zuständige Stelle,
  automatische Info an Antragsteller über komplett
  ausgefülltes elektr. Formular

Nachteile und Risiken des Ist-Zustandes

- keine systemübergreifende Transparenz aller
  Benutzerberechtigungen (Vollmachten)
  => Gefahr von Inkonsistenzen
  => hoher Aufwand für Berichtswesen

- keine einheitliche Verwaltungsoberfläche
  => lfd. hoher Verwaltungsaufwand
  => Kommunikationsprobleme zwischen
     zuständigen organisatorischen Einheiten
  => hoher Schulungs- und Einarbeitungsaufwand
  => Fehlerquellen

- redundante Verwaltung von Benutzerinformationen
  (Ort, Tätigkeit etc.)

Logische Ansätze für Weiterentwicklung

- einheitliche, systemunabhängige Verwaltungsoberfläche

- einheitliche Datenhaltung

- Ausdehnung der Benutzermodellierung auf alle Systeme

- Ausbau der dezentralen Verwaltung

Forderungen an ein systemübergreifendes
Benutzer- und SECURITY-Verwaltungssystem

1 Komponentenübersicht

2 Verwaltungssystem

3 Benutzerschnittstelle

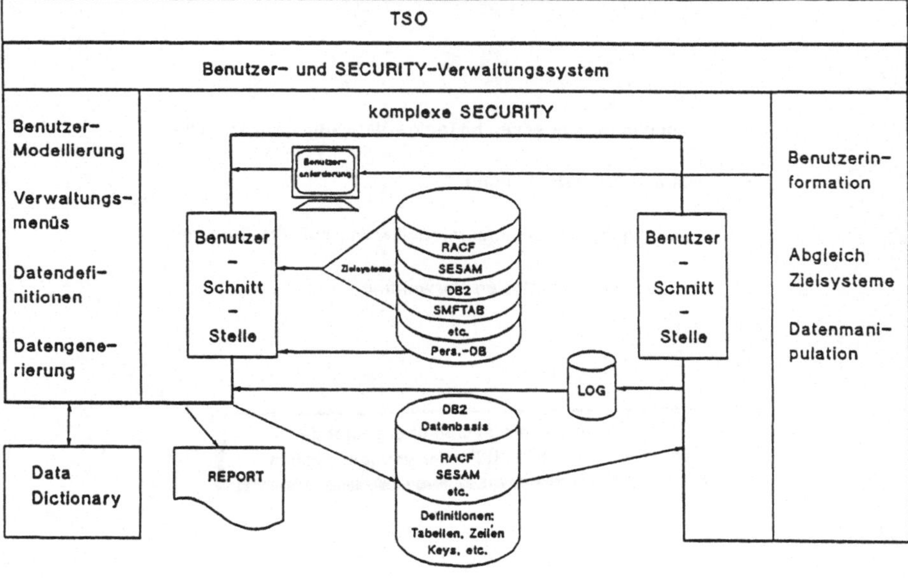

- komplexe interne SECURITY

- Menüs zur Verwaltung von Benutzer-/
  SECURITY-Informationen

- Benutzer-Modellierung

- Data Dictionary zur Definition der
  Tabellenstrukturen und Abhängigkeiten

- Abgleich Verwaltungszielsysteme

- Logging

- Reporting

Benutzerschnittstellen

- einheitliche Schnittstelle vom Verwaltungssystem zu den Zielsystemen

- Schnittstelle zur "Internen SECURITY"
  im Verwaltungssystem

Zwischenlösung

- Verwaltungsoberfläche für IMS-Anwendungen

- tägliches Entladen von wichtigen Benutzer- und
  SECURITY-Informationen in DB2-Tabellen
  (z.B. IMS, RACF, Pers.-Infos)

- automatisches Generieren von Änderungsanweisungen
  (z.B. RACF-Com.)

- CLIST's für Benutzereinstellung im RACF und DB2

- Generierungsoberfläche für DB2-SECURITY

- Berichtswesen auf DB2-Basis

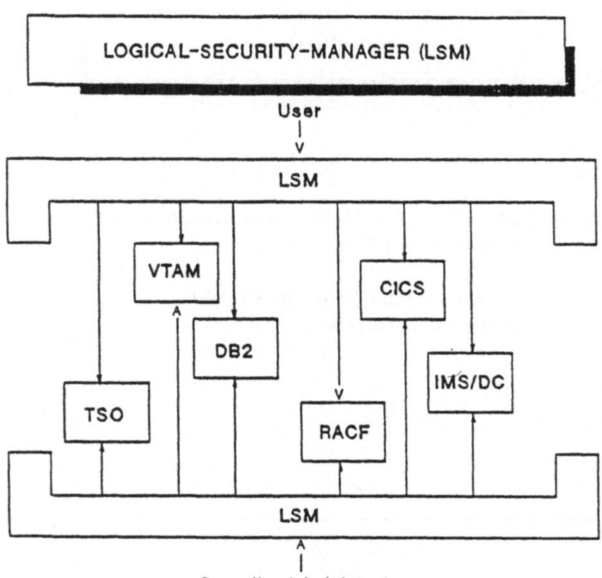

- Trennung in "Operativ"- "Administrativ"
- "Security Shell"

Helmut Bongarz

Sicherheit in Kassensystemen der Kaufhof AG

Vorwort

Der Sicherheitsaspekt in EDV-gestützten Systemen stellt für jeden Anwender eine besondere Herausforderung und letztlich eine unbedingte Notwendigkeit dar.

Dies gilt insbesondere auch für vernetzte Kassensysteme eines Warenhauses, wo in Kundenumgebung mit moderner Technik das operative Geschäft abgewickelt wird. Hierbei orientiert sich das Sicherheitsbedürfnis maßgeblich an der Zielsetzung, mit der Funktionalität der eingesetzten Systeme ein Höchstmaß an Verfügbarkeit zu erreichen.

Mit der folgenden Darstellung sollen die Sicherheitsanforderungen des Warenhausunternehmens Kaufhof an ein modernes PC-gestütztes Kassensystem aufgezeigt werden.

Sicherheit in Kassensystemen der Kaufhof AG

1. Einführung

   1.1   Unternehmensprofil Kaufhof AG
   1.2   Entwicklung der Kassensysteme im Kaufhof

2. Das PC-Kassensystem

   2.1   Allgemeine Sicherheitsanforderungen
   2.2   System-Übersicht
   2.3   Sicherheiten/Vorteile beim Einsatz von PC-Kassensystemen

3. Sicherheitskonzept der Filialen

   3.1   Datensicherungsverfahren
   3.2   Sonstige Sicherheiten

4. Mitwirkung der Zentrale

   4.1   Datenaustausch
   4.2   Unterstützung durch die zentrale EDV

Der Kaufhof
ein Handels- und Dienstleistungs-Konzern
(Konzern-Anteile 1990 in %)

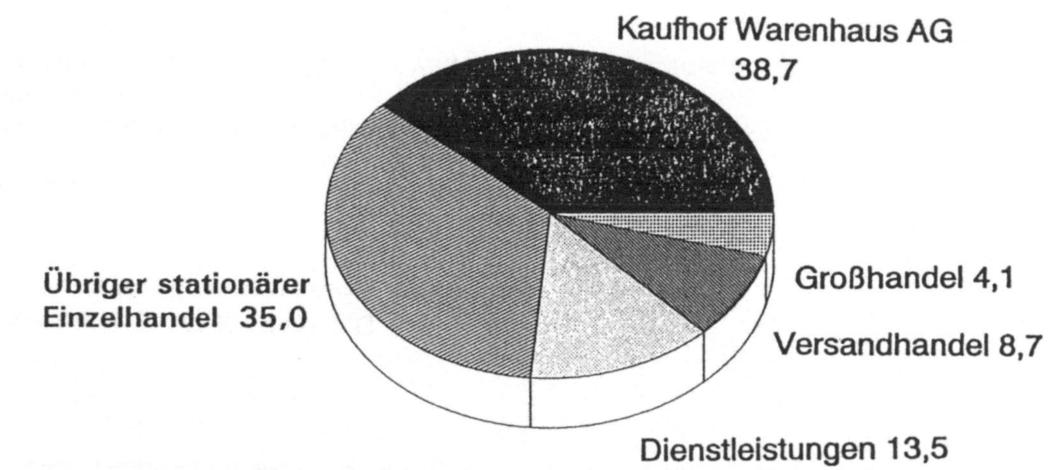

Kaufhof Warenhaus AG

Umsatz 1990: 5,8 Mrd. DM

→ Anteil am Konzern 38,7 %

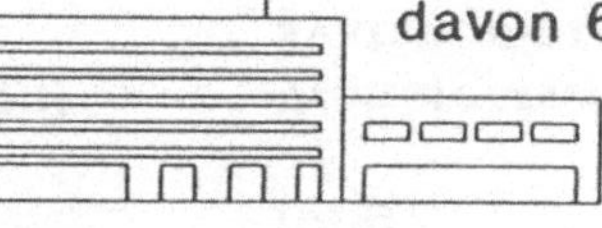

78 Filialen

davon 6 in den neuen Bundesländern

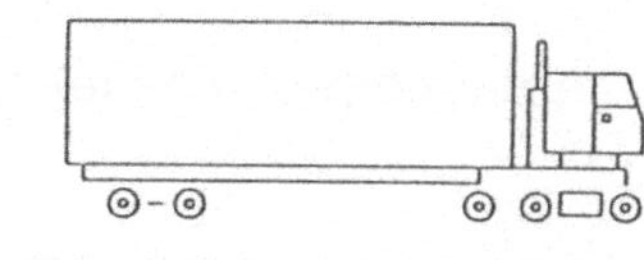

28.000 Mitarbeiter

600.000 Artikel in

100 Abteilungen

30.000 Lieferanten

20 - 220 Verkaufskassen je nach Standortgröße

Entwicklung der Kassensysteme im Kaufhof

1982	**Entscheidung für die Einführung eines EDV-gestützten Warenwirtschaftssystems (WWS)**
1983	**Entwicklung eines Kassensystems für die artikelgenaue Verkaufsdatenerfassung**
1984	**Erste Implementierung von Kassensystemen im Rahmen der WWS-Einführung**
1985 - 1990	**Weiterentwicklung und kontinuierliche Installation der Kassen- und Filialsysteme im Konzern**
1988	**Erhöhung des Sicherheitsanspruchs durch veränderte Technik: Eigenentwicklung eines PC-Kassensystems**
1989	**PC-Kassenausstattung in 30 Fachmärkten (4 - 15 Kassen)**
1990	**PC-Kassen-Pilotinstallation in einer Kaufhof-Filiale (50 Kassen)**
1991	**Bis Ende April sind insgesamt 45 Kaufhof-Filialen auf WWS umgerüstet; davon sind 10 Filialen mit etwa 310 PC-Kassen ausgestattet.**

Sicherheitsanforderungen an das Kassensystem

Sicherheit in Kassensystemen

der Kaufhof AG

➤ Hard- und Software-Stabilität

➤ Funktionssichere Vernetzung

➤ Datensicherung / Backup-Verfahren

➤ Zugriffsberechtigungen / Zugangskontrollen

➤ Technische Sicherheitsmaßnahmen

➤ Bedienerfreundlichkeit

➤ Unterstützung durch die zentrale EDV

Oberstes Ziel ➡ Hohe Systemverfügbarkeit

System-Übersicht

PC-Kasse

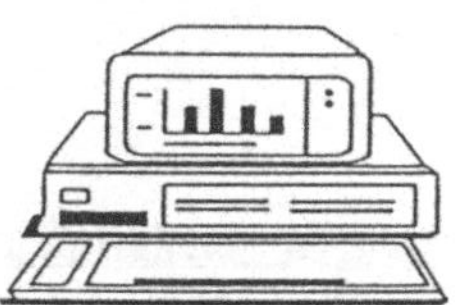

Standard-PC 80286

* Festplatte 45 MB
* Diskettenlaufwerk 1,44 MB
* Bildschirm als Bedieneranzeige

Standard-Kassen-Peripherie

* Drucker f. Bon, Journal, Scheck u. Beleg
* Tastatur mit Schlüsselfunktionen
* Multicode-Scanner
* Kassenschublade
* Kundenanzeige (nach Bedarf)
* Zahlungsverkehrsterminal (nach Bedarf)
* Multiplexer (Schnittstelle zu PC, COM 1)

Filialrechner

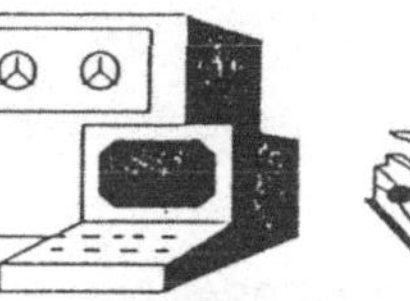
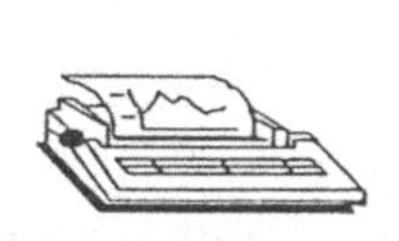

File-Server-System 80486

* Festplatte 600 MB
* Hauptspeicher 12 MB

Sonstige Peripherie-Systeme

* div. Workstations
* SNA Gateway
* Systemdrucker
* Etikettendrucker
* Tape-Streamer 250 MB

Vernetzung

* Novell NetWare 386 (Software)
* Arcnet-Verkabelung (Koax)
* Netzknotenverteiler (HUB)
* Arcnet-Karten

Sicherheiten/Vorteile beim Einsatz von PC-Kassensystemen

- gegenüber herkömmlichen Datenkassen -

* Einsatz von Standard-Technologie   = = > Hersteller-Unabhängigkeit

* Flexibel bei technologischer Weiterentwicklung

* Austauschbare Systemkomponenten   = = > Kompatibilität

* Wartungsfreundlich durch modularen Aufbau

* Günstiges Preis-/Leistungsverhältnis

* Mehrfachnutzung der Hardware   = = > multifunktionaler Arbeitsplatz

* Hohe Anwenderakzeptanz

  - gute Ergonomie

  - optimale Bedienerführung über Bildschirm = = > geringerer Schulungsaufwand

* Flexibel in der Software-Entwicklung   = = > schnellere Bedarfsanpassung

* Einsatz von Standard-Software

Datensicherungsverfahren bei PC-Kassen

Die Aufrechterhaltung der Kassierfähigkeit in Störsituationen

sowie

Die Vermeidung von Datenverlusten in der Tagesverarbeitung

sind für uns *unabdingbare* Voraussetzungen für einen ordnungsgemäßen Kassenbetrieb.

Diesen Sicherheitsanspruch haben wir durch ein 3-stufiges Datensicherungskonzept an jeder PC-Kasse realisiert:

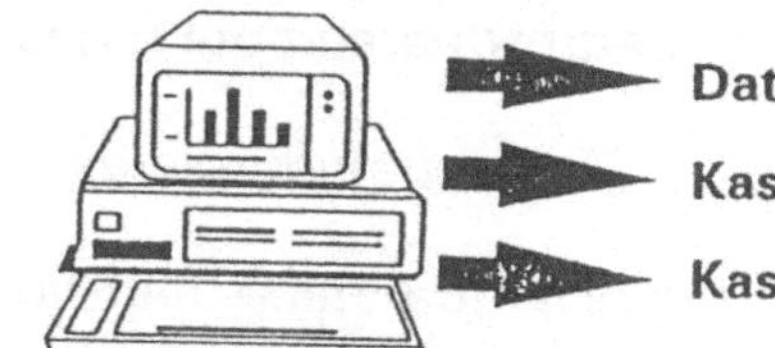

Die Verarbeitung bzw. Sicherung von

Artikel-, Kunden- und Finanzdaten

erfolgt über diese 3 Wege nach jedem Bonabschluß / Kundenwechsel.

Aufgrund ihrer Ausstattung ist die PC-Kasse bei File-Server- und/oder Netzausfall OFFLINE-fähig.

Datensicherungsverfahren im Filialsystem

1. Im laufenden Tagesbetrieb

    *   Ständiges Backup aller Dateien auf externen CD-Wechselplatten;
        Umschaltbar als Systemplatten auf Backup-Server

2. Nach der Tagesendeverarbeitung

    *   Sicherung der gesamten Anwender-Dateien auf Streamer-Tape
        (je Wochentag)

    *   Zusätzliche Sicherung aller DFÜ-Dateien auf Festplatte und Diskette
        (je Wochentag)

3. Nach Systemsoftware-Änderungen

    *   Sicherung des Gesamtsystems auf Streamer-Tape (3 Generationen)

Sonstige Sicherheiten im Kassensystem

1. Zugriffsberechtigungen / Zugangskontrollen

Datenkasse

* Verwendung mechanischer Schlüssel für

    - normale Kassenfunktionen   = = >   Kassiererschlüssel
    - besondere Kassiervorgänge = = >   Sonderschlüssel für autorisierte Personen

* Protokollierung sensibler Kassenfunktionen im Filialsystem

* Systemstart von der Festplatte

Filialrechner

* Zugriffsschutz durch User-ID und Passworteingabe auf Haupt- und Untermenüebene

    - Festlegung, welcher Mitarbeiter welche Funktionen benutzen darf

* DFÜ-Zugriff nur über automatische Rückrufeinrichtung möglich

* Lückenlose Journalisierung aller Programmzugriffe und Systemereignisse

* Systemstart von der Festplatte

Sonstige Sicherheiten im Kassensystem

2. Organisatorische und technische Sicherheitsmaßnahmen

* Zentrale, für das Gesamtsystem unverzichtbare Systemkomponenten, wie

  - File-Server-System
  - SNA-Gateway
  - Workstation für zentrale Steuerung

  befinden sich innerhalb von Sicherheitszonen = = > Zugangskontrolle

* Berücksichtigung möglicher Ausfallsituationen im Vernetzungskonzept

* Ausstattung der Basissysteme (z.B. File-Server) mit
  unterbrechungsfreier Stromversorgung (USV)

* Getrennter Stromkreis des gesamten Kassen- und Filialsystems

* Klimatisierung des Rechnerraums (je nach Standortbedingungen)

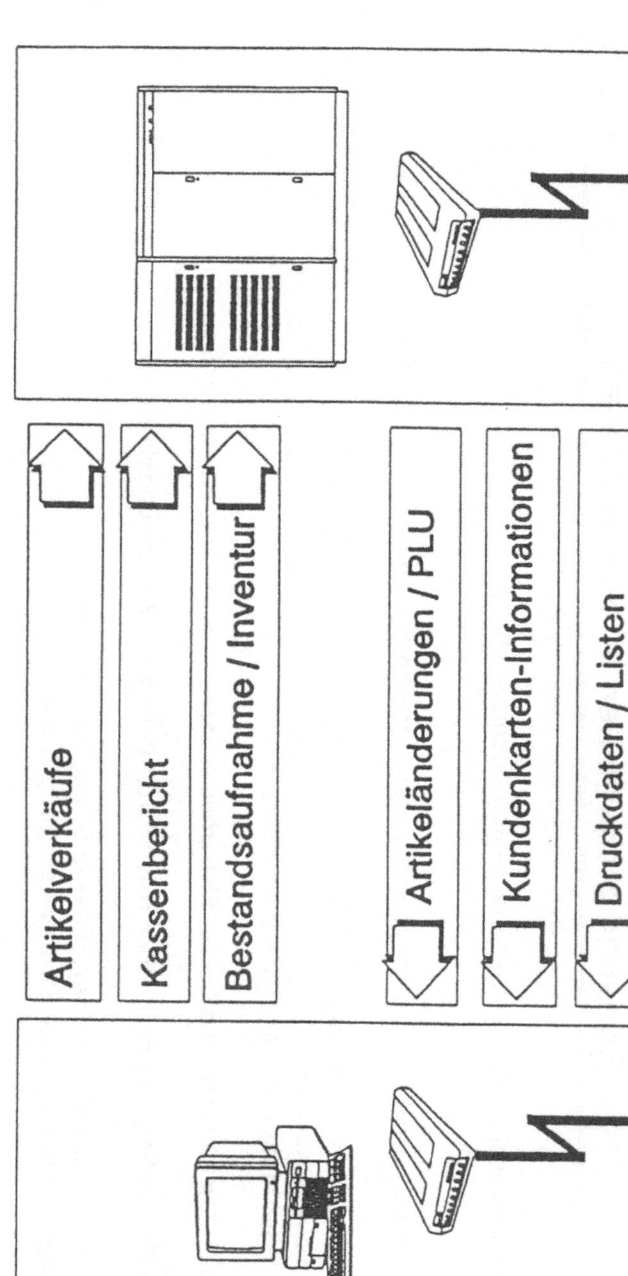

Datenaustausch zwischen Filiale und Zentrale
Zentrales Hostsystem
Artikelverkäufe
Kassenbericht
Bestandsaufnahme / Inventur
Artikeländerungen / PLU
Kundenkarten-Informationen
Druckdaten / Listen
Filialsystem

Unterstützung durch die zentrale EDV

* Marktbeobachtung und Entscheidung über die zum Einsatz kommende Hardware

* Entwicklung der Anwendungssoftware für PC-Kassen und Filialsystem

* Entscheidung über den Einsatz von Standard-Software (Textverarbeitung usw.)

* Software-Verteilung und -überwachung per DFÜ

* Programmdokumentation und -archivierung

* Festlegung der Kommunikationsverbindungen und lokalen Netzwerke

* Installationsplanung und -durchführung

* Koordination von Schulungsmaßnahmen mit Fachabteilungen

* Abschluß von Wartungsverträgen

* Ständige Filialbetreuung über zentralen Leitstand

  - Unterstützung der Anwender
  - Analyse auftretender Systemstörungen
  - Entscheidungshilfe für den Einsatz des technischen Kundendienstes
  - Remote-Operating
  - Netzwerk-Überwachung

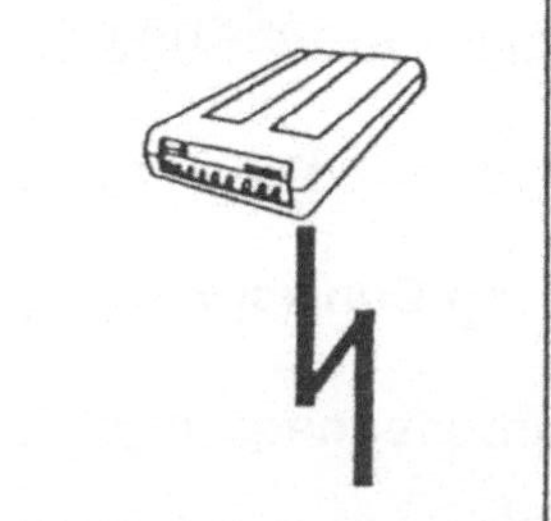

Remote-Operating / Programmtransfer
Verbindungsaufbau zur Filiale
mit User-Id und Passwortprüfung
Trennung der Leitungs-
verbindung
Automatischer Rückruf
mit User-Id und Passwortprüfung
Remote-Operating
Programmtransfer
Zentrale Administration
Filialsystem

Sektion E

Anwender 2:
Industrie und Transport

Leitung:
Dr. Manfred Windfuhr

Hans-Jürgen Bartels

Informationssicherheit in ODETTE

Informationssicherheit

in

ODETTE

ODETTE wurde 1984 als Initiative der europäischen Automobilindustrie gegründet mit dem Ziel, europäische Standards für den elektronischen Datenaustausch zu erarbeiten. Zwischenzeitlich sind 24 Datenformate im logistischen Umfeld erarbeitet. Z. Zt. werden diese Datenformate von ca. 3000 Firmen (überwiegend im europäischen Ausland) genutzt.

Als Transportträger wurde in einer seperaten Arbeitsgruppe auch ein Datenübertragungsprotokoll (OFTP - ODETTE File Transfer Protokol) auf Basis von X25 entwickelt. Dies wird mittlerweile weitgehend in der gesamtem Automobilindustrie Europas genutzt. Um schnell zu einem praktikablen europäischen Standard zu kommen, enthält das Protokoll in seiner derzeitigen Form nur die mit X25 verbundene Sicherheit und zusätzlich den Austausch von Passwords. Konzepte zur Erweiterung der Sicherheit auf der Protokollebene sind erarbeitet und werden demnächst den Entscheidungsgremien von ODETTE vorgelegt. Im wesentlichen sind dies Verschlüsselungsverfahren, die je nach Erfordernis auf verschiedenen Stufen angewendet werden können.

Zusätzlich zu dem im OFTP enthaltenen bzw. geplanten Sicherheitsstufen sind in den Nachrichtenformaten analog zu EDIFACT sogenannte Interchange-Control-Sequence-Informationen enthalten, die die Sequenz und die lückenlose Übertragung kontrollierbar machen (in der Anwendung).

ODETTE hat jetzt die, auf Basis einer eigenen Directory basierenden, Nachrichtentwicklung eingestellt und zwischenzeitlich mit der Konversion zu EDIFACT-Nachrichten begonnen. Im Rahmen der EDIFACT-Entwicklung wird ODETTE nunmehr als Nutzergruppe die Interessen/Anforderungen der europäischen Automobilindustrie in EDIFACT vertreten bzw. einbringen.

Informationssicherheit in

Odette

ORGANISATION FOR DATA EXCHANGE BY TELE TRANSMISSION IN EUROPE
ORGANISATION DE DONNEES ECHANGEES PAR TELE TRANSMISSION EN EUROPE

Informationssicherheit in ODETTE

1. Was ist ODETTE ?

2. Organisationsstruktur von ODETTE

3. Informationssicherheit in ODETTE

3.1. Implementierte Sicherheitsstufen

3.2. Geplante Sicherheitsstufen
3.2.1. Dynamische Änderung des Passwords
3.2.2. Einsatz von Verschlüsselungsverfahren

4. Zukünftige Entwicklung von ODETTE

ODETTE - Mitgliedsstaaten

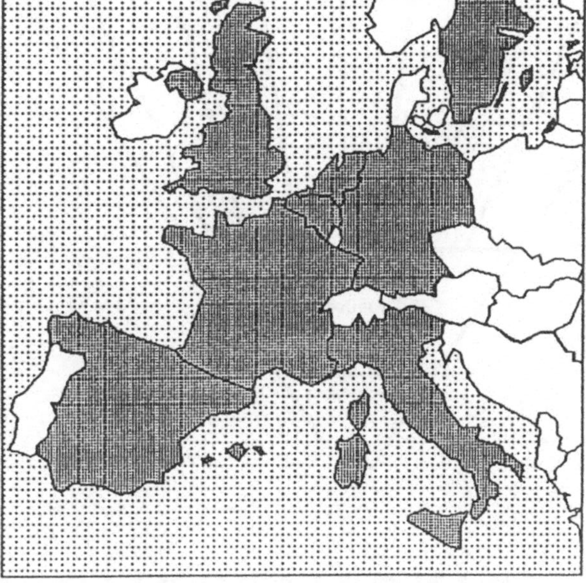

Belgien

Deutschland

Frankreich

Großbritannien

Italien

Niederlande

Schweden

Spanien

Organisationsstruktur von ODETTE

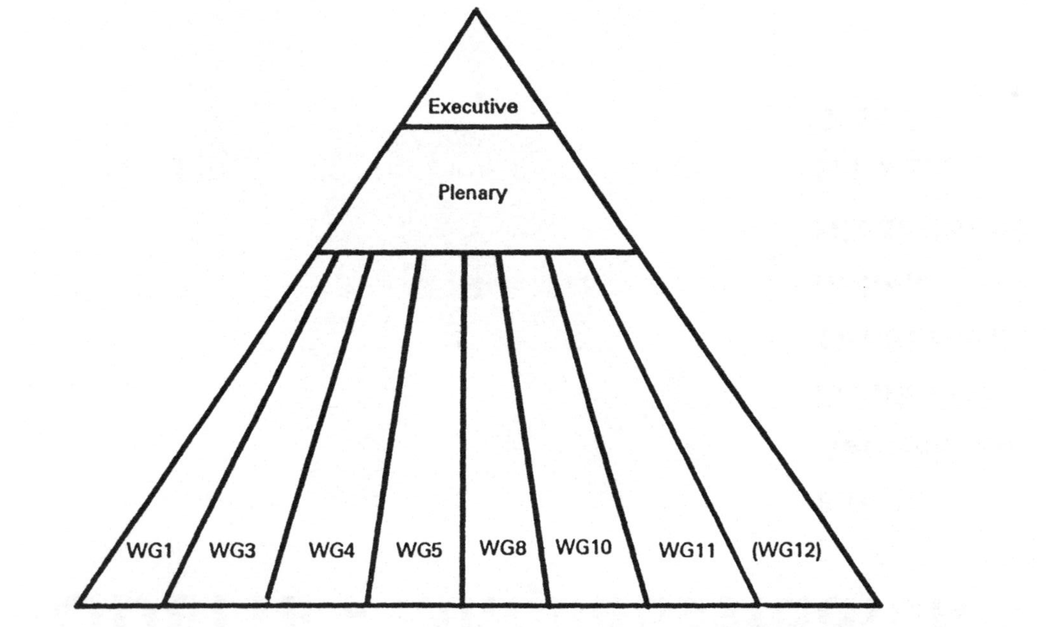

EDI-Datenformate

inter-national		EDIFACT
regional	ODETTE (Automobilindustrie Europa)	
national	VDA (Automobilindustrie Deutschland)	ANSI X12 DIN
	branchenabhängig	branchenunabhängig

DFÜ - Sicherheit

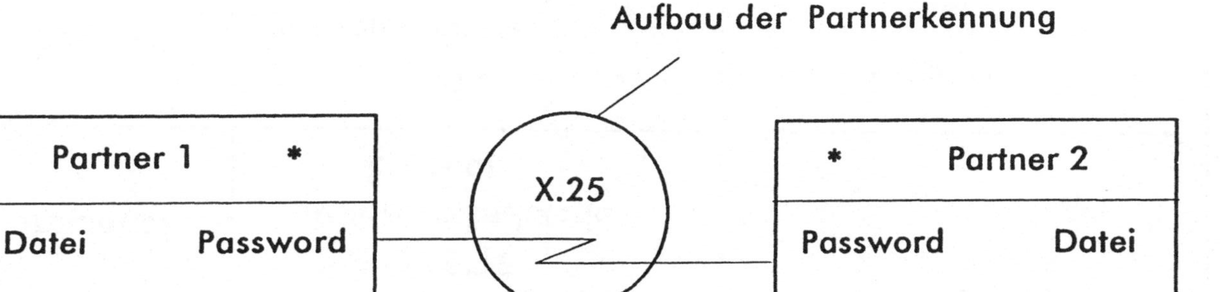

*   Partner prüft das Password und X.25-Kennung auf Gültigkeit

- Konzentration auf X.25 => postalisch generierte X.25-Kennung

- Austausch von nicht verschlüsselten Passwords

ODETTE-Nachrichtensicherheit

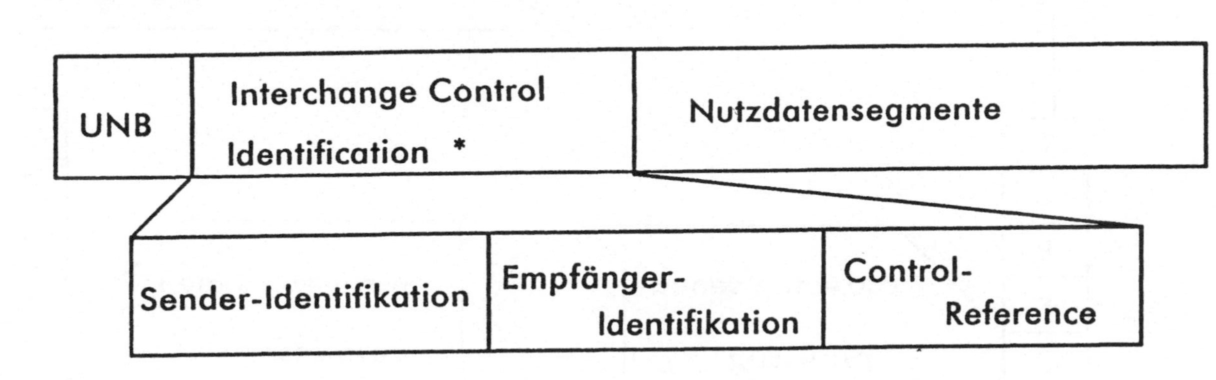

Zweck:
- Anwendungsbezogene Identifikation des Interchanges
- Sicherstellung der Interchange Sequenz und Vollständigkeit

* analog zu EDIFACT

Dynamische Änderung des Passwords

Einsatz von Verschlüsselungsverfahren

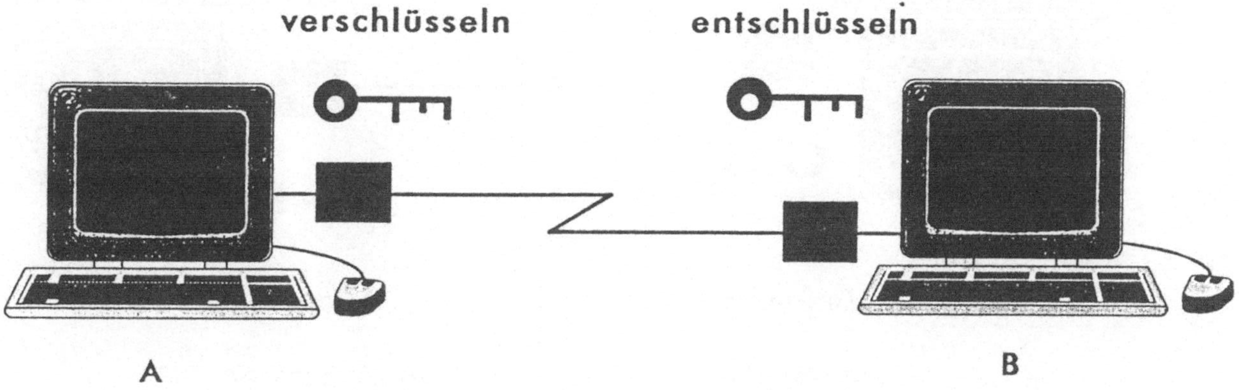

DES-Verfahren (Data Encryption Standard)
=> symmetrisches Verfahren
A und B benutzen den gleichen Schlüssel

Einsatz von Verschlüsselungsverfahren

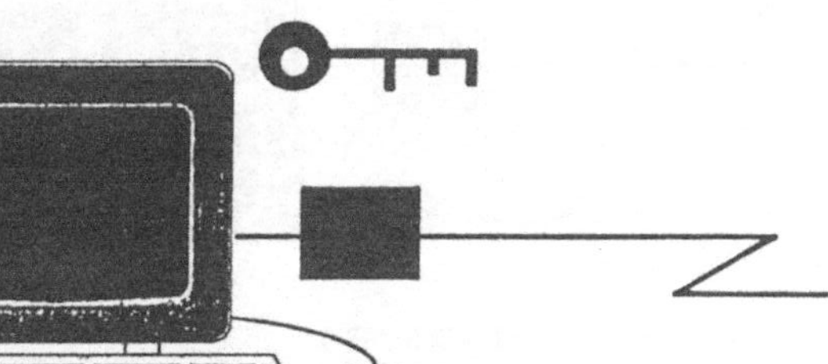

Einsatz von Verschlüsselungsverfahren

Geplante Anwendungsgebiete:

- verschlüsseltes Password / verschlüsselter Inhalt auf Sessionebene

  => DES / RSA - Verschlüsselungsargorithmus

- Verschlüsselung der gesamten Sendung

- Nachrichtenweise Verschlüsselung

Zukünftige Entwicklung von ODETTE

- ODETTE--Beschluß zur Konvertierung von ODETTE--Messages auf EDIFACT

- Keine weitere Entwicklung von eigenen ODETTE-Nachrichten

- Konvertierung beginnt sofort

- Verfügbarkeit von konvertierten ODETTE- Nachrichten als EDIFACT-"Automotive Subsets" in 1993

- Odette vertritt die europäische Automobilindustrie in EDIFACT als Industriegruppe

Dipl.-Kfm. Erich Kuhns

Informationssicherheit beim Einsatz des EDI-Server-Systems TIGER im Transportwesen

Disposition

Dimensionen der Sicherheit

EDI und EDIFACT

Verbindlichkeit

Dokumentenersatz

Audit Trail

Server-Architektur

Telekommunikation

TeleService

Wirtschaftlichkeit

Dimensionen der Sicherheit

Sicherheitsbedürfnisse beim elektronischen Austausch von **Dokumenten** wie Urheberschaft, Unversehrtheit, Vertraulichkeit und Anonymität werden durch elektronische Unterschriften, Integritätsprüfungen und Verkryptung gelöst.

Zu einer umfassenden Systemsicherheit beim elektronischen Austausch von Geschäftsnachrichten als Daten zählen jedoch neben den technischen Massnahmen grundlegend **die Rechtssicherheit**, die Sicherstellung **semantischer Erfordernisse** sowie **organisatorische Vorkehrungen** wie z.B. Archivierung und Audit Trail zur Einhaltung der Grundsätze Ordnungsgemässer Buchführung und Datenverarbeitung.

EDI und EDIFACT

EDIFACT hat sich als weltweiter Standard für den elektronischen Nachrichtenaustausch durchgesetzt. Wegen seiner branchenübergreifenden und gleichzeitig internationalen Gültigkeit ist der Weg für eine offene Kommunikation aus Anwendungssicht geebnet.

Die EDIFACT Normen selbst werden integraler Bestandteil der EDI-Systeme. EDIFACT ist als Data-Dictionary für den Datenaustausch anzusehen. Neben der Beschreibung der Datenstrukturen sind auch verschlüsselte Dateninhalte in Form von Codes und Qualifier Bestandteil dieser Normen.

Somit muss die Verwendung gültiger Normdaten Bestandteil des Gesamtsystems sein. Die DIN Software GmbH in Berlin bietet hierzu einen EDIFACT-Normdatendienst. Mindestens zweimal jährlich werden die Normen auf Diskette mit ihren Neuerungen der jeweiligen Versionen und Releases im Rahmen eines Abonnements angeboten. Damit wird die Anpassung auf die neuen Stände aktiv unterstützt.

Die Verwendung geeigneter Software für die Zuordnung der EDIFACT-Nachricht zu den Inhouse-Strukturen stellt sicher, dass die EDIFACT-Regeln eingehalten werden.

Mit der Anwendung der EDIFACT-Normen ist die Einhaltung der Syntax gegeben. Offen ist die Semantik, die inhaltlich gleiche Interpretation der Nachricht sowohl durch Absender als auch durch Empfänger. Diesem Mangel der EDIFACT-Norm versuchen Branchenvereinigungen und Anwendergruppen durch weitergehende Beschreibungen der Nachrichten zu begegnen. So werden Subsets aus der (UNSM) Standardnachricht gebildet, die Anzahl und Qualifizierung der Segmente fixiert, neue branchenspezifische Codelisten erstellt oder Teilmengen bestehender Codelisten für die Verwendung freigegeben. Es entstehen Manuals, welche die bestehenden Interpretationsspielräume für alle Beteiligte reduzieren.

Mitglieder der CEFIC-Gruppe werden hier eine Dokumentationssoftware einsetzen, die ein integriertes Bindeglied zwischen der EDIFACT-Norm und den Anwendungen bildet.

Verbindlichkeit

Basis jeder Geschäftsbeziehung ist die Verbindlichkeit der Aussagen. Dies gilt gleichermassen für EDI-Nachrichten.

Es ist sinnvoll, einen **EDI-Vertrag** abzuschliessen, der die Grundlagen und Regularien des EDI beschreibt. Da die Beleg-Rückseiten für die AGB's nicht mehr zur Verfügung stehen, ist eine Aussage über die Gültigkeit zu treffen.

Da die Nachrichten durch Anwendungsprogramme verarbeitet werden, sind rechtlich bindende Aussagen auch nur als Daten zu versenden. Die Nutzung von Textfeldern für solche Informationen ist auszuschliessen. Desweiteren sind Vereinbarungen über den Gefahrenübergang bzw. über eine Bring- oder Holschuld zu treffen.

Verfahren zur Authentizitätssicherung sind hier ebenfalls zu vereinbaren.

Dokumentenersatz

Der Wegfall der Papierbelege fordert einen Dokumentenersatz. Die übermittelte elektronische Nachricht repräsentiert dieses Dokument.

Es muss sichergestellt werden, dass die Nachricht vollständig archiviert wird. Da die Anwendungssysteme den Datenumfang einer maximal ausgelegten Standardnachricht nicht aufnehmen können, ist eine gesonderte Archivierung erforderlich. Wegen der oft fehlenden Versionsfähigkeit der Anwendungssystemen gilt das notwendigerweise nicht nur für eingehende, sondern auch für ausgehende Nachrichten.

Gemäss den gesetzlichen Fristen sind die Nachrichten über Jahre zu archivieren und müssen in angemessener Zeit wieder reproduziert werden können. Hier ergibt sich das Problem, dass alte Daten zwar aufbewahrt werden, die entsprechenden Versionen der Programme jedoch häufig nicht. Daher ist es zweckmässig, die Nachrichten im Originalformat der Übertragung, also genau diesen Datenstrom, zu archivieren. Mittels der DIN-EDIFACT-Normdatenbank, die ebenfalls alle früheren Versionen beinhaltet, können die alten Nachrichtenversionen über ein Standardprogramm reproduziert werden. Dieses Programm bietet entsprechende Suchpfade, die für jeden Nachrichtentyp flexibel definiert werden können.

Bei Einsatz von nur einmalig beschreibbaren WORM-Bildplattenspeichern mit hoher Kapazität wird dann eine wesentliche Voraussetzung für den Dokumentenersatz geschaffen: Die Daten können auf dieser Platte nicht mehr manipuliert werden.

Audit Trail

Die Prüffähigkeit der Belege erlebt eine neue Dimension. Die Belegprüfung im klassischen Sinne wird ersetzt durch den Bezug zwischen archivierter Nachricht und Weiterverarbeitung in den Inhouse-Anwendungssystemen.

Parallel zur Archivierung werden sämtliche Ein- und Ausgänge protokolliert. Zusätzlich
können die Bearbeitungsschritte und deren Ergebnisse wie Syntaxcheck, Ver- oder Ent-
kryptung, Übersetzung (Konvertierung) und Weiterleitung an die Inhousesysteme nachvollzogen werden.

Server-Architektur

Inzwischen hat sich die EDI-Server-Architektur für EDI-Anwendungen mit hohem Sicherheitsbedarf durchgesetzt.

Dabei wird zwischen den Host, auf dem die Anwendungen laufen, und der Telekommunikation ein PC oder eine Workstation als Server installiert. Dies bietet sich besondern in
heterogenen Systemumgebungen an.

Die EDI-Funktionen können nun ganz oder teilweise (SAP) auf dem Server gefahren werden.

Neben Gründen der Verfügbarkeit, des einfacheren Backups, der Wirtschaftlichkeit und
Flexibilität solcher Lösungen spielen hierbei vor allem Sicherheitsaspekte eine Rolle. Bei
besonders schutzbedürftigen Systemen kann während der Telekommunikation die physische Verbindung zum Host getrennt werden.

Die Serverfunktionen werden je nach Erfordernis der Anwendungen mit denen des Host
über Filetransfer, automatischen Dialog oder Programm-Programm-Kommunikation verbunden.

Bei der Anbindung an die Telekommunikation ist darauf zu achten, dass die übertragenen
Daten auch nur als Daten behandelt werden und das Einschleusen unerwünschter Programme vermieden wird.

Eine weitere Variante einer EDI-Anwendung ist die Einrichtung eines dedizierten Datentresors. Im beschriebenen Anwendungsfall werden Angebotsdaten von einem speziellen PC angenommen und bis zum Submissionstermin in diesem physisch gesicherten Tresor gespeichert. Die Steuerung erfolgt ausschliesslich durch den Server. Der Server kann vom Host nicht angesteuert werden. Pünktlich zum Termin werden die Daten an den Host weitergeleitet. Diese Konstruktion verhindert den Einblick in sensible Daten auch für Systemspezialisten.

Telekommunikation

Die Kommunikationsstruktur bei EDI ist äusserst komplex. Zunächst kann z.B. für eine Branchenkommunikation eine Geschlossene Benutzergruppe eingerichtet werden.

Später ergibt sich unter Berücksichtigung aller Partnerbeziehungen eine Struktur Viele-zu-Vielen. Auch wenn die Partner exakt definiert werden können, weist EDIFACT die Merkmale einer offenen Kommunikation auf. Zwar können über Partnerprofile Einschränkungen hinsichtlich der Kommunikationsbeziehungen vorgenommen werden, eingehende Nachrichten können jedoch dann nur reaktiv abgelehnt werden, wenn der Sender freien Zugang zum Kommunikationsnetz hat. Diese Tatsache ist nicht weiter problematisch, da wir heute mit der gelben Post die gleiche Situation erleben.

Über partnerbezogene Anwendungsprofile können Einschränkungen zu EDI-Nachrichtentypen oder Kommunikationswegen hinterlegt und berücksichtigt werden.

Bei zeitkritischen Anwendungen und vielen Kommunikationspartnern empfiehlt sich die Nutzung eines Clearings. Soweit Nachrichten verkryptet sind, ist die Nutzung bestimmter VANS nicht realisierbar, da beim Clearing von EDIFACT-Nachrichten die Adresse des Empfängers aus der Nachricht selbst gelesen wird. Es kann dann auf eine transparente Übermittlung ausgewichen werden. Hierbei ist sicherzustellen, dass die lokalen EDI-Funktionen je Empfänger eine Übertragungsdatei bereitstellen.

Zur Sicherung der Telekommunikation gelten darüber hinaus die o. g. Sicherheitsmerkmale und Verfahren. Besondere Bedeutung kommt der Kommunikationssicherheit bei Punkt-zu-Punkt Verbindungen zu. Während beim Clearing kein direkter Durchgriff möglich ist, erfordert interaktiver EDI die Nutzung von Punkt-zu-Punkt-Verbindungen. Zwar wird hierbei nicht direkt auf dem Rechner des Partners gearbeitet, sondern es werden "Ergenisse" in Form von Nachrichten ausgetauscht, die allerdings auf direkte Beantwortung während des bestehenden Verbindungsaufbaus warten. Der Umfang interaktiven Nachrichtenaustauschs wird im Zuge der Verbesserung der Anwendungssysteme in den nächsten Jahren wesentlich zunehmen.

TeleService

Der Informationsaustausch über Belege zwischen Unternehmen besass eine zeitliche Pufferfunktion zwischen dem Zyklus des sendenden und dem des empfangenden Unternehmens. Systematische oder semantische Differenzen konnten durch eine manuelle Bearbeitung beseitigt werden. Die Verzahnung von Abläufen über die Unternehmensgrenzen hinweg verzahnt und beschleunigt die betrieblichen Zyklen und erhöht die Komplexität der Logistiksysteme.

Die hierdurch bedingte Abhängigkeit vom Zusammenspiel und der Reaktionsfähigkeit der betrieblichen Prozesse erfordert die Sicherung der "EDI-Produktion".

Die regionale Verteilung der Partner besonders bei internationalen Geschäftsbeziehungen erfordert besonderen Support bei einer Störungsbeseitigung. Aus zeitlichen und wirtschaftlichen Gründen bieten sich Unterstützungen über die Telekommunikation an.

Ein für Benutzergruppen zentral einzurichtender TeleService soll in der Lage sein, das gesamte Spektrum des EDI von der Anwendung des Senders bis zur Anwendung des Empfängers einschliesslich aller EDI-Funktionen und der Telekommunikation abzudecken.

Der telefonische Hot-Line-Service kann zur TeleDiagnose über die Einwahl in den EDI-Server die Störsituation analysieren und gegebenenfalls die notwendige Fehlerbehandlung vornehmen. Soweit neue Software oder Softwaremodule erforderlich sind, wird per TeleSoftware die erforderliche Version übermittelt.

Die Einschaltung kann nur in Abstimmung beider Partner und nach Freigabe durch das Zielsystem vonstatten gehen.

In Zukunft wird über diesen Weg ebenfalls die Verteilung neuer EDIFACT-Normen erfolgen.

Wirtschaftlichkeit

Nach der Einführung von EDI gibt es keinen Weg zurück. Rationalisierungspotentiale werden ausgeschöpft, Abläufe beschleunigt, Just-in-time wird realisiert. Die Reduzierung der Verwundbarkeit von Unternehmen gewinnt an Bedeutung.

Sicherheitskonzepte folgen in der Regel einer Vorwätsstrategie. Neuen, komplexen Technologien folgen noch komplexere Einrichtungen und Verfahren zu deren Sicherung. Diese meist technischen Ansätze zielen auf die Vermeidung von Katastrophen, technischen Störungen und Angriffen.

Die Wirtschaftlichkeit von EDI-Anwendungen wird nicht zuletzt davon abhängen, ob praktikable und kostengünstige Verfahren zur Gewährleistung der Sicherheitserfordernisse verfügbar sind. Dies wiederum setzt die Normierung auch der Sicherungsverfahren voraus, da nur so eine wirtschaftliche vertretbare Herstellung möglich ist. Die Normierung ist gleichzeitig Basis für die Erreichung der kritischen Masse und damit zur Verbreitung der Verfahren. Nur so kann sichergestellt werden, dass einerseits keine sicherheitstechnischen Lücken entstehen und andererseits die betrieblichen Ressourcen zur Herstellung der Sicherheit geschont werden.

Dr. Horst Teschke

Informationssicherheit als kritischer Erfolgsfaktor beim Einsatz von Mehrwertdiensten
- dargestellt am Beispiel 'CargoLink' -

Abstrakt des Vortrages

*Informationssicherheit als kritischer Erfolgsfaktor beim
Einsatz von Mehrwertdiensten dargestellt am Beispiel CARGOLINK*

Referat von Dr. Horst Teschke, Direktor Zentralvertrieb &
Marketing für GE Information Services, 11.06.1991

Das Referat von GE Information Services stellt Informationssicherheit in das Umfeld von Investitionsentscheidungen in weltweit operierenden Unternehmungen. CARGOLINK als Dienstleistung
von General Electric unterstützt den weltweiten Warenfluß
durch begleitende Informationsdienste. Eine Entscheidung, diese Informationsdienste in Zusammenarbeit mit einem Anbieter
von Mehrwertdiensten aufzubauen, wird in vielen Fällen getragen durch den Bedarf nach zunehmender Informationssicherheit
bei den logistischen Aufgabenstellungen mittlerer und größerer
Konzerne. Wir sehen Informationssicherheit als die strategische Komponente des just-in-time-Prinzips in der Informations-
technologie mit dem Ziel der qualitativen und quantitativen
Verbesserung der Informationsentscheidungen einer Unternehmung.

Der Markt der Mehrwertdienste hat sich in den letzten zehn
Jahren zu einem eigenständigen und anerkannten Segment der Informationstechnologie entwickelt, um dem Markt durch spezia-
lisierte Dienstleister die notwendigen Hilfen zuteil werden zu
lassen, die in vielen Fällen den Wettbewerbsvorsprung erbringen. Im Beispiel CARGOLINK wird gezeigt, wie diese logistische
informationstechnische Dienstleistung mit der logistischen wa-
rentransportierenden Dienstleistung eine optimale Synergie zum
Nutzen von Sender und Empfänger der Waren und Informationen
bedeutet.

GE Information Services

Gliederung

Definitionen — Informationssicherheit

— Mehrwertdienste

— CARGO * LINK

Informationssicherheit als Investitionsentscheidung

Einsatz von Mehrwertdiensten

Beispiel CARGO * LINK

GE Information Services

Definitionen

"Informationssicherheit" ist die strategische

Komponente des "Just in Time"-Prinzips

in der Informations-Technologie mit dem Ziel

der qualitativen und quantitativen Verbesserung

der Investititonsentscheidungen einer

Unternehmung.

GE Information Services

VANS / Mehrwertdienste für Internationale Unternehmen

Kommerzielle Informations-Systeme

System Integration

Datenbank - Dienstleistung

Transaktionsverarbeitung

Electronic Business Data Interchange (EDI)

Electronic Mail

Nachrichtenaustausch

Mehrwertdienste und Kommerzielle Informations-Systeme

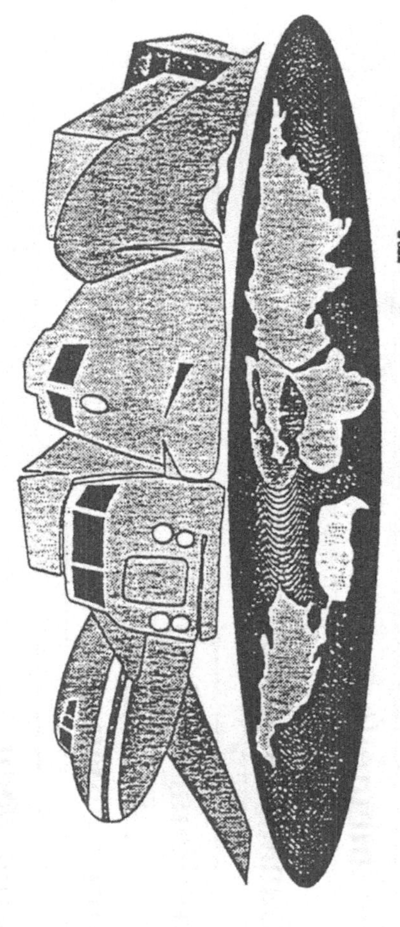
GE INFORMATION SERVICES
CARGO*LINK Services
TM
FOR TRADE AND TRANSPORTATION

Filename: dd006.Q43

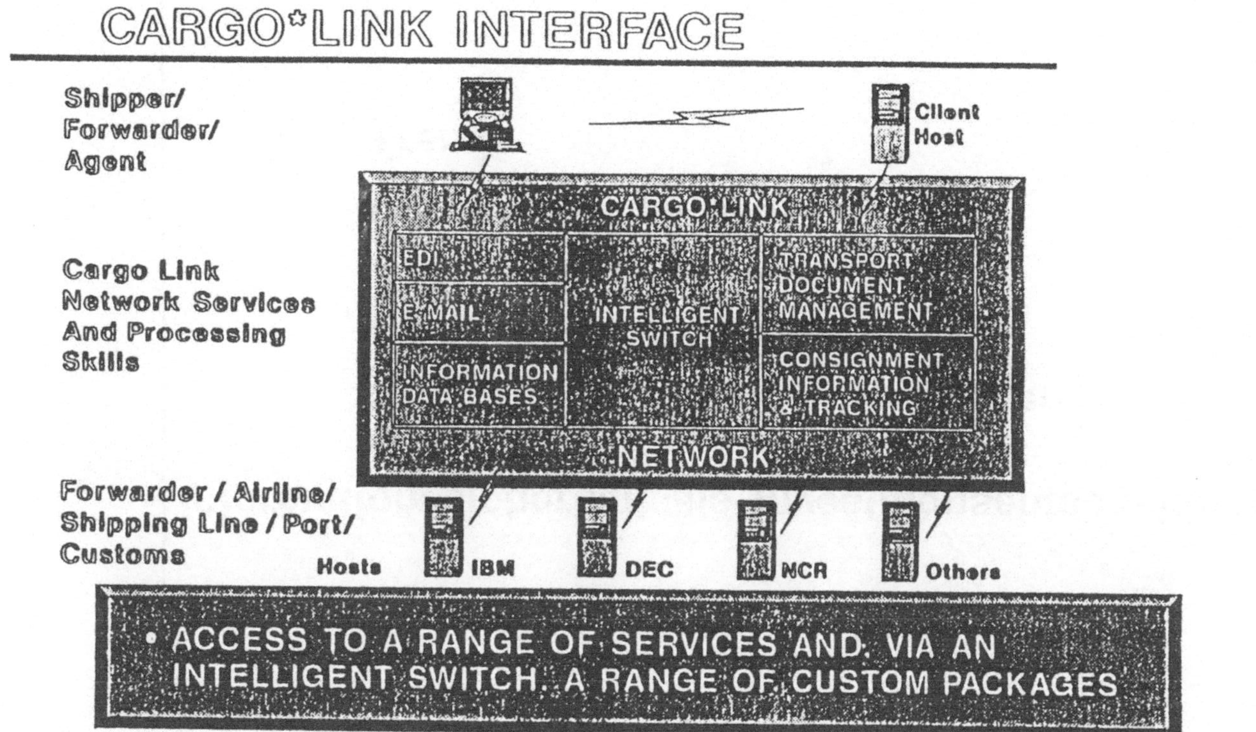

GE Information Services

Inhalt

Informationssicherheit als Investitionsentscheidung

Gute und schlechte Investitionen

- kritische Erfolgsfaktoren

- Investitionsfehlverhalten

Die Managementaufgabe

Trends

Kritische Erfolgsfaktoren

- Mehr-Wertbetrachtung
- Nutzen durch Kommunikation
- Kosten-Zeit-Qualität
- Erfüllungsgrad
- Synergieeffekte

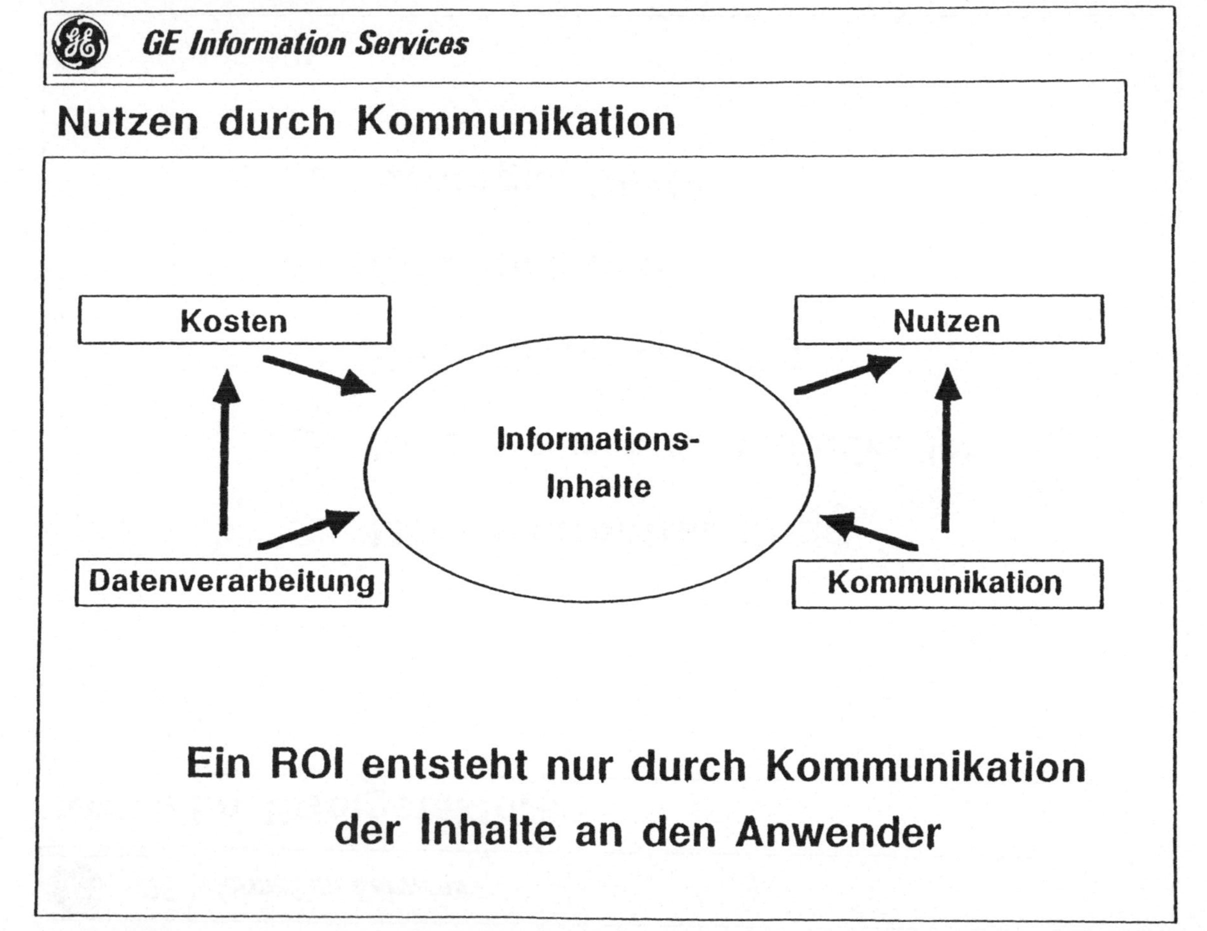
GE Information Services
Nutzen durch Kommunikation
Kosten
Nutzen
Informations-
Inhalte
Datenverarbeitung
Kommunikation
Ein ROI entsteht nur durch Kommunikation
der Inhalte an den Anwender

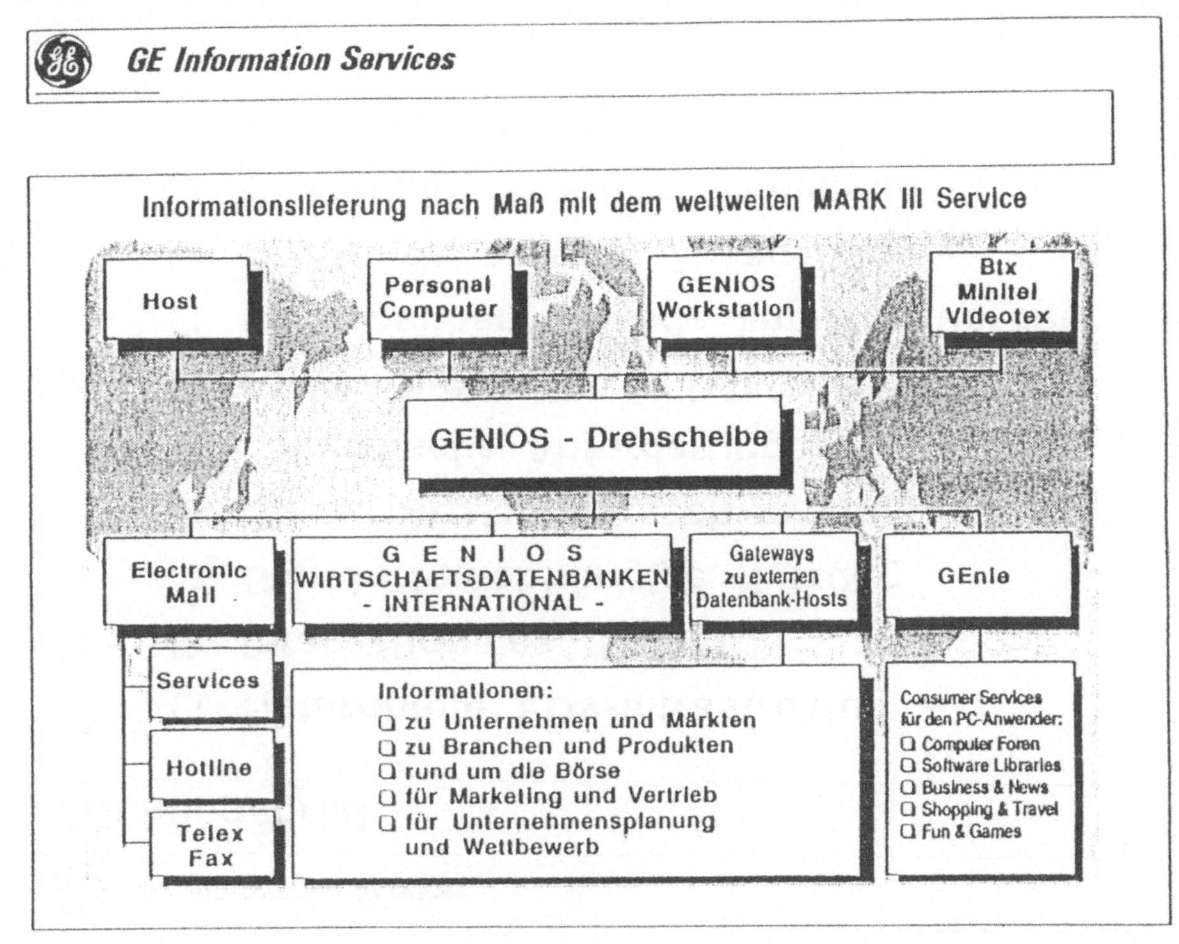
GE Information Services
Informationslieferung nach Maß mit dem weltweiten MARK III Service
Host
Personal Computer
GENIOS Workstation
Btx
Minitel
Videotex
GENIOS - Drehscheibe
Electronic Mail
G E N I O S
WIRTSCHAFTSDATENBANKEN
- INTERNATIONAL -
Gateways
zu externen
Datenbank-Hosts
GEnie
Services
Hotline
Telex
Fax
Informationen:
❑ zu Unternehmen und Märkten
❑ zu Branchen und Produkten
❑ rund um die Börse
❑ für Marketing und Vertrieb
❑ für Unternehmensplanung
   und Wettbewerb
Consumer Services
für den PC-Anwender:
❑ Computer Foren
❑ Software Libraries
❑ Business & News
❑ Shopping & Travel
❑ Fun & Games

GE Information Services

Erfüllungsgrad

- ☐ Heterogene EDV-Infrastruktur
- ☐ Internationales Umfeld
- ☐ Standort-unabhängige Nutzung
- ☐ Starke Auslastungsschwankungen
- ☐ Zeitkritische Anforderungen
- ☐ Anwendungs-Flexibilität
- ☐ Betriebsübergreifende Implementierung
- ☐ 24-Stundenbetrieb, 7 Tage/Woche
- ☐ Öffentliche Daten vs. Firmendaten
- ☐ Taktik vs. Strategie

GE Information Services

Taktik versus Strategie

	Technisch	Strategisch
Komm. Info.- Systeme	❑ Bessere und schnellere Informationen	❑ Verbesserte Geschäftseinschätzung ❑ Neue Märkte ❑ Erhöhte Flexibilität ❑ "Executive Information Systems"
Daten- banken	❑ Elektronische Archivierung	❑ Schnellere Reaktion ❑ Marktübersicht ❑ Kundenansprache
EDI	❑ Verbesserung der Kommunika- tion u. Organisation im Kunden/ Lieferantenverhältnis	❑ Steigerung der Produktivität ❑ Verbesserung der Kundenbeziehung ❑ Schnellere Reaktion auf Geschäfts-/ Markt-Veränderungen
E-Mail	❑ Reduktion von Papierflut ❑ Reduktion von Kommunika- tions-Kosten und -Zeit	❑ Verbesserung des Kunden/ Lieferantenverhältnis ❑ Image am Markt
Ad-Hoc	❑ Verbesserung der internen/ externen Kommunikation	

Kommunikations-Nutzen-Betrachtung

GE Information Services

VANS / Mehrwertdienste für Internationale Unternehmen

Investitionen in
Mehrwertdienste

Zur Erzielung von
Wettbewerbsvorteilen

Zur Steigerung der
Produktivität

Zur Reduktion von Kosten
und Organisationsoptimierung

Schritthalten mit den Veränderungen in der Industrie und im
internationalen Umfeld

Schritthalten mit der
technischen Entwicklung

"Unser Unternehmen ist
führend im Kundendienst"

"Wir ändern unsere
Marketingstrategie"

"Wir sparen Millionen"

"Unser größter Kunde
zwingt uns zu EDI"

"Alle anderen haben
schon Electronic Mail"

"X.400 ist die Technologie
der Zukunft"

Mehrwertdienste erzielen Wettbewerbsvorsprung

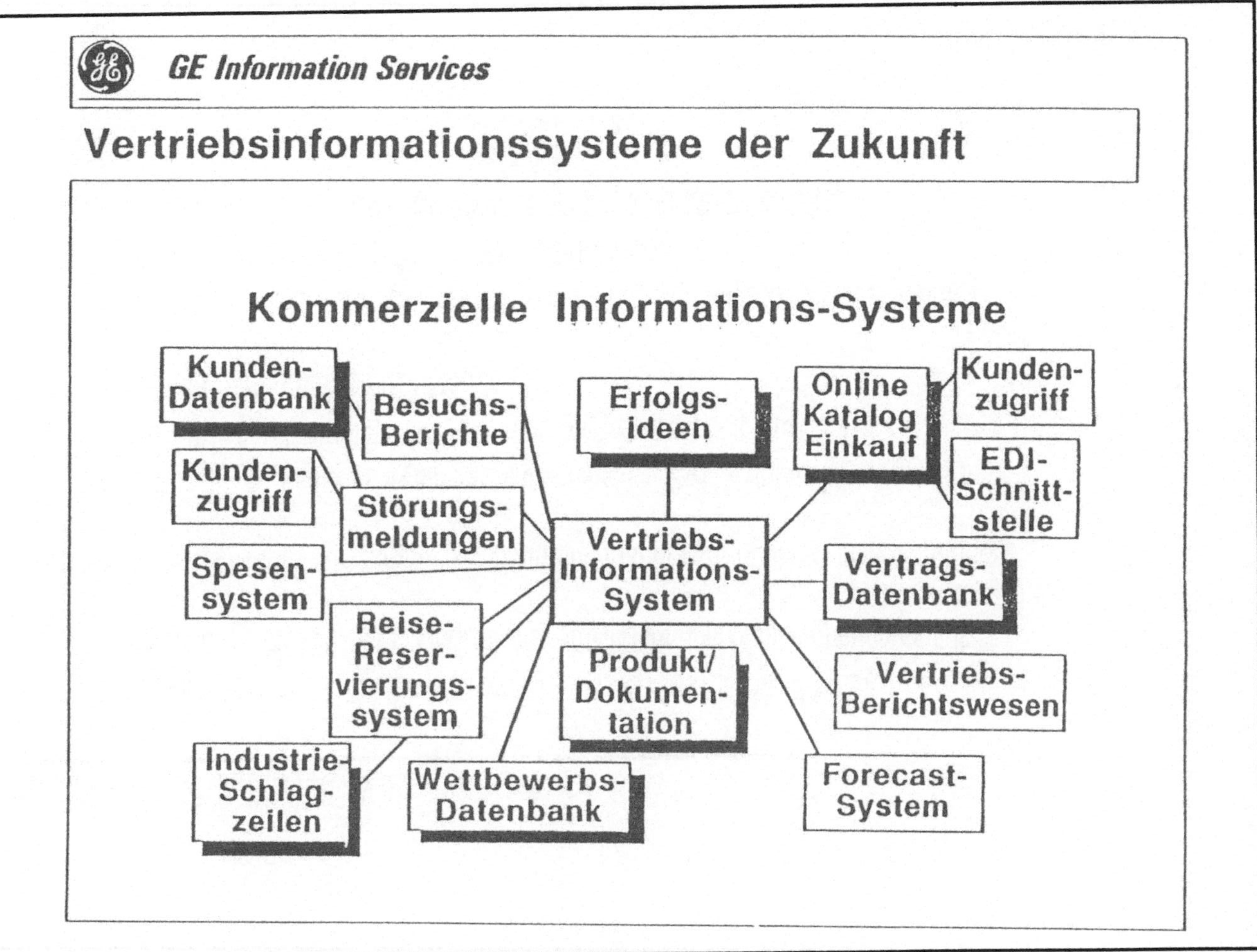

GE Information Services
Vertriebsinformationssysteme der Zukunft
Kommerzielle Informations-Systeme
Kunden-Datenbank
Besuchs-Berichte
Erfolgs-ideen
Online Katalog Einkauf
Kunden-zugriff
EDI-Schnitt-stelle
Kunden-zugriff
Störungs-meldungen
Vertriebs-Informations-System
Vertrags-Datenbank
Spesen-system
Reise-Reser-vierungs-system
Produkt/Dokumen-tation
Vertriebs-Berichtswesen
Industrie-Schlag-zeilen
Wettbewerbs-Datenbank
Forecast-System

CARGO*LINK™ Services

- Improved information control from basic EDI to information management

- Cost-effective communications modules

- Single interface access to combination of key logistic management tools and applications

- Integration of databases, applications and messaging facilities
  - tailored to client requirements

Dipl.-Wirtsch.-Ing. (FH) Konrad Louis

Informationssicherheit im Industrieunternehmen
- Erfahrungsbericht eines Anwenders -

Gliederung

-    Zusammenfassung

-    Grundsätze zur Informationssicherheit (IS)

-    Das IS-Regelwerk

-    Sicherheit in Netzen
     "Maßnahmen zur Informationssicherheit in Netzen"

     • Administrative und organisatorische Maßnahmen
     • Technische Maßnahmen LAN
     • Netzübergänge WAN - LAN

Zusammenfassung

Mit der Installation eines zentralen Referates Informationssicherheit nach Vorstandsbeschluß wird Informationssicherheit im Hause Siemens professionell betrieben. Das zentrale Referat Informationssicherheit ist zuständig für die Belange der Informationssicherheit unternehmensweit.

Die Grundsätze zur Informationssicherheit erläutern die Bedeutung von Informationen für das Unternehmen und bilden den Rahmen für diesbezügliche Richtlinien und Maßnahmen. Sie sollen das Bewußtsein fördern für die Notwendigkeit und Einhaltung aller der Informationssicherheit dienenden Vorkehrungen, sie legen ein Mindestmaß von Aufgaben und Pflichten fest und sie regeln die Verantwortlichkeiten.

Bei einem weltweit operierenden Unternehmen wie der Siemens AG ist das Thema "Sicherheit in Netzen" ein herausragendes. Deshalb wurde im IS-Regelwerk diesem Thema hoher Stellenwert zugemessen und entsprechende Grundregeln für die Sicherheit in Netzen erarbeitet.

Das hierfür erstellte Regelwerk - hauseinheitlich - wendet sich sowohl an den Nutzer als auch an den Betreiber von Netzwerken und enthält Maßnahmen und Empfehlungen zur Sicherheit in Netzen.

Unterstützt wird das IS-Regelwerk durch die Siemens - hauseinheitliche Kommunikationsordnung (SCN - Siemens Corporate Network) und durch die Konventionen für die Siemens - weite Netzkoordinierung (NK).

Informationssicherheit in der Siemens AG

Mit der Installation eines zentralen Referates Informationssicherheit nach Vorstandsbeschluß wird Informationssicherheit im Hause Siemens professionell betrieben. Das zentrale Referat Informationssicherheit ist zuständig für die Belange der Informationssicherheit unternehmensweit.

Dabei ist das erklärte Ziel des Unternehmens, Verlust, Verfälschung/Manipulation und unerwünschte Offenlegung aller für den geordneten Geschäftsbetrieb wichtigen Informationen zu verhindern. Dies gilt für alle Mitarbeiter des Hauses Siemens, die persönlich verpflichtet sind, dieses Firmeneigentum gegen Verlust und Mißbrauch jeglicher Art zu schützen.

Die Grundsätze zur Informationssicherheit erläutern die Bedeutung von Informationen für das Unternehmen und bilden den Rahmen für diesbezügliche Richtlinien und Maßnahmen. Sie sollen das Bewußtsein fördern für die Notwendigkeit und Einhaltung aller der Informationssicherheit dienenden Vorkehrungen, sie legen ein Mindestmaß von Aufgaben und Pflichten fest und sie regeln die Verantwortlichkeiten.

In den Grundsätzen zur Informationssicherheit sind beschrieben

-       Informationen und Informationssysteme

-       die Vorkehrungen zur Informationssicherheit

-       die Verantwortungen und Pflichten für Mitarbeiter, Vorgesetzte, Betreiber von Informationssystemen und den Beauftragten für Informationssicherheit.

Der Gültigkeitsbereich dieser Grundsätze erstreckt sich über die gesamte Siemens AG, die Landesgesellschaften sowie die Beteiligungsgesellschaften im In- und Ausland.

Zu den Aufgaben des zentralen Referates für Informationssicherheit gehören im
wesentlichen

-       die Erarbeitung verbindlicher Richtlinien für die Informationssicherheit im
        Unternehmen

-       die Ausarbeitung technischer und organisatorischer Sicherheits- und Kon-
        trollmaßnahmen sowie die Unterstützung bei deren Einführung

-       die Bereitstellung von Schulungsprogrammen für Mitarbeiter mit Zugriff
        auf Informationssysteme

-       die Wahrnehmung der Interessen des Unternehmens in Fragen der Informa-
        tionssicherheit gegenüber nationalen und internationalen Behörden,. Ver-
        bänden, Gremien sowie gegenüber Herstellern von Informationssystemen.

Das zentrale Referat Informationssicherheit berichtet in regelmäßigen Abständen
direkt dem Zentralvorstand.

Um dies im ganzen Unternehmen durchsetzen zu können, war es notwendig, in
den geschäftsführenden Bereichen, den Zentralabteilungen sowie den Landesgesellschaften und Beteiligungsgesellschaften einen entsprechenden Unterbau an
Bereichsbeauftragten für Informationssicherehit (BBIS) und an weiteren Verbin-
dungsbeauftragten für Inforamtionssicherehit (VBIS) zu schaffen. Die Bereichsbeauftragten für Informationssicherheit sind dem zentralen Referat fachlich zugeordnet.

Aufgabe der Bereichsbeauftragten für Informationssicherheit ist es, ihre Bereiche
und das zentrale Referat für Inforamtionssicherheit in allen diesbezüglichen Aufgaben zu unterstützen.

Um möglichst flächendeckend - d.h. bis an den einzelnen Arbeitsplatz - das Thema Informationssicherheit durchsetzen zu können, wurde in den Bereichen über
den Bereichsbeauftragten für Informationssicherheit ein weiterer Unterbau über
Verbindungsleute geschaffen. Damit wird erreicht, daß Maßnahmen zur Informationssicherheit gezielt da eingeführt werden, wo sensitive Informationen be- und
verarbeitet werden (Abb. 1).

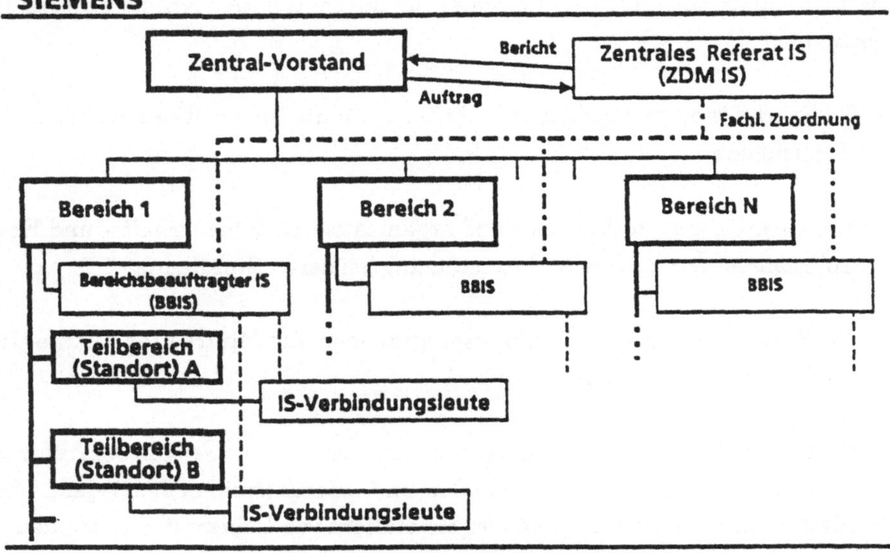

Organisationsstruktur IS
Abb. 1

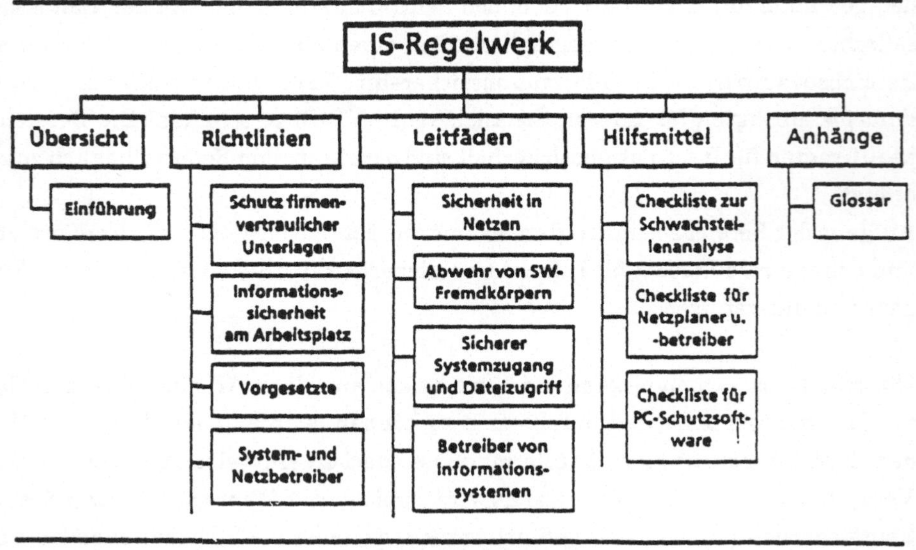

Struktur IS-Regelwerk
Abb. 2

Sicherheit in Netzen

Bei einem weltweit operierenden Unternehmen wie der Siemens AG ist das Thema "Sicherheit in Netzen" ein herausragendes. Deshalb wurde im IS-Regelwerk diesem Thema hoher Stellenwert zugemessen und in einem eigens dafür eingerichteten Arbeitskreis entsprechende Grundregeln für die Sicherheit in Netzen erarbeitet.

Das hierfür erstellte Regelwerk - hauseinheitlich - wendet sich sowohl an den Nutzer als auch an den Betreiber von Netzwerken und enthält Maßnahmen und Empfehlungen zur Sicherheit in Netzen (Abb. 2).

Die organisatorischen und technischen Vorkehrungen dienen dazu, den Schutz der Netze gegen aktive und passive Angriffe zu verbessern. Dies soll durch folgende Grundprinzipien erreicht werden (Abb. 3).

Die Regelungen gelten auch für bereits bestehende Netze. Dazu sind existierende Netze in Bezug auf mögliche Schwachstellen und Risiken zu analysieren.

Verantwortlicher Netzbetreiber

Für jedes Netz oder Teilnetz muß es einen Netzbetreiber geben, der im Sinne der IS-Grundsätze für die Gewährleistung der Informationssicherheit verantwortlich ist. Er trägt die Verantwortung für den zuverlässigen Betrieb und den wirtschaftlichen Einsatz des Netzes sowie für das Einhalten von rechtlichen und firmeninternen Vorschriften und Regelungen, insbesondere in Bezug auf die Informationssicherheit.

Der Netzbetreiber regelt den Zugang zum Netz, sowie dessen Nutzung und überwacht die Einhaltung der Netzkoordinierungs-Konventionen.

Der Betreiber kann zur Wahrnehmung der IS-relevanten Aufgaben geeignete Mitarbeiter beauftragen.

Aufgaben des Netzbetreibers

Der Netzbetreiber stellt sicher, daß für seinen Verantwortungsbereich die folgenden Aufgaben bei Installation, Betrieb und Überwachung des Netzes wahrgenommen werden (Abb. 4).

SIEMENS

- **Bestandsaufnahme veranlassen, aktualisieren oder analysieren**
  - Systeme
  - Netze
  - Netzübergänge
- **System- und Netzbetreiber festlegen (lassen)**
- **Schwachstellenanalysen für Systeme und Netze initiieren**
  - Maßstäbe: Richtlinie für System- und Netzbetreiber
                   Leitfaden für Betreiber von Informationssystemen
                   Leitfaden zur Sicherheit in Netzen
  - Hilfsmittel: Checklisten (aus IS-Regelwerk bzw. eigene)
                   Produktlisten

Aktionspläne: Teilgebiet Betreiber   *Abb.* 3

Aufgaben des Betreibers

(Aufgaben bei Planung, Installation, Betrieb und
Überwachung des Netzes)

- Mitwirken bei der Netzplanung und Abstimmen
  der Netzinstallation
- Überprüfen der Netzinstallation in Bezug auf
  - SI-Anforderungen
  - empfohlene Maßnahmen
- Erstellen und aktualisieren der Netzdoku-
  mentation
- Regelmäßige Überprüfung der Netzanschlüsse
- Veranlassung von Verträglichkeitstests
  (NK-Konventionen)
- Veranlassung der regelmäßigen Datensicherung
  und Archivierung
- Kontrolle der Paßworthandhabung
- Netzüberwachung im laufenden Betrieb
- Überwachung der notwendigen Wartungs-
  arbeiten   *Abb.* 4

<u>Vereinbarungen über Netzzugänge</u>

Jeder Benutzer eines Netzes (sowohl für LAN als auch für WAN) stellt bei dem Netzbetreiber einen Antrag auf einen Netzzugang und beschreibt dabei die für den Netzzugang benutzten HW- und SW-Komponenten. Der Betreiber kann einen Antrag auf Anschluß an ein produktiv genutztes Netz/Segment ablehnen, sofern der Benutzer nicht erprobte Netzkomponenten einsetzen will.

Wenn Mitarbeiter aus der Firma bzw. Abteilung ausscheiden, sind die Netzzugangsberechtigungen rückgängig zu machen (sofern sie sich ausschließlich auf den betreffenden Mitarbeiter beziehen). Gleiches gilt auch für Einträge in Netzübergängen (z.B. Tabellen in Bridge-Filtern), mit denen Kommunikationsberechtigungen festgelegt werden.

<u>Netzdokumentation</u>

Es ist eine Bestandsaufnahme der bestehenden Netze durchzuführen (einschl. der angeschlossenen Systeme und zugelassenen Benutzer) und in einer Netzdokumentation festzuhalten. Diese Netzdokumentation ist aktuell zu halten und darf nur solchen Personen zugänglich gemacht werden, die diese Informationen zur Erfüllung ihrer Aufgaben benötigen.

<u>Zugang/Zugriff zu gemeinsamen Netzkomponenten</u>

Server und andere zentrale Netzkomponenten (Bridges, Router, Transit-Knoten, etc.) sollen nur dem Betreiber bzw. den von ihm beauftragten Mitarbeiter zugänglich sein.
Der Zugriff auf diese Netzkomponenten und die Nutzung der zum Netzbetrieb und zur Netzüberwachung eingesetzten Netzmanagement-Werkzeuge muß durch geeignete Zugriffsschutzmechanismen gesichert werden. Nur Berechtigte eines abgegrenzten Administrationsbereiches dürfen Zugang erhalten.

<u>Netzüberwachung und Protokollierung</u>

Um mögliche Störeinflüße im Netz zu vermeiden, muß der Betreiber durch Einsatz von entsprechenden Hard- und Softwaremonitoren für eine kontinuierliche Überwachung und Kontrolle sorgen.

Die für die Zwecke der Netzüberwachung eingesetzten LAN-Analysatoren und die entsprechende SW dürfen nur von autorisierten Personen benutzt werden; sie sind in gesicherten Räumen zu installieren bzw. aufzubewahren.

Die bei der Netzüberwachung ermittelten Daten sind unverzüglich auszuwerten. Alle besonderen Vorfälle sind zu protokollieren und zu verfolgen. Die Protokolle sind für eine angemessene Zeit aufzubewahren

Zusammenarbeit

Die Betreiber arbeiten eng mit den für sie zuständigen Verbindungsleuten für Informationssicherheit (VB IS) bzw. mit dem zuständigen Bereichsbeauftragten (BB IS) sowie der jeweils zuständigen regionalen Netzkoordinierung (NK) zusammen.

Administrative Maßnahmen bei Netzübergängen

Durch Bildung von definierten Verantwortungsbereichen innerhalb des weltweiten SIEMENS - Netzverbundes entstehen überschaubare Einheiten, die durch Einsatz von zuverlässigem und kompetentem Personal hohen Sicherheitsanforderungen genügen.

Folgende sicherheitsrelevante Maßnahmen sind für die Netzübergänge anwendbar:

Zulassung der Partner / Stationen / Rechner beschränken
- nur die Endeinrichtungen/Partner zulassen, die eine Berechtigung benötigen

klare Definition des Partners / der Stationen / der Rechner
- es sind klare Definitionen bei der Zulassung von Partner/Station/ Rechner festzulegen, um ein "Weiterhangeln" im System zu unterbinden

eingeschränkte und direkte Wegeführung
- bei der Wegeführung im Netz sind immer die direkten Verbindungen zu generieren, um ein Ausweichen auf Ersatzwege zu verhindern

kontrollierter Netzzugang
- beim Netzzugang sind die Partner so zu erfassen, daß ein Zugang Nichtberechtigter auszuschließen ist

eingeschränkter Kommandovorrat

- durch Einschränkung des Kommando-/Befehlsvorrats wird erreicht, daß nur vorgegebene Arbeitsschritte im System getätigt werden

eingeschränkter Rechnerzugriff

- durch Einsatz von Transit-Systemen wird der Rechnerzugriff stark reglementiert

Technische Maßnahmen LAN

Bei Planung, Aufbau und Betrieb von LANs gibt es eine Reihe von technischen Möglichkeiten zur Verbesserung der Informationssicherheit:

Hierarchisches Netzkonzept

Ziel der Strukturierung von LANs ist es, daß zum einen die Netzlast im gesamten Netz so gering wie möglich gehalten wird (Lastentkopplung) und daß zum anderen der Zugriff innerhalb des LANs kontrollierbarer erfolgt.

Bei der Planung und Realisierung von LANs ist daher verstärkt darauf zu achten, daß ein hierarchisches Netzkonzept verwirklicht wird. Bestehende Netze sind nach Möglichkeit umzustrukturieren.

Beim Aufbau des hierarchischen Netzkonzeptes sind folgende Regeln und Hinweise zu beachten:

- Die Teilnetze können, je nach lokalen Gegebenheiten gebildet werden

- Die Teilnetze sind über Bridges bzw. Router mit einem geeigneten Backbone-Netz zu verbinden..

- Falls Sicherheitsbereiche mit extrem hohen Sicherheitsanforderungen an das Backbone-Netz angeschlossen werden, sind zusätzliche Schutzmaßnahmen vorzusehen (z.B. Verschlüsselung),

- Falls einzelne Backbone-Teil-Netze zu einem LAN-Verbundnetz gekoppelt werden, sollen die benötigten Kommunikationswege explizit freigeschaltet werden (z.B. durch entsprechende Einträge in Filter- oder Routing-Tabellen der Netzübergänge).

Einsatz kryptografischer Verfahren

Die Sicherheitsanforderungen der Geheimhaltung und/oder Integrität bei der Datenübertragung können durch kryptografische Verfahren erreicht werden.

An welchen Stellen im Netz in der Praxis eine Datenverschlüsselung durchgeführt werden muß, hängt von den jeweiligen Sicherheitsanforderungen ab.

Absicherung des physischen Netzzuganges

Nichtautorisiertes Mithören oder Senden von Nachrichten unter falscher Adresse können häufig durch einfachere Maßnahmen als Datenverschlüsselung verhindert oder mindestens erschwert werden:

- Die Kabelführung soll in gesicherten Trassen erfolgen. Dies ist besonders im Bereich der Backbone-Verkabelung zu berücksichtigen.
- Die Netzkomponenten wie Repeater, Bridges, Router, etc. sollen in gesicherten Räumen installiert werden.
- Technische Möglichkeiten, die den physischen Netzzugang absichern sollen - insbesondere für Backbone-Anschlüsse - eingesetzt werden, z.B.:
  - filternde Transceiver, Kryptobox

LAN-Fernabschaltnetz

Fernabschaltnetze gewinnen bei größeren LANs zunehmend an Bedeutung. Sie dienen primär zur schnellen Fehlererkennung und -beseitigung. Sie erlauben hierfür, einzelne Netzkomponenten wie z.B. Fan-Out-Unit, Repeater, Transceiver ferngesteuert rasch vom Netz zu trennen.

Die Fernabschaltung ist in gesicherten Räumen zu installieren.

Netzübergänge

Transit-Knoten

Transit-Knoten sind Rechner, die im Netz vorwiegend Transit-Funktionen wahrnehmen, d.h., den kontrollierten Transport der Daten zwischen LANs und WANs gewährleisten. Der Einsatz solcher Knoten kann z.B. die Zahl der Übergänge zu

den Telekommunikations-Diensten minimieren, bringt aber auch Vorteile für die
Informationssicherheit in Netzen:

- Netzübergänge sollen unter die zentrale Kontrolle des Netzbetreibers
  gestellt werden.
- Es können besondere Koppelnetze (Drehscheibenfunktion) für die Kommunikation mit externen Partnern geschaffen werden.

Diese Kommunikationseinrichtungen sind in gesicherten Räumen zu installieren,
um Störungen und Zugriffe durch Unbefugte zu vermeiden.

Anschluß externer Partner an interne Netze

Beim Anschluß von externen Partnern an interne Netze sind besondere Sicher-
heitsvorkehrungen zu treffen. Dabei ist sowohl auf die Konfiguration der Netze
als auch auf die Anwendungen zu achten. Bei den Anwendungen kann unterschie-
den werden zwischen:
- Dialog
  Kommunikation eines Partners an einem externen System mit einer An-
  wendung auf einem System am internen Netz
- File Transfer
  Dateiaustausch zwischen 2 Partnern
- Electronic Mail (E-Mail)
  Nachrichtenaustausch zwischen 2 Partnern
- Programm-Programm-Kommunikation / Batch
  Kommunikation zwischen 2 Partnern über Programmschnittstellen

Das folgende Beispiel zeigt, wie eine sichere Basis für externe Kopplungen geschaffen wird. Durch die Kombination von Transit-Knoten und "sicheren" Anwendungen werden interner und externer Datenverkehr sicher entkoppelt
(Abb. 5).

Externer Partner
Interner Siemens-Verbund
Fremd-
rechner
Teilnehmeranschlüsse
des externen Partners
Die direkte Kommunikation
der externen Partner
mit dem Zielsystem B
ist nicht möglich.
Der Datenaustausch erfolgt
über den gemeinsamen
Datenträger.
Transit-
knoten
Transit-
knoten
Ziel-
System
A
Gemeinsamer
Datenträger
Ziel-
System
B
Stand-Alone-Rechner
Beispiel 1
Kopplung über
Transit-Knoten und
gemeinsamen
Datenträger

Externer Partner
Interner Siemens-Verbund
Fremd-
rechner
Teilnehmeranschlüsse
des externen Partners
Die direkte Kommunikation
der externen Partner
findet mit dem Zielsystem
A statt. Softwaregesteuert
findet reglementierte
Kommunikation zwischen
dem Zielsystem A und
den Zielsystemen im
internen Siemens-Verbund
statt.
Transit-
knoten
Transit-
knoten
Transit-
knoten
Ziel-
System
A
Zusatz-
SW
Anw-
SW
Ziel-
System
B
Anw-
SW
Ziel-
System
C
LAN
Beispiel 2
Kopplung über
Transit-Knoten mit
Zusatz-Software

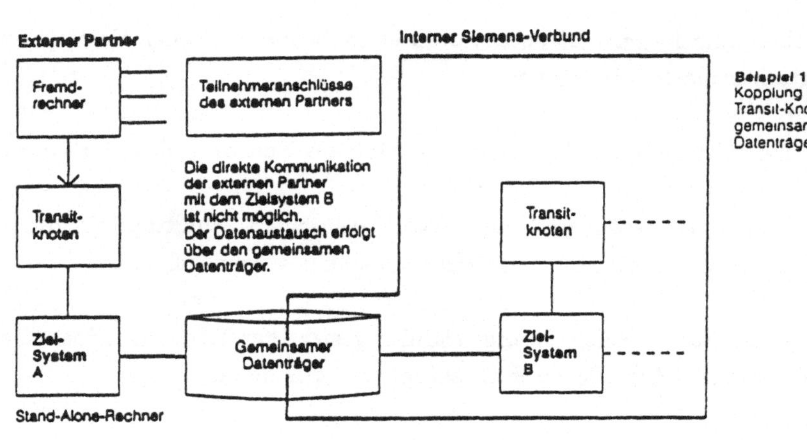

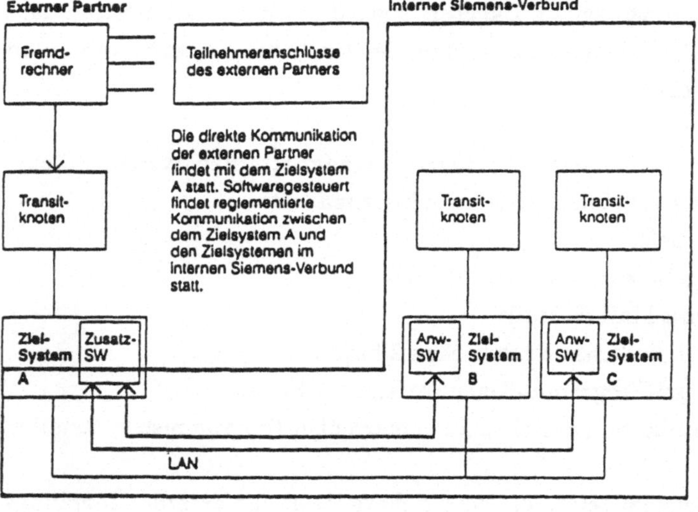

Abb. 5

Netzkoordinierung (NK) und SCN (Siemens Corporate Network)

Wie in vorausgegangenen Abschnitten mehrfach erwähnt, wird das IS-Regelwerk im Kapitel Sicherheit in Netzen von zwei weiteren Einrichtungen im Hause Siemens unterstützt.

Das sind zum einen die Konventionen der Netzkoordinierung (NK), zum anderen ist es die Kommunikationsordnung des Hauses Siemens (SCN).

Schlußbemerkung

Informationssicherheit - wie hier am Teilgebiet Netze - kann in einem Unternehmen nur dann gewährleistet werden, wenn durch ein hausweit gültiges IS-Regelwerk und durch eine flächendeckende, straffe Organisation der IS-Verantwortlichen das Bewußtsein für die Notwendigkeit dargelegt und die Sensibilität jedes einzelnen Mitarbeiters geweckt wird.

Sektion F

Anwender 3:
Öffentliche Verwaltung

Leitung:
Dipl.-Ing. Heinrich Wortmann

Dr. Dr. Gerhard van der Giet

Informationssicherheit und Dienstvereinbarung beim Einsatz ISDN-fähiger Systeme

1. Einführung

Aufgrund des raschen technischen Fortschritts im Bereich der
Kommunikationssysteme und Personalcomputer halten neue
Entwicklungen sehr schnell Einzug in die Bürokommunikations-
systeme und werfen immer wieder erneut Fragen nach der
Sicherheit auf. Eine solche Entwicklung, die nicht ohne
Einfluß auf die Sicherheitsaspekte bleiben kann, sind die auf
ISDN-Technik beruhenden Bürokommunikationssysteme bzw. die
Einführung der ISDN-Technik durch die Deutsche Bundespost. Im
öffentlichen wie auch im privaten Bereich werden verschiedene
Netze auf das ISDN-Netz zusammengeführt und die Vermittlung
nicht mehr durch mechanische Systeme sondern durch Computer
vorgenommen. Durch diese Entwicklung entstehen naturgemäß neue
Gefahrenpotentiale, die im einzelnen möglicherweise heute noch
nicht bekannt sind, auf jeden Fall aber einer näheren
Betrachtung bedürfen.

Die vorhandene Zweidraht-Verkabelung in Gebäuden bewegt viele
Unternehmen und Behörden, Bürokommunikation auch mit Hilfe von
ISDN-Nebenstellenanlagen zu realisieren, um die relativ hohen
Investitionen für lokale Netze, die oft Koaxialverkabelung
benötigen, zu vermeiden oder zu ergänzen. Häufig ist auch der
Grund die Notwendigkeit zur Erneuerung einer veralteten
Telefonanlage, die man heute eigentlich nur noch sinnvoll
durch eine digitale Vermittlungsanlage ersetzen kann. Die
ISDN-Technik kann allerdings nicht zur Rechnervernetzung
verwendet werden. Ein Nebeneinander von ISDN-Technik und
anderen Netzen wird sich daher auch in Zukunft oft nicht
vermeiden lassen.

Der Verlust von Informationen kann ungewollt durch technisches
oder menschliches Versagen eintreten, jedoch auch durch -
bemerkt oder unbemerkt - Diebstahl Dritter. Selbstverständlich
ist der Aufwand für Gegenmaßnahmen davon abhängig, gegen
welche Gefahren ein Schutz erreicht werden soll. Ein tragbares
Sicherheitskonzept wird bemüht sein, bekannte Lücken zu
schließen, jedoch wird irgendwann wegen des Aufwandes die
Schwelle erreicht, jenseits derer Risiken bewußt in Kauf
genommen werden müssen. Hieraus folgt, daß das Schaffen von
Sicherheit zugleich die Akzeptanz von Abstufungen bedeutet.

Die wichtigsten Bereiche der Informationssicherung bestehen
auch in ISDN-Bürokommunikationssystemen aus technischen,
räumlichen und organisatorischen Maßnahmen. Unvermeidbar ist
dabei der Konflikt zwischen für Datenschutz und -sicherung
notwendigen Kontrollen einerseits und den unerwünschten
Protokollierungen andererseits (z.B. solche, aus denen
Verhaltensprofile abgeleitet werden können). Hier wird man in
jedem Einzelfall abwägend und im Einklang mit der Rechtslage
(Mitbestimmung) über die Verfahrensweise entscheiden müssen.

Nach § 75 Bundespersonalvertretungsgesetz bzw. §§ 87,99
Betriebsverfassungsgesetz ist die Einführung solcher Techniken
mitbestimmungspflichtig, die Leistungskontrollen von Mitarbeitern erlauben. Im Bundespersonalvertretungsgesetz heißt
es: "Der Personalrat hat, soweit eine gesetzliche oder
tarifliche Regelung nicht besteht, gegebenenfalls durch
Abschluß von Dienstvereinbarungen mitzubestimmen über (...)
Einführung und Anwendung technischer Einrichtungen, die dazu
bestimmt sind, das Verhalten oder die Leistung der
Beschäftigten zu überwachen." Nun sind zwar ISDN-Anlagen wohl
kaum zur Verhaltens- oder Leistungsüberwachung bestimmt, nach
geltender Rechtssprechung gilt dies jedoch bereits dann, wenn
die technischen Möglichkeiten zu derartigen Kontrollen
eingerichtet werden. Das Einvernehmen mit der Personalvertretung ist durch eine Dienstvereinbarung herzustellen. Da
der Personalvertretung in jedem Fall auch an einer "sicheren"
Technik gelegen sein wird, stellen Dienstvereinbarungen einen
wesentlichen Beitrag zur Informationssicherheit dar. Dies gilt
umso mehr, als in den Diskussionen zum Abschluß einer Dienstvereinbarung Erkenntnisse zutage treten, die auf beiden Seiten
- Arbeitgeber/Dienstherr und Personalvertretung - zur
Bewußtseinsbildung über die geplanten Vorhaben beitragen.

Im folgenden werden nun Probleme dargestellt, die sich unter
ISDN-Aspekten bei der Sicherung von Informationen in ISDN-
basierten privaten Bürokommunikationssystemen ergeben.

2. Allgemeine Gefahren

Die ISDN-Technik ermöglicht es, auf einer Zweidrahtleitung
über zwei 64 kBit Kanäle für Nutzdaten und einen weiteren mit
16 kBit für Signalisierungsinformationen zu verfügen.
Es ist dem Anwender überlassen, zu welchem Zweck er die 64 -
kBit Kanäle benutzt. So kann ein Kanal für ein digitales
Telefongespräch und der zweite gleichzeitig z.B. für die
Übertragung eines Telefax, Teletex bzw. zum Anschluß eines
Endgerätes an einen Zielrechner benutzt werden. Im ISDN werden
die Endgeräte an einen Bus mit bis zu acht Anschlußmöglich-
keiten angeschlossen. Das ISDN kann damit gegebenenfalls vorhandene Netze ersetzen. Abb. 1 zeigt den grundsätzlichen
Aufbau eines ISDN-Bürokommunikationssystems, das neben der
Telefonie auch wesentlich zur Daten- und Textkommunikation
genutzt wird.

Abb. 1: Aufbau eines ISDN-Bürokommunikationssystems

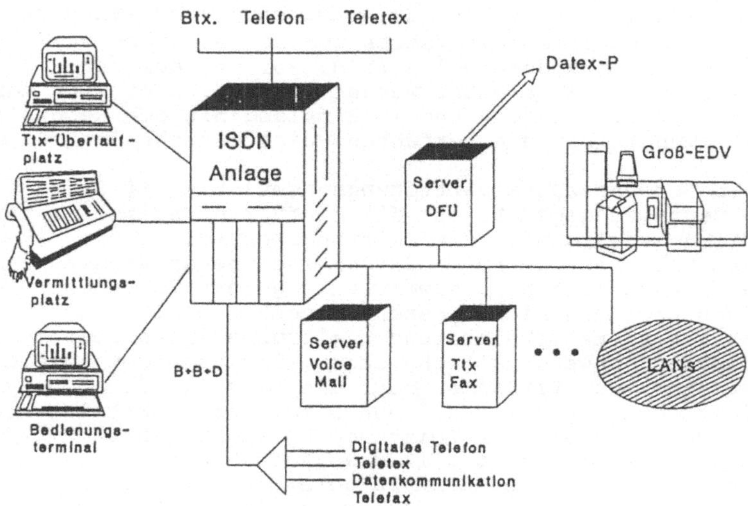

Dieser Ersatz verschiedener Netze durch ein integriertes Netz
bedeutet zugleich einheitlichere Formen der Informationsüber-
mittlung. Möglicherweise führt dies dazu, daß in Zukunft "nur"
ein Know-How zum Betrieb und Umgang mit Netzen erforderlich
ist und dadurch die Zahl der Fachleute und zugleich auch die
Zahl kompetenter Personen steigt, die zum Mißbrauch in der
Lage sind.

Für die Informationssicherheit bedeutsam ist ferner, daß es
sich bei den ISDN-Netzen um Vermittlungsnetze handelt. Sollte
langfristig ein Ersatz von Verteilnetzen durch Vermittlungsnetze erfolgen, so ist zu beachten, daß im Gegensatz zu
Verteilnetzen, in denen der Sender die Nachricht an alle
Teilnehmer versendet und derjenige mit einer Zugangsberechtigung (der Empfänger) die Nachricht dem Netz entnimmt (z.B.
Fernsehnetz), im Vermittlungsnetz alle Nachrichten vermittelt
werden; d.h., für die individuelle Kommunikation von Endteilnehmer zu Endteilnehmer werden Leitungsverbindungen hergestellt und damit Kontrollmöglichkeiten im Netz geschaffen. Die
anfallenden sensiblen Daten bestehen aus den Vermittlungsdaten
einerseits (Wer hat wann mit wem kommuniziert?) und den

Inhaltsdaten (Was wurde übertragen?) andererseits. Außerdem
entstehen nun im Netz auch alle weiteren Gefahren, die mit dem
Einsatz von Computersystemen verbunden sind: z.B. das Einbauen
von programmzerstörenden "Computerviren" oder von
"trojanischen Pferden", usw. Sofern die Möglichkeit besteht,
empfiehlt sich die Einrichtung einer gemischten Topologie aus
Vermittlungs- und Verteilnetz, siehe Abb. 2.

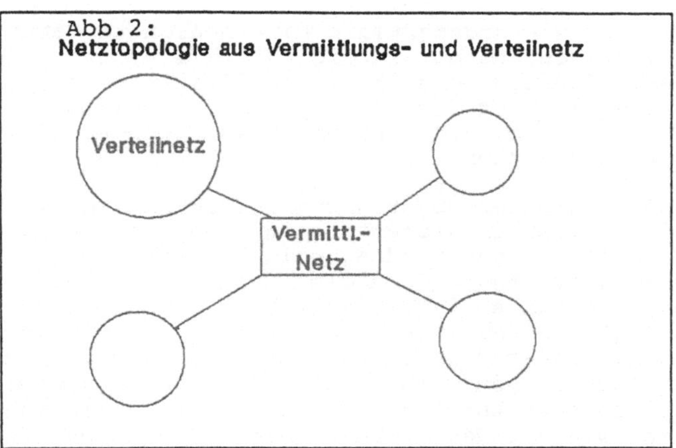

Oftmals müssen im Nebenstellenbereich Verbindungen zwischen
außenliegenden Liegenschaften und der ISDN-Zentrale über
öffentliches Gebiet geführt werden. Dabei kann es wirtschaftlicher sein, statt jede Leitung einzeln zu führen und zu
bezahlen, diese über ein abgesetztes Anlagenteil (Remote
Switch) zu bündeln, siehe Abb. 3. Für die Sicherung des Remote
Switches gelten ähnliche Überlegungen wie bei der ISDN-
Zentrale.

Abb.3:   Erweiterungsmöglichkeiten

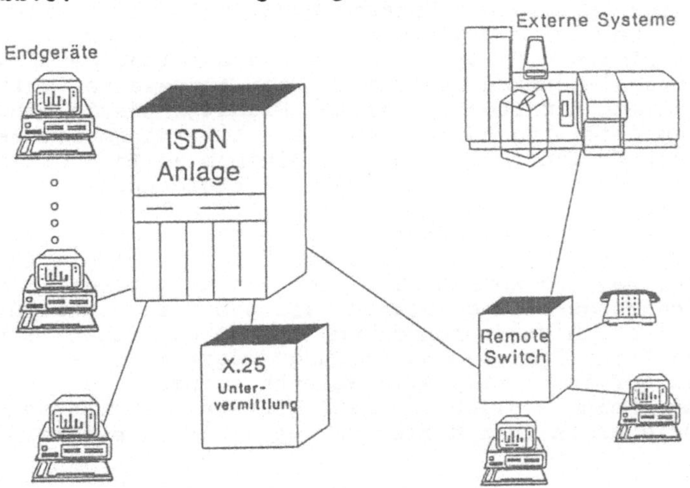

3. Digitale Telefonie

Am häufigsten eingesetzt wird die ISDN-Technik zunächst in der
digitalen Telefonie, da sie in gewisser Weise Nachfolger der
jetzigen mechanischen Technik ist. Durch den Einsatz von
Computern sind viele neue Leistungsmerkmale für die Telefonie
möglich; gleichzeitig entstehen aber auch die mit dem Einsatz
von Computern verbunden Sicherheitsfragen.

Um für die neuen Leistungsmerkmale eine geeignete Benutzeroberfläche zu bieten, haben die digitalen Telefone in der
Regel ein neues "Design" erhalten. Auffälligstes Merkmal ist
ein kleines Display, auf der in Kurzform Informationen - z.B.
die Nummer und der Name des anrufenden Teilnehmers -
dargestellt werden können.

In der im ISDN digitalen Übertragung des Sprachsignals ist
zunächst kein Verlust an Sicherheit zu sehen, im Gegenteil:
das Abhören von Leitungen wird erheblich erschwert. Um eine
digitale Sprachübertragung abzuhören genügt nicht mehr ein
Telefonhörer, sondern es ist mehr Technik erforderlich, z.B.
auch ein Digital/Analogwandler. Da außerdem die Sprache oft
gleichzeitig mit anderen Informationen (z.B. einem Telefax
oder Teletex) übertragen wird, müßte außerdem der Datenstrom
in die entsprechenden Anteile zerlegt werden. Allerdings kann
natürlich nach wie vor das Signal - digital - aufgezeichnet
und später an einem anderen Ort mit entsprechender Technik
analysiert werden.

Desweiteren ist beim Einsatz als Nebenstellenanlage für die
Telefonie von der Deutschen Bundespost ein Vermittlungsplatz
vorgeschrieben. Die Vermittlung kann unterstützt werden
durch ein sogenanntes "elektronisches Telefonbuch", das auf
dem Bildschirm abrufbare Informationen enthält, die für einen
automatischen Verbindungsaufbau benutzt werden können. Das
elektronische Telefonbuch enthält auf dem Datenträger (z.B.
einer Diskette) in kompakter Form zwangsläufig Angaben über
die Bediensteten eines Unternehmens, z.B. Namen einschließlich
Zugehörigkeiten zu Organisationseinheiten. Hier wird
gegebenenfalls eine Datei geführt, die leicht per EDV
nach verschiedensten Gesichtspunkten ausgewertet werden kann,
z.B. wieviel Mitarbeiter welchen Dienstgrades in einer bestimmten Abteilung tätig sind, usw. Allerdings ist es jedem
Betreiber freigestellt, nur ein Minimum an Informationen für
den Verbindungsaufbau wie Name und Telefonnummer dort auf-
zunehmen.
Besondere Beachtung verdienen die neuen Leistungsmerkmale, die
durch die ISDN-Technik in der digitalen Telefonie für jeden
Benutzer möglich werden. So sehen einige Autoren in der Ruf-
nummernanzeige beim gerufenen Teilnehmer eine unerwünschte
Identifikation des rufenden und in dem möglichen Leistungsmerkmal "Einzelgesprächserfassung" sogar eine Verletzung des
Rechtes auf informationelle Selbstbestimmung, da der Angerufene keine Möglichkeit hat, sich beim Anrufenden der
Registrierung seiner Nummer zu entziehen. Wie immer die

Entwicklung im öffentlichen Bereich sich gestalten wird, bei
Nebenstellenanlagen hat der Nutzer die Möglichkeit, die
Leistungsmerkmale weitgehend so einzurichten wie er möchte.

Die im öffentlichen Bereich vorgebrachte Kritik in der
Rufnummernübertragung hat in der Zwischenzeit dazu geführt,
daß die Industrie die Möglichkeit zur Unterdrückung der
Rufnummernübertragung geschaffen hat bzw. schaffen wird.
Hierbei wird nicht nur gefordert, daß der Anrufende (z.B. per
Tastendruck) entscheidet, ob seine Rufnummer übertragen wird,
sondern auch der Angerufene soll die Möglichkeit haben, die
Anzeige der Rufnummer zu unterdrücken. Ein Argument dabei ist
z.B., daß zufällig im Raum befindliche Personen nicht
unbedingt sehen sollen, wer anruft.

Besonders sorgfältig muß die Gebührenerfassung geplant werden.
Grundsätzlich bieten die ISDN-Nebenstellenanlagen jede
Möglichkeit der Einzelgesprächserfassung, z.B. Datum, Uhrzeit,
angerufene Nummer und Gesprächsdauer. Diese Daten werden oft
als Einzeldaten erfaßt und später durch einen Gebührencomputer
nach vorgegebenen Kriterien ausgewertet. Es ist jedoch oft
möglich, von vornherein bereits die Erfassung von
unerwünschten Daten durch entsprechende Einstellungen in der
Anlage zu unterdrücken.

Die Nutzung einer ISDN-Nebenstellenanlage für die Telefonie
ist häufig mit der Einführung eines Sprachspeichersystems
(Voice-Mail-Server) verbunden. Dies führt dazu, daß
gesprochene Nachrichten wie Dokumente auf einem Datenträger
abgelegt werden. Zur Sicherung dieser Informationen bieten die
Hersteller z.B. PIN-Nummern und Chipkartensysteme an. Eine
weitere Sicherheit ist gegeben, wenn den Sprachboxen der
einzelnen Nutzer auf der Platte feste Speicherbereiche
zugewiesen sind, so daß nicht durch Fehlfunktionen im
Rechnersystem plötzlich Nachrichten oder Nachrichtenteile sich
in der falschen Sprachbox befinden.

Für die Ausgabe, Einzug und Veränderung von Chipkarten gelten
natürlich dieselben Überlegungen wie auch bei ihrem Einsatz
für den Zugriff auf DV-Systeme. Die räumliche Sicherung der
Daten ist in der Regel unproblematisch, da sich der Server im
allgemeinen in der Nähe der ISDN-Anlage und somit in einem in
jedem Fall zu sichernden Bereich befindet. Eine andere und
mangels Erfahrung völlig ungeklärte Frage ist, ob durch das
Nutzen bisher ungewohnter sprachlicher Dokumente eine neue
Gefahrenquelle entsteht. Bisher gilt das gesprochene Wort als
weniger verbindlich, da im allgemeinen nicht aktenkundig.
Nunmehr könnte es sein, daß durch gewohntes und vielleicht
etwas leichtfertiges Nutzen des Mediums Sprache plötzlich
gesprochene Dokumente mit Nachweisfähigkeit entstehen, die für
den Sprecher ungewollte Konsequenzen haben können.

4. Teletex-Vermittlung

Ein weiterer wesentlicher Einsatzbereich der ISDN-
Nebenstellenanlagen ist die Teletex-Vermittlung. Die über eine
Rufnummer eingehenden Teletex-Nachrichten werden mittels
automatischer Nachwahl zu den Endsystemen weitervermittelt.
Unter Sicherheitsaspekten bedeutsam ist, ob die Nachricht an
das Endsystem (das sich ja möglicherweise weit entfernt von
der Zentrale befindet) unmittelbar weiter vermittelt wird,
oder ob sie in der Zentrale (z.B. in einem Server) gespeichert
und der Endteilnehmer lediglich benachrichtigt wird. Vom
Speicherort der Nachrichten hängt aber auch der möglicherweise
unbefugt Einblick nehmende Personenkreis ab. Entsprechend
unterschiedlich sind gegebenenfalls die Methoden der
Datensicherung.

Ähnlich wie bei der digitalen Telefonie schreibt die Deutsche
Bundespost auch beim Einsatz von Teletex-Vermittlungsanlagen
einen Teletex-Überlaufplatz vor. Dies ist ein Teletexgerät,
auf das nicht vermittelbare Nachrichten "abgeworfen" werden.
Es ist daher sehr wichtig, daß der Überlaufplatz in
gesicherten Räumen von vertrauenswürdigen Personen bedient
wird.

Bei der Anwahl eines Teletex-Teilnehmers hat der Benutzer die
Möglichkeit, neben der eigentlichen Rufnummer, die zum
Verbindungsaufbau benötigt wird, eine Kennung anzugeben. Diese
wird dazu benutzt, nach dem Verbindungsaufbau durch einen
Kennungsvergleich mit dem gerufenen Gerät die Identität
sicherzustellen. Wenn eine ISDN-Nebenstellenanlage auch dann,
wenn sie über eine Teletex-Nachwahl verfügt und somit jeden
Endteilnehmer direkt ansprechen kann, nur eine Kennung für
alle Teilnehmer bekommt, ist innerhalb des Nachwahlbereiches
die Kennung als Sicherheit nicht mehr gegeben und bei einem
Irrtum oder falschen Verbindungsaufbau erreicht die Nachricht
den falschen Adressaten. Anders als bei einem falsch
zugestellten Brief kann dieser sich nicht anhand der Adresse
von der richtigen Zustellung überzeugen, sondern da die
Nachricht korrekt übermittelt wurde, muß er Einblick in den
ihn nicht betreffenden Inhalt nehmen. Wenn Abschottungen
innerhalb eines Hauses notwendig sind, kann hier eine
Gefährdung bestehen.

5. Datenübertragung

Die Hersteller sind der Auffassung, daß die ISDN-Nebenstellenanlage selbst für die Datenübertragung lediglich Kanäle
transparent durchzuschalten hat, während zusätzliche Aufgaben
(z.B. Anpassungen) auf Servern durchgeführt werden, die
letztlich aus DV-Rechnern aus dem jeweiligen Lieferprogramm
bestehen. Diese Rechner können z.B. die Verbindung zu
öffentlichen Datennetzen (Datex-P) herstellen - sofern die
ISDN-Anlage dies nicht ermöglicht - oder auch für das interne
Netz zusätzliche Schnittstellen bieten. Die Größe der Server
ist abhängig vom Bedarf des Nutzers und kann von einem kleinen

PC bis zu einer ausgewachsenen DV-Anlage reichen.
Offensichtlich ist, daß die Existenz der Server ebenfalls
Sicherheitsvorkehrungen eines konventionellen Rechenzentrums
erforderlich macht.

6. Sicherungsmaßnahmen

Die Betrachtung der ISDN Nebenstellenanlage als - im
wesentlichen - eine Computereinrichtung macht schon
offensichtlich, wie Sicherungsmaßnahmen vorzunehmen sind:
nämlich wie in einem Rechenzentrum. Die vorzunehmenden
Sicherungsmaßnahmen sind allerdings abweichend von einem
Rechenzentrum insgesamt eher schwieriger, da die ISDN-Anlage
meist Teil einer umfassenden Datenverarbeitungs- und
Kommunikationsstruktur ist. Als Bürokommunikationssystem
eingesetzt sind ja nicht nur Telefonapparate, sondern auch
Personalcomputer oder sogar ganze Computersubnetze an die
Anlage angeschlossen. Man hat also die Sicherheitsprobleme der
zentralen Datenverarbeitung, der Kommunikation und der
individuellen Datenverarbeitung.
Unter allen möglichen Sicherungsmaßnahmen ist zweifellos den
technischen eine große Bedeutung beizumessen. Die
organisatorischen Sicherungen (z.B. Anweisungen an die
Benutzer) sind immer von der Zuverlässigkeit der Personen
abhängig und damit im Gegensatz zu den technischen Sicherungen
nicht zwingend.

Selbstverständlich beschafft niemand Geräte, die nicht
erforderlich sind. Dennoch ist gerade im Zusammenhang mit der
ISDN-Technik die Aufforderung nicht unberechtigt, darauf zu
achten, daß soweit möglich keine Hard- oder Software geliefert
wird, die nicht zwingend erforderlich ist. Die Hinzunahme
weiterer Leistungsmerkmale in einer ISDN-Anlage geschieht
meist nicht durch Anlieferung weiterer Hard- oder Soft-
warekomponenten, sondern durch Einstellung von Leistungsmerkmalen am Betriebsterminal. Wenn man bestimmte Leistungsmerkmale nicht haben will, sollte die Möglichkeit
geprüft werden, auf entsprechende Software- oder Hardwareteile
zu verzichten, die dann auch nicht gegebenenfalls mißbraucht
werden können.

Wie Computersysteme auch, verfügt eine ISDN-Anlage für ihren
Betrieb über eine Passwort-Sicherung, siehe Abb. 4. Sie kann
hierarchisch sein oder auch eine Matrix-Struktur haben. Bei
den hierarchischen Systemen ist zu beachten, daß die
Berechtigungen in der jeweiligen Ebene oft nicht dynamisch
gestaltet werden können. Der Nutzer kann nicht selbst
festlegen, was in einer bestimmten Berechtigungsstufe erlaubt
sein soll. Soweit noch nicht geschehen, bemühen sich die
Hersteller allerdings, hier für Abhilfe zu sorgen und die
Paßworthierarchie dynamischer zu gestalten.

Abb. 4: Paßwortsysteme

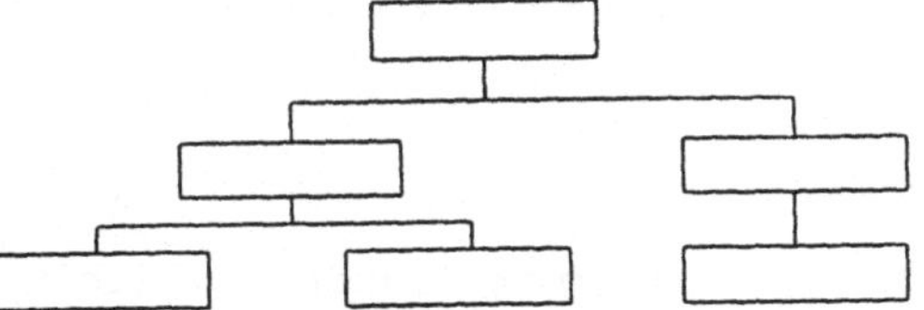

Neben den Passwort-Sicherungen für den Betrieb können mit
Hilfe der ISDN-Anlagen und ihrer Server auch die Zugänge zu
den verschiedenen am Netz angeschlossenen Informationsquellen
mit Passwort-Systemen kontrolliert werden. Im Netz kann
bereits verankert werden, wer welche Berechtigungen hat.
Soweit möglich, sollten auch physikalische Hardware-Adressen
abgefragt werden, um dem Mißbrauch von Passwörtern
vorzubeugen.

Sowohl digitale Telefone wie Computerterminals können mit
Chipkartensystemen gesichert werden. Sinnvoll sind und von
Benutzern gefordert werden einheitliche Chipkartensysteme,
bei denen der Benutzer mit einer einzigen Karte Zugang zu
den verschiedenen Diensten oder Informationsquellen erhält.
Derartige Systeme sind jedoch nicht auf dem Markt, für die
Zukunft allerdings zu erwarten.

Den besten Schutz auf Leitungen bieten Verschlüsselungen. Da
das ISDN ein leitungsvermitteltes Netz ist, besteht
grundsätzlich die Möglichkeit der Ende-zu-Ende Verschlüsselung. Hier wird der Markt sorgfältig zu beobachten sein.

Wichtig für die Erhaltung der Informationssicherheit ist die
ständige Aufmerksamkeit der Benutzer. Diese kann erzeugt und
auch das entsprechende Wissen der Benutzer eingebunden werden,
wenn regelmäßig vom Netz Informationen über individuelle
Kommunikationsvorgänge an den jeweiligen Nutzer mitgeteilt
werden. Wird z.B. im Netz protokolliert, wann jemand zum
letzten Mal eine Datenbank über die ISDN-Anlage abgefragt hat,

wann das letzte Teletex versandt wurde, usw. so kann der
Benutzer erkennen, ob in der Zwischenzeit ohne sein Wissen
jemand sein Terminal benutzt oder unter seiner Identifizierung
gearbeitet hat. Dem spricht freilich entgegen, daß
Informationen über das Benutzerverhalten - wenn auch in
geringem Umfang - vorübergehend aufgezeichnet werden müssen.
Gerade dieses Verfahren kann jedoch erheblich dazu beitragen,
unerlaubtes Eindringen in ein Netzwerk zu entdecken.

Besonders wichtig sind betriebliche Sicherungen an der ISDN-
Anlage selbst. Wenn ein Personalcomputer als Bedienungs-
terminal eingesetzt wird, können mit dessen Hilfe Zwangs-
protokollierungen auf einer Festplatte vorgenommen werden.
Alternativ oder zusätzlich kann die Protokollierung auch auf
einem Drucker erfolgen. Hierdurch wird es möglich, daß Dritte,
z.B. Mitarbeiter des Datenschutzes, die an der Anlage
vorgenommenen Maßnahmen überprüfen.

Selbstverständlich müssen für die betrieblichen Sicherungen
dieselben Kriterien angelegt werden wie in der Datenverarbeitung. Wie dort werden von den Herstellern auch
Möglichkeiten zur Ferndiagnose und Fernwartung angeboten. Ein
Zuwachs an Sicherheit besteht, wenn auf diese Zugangsmöglich-
keit verzichtet wird.

In den meisten Rechenzentren sind Besucher unvermeidbar.
Wichtig ist, daß die Personen, die den Sicherheitsbereich
betreten, zu Kontrollzwecken namentlich erfaßt werden.

Da über die ISDN-Nebenstellenanlagen Kommunikation
verschiedenster Art betrieben wird, ergeben sich für die
verschiedenen Dienste in das öffentliche Netz neben der
bereits genannten Gebührenerfassung für die digitale Telefonie
weitere, unterschiedliche Notwendigkeiten zur Gebühren-
abrechnung. Hier bieten die Hersteller praktisch jede
Möglichkeit der Erfassung von einzelnen Kommunikationsvorgängen. Häufig werden auch hier die Daten erfaßt, einzeln
gespeichert und nach Ablauf des Abrechnungszeitraumes
ausgewertet. Durch Parameter läßt sich festlegen, welche
Einzeldaten vorübergehend gespeichert werden. Regelbedarf
besteht für das Ausmaß der zu erfassenden Daten.

Eine befriedigende Informationssicherheit ist nicht ohne
korrektes Verhalten der Nutzer herzustellen. Eine ständige
Schulung und Bewußthaltung der üblichen Maßnahmen zur
Informationssicherung wie regelmäßige Sicherungsläufe an den
Endgeräten, Verschluß der Datenträger, usw. ist unerläßlich.

Auch der Standort einer ISDN-Anlage muß wie ein Rechenzentrum
gesichert und zu einer Sicherheitszone erklärt werden.
Selbstverständlich sind in den Sicherheitsbereich - ggfs.
abgestuft - eventuell vorhandenen Terminalräume, die
Fernsprechvermittlung (elektronisches Telefonbuch), die
Fernschreibvermittlung (Teletex-Überlaufplatz) usw.
einzubeziehen. Im einzelnen braucht auf die räumlichen

Maßnahmen hier nicht eingegangen zu werden, da dieselben
Kriterien wie an ein Rechenzentrum anzulegen sind.

7. Dienst-/Betriebsvereinbarung und -anweisung

In der Bundesrepublik Deutschland unterliegt die Einführung
des ISDN im privaten Bereich der gesetzlichen Mitbestimmung
mit der Folge, daß die Personalvertretungen der Einführung und
dem "Design" der Anlagen zustimmen müssen. Praktisch läuft
dies auf den Abschluß einer Dienst- bzw. Betriebsvereinbarung
hinaus, in der u.a. einvernehmlich geregelt wird, welche
Leistungsmerkmale eingeführt werden, welche
Sicherheitsvorkehrungen vorgesehen sind, usw. Eine solche
Dienstvereinbarung bietet eine gute Gelegenheit, Maßnahmen
festzulegen, der Sicherheit dienende Verhaltensweisen
aufzuerlegen, usw.; sie stellt deshalb einen wesentlichen
Beitrag zur Informationssicherheit dar.
Die Form der Dienstvereinbarung kann frei geregelt werden. Es
ist naheliegend, in die Vereinbarung nicht nur die "neuen"
Techniken sondern auch das eventuell bereits vorhandene EDV-
Wesen mit einzubeziehen. Dadurch entsteht ein so umfassendes
und grundsätzliches Regelwerk, daß es ratsam ist, sich
ändernde und daher häufiger anzupassende Teile (z.B.
technische Konfigurationen, eine Liste der Leistungsmerkmale,
usw.) in Form von getrennten Anlagen niederzulegen.
Als konkrete Umsetzung der Dienstvereinbarung können
zusätzlich Dienst- bzw. Betriebsanweisungen erlassen werden,
in denen das Verhalten des Betriebspersonals im einzelnen
festgeschrieben wird. Hierin liegt auch eine Schutzfunktion
für die betroffenen Mitarbeiter, da die mit neuer Technik
einhergehende Risiken, deren Auswirkungen ja vielleicht noch
nicht ausreichend bekannt sind, auf diese Weise auch von der
Leitungsebene mitgetragen werden.

Bei der Erstellung der Dienstvereinbarung ist es unvermeidbar,
jedes einzelne Leistungsmerkmal mit der Personalvertretung zu
erörtern und abzustimmen. Wichtig dabei ist, daß insgesamt
eine Konfiguration entsteht, die von allen Seiten mitgetragen
und von den Bediensteten vertrauensvoll benutzt werden kann.

8. Schlußfolgerung

Die vorstehenden Ausführungen zeigen, daß die Sicherungen
eines privaten ISDN-Netzes einerseits dieselben Anforderungen
stellen wie bei einer DV-Anlage mit dazugehörigem Datennetz,
andererseits aber durch zusätzliche Dienste und Merkmale noch
weitere zusätzliche Sicherungen verlangen.
Insbesondere ist wichtig, Benutzer, Endgerät, Übertragungsnetz
und gegebenenfalls in das Netz einspeisende DV-Anlagen als ein
Gesamtsystem zu betrachten, das auch insgesamt zu sichern ist.
Daher muß für die Sicherung ein Gesamtkonzept gefordert
werden, das die genannten Teilbereiche berücksichtigt. Dabei
ist davon auszugehen, daß seitens der Industrie zunehmend

Produkte geliefert werden, die die technische Sicherung von Informationen erheblich erleichtern.

Als ein wesentlicher Beitrag zur Informationssicherheit sind Dienstvereinbarungen und Dienstanweisungen zu betrachten. Sie bieten eine gute Gelegenheit, Sicherungsmaßnahmen im einzelnen festzulegen. Wichtigster Gegenstand der Dienstvereinbarung ist in der Regel die Festschreibung der Leistungsmerkmale in der ISDN-Telefonie.

Dr. Arndt Liesen

SISYFOS und die Systemsicherheit
- Erfahrungsbericht einer oberen Bundesbehörde -

SISYFOS und die Systemsicherheit

- Erfahrungsbericht einer oberen Bundesbehörde -

Arndt Liesen, Bonn

Für die Sicherheit einer größeren IT-Organisation einen angemessenen Standard zu erreichen und bei Fortentwicklung aller Teilsysteme aufrechtzuerhalten ist eine Daueraufgabe, deren Erfolg immer wieder in Frage gestellt ist. Die Assoziation zur endlosen Mühe des Sisyphos liegt nahe.

Der Beitrag schildert die Bemühungen des Bundesamtes für Finanzen zu den verschiedenen Teilaspekten dieser Problematik. Dabei liegt der Schwerpunkt entsprechend der derzeitigen Ausstattung des Amtes im Großrechnerbereich.

Der Beitrag spricht insbesondere an: Systemsicherheit als besondere Herausforderung des IT-Leiters, Dokumentation des Sicherheitskonzepts, Ausweichproblematik, Fragen im Zusammenhang mit der Freigabe und Versionsführung von Programmen, Zugangs- und Zugriffsschutz, Benutzer- und Rechte-Verwaltung, Aufgaben eines DV-Auditors. Entsprechend dem Beitragstitel wird die Sicht der dargestellten Lösungen als Übergangsstadien in einem ständigen Überarbeitungsprozeß betont.

<u>Gliederung</u>

1. SISYFOS - Akronym eines Projekts

2. Das Bundesamt für Finanzen (BfF)

3. Der IT-Leiter und die Systemsicherheit

4. Systemsicherheit im Spiegel der Dokumentation

5. Kleine Typologie der SISYFOS-Probleme

6. Problembereich Ausweichsystem

7. Problembereich Software-Konfigurations-Management

8. Problembereich Benutzer- und Rechte-Kontrolle

9. Der DV-Auditor - ein neuer Dienstposten im BfF

1. SISYFOS - Akronym eines Projekts

SISYFOS steht für **Sicherheits-System-Fortschreibung**; so hieß ein Projekt, das 1988 im BfF (ein weiteres Mal) die gewachsene Systemwirklichkeit überprüfen und an konzeptionelle Sollvorstellungen anpassen sollte. Der Name scheint die Dauerhaftigkeit dieser Aufgabenstellung besonders gut zu treffen. - Folie 1 -

Das seinerzeitige Projekt konzentrierte sich in seinem Verlauf stark auf die Problembereiche Zugangs- und Zugriffskontrolle mit dem Sonderaspekt Benutzer- und Rechte-Verwaltung, da hier im BfF Einheitlichkeit und Übersichtlichkeit besonders gefährdet erschienen. Dieser Beitrag will eine solche Konzentration nicht vornehmen, ohne jedoch den Anspruch zu erheben, das Gesamtfeld der Systemsicherheit - oder auch nur die im BfF relevanten Teile - in einiger Vollständigkeit abzuhandeln. - Folie 2 -

2. Das Bundesamt für Finanzen

Das Bundesamt für Finanzen (BfF) ist eine obere Bundesbehörde im Geschäftsbereich des Bundesministers der Finanzen. - Folie 3 -

Es erfüllt vielfältige Aufgaben; seine Abteilung Informationsverarbeitung unterstützt außer den Fachaufgaben des Amtes selbst eine Mehrzahl bedeutungsvoller Aufgaben des Bundesfinanzministeriums und seines nachgeordneten Bereichs. - Folie 4 -

Dazu setzt es vielfältige Hard- und Software ein, entsprechend vielfältig sind die Herausforderungen an ein geschlossenes System-Sicherheitskonzept. - Folie 5 -

3. Der IT-Leiter und die Systemsicherheit

Bei der Auseinandersetzung mit dem Problem IT-Sicherheit steht der IT-Leiter vor mehr als einem Dilemma. Schwieriger als andere Problembereiche wird dieser durch den außerordentlichen Stellenwert der Sicherheit für das IT-System einerseits und die außerordentliche technische Komplexität der Fragen andererseits. - Folie 6 -

Der persönliche Lösungsansatz des Autors geht davon aus, daß der IT-Leiter sich in diesem Bereich mehr als sonst vielleicht zweckmäßig auch technischen Zusammenhängen zuwenden muß. - Folie 7 -

4. Systemsicherheit im Spiegel der Dokumentation

Dokumentation der sicherheitsrelevanten Sachverhalte, Entscheidungen, Vorschriften ist so unverzichtbar, daß sie selbst zu einem Bestandteil der Systemsicherheit wird. Dennoch steht eine Reihe von Widerständen einer ausreichenden Dokumentation entgegen. Das Erlebnis von Dokumentation als schöpferisch gestaltetem Werk kann die Motivation zu dokumentieren erhöhen. - Folie 8 -

Im BfF ist sicherheitsbezogene Dokumentation eingebettet in ein
Gesamtsystem regelnder und beschreibender Unterlagen von abgestuf-
tem Detaillierungsgrad. - Folie 9 -

Das Dokumentationssystem ist heute noch vorwiegend auf den Groß-
rechnereinsatz abgestellt. Aussagen über den APC-Bereich können
und sollen sich zwar weitgehend auf denselben gedanklichen Ansatz
stützen, bedürfen aber häufig doch der Anpassung an Besonderheiten. Dies ist - teilweise auch aufgrund von schwierigeren Abstimm-
prozessen - noch nicht durchgängig erreicht. - Folie 10 -

Ein seit vielen Jahren im BfF vorhandenes Dokument ist das "Handbuch über die Maßnahmen zur Vermeidung von Katastrophen und die
Beschränkung ihrer Auswirkungen", kurz (und falsch) Katastrophenhandbuch (KHB) genannt. - Folie 11 -

Entscheidend für den Wert des KHB ist seine regelmäßige Fortschreibung, die durch ein zeitgesteuertes Checklistenverfahren
unterstützt wird. - Folie 12 -

5. Kleine Typologie der SISYFOS-Probleme

Die Notwendigkeit, ständig an der Fortschreibung des Sicherheitssystems zu arbeiten, ergibt sich aus einer Vielzahl von Einflüs-
sen. Man·kann drei typischen Arten solcher Änderungen der Umwelt
oder der Sicht von ihr immer wieder begegnen: dem Umbruch, der
einen mehr oder weniger neuen Ansatz anstelle des bisher funktio-
nierenden Sicherheitssystems erfordert, dem Zuwachsen neuer Problembereiche, die zunächst für sich gelöst werden aber schließlich
in die globale, grundsätzliche Lösung integriert werden müssen,
und dann dem Ablösen von Regelungen, die man eine zeitlang für
Lösungen hielt, die sich aber niemals wirklich durchsetzten und
von denen man sich endlich trennen muß. - Folie 13 -

6. Problembereich Ausweichsystem

Das BfF hat jahrelang versucht, eine Ausweichlösung auf der
Grundlage von Vereinbarungen mit befreundeten Rechenzentren zu
realisieren. Diese Versuche waren letztlich höchstens teilweise
erfolgreich. Die "Versicherungslösung" über ein professionelles
Ausweich-RZ ist zwar vordergründig erheblich teurer, tatsächlich
aber bei angemessener Berücksichtigung der Nutzenseite wirtschaftlicher. - Folie 14 -

7. Problembereich Software-Konfigurations-Management

Für konventionelle Batch-Programme hat das BfF früh in den sieb-
ziger Jahren eine damals wohl vorbildliche Lösung für einen
ordnungsgemäßen Übergang der Module von der Entwicklungs- und
Testphase über eine "verriegelte" Freigabephase in die Produktion
und schließlich zur Archivierung geschaffen. Die Notwendigkeit,
die Systemleistungen auch mit anderen Objekten als mit Standard-
Batch-Moduln des Großrechners zu erbringen, hat die Aufgabe Soft-

ware-Konfigurations-Management im Laufe der Zeit mehr und mehr
verkompliziert. Die frühe Formulierung der grundlegenden Modell-
vorstellung des Gewünschten hat jedoch geholfen, das eigentliche
Ziel im Auge zu behalten. - Folie 15 -

8. Problembereich Benutzer- und Rechte-Kontrolle

Ein Blick auf Folie 5 verdeutlicht, daß allein für das zentrale
System und seine Subsysteme (Trägersysteme für die eigentlichen
Anwendungen) bereits mit einer Vielzahl, vor allem aber auch mit
einer Vielfalt von Zugangs-Kontroll-Systemen zu arbeiten ist. Dazu
haben sich die Architekten der Anwendungsverfahren ihrerseits anwendungsbezogene Sicherheitssysteme einfallen lassen. Diese Vielfalt von Sicherheit kann zum Unsicherheitsfaktor umschlagen, wenn
die Komplexität nicht mehr überschaubar ist. Erforderlich ist ein
"Referenzmodell", in dem ein spezielles Sicherheitssystem jeweils
seinen wohlbestimmten Platz mit ebenso wohlbestimmter Funktion
findet. Einheitliche Schnittstellen sind anzustreben. - Folie 16 -

Ebenso muß die Zulassung von Benutzern (zur Rechnernutzung, zur
Nutzung von Anwendungen und zum Datenzugriff) einem einheitlichen
organisatorischen Ablauf folgen. - Folie 17 -

9. Der DV-Auditor - ein neuer Dienstposten im BfF

Externer Beratung folgend hat das BfF den Dienstposten eines DV-
Auditors eingerichtet. Er ist unmittelbar dem Abteilungsleiter IT
unterstellt. Seine Aufgaben reichen von der Verfolgung der Meldungen, die die Sicherheitskomponenten der Systeme ausgeben, bis zur
Mitwirkung dabei, die Prinzipien für Sicherheit und Kontrolle
festzulegen. - Folie 18 -

Der DV-Auditor ist jedoch nicht selbst für die Einrichtung oder
Anwendung der Sicherheitssysteme zuständig und (natürlich) nicht
mit Aufgaben der Produktion betraut. - Folie 19 -

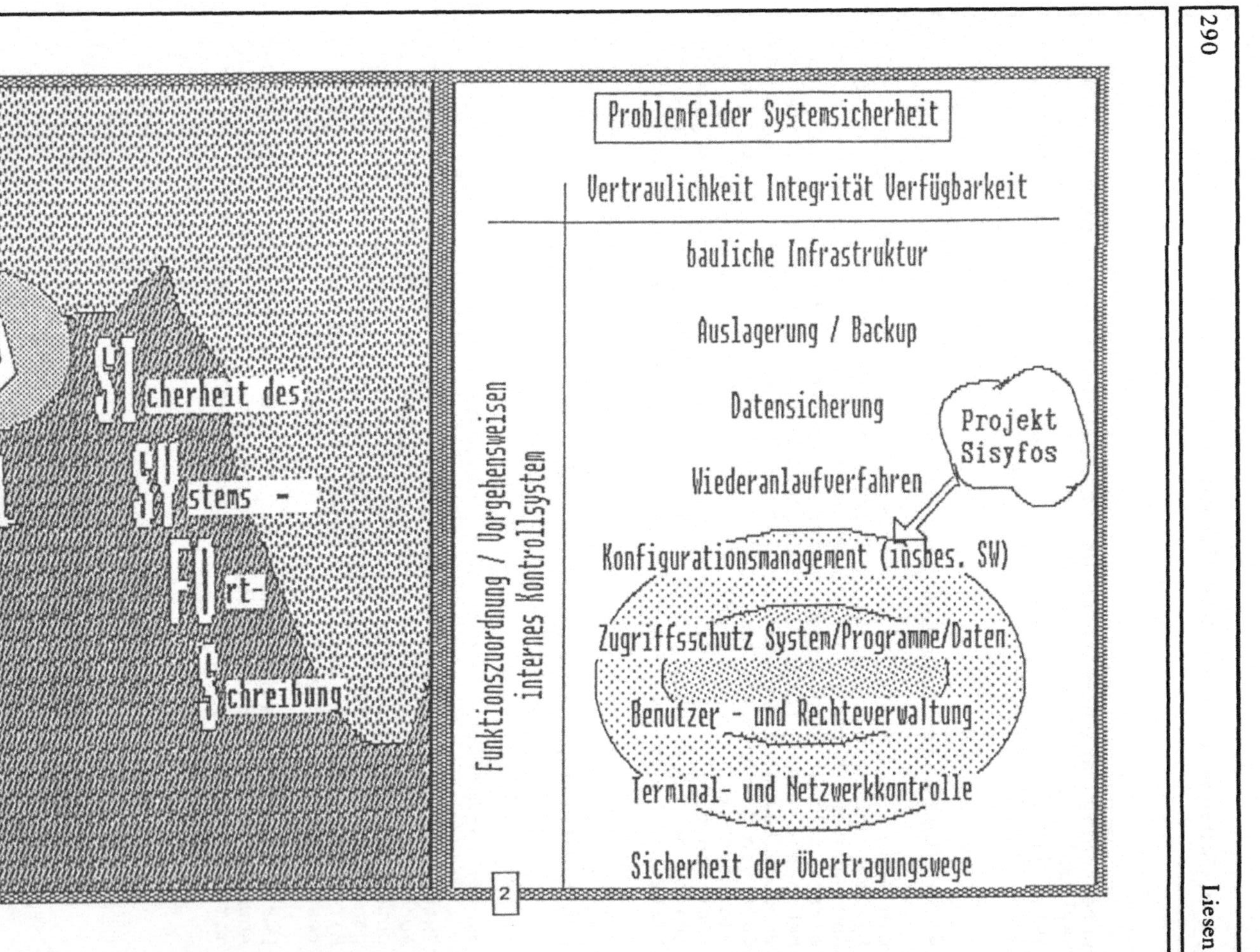

SIcherheit des
SYstems -
FOrt-
Schreibung

Funktionszuordnung / Vorgehensweisen
internes Kontrollsystem

Problemfelder Systemsicherheit

Vertraulichkeit Integrität Verfügbarkeit

bauliche Infrastruktur

Auslagerung / Backup

Datensicherung

Wiederanlaufverfahren

Projekt
Sisyfos

Konfigurationsmanagement (insbes. SW)

Zugriffsschutz System/Programme/Daten

Benutzer - und Rechteverwaltung

Terminal- und Netzwerkkontrolle

Sicherheit der Übertragungswege

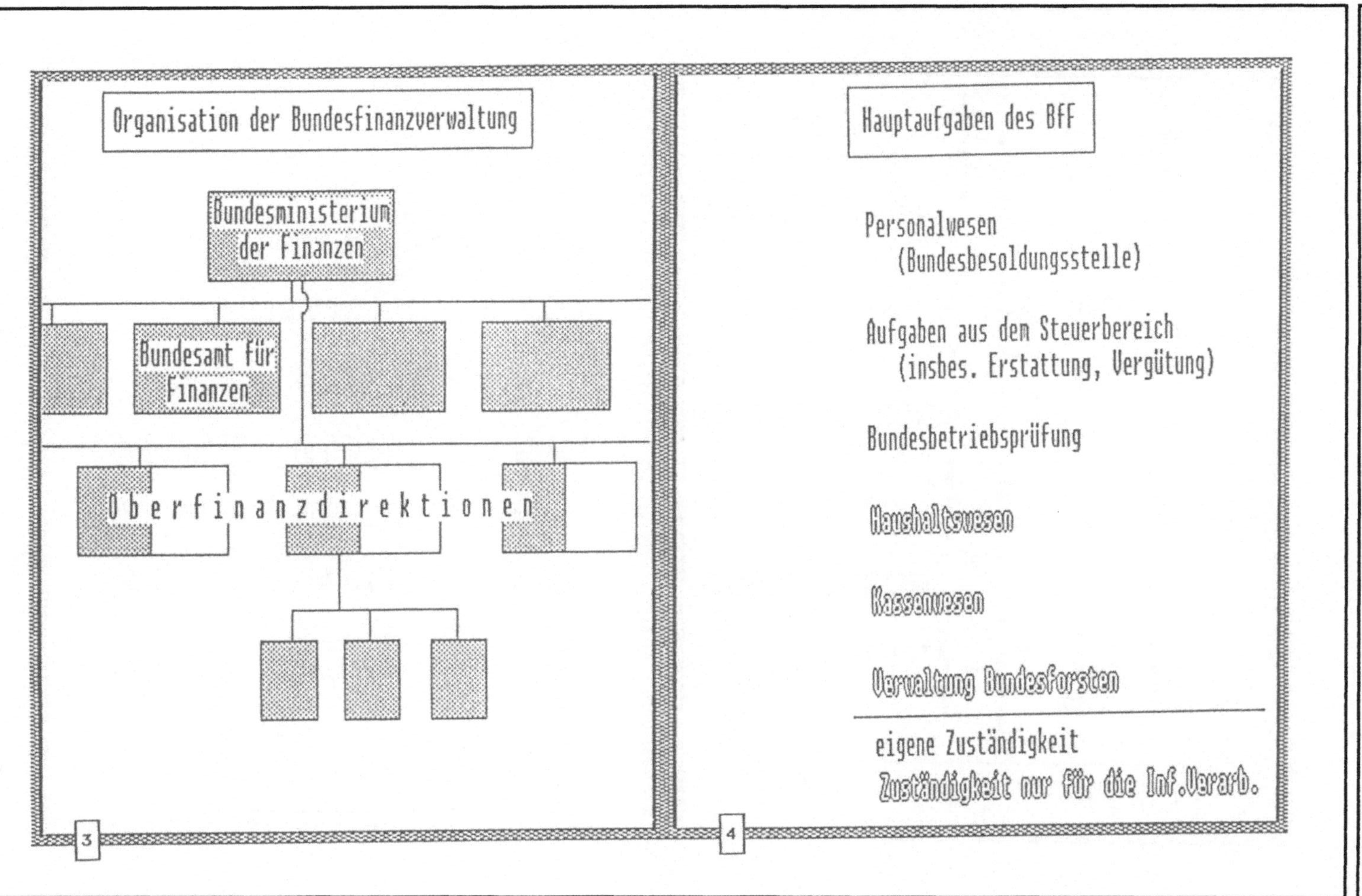
Organisation der Bundesfinanzverwaltung
Bundesministerium der Finanzen
Bundesamt für Finanzen
Oberfinanzdirektionen
3
Hauptaufgaben des BFF
Personalwesen
(Bundesbesoldungsstelle)
Aufgaben aus dem Steuerbereich
(insbes. Erstattung, Vergütung)
Bundesbetriebsprüfung
Haushaltswesen
Kassenwesen
Verwaltung Bundesforsten
eigene Zuständigkeit
Zuständigkeit nur für die Inf.Verarb.
4

Informationsverarbeitung im BfF

Personal	Hardware	Software
70 Systementw.	Comparex 8/93	MVS/XA
50 Rechenzentrum	90 GB Plattensp.	RACF
10 Unterstützung	40 Leitungen	Panvalet
	1300 Datensichtger.*)	TSO
	200 APC *)	CICS
	*) angeschlossen bzw. betreut	NET/MASTER
		ADABAS
		STAIRS ….

5

Der·IT – Leiter und die Systemsicherheit

Aufwand

im Ernstfall: unkalkulierbar

Einrichtung und Daueraufwand: erheblich

Verständnis der Anwender

Forderung: 100% sicher

Forderung: keine Beeinträchtigung

Motivation der Mitarbeiter

Insider sind größte Gefahr

Vertrauen! Arbeiten für ein "Nichtereignis"

Technische Problematik

Managementregel: Delegation

Chefsache! Detailwissen nötig

6

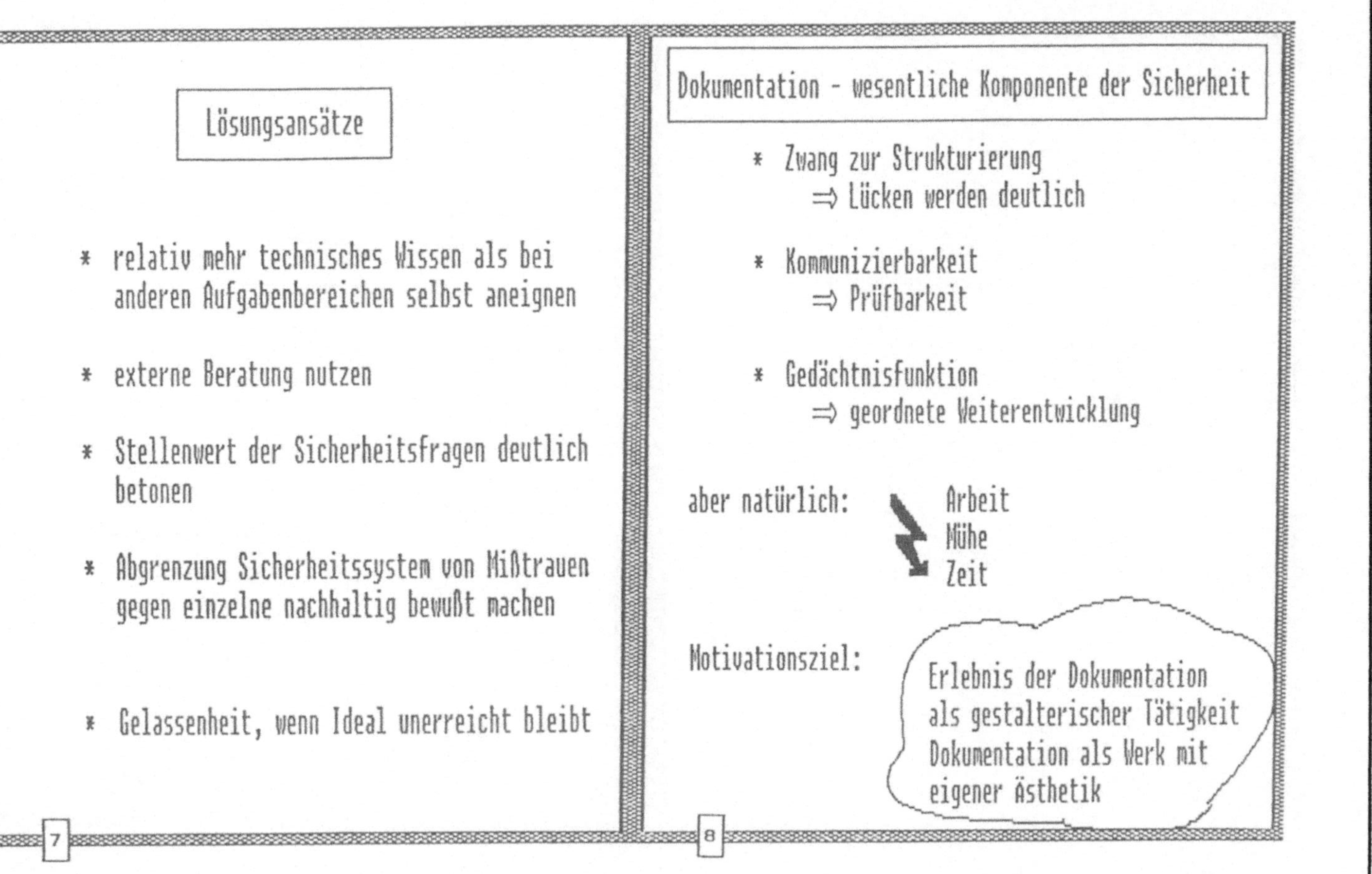
Lösungsansätze

* relativ mehr technisches Wissen als bei anderen Aufgabenbereichen selbst aneignen
* externe Beratung nutzen
* Stellenwert der Sicherheitsfragen deutlich betonen
* Abgrenzung Sicherheitssystem von Mißtrauen gegen einzelne nachhaltig bewußt machen
* Gelassenheit, wenn Ideal unerreicht bleibt

7
Dokumentation - wesentliche Komponente der Sicherheit

* Zwang zur Strukturierung
    ⇒ Lücken werden deutlich
* Kommunizierbarkeit
    ⇒ Prüfbarkeit
* Gedächtnisfunktion
    ⇒ geordnete Weiterentwicklung

aber natürlich: Arbeit
                   Mühe
                   Zeit

Motivationsziel:
Erlebnis der Dokumentation als gestalterischer Tätigkeit
Dokumentation als Werk mit eigener Ästhetik

8

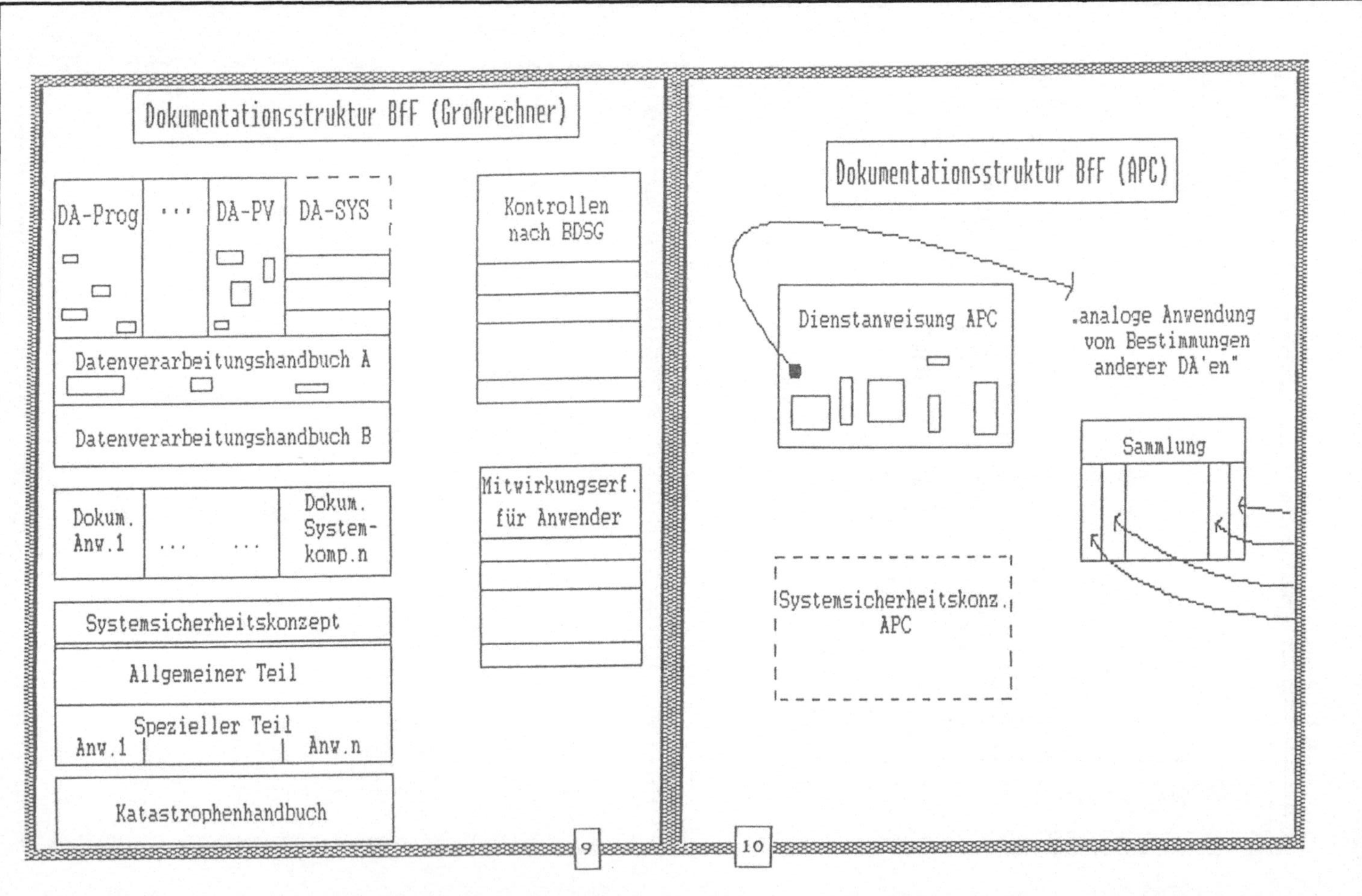

Dokumentationsstruktur BfF (Großrechner)
DA-Prog
DA-PV
DA-SYS
Datenverarbeitungshandbuch A
Datenverarbeitungshandbuch B
Dokum. Anw.1
Dokum. System- komp.n
Systemsicherheitskonzept
Allgemeiner Teil
Spezieller Teil
Anw.1
Anw.n
Katastrophenhandbuch
Kontrollen nach BDSG
Mitwirkungserf. für Anwender
9
Dokumentationsstruktur BfF (APC)
Dienstanweisung APC
„analoge Anwendung von Bestimmungen anderer DA'en"
Sammlung
Systemsicherheitskonz. APC
10

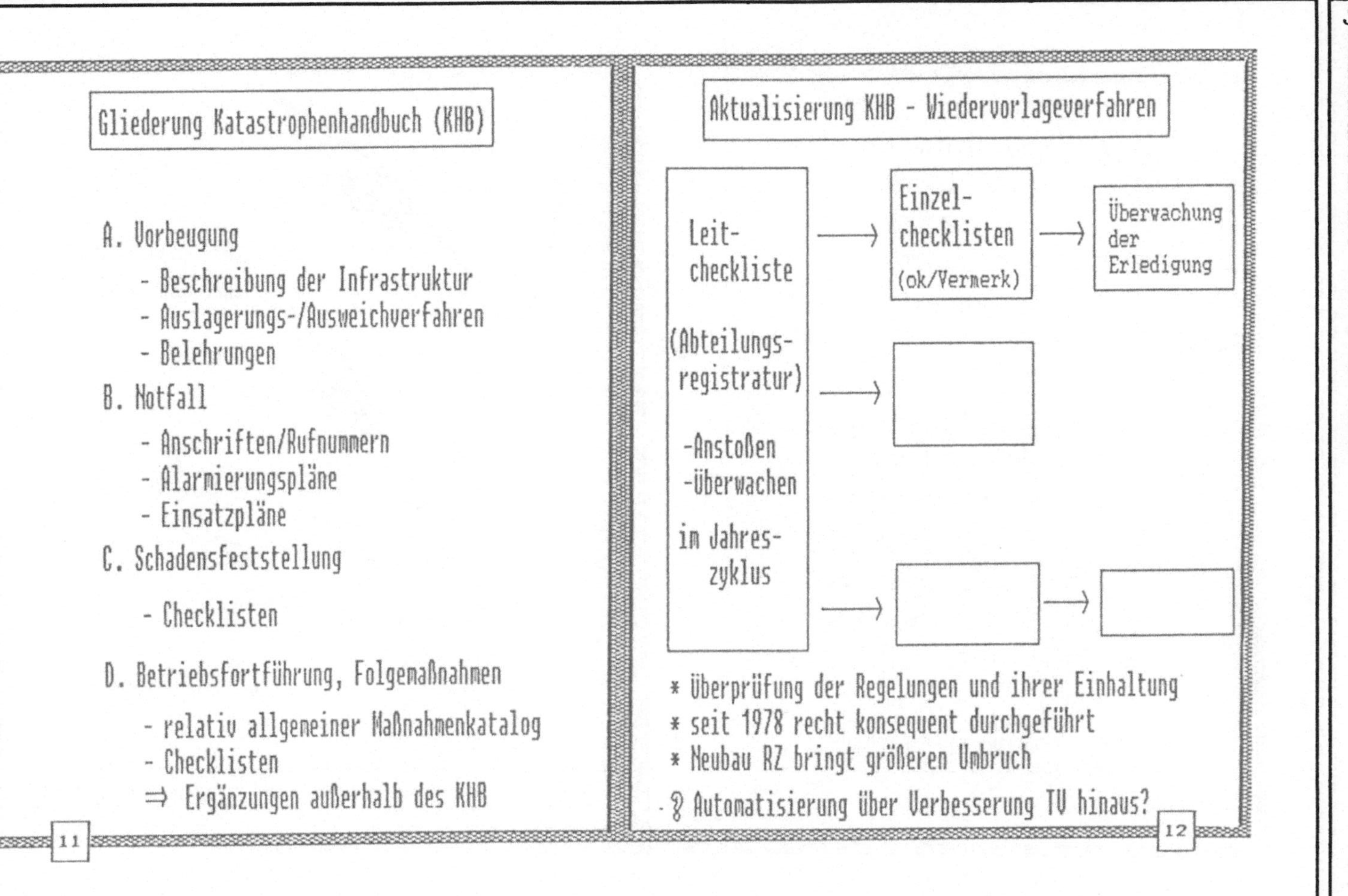
Gliederung Katastrophenhandbuch (KHB)

A. Vorbeugung
  - Beschreibung der Infrastruktur
  - Auslagerungs-/Ausweichverfahren
  - Belehrungen
B. Notfall
  - Anschriften/Rufnummern
  - Alarmierungspläne
  - Einsatzpläne
C. Schadensfeststellung
  - Checklisten
D. Betriebsfortführung, Folgemaßnahmen
  - relativ allgemeiner Maßnahmenkatalog
  - Checklisten
  ⇒ Ergänzungen außerhalb des KHB
11

Aktualisierung KHB - Wiedervorlageverfahren

Leit-
checkliste

(Abteilungs-
registratur)

-Anstoßen
-überwachen

im Jahres-
zyklus

Einzel-
checklisten
(ok/Vermerk)

Überwachung
der
Erledigung

* Überprüfung der Regelungen und ihrer Einhaltung
* seit 1978 recht konsequent durchgeführt
* Neubau RZ bringt größeren Umbruch
· ? Automatisierung über Verbesserung TV hinaus?
12

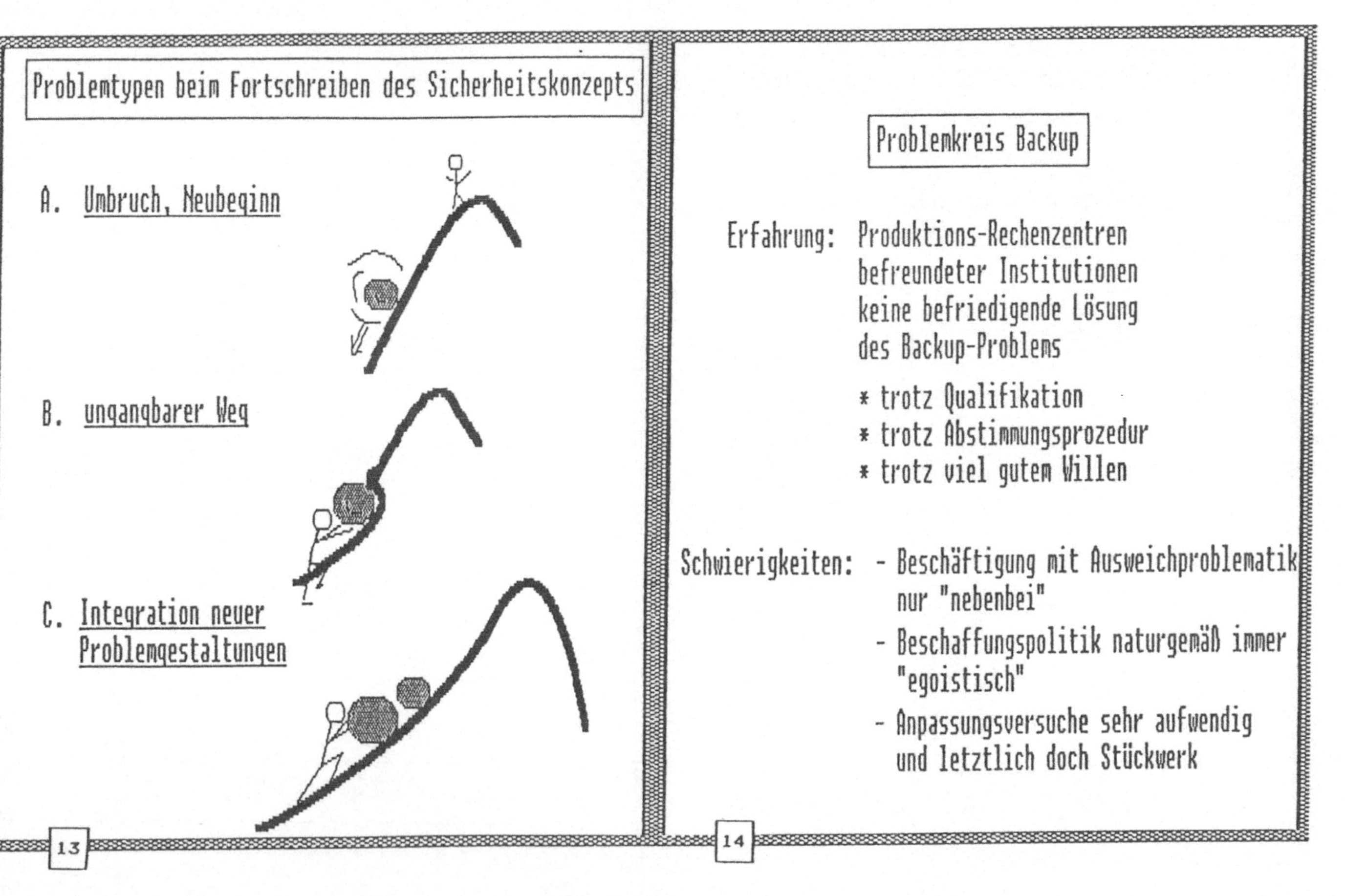
Problemtypen beim Fortschreiben des Sicherheitskonzepts

A. Umbruch, Neubeginn

B. ungangbarer Weg

C. Integration neuer
Problemgestaltungen

13

Problemkreis Backup

Erfahrung: Produktions-Rechenzentren
befreundeter Institutionen
keine befriedigende Lösung
des Backup-Problems

* trotz Qualifikation
* trotz Abstimmungsprozedur
* trotz viel gutem Willen

Schwierigkeiten: - Beschäftigung mit Ausweichproblematik
nur "nebenbei"

- Beschaffungspolitik naturgemäß immer
"egoistisch"

- Anpassungsversuche sehr aufwendig
und letztlich doch Stückwerk

14

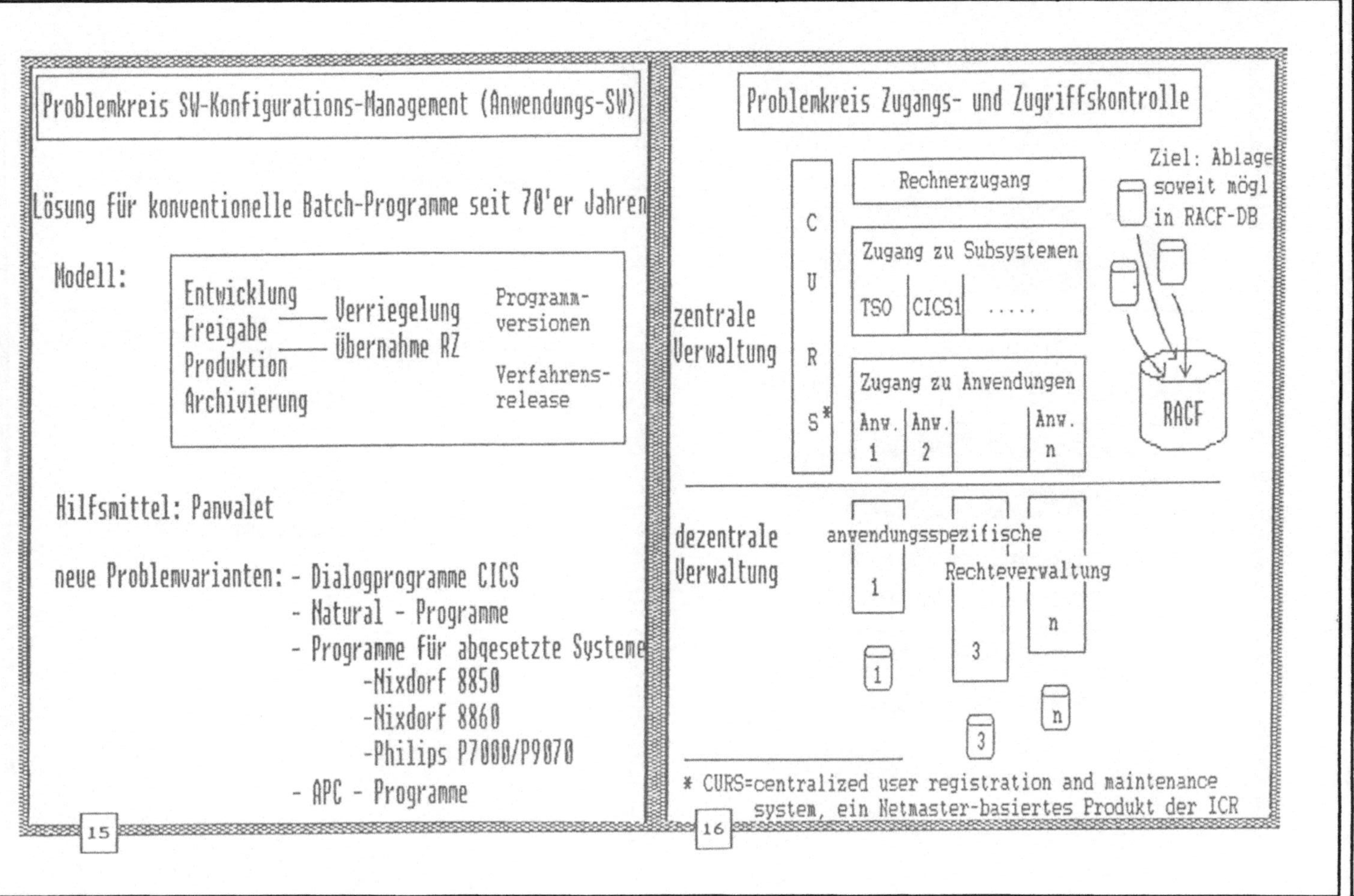
Problemkreis SW-Konfigurations-Management (Anwendungs-SW)

Lösung für konventionelle Batch-Programme seit 70'er Jahren

Modell:

Entwicklung
Freigabe ——— Verriegelung   Programm-
Produktion ——— übernahme RZ versionen
Archivierung   Verfahrens-
                             release

Hilfsmittel: Panvalet

neue Problemvarianten: - Dialogprogramme CICS
                       - Natural - Programme
                       - Programme für abgesetzte Systeme
                            -Nixdorf 8850
                            -Nixdorf 8860
                            -Philips P7000/P9070
                       - APC - Programme

15

Problemkreis Zugangs- und Zugriffskontrolle

Ziel: Ablage
soweit mögl
in RACF-DB

Rechnerzugang

C
U   Zugang zu Subsystemen
R
S* TSO CICS1 .....

zentrale
Verwaltung

Zugang zu Anwendungen
Anw. Anw.   Anw.
1   2   n

RACF

dezentrale   anwendungsspezifische
Verwaltung   Rechteverwaltung
                  1   3   n

1   3   n

* CURS=centralized user registration and maintenance
  system, ein Netmaster-basiertes Produkt der ICR

16

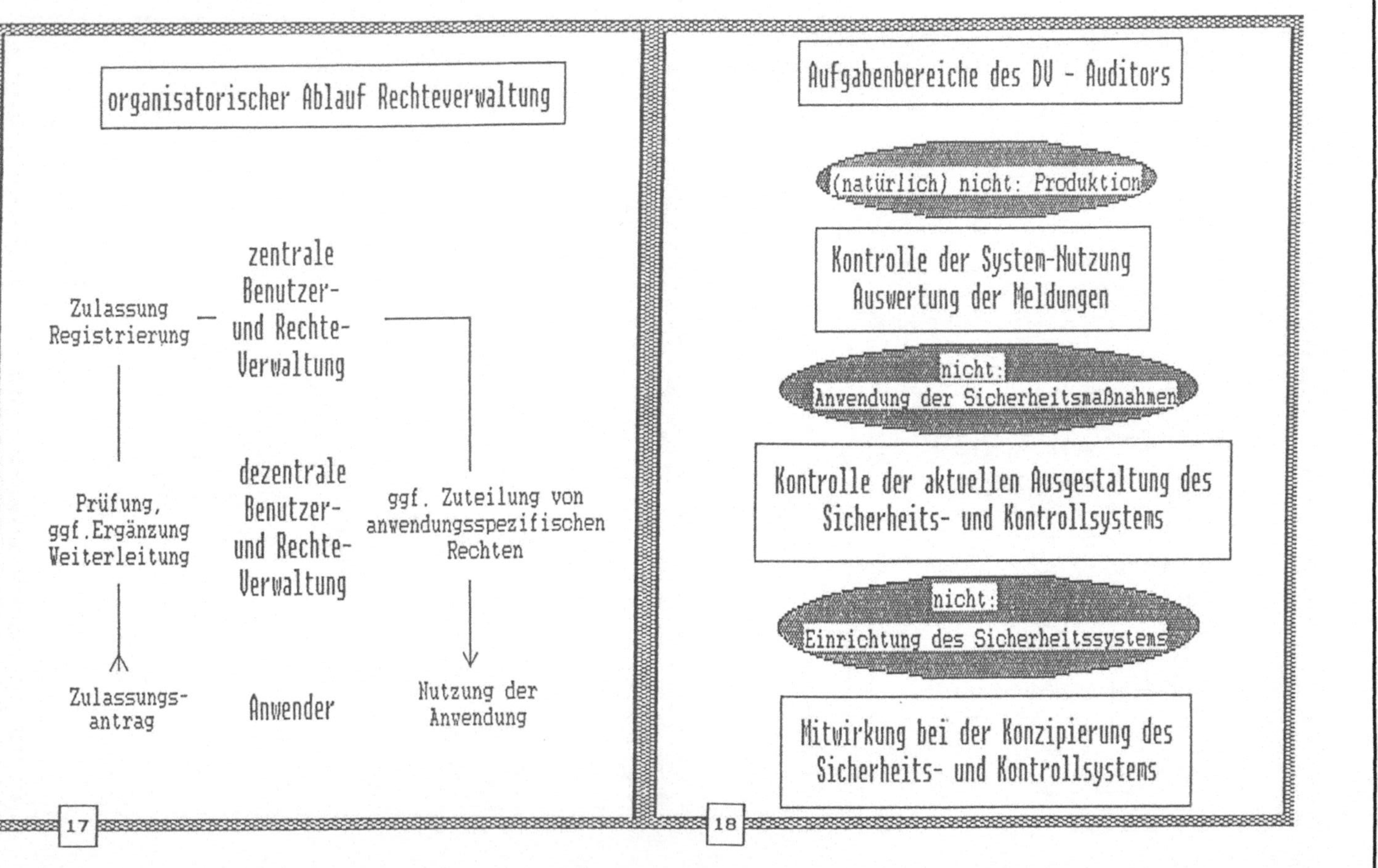
organisatorischer Ablauf Rechteverwaltung

Zulassung
Registrierung

zentrale
Benutzer-
und Rechte-
Verwaltung

ggf. Zuteilung von
anwendungsspezifischen
Rechten

Prüfung,
ggf.Ergänzung
Weiterleitung

dezentrale
Benutzer-
und Rechte-
Verwaltung

Zulassungs-
antrag

Anwender

Nutzung der
Anwendung

17

Aufgabenbereiche des DV - Auditor's

(natürlich) nicht: Produktion

Kontrolle der System-Nutzung
Auswertung der Meldungen

nicht:
Anwendung der Sicherheitsmaßnahmen

Kontrolle der aktuellen Ausgestaltung des
Sicherheits- und Kontrollsystems

nicht:
Einrichtung des Sicherheitssystems

Mitwirkung bei der Konzipierung des
Sicherheits- und Kontrollsystems

18

Kontrollaufgaben des DV-Auditors

- abgewiesene Zugangsversuche

- abgewiesene Zugriffsversuche

- vergessene Kennwörter

- Praxis der Rechtevergabe

- Aktivitäten der privilegierten Benutzer

19

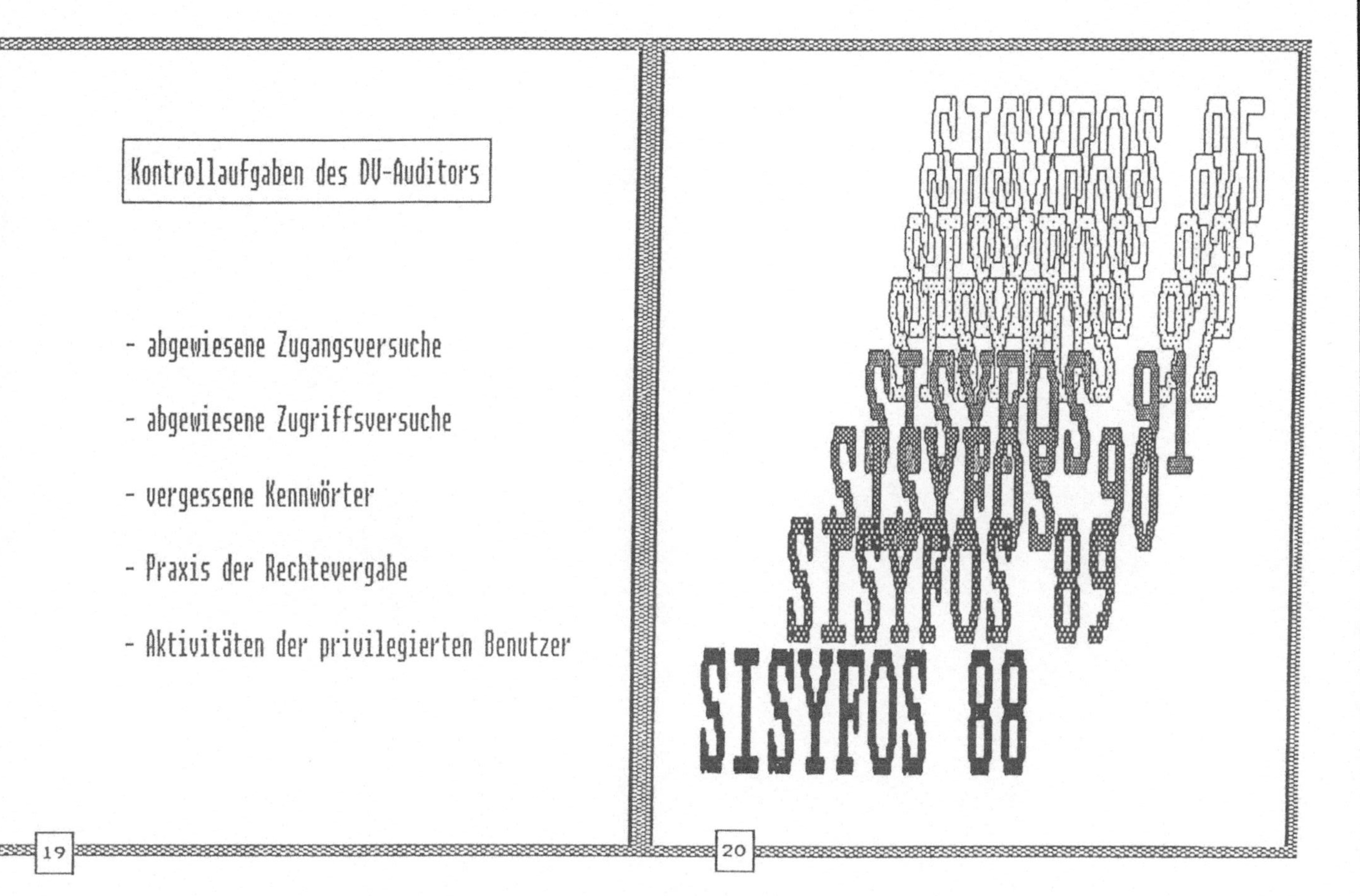

20

Dr. Ulrich Seidel

Gesetzeskonforme elektronische Unterschrift am Beispiel des DFÜ-Mahnverfahrens

Die gesetzliche Anerkennung der elektronischen Signatur und praktische Implementationen am Beispiel des DFÜ-Mahnverfahrens

Rechtsanwalt Dr. Ulrich Seidel, GMD - Gesellschaft für Mathematik und Datenverarbeitung

Abstract:

Mit Inkrafttreten vom 1. April 1991 hat der Gesetzgeber im Bereich des zivilrechtlichen Mahnverfahrens die Rechtsgrundlage für die Anerkennung und praktische Implementation von elektronischen Signaturverfahren geschaffen. Der Gesetzgeber hat darauf abgestellt, daß Mahnbescheidanträge nicht mehr - eigenhändig unterschrieben - eingereicht werden müssen, sondern, daß eine maschinell lesbare Übermittlungsform ausreicht. Man ist sich in der Justizverwaltung darüber einig, daß nach dem Stand der Technik die Sicherung der Datenübermittlung sowie der Nachweis des Übermittlungswillens nur über elektronische Signaturverfahren zu leisten ist. Eine Festlegung auf einen bestimmten Signatur-Algorithmus ist damit jedoch nicht verbunden. Man muß davon ausgehen, daß der Praktikabilität der Signatur-Handhabung in der Praxis eine hoher Stellenwert eingeräumt werden wird, nachdem aufgrund der Signaturverfahren bereits ein hoher Sicherheitsstandard erzielt worden ist.

Man kann davon ausgehen, daß die neue Rechtsgrundlage im DFÜ-Mahnverfahren nicht als ein bereichsspezifischer Spezialfall anzusehen ist. Vielmehr ist dieser Regelung der allgemeine Rechtsgedanke zu entnehmen, daß ganz allgemein DFÜ-Übermittlungen im Zivilprozeßrecht auf dem Stand der Technik entsprechenden Authentifikationsverfahren jetzt und in Zukunft zulässig sind. Dieser allgemeine Rechtsgedanke muß sogar für sämtliche Rechtsmaterien in Zukunft Geltung beanspruchen, soweit die eigenhändige Unterschrift im geltenden Recht keine Belehrungs- und Aufklärungsfunktionen im Rahmen der zugrundeliegenden Rechtsgeschäfte nachzuweisen hat.

Allerdings muß die jeweilige Implementierungsform von elektronischen Signaturen den bereichsspezifischen Anwendungsumgebungen angepaßt werden.

1. DIE GESETZLICHE GRUNDLAGE VON ELEKTRONISCHEN SIGNATURVERFAHREN GEMÄSS § 690 ABS. 3 ZIVILPROZESSORDNUNG

Die Vorschrift lautet wie folgt:

"Der Antrag kann in einer nur maschinell lesbaren Form übermittelt werden, wenn diese dem Gericht für seine maschinelle Bearbeitung geeignet erscheint; der handschriftlichen Unterzeichnung bedarf es nicht, wenn in anderer Weise gewährleistet ist, daß der Antrag nicht ohne Willen des Antragstellers übermittelt wird."

In der amtlichen Begründung heißt es hierzu: "das geltende Recht läßt neben der herkömmlichen Form des handschriftlich unterzeichneten Schriftsatzes (Vordruck) lediglich eine Antragstellung durch Übergabe eines körperlich-gegenständlichen Datenträgers (Magnetband) zu, auf dem die Angaben in einer dem Antragsvordruck entsprechenden Form elektronisch aufgezeichnet sind" (Bundestags-Drucksache 11/3621 vom 1.12.1988).

Neben dem Datenträgeraustausch (DTA-Verfahren) gewinnt mit der fortge-schrittenen Entwicklung moderner Kommunikationsmittel die Möglichkeit einer datenträgerlosen Übermittlung von Verfahrensdaten an das Gericht zunehmend an Bedeutung. Eine maschinenlesbare Übermittlungsform ist ebenso wie ein Datenträger geeignet, im automatisierten Mahnverfahren die Kosten der Daten-erfassung bei Gericht zu verringern. Der Entwurf (inzwischen das Gesetz) soll die Ermittlung und den Einsatz einer solchen Datenfernübertragung im gericht-lichen Mahnverfahren auf eine sichere Rechtsgrundlage stellen. In § 690 Abs. 3 Zivilprozeßordnung soll deshalb der für den Schriftsatz (Foto) um den Datenträ-ger zutreffende Ausdruck "einreichen" durch den weitergehenden Begriff "übermittelt" ersetzt werden.

Jedoch muß eine solche Antragstellung ausreichend gegen einen Mißbrauch
abgesichert werden, zumal der Erlaß eines Mahnbescheides im maschinellen
Mahnverfahren nicht von der Vorauszahlung eines Gerichtskostenvorschusses
abhängt (§ 65 Abs. 2 Gerichtskostengesetz). Eine Erschleichung maschinell
erstellter Mahnbescheide unter einem fremden oder erfundenen Namen oder eine
nachträgliche Veränderung der Antragsdaten wäre ohne eine derartige Absicherung möglich. Nachdem in § 690 Abs. 3 Zivilprozeßordnung anzufügenden Satz
2 soll aus diesen Gründen in einer der "handschriftlichen Unterzeichnung entsprechenden Weise gewährleistet sein müssen, daß die Antragsdaten nicht ohne
den Willen des in ihnen bezeichneten Antragstellers oder Prozeßbevollmächtigten
übermittelt werden" (Bundestagsdrucksache 11/3621 vom 1.12.1988).

Beim DTA-Verfahren nach herkömmlichen Recht gemäß § 690 Abs. 3 ZPO
heißt es lediglich: "Der Antrag kann in einer nur maschinell lesbaren Aufzeichnung eingereicht werden, wenn die Aufzeichnungen dem Gericht für seine
maschinelle Bearbeitung geeignet erscheint" (Bundestags-Drucksache, a.a.O.).
Es ist offensichtlich, daß die Manipulationsmöglichkeiten beim elektronischen
Medium um Größenordnungen höher sind, als beim papiergebundenen Mahn-
bescheidantrag. Eine Antragstellung muß deshalb ausreichend gegen Mißbrauch
gesichert werden (vgl. Seidel, Urkundensichere Dokumentverarbeitung,
Computer und Recht 1987, S. 376f. und S. 635f).

Man ist sich darüber einig, daß die praktizierten Sicherungen beim DTA-Verfahren, nämlich insbesondere die Kennziffernvergabe, das Datenträgerbegleit-
protokoll sowie die Versandanzeige nicht ausreichen. Lediglich das Datenträger-
begleitprotokoll muß sozusagen summarisch im Massenmahngesuch unterschrieben werden, nicht jedoch der einzelne Antrag selbst. Bei dieser Handhabung sind
Manipulationen -Tätervorsatz vorausgesetzt - in evidenter Weise möglich.

Welche technischen Standards und Anforderungen im einzelnen erforderlich
sind, um im DFÜ-Antragsverfahren die Kennungstiefe der eigenhändigen
Unterschrift zu ersetzen und Mißbrauchsmöglichkeiten auszuschalten, hat der
Gesetzgeber bewußt nicht beantwortet. Wie in vielen anderen technischen

Bereichen geht er davon aus, daß sich die notwendigen Sicherungen und
Sicherungsverfahren nur in der Praxis der Datenverarbeitung herausbilden
können. Die Einführung des DFÜ-Mahnverfahrens ist aufgrund der neuen
Rechtsgrundvorschrift in Verbindung mit einer adäquaten Sicherungstechnik
zulässig.

Der Begründung des Gesetzgebers kann letztlich nicht zugestimmt werden, wenngleich es sich bei der neuen Regelung um eine begrüßenswerte Klarstellung und
deutliche Verbesserung der Rechtssicherheit handelt. Die bisherige Regelung des
§ 690 Abs. 3 ZPO spricht nämlich nur scheinbar gegen die Zulässigkeit einer
übermittelten Antragstellung. Dem Wortlaut nach besagt diese Bestimmung, daß
ein Datenträger, nämlich ein körperlicher Gegenstand, auf dem Daten bereits
fixiert sind, in die Verfügungsgewalt des Gerichtes überzugehen hat. Dem
Begriff "Einreichen" muß andererseits aber im Rahmen der neuen Regelung
dieselbe Bedeutung zukommen wie dem Merkmal "Einreichung" in den §§ 693
Abs. 2, 270 Abs. 3 in der Prozeßordnung.

Inzwischen wird sogar von maßgeblicher Seite die Ansicht vertreten, daß selbst
die telegraphische Einreichung von Mahnbescheidanträgen nicht weniger zulässig
sein kann als die zugelassene telegraphische Einreichung einer Klage. (vgl.
Baumbach/Lauterbach/Albas/Hartmann, Kommentar zur ZPO, 49. Auflage,
München 1991, § 690, D 3. u. 4.). Gerichtliches Gewohnheitsrecht läßt inzwischen auch bei bestimmenden Schriftsätzen grundsätzlich diejenige Übermitt-
lungsart zu, die sich aus dem Fortschritt der Technik und der Eilbedürftigkeit
zwingend ergeben, d. h. Übermittlungswege per Telegramm, per Telex, Telefax,
Telebrief usw. (Baumbach/Lauterbach, § 129, 6C). Andererseits wird gefordert,
daß bei der Übermittlung von Mahnbescheidanträgen in maschinenlesbarer Form
die zugrundeliegenden Programme die Gefahr eines Mißbrauches auszuschließen
haben (Baumbach/Lauterbach, § 690, D 4.). Der Nachweis, daß der Antrag nicht
ohne den Willen des Antragstellers übermittelt worden ist, könne etwa durch ein
Anschreiben zu einer Sammlung von Mahnbescheidanträgen erfolgen
(Baumbach/Lauterbach, a.a.O.).

Diese neueste, in technischer Hinsicht nicht qualifizierte juristische Meinung soll verdeutlichen, daß das Sicherheitsbewußtsein des Gesetzgebers im Zusammenhang mit der Telekommunikation ebenso disfunktional wie unzureichend ausgeprägt ist. Tendenziell ist jedoch auch über diese Meinung hinaus eine weitverbreitete Haltung zu spüren, sich der modernen Telekommunikationstechnik ohne nähere Reflektion soweit wie möglich zur Beschleunigung der Gerichtsverfahren anzupassen. Insbesondere wird dabei völlig verkannt, daß jeder Klartext bei einer technischen Übermittlungsform zunächst in eine technische Codierung umgewandelt wird, d. h. also zunächst einen maschinenlesbaren Zustand annimmt, bevor dieser Zustand wieder in einen Klartext auf der Empfängerseite zurückverwandelt wird. Die selbst erkannte Gefahr eines Mißbrauches von EDV-Anlagen kann also nicht isoliert, sondern muß technisch gesehen zwingend auch in Zusammenhang mit den modernen Übermittlungstechniken gesehen werden. Die Konsequenz dieser Aufklärung würde allerdings dazu führen, daß die gewohnheitsrechtliche Rechtsprechung hinsichtlich der modernen Übermittlungsformen ohne die bisher eingesetzten Mißbrauchssicherungen letztlich als unzulässig angesehen werden müssen.

Es wäre also eigentlich notwendig gewesen, daß der Gesetzgeber bei der neuen Regelung des § 690, Abs. 3 ZPO die Zulässigkeit der Übermittlung nicht nur vom Willen des Antragstellers, sondern auch von der Mißbrauchssicherung der Übertragung abhängig gemacht hätte. Die insoweit funktional zwingend gebotenen Korrekturen müssen deshalb bei der Interpretation des Wortlautes: "..., wenn diese dem Gericht für seine maschinelle Bearbeitung geeignet erscheint" angesetzt werden. Das Ermessen hierüber obliegt dem Mahngericht, das in Gestalt des jeweils zuständigen Rechtspflegers entscheiden kann.

Wie bereits oben angedeutet ist man bei dem für die Programmpflege in der Bund-Länder-Kommission federführenden zentralen Mahngericht Stuttgart in zutreffender Weise der Ansicht, daß die bisherigen EDV-Programme, die bisher beim DTA-Verfahren eingesetzt wurden, im Hinblick auf zusätzliche Mißbrauchssicherungen nachgerüstet werden müssen. Man ist aufgrund bisheriger Projektarbeiten der Ansicht, daß für die notwendigen Programmsicherungen letztlich nur elektronische Signaturverfahren in Betracht kommen, die - wie bereits dargelegt - den jeweiligen spezifischen Verfahrensanforderungen angepaßt werden müssen.

Es gehört in die Organisationshoheit der zuständigen Gerichte, die erlassenen Verwaltungsverordnungen gemäß § 689, Abs. 1, Satz 2 ZPO - soweit vorhanden - in Übereinstimmung mit dem Stand der Technik durch die Erarbeitung von Konditionen für den DFÜ-Austausch festzulegen, und zwar unter Berücksichtigung der Sicherungsbedürfnisse und Auffassungen der maßgeblich in Betracht kommenden Antragsteller. Der Ausschluß von EDV-spezifischen Mißbräuchen steht in der Prüfungspflicht der zuständigen Mahngerichte.

Unter Berücksichtigung dieser Rechtslage läßt sich deshalb schlußfolgern, daß bereits aufgrund der gewohnheitsrechtlichen Entwicklung der DFÜ-Austausch praktisch in allen Rechtsbereichen als zulässig anzusehen ist, sofern nicht explizite rechtliche Regelungen im Einzelfall entgegenstehen. Danach müssen Rechnungen, Schriftstücke und Dokumente tendenziell nicht mehr als Papiervorlage "eingereicht " werden, sondern es genügt eine (technische) Übermittlungsform.

Da sich dieses Gewohnheitsrecht stark am Stand und an der Standardisierung der jeweiligen technischen Übermittlungsformen ausgerichtet hat, kommt es deshalb in Zukunft entscheidend darauf an, daß die sicherungstechnischen Anforderungen der zentralen Mahngerichte an eine zulässige Übermittlungsform weitgehend zum Stand der Technik rechtlich zugelassener Telekommunikationstechnik entwickelt werden.

2. Das Prinzip elektronischer Signaturverfahren

Die elektronischen Signaturverfahren beruhen auf einem Verschlüsselungsalgorithmus mit einem symmetrischen oder asymmetrischen Verfahren. Beim letzteren Verfahren werden zwischen Sender und Empfänger unterschiedliche Schlüssel verwendet, beim ersteren ist dies nicht der Fall. Prototyp des symmetrischen Verfahrens ist der sog. DIS (Data Inscription Standard), der bis heute in der Praxis am häufigsten anzutreffen ist. Prototyp der asymmetrischen Verfahren ist demgegenüber das sogenannte RSA-Verfahren (River, Shamir, Adelmann-Verfahren).

Beim RSA-Verfahren wird jedem Kommunikationsteilnehmer ein eindeutiges, individuelles Schlüsselpaar zugeordnet, bestehend aus einem öffentlichen und einem geheimen Schlüssel. Soll nun ein Text unterschrieben werden, so muß man zunächst eine Prüfsumme mittels einer sog. Hasch-Funktion bilden, die dann durch den RSA-Algorithmus transformiert wird, wobei die Transformation mit dem geheimen Schlüssel (Secret-Key) des Autors gesteuert wird. Das Ergebnis dieser Transformation wird als elektronische Unterschrift bezeichnet. Die elektronische Unterschrift wird nun zusammen mit dem Klartext und dem öffentlichen Schlüssel (Public-Key) des Autors zum Empfänger übertragen. Der öffentliche Schlüssel ist in dem sogenannten Zertifikat enthalten, das die Zugehörigkeit eines bestimmten Schlüsselpaares zu einem bestimmten Urheber garantiert. Bei der Unterschriftsprüfung wird zunächst wieder aus dem Klartext die Prüfsumme abgeleitet und dann die Rücktransformation der Unterschrift mit dem mitgelieferten öffentlichen Schlüssel des Autors vorgenommen. Das Ergebnis der Rücktransformation ist wiederum eine Prüfsumme. Sind beide Prüfsummen identisch, dann ist nachgewiesen, daß die Unterschrift vom Inhaber des geheimen Schlüssels erzeugt wurde und der Text außerdem unversehrt geblieben ist. Wäre der Text verändert worden, würde man eine Prüfsumme erhalten, die nicht mit dem Resultat der Unterschriftsrücktransformation übereinstimmt.

Die Sicherheit der elektronischen Unterschrift läßt sich je nach Bedarf und Anwendungsgebiet in unterschiedlicher Weise durch die Schlüssellänge festlegen. Bei einem Modulus (das Produkt zweier großer Primzahlen von 170 Dezimalstellen beispielsweise) würde die Durchbrechung mit einem schnellen Rechner ca. 10.000 Jahre beanspruchen. Die Länge des Modulus läßt sich flexibel handhaben. Der Zeitaufwand sinkt allerdings in dem Maße, in dem die Rechenleistung stärker wird.
Auch das Argument, daß die Verwendung von elektronischen Unterschriften den notwendigen Sicherheitsstandard bei der Verwendung von Dokumenten in redundanter Weise übersteigt, ist nicht mehr stichhaltig. Die Unterschriftserzeugung dauert nämlich nur noch ca. 5 Sekunden. Die Authentifizierung der Unterschrift auf der Empfängerseite beansprucht demgegenüber nur noch Sekundenbruchteile, jeweils für ein Dokument von ein bis zwei Seiten. Aber auch diese Werte sind angesichts der PC-Leistungssteigerung inzwischen unterschritten. Der Zeitaufwand läßt sich also weitgehend vernachlässigen.

Allerdings bietet auch die elektronische Unterschrift keine völlige Sicherheit. Es werden ständig Angriffe gestartet, um die vorhandenen Schlüssel zu brechen. Für die nächsten Jahre gilt aber der RSA-Schlüssel mit einer 512-Bit-Schlüssellänge allgemein als sicher. Entscheidend wird letztlich immer das Aufwand-Nutzen-Verhältnis, also die ökonomische Sicherheitsperformance sein, wenn es um die Beurteilung von RSA-Verfahren geht. Allgemein läßt sich formulieren, daß die elektronische Unterschrift prinzipiell ein beträchtliches Plus an Sicherheit im Vergleich zur herkömmlichen, eigenhändigen Unterschrift im Rahmen des herkömmlichen papiergebundenen Dokumentenaustausches bietet (vgl. Seidel, Sicherer als Unterschriften: elektronische Signatur, Zeitschrift für Kommunikations- und EDV-Sicherheit, 1990, Nr. 5, Seite 315ff, derselbe, die Erprüfung des DFÜ-Mahnverfahrens, CR 1990, Seite 613ff).

In gleicher Weise läßt sich die elektronische Unterschrift auch für eine gesicherte, vertrauliche Datenübermittlung einsetzen und damit die Datensicherung erheblich verbessern. Man darf davon ausgehen, daß diese Verfahren bei personenbezogenen, sensitiven Anwendungen in Zukunft erhebliche Bedeutung gewinnen werden. Inzwischen wird von einzelnen Datenschutzbeauftragten geprüft, inwieweit für bestimmte Übermittlungsformen zusätzliche Chiffrier-Algorithmen einzusetzen sind.

Man kann etwa bis 1994/1995 davon ausgehen, daß ES-Verfahren zum gesicherten Standard in der DFÜ-Geschäftskommunikation gehören wird, in bereichsspezifisch unterschiedlichen Ausprägungs- und Implementationsformen. Umgekehrt wird auch der Datenträgeraustausch entsprechend an Bedeutung verlieren. Wo er verbleibt, wird auch der Datenträger selbst vermutlich elektronisch signiert werden müssen. Darüber hinaus sind weitere Anwendungsfelder für ES-Verfahren im Gespräch, insbesondere die Copyright-Sicherung von Programmen sowie deren Sicherung gegen Viren (Seidel, am angegebenen Ort).

3   DIE SPEZIFISCHE IMPLEMENTATION BEIM KÜNFTIGEN DFÜ-MAHNVERFAHREN

Beim ZMG Stuttgart wird die Implementation des DFÜ-Mahnverfahrens gegenwärtig im Zusammenhang mit der TeleSec (Telecommunication Security) der Telekom - der Deutschen Bundespost - vorbereitet.

Der TeleSec-Sicherheitstechnik liegt ein 512-Bit-RSA-Chip zugrunde. Zum Einsatz gelangt das PC-Faxverfahren (gegenwärtig Faxkarte von Dr. Neuhaus). Der RSA-512-Bit-Schlüssel ist auf einer Chipkarte integriert. Die Systemkomponenten dieser Umgebung bestehen also aus einer STE (Security Terminal Equipment), einer Chipkarte sowie einem Trust-Center, in dem das Zertifikationsverfahren durch die TeleSec vorgenommen wird. Bei der Übermittlung handelt es sich um ein sogenanntes TeleSec-Fax-Mahnverfahren, das über einen File-Transfer durch PC-Fax realisiert wird. Der Dateitransfer wird dabei durch ECM (Error-Correction-Mode) gesichert. Damit ist es möglich, daß PC-Faxgeräte verschiedener Hersteller untereinander binäre, also mit TeleSec aufbereitete Dateien austauschen können.

Inzwischen existiert auch eine pilotmäßige Installation bei einem Hersteller von Anwalts-Software. Der Anwender dieser Software kann entscheiden, ob Mahnbescheidanträge im herkömmlichen Verfahren oder im Wege des sogenannten "Stuttgarter Verfahrens", also im DFÜ-Verfahren übermittelt werden. Entscheidet er sich für die letzte Alternative, so wird seine vorher von dem Trust-Center initialisierte Chipkarte zur Unterschriftserzeugung initialisiert.

Bei den gegenwärtigen Tests muß insbesondere die Sicherheit und die Handhabbarkeit des Verfahrens noch weiter erforscht werden. Dabei sind folgende Forschungsziele vorgesehen:

-   Ist eine einzelne antragsbezogene Signierung erforderlich oder genügt eine File-Signierung?

- Wie groß können aus Gründen der Praktikabilität solche File-Signierungen angelegt werden, wenn man bedenkt, daß im Falle fehlerhafter Übermittlungen der gesamte Vorgang wiederholt werden muß? Innerhalb einer File-Signierung ist es nicht möglich festzustellen, wo Datenübermittlungsfehler im einzelnen aufgetreten sind.

- Welche Sicherungen sind zusätzlich vorzunehmen für den Fall, daß zeitkritische Mahnbescheidanträge übermittelt werden mit der Folge, daß innerhalb einer Dateiübertragung einzelne Mahnbescheidanträge vor 24.00 Uhr und weitere Mahnbescheidanträge erst nach 24.00 Uhr in den zuständigen Empfangsbereich des Zentralen Mahngerichtes gelangen?

Diese Problematik hat sich bisher bei der handschriftlichen Einreichung über sogenannte "Nachtbriefkästen" kaum gestellt. Es handelt sich dabei um ein Spezifikum dieser Anwendung, kommt jedoch auch in anderen rechtsförmigen Anwendungsbereichen vor. Vermutlich wird die Lösung so aussehen, daß bei zeitkritischen Einreichungen über eine amtliche Funkuhr-Abfrage ein zeitlich präziser amtlicher Zugangsnachweis installiert werden wird. Die konkreten Einzelheiten sind noch Forschungsgegenstand.

In Zweifelsfällen wird man unter Berücksichtigung der BGH-Rechtsprechung davon auszugehen haben, daß im Rahmen eines Nachprüfungsverfahrens die jeweiligen Verjährungsfristen zunächst als unterbrochen zu gelten haben.

4 ZUSAMMENFASSUNG

Obige Darstellung zeigt auf, daß die gegenwärtig erforschten Implementationsvoraussetzungen für das DFÜ-Mahnverfahren vermutlich einen Vorbildcharakter für andere Anwendungsbereiche haben werden. Die derzeit gespaltene Rechtslage im Hinblick auf die erforderlichen Sicherheitsanforderungen wird nach Einführung des DFÜ-Mahnverfahrens tendenziell abgebaut werden müssen, vermutlich auch unter Berücksichtigung einer verschärften höchstrichterlichen Rechtsprechung.

B.S. David Herson

Experiences with the British certification scheme

Experience with the UK Certification Scheme

David Herson, Head of the Certification Body
UK IT Security Evaluation & Certification Scheme

Summary of Presentation to SECUNET'91
11 June 1991, Bonn

The UK Communications-Electronic Security Group (CESG) has been performing the role of national computer security certification authority for about 4½ years since being given the national remit for technical computer security, in 1984. Initially, this was solely in support of government systems processing classified information and relied mainly on the output from evaluations performed by contract evaluation facilities using CESG's own criteria and methodology. A very small number of product evaluations were conducted at this time, where a strong government interest justified the investment of public money in seeing that IT security products, developed in the UK, received appropriate recognition.

About 2 years later, we developed our prototype commercial licensed evaluation facilities, which expanded the range of certified security products. Even more recently, we have continued to develop these licensing arrangements into a single national scheme, covering both products and systems for all market sectors, within the spirit of the harmonised ITSEC.

The presentation will address many of the issues which arise in establishing an effective national certification scheme. Some are entirely administrative; for example, the formal arrangements for licensing evaluation facilities, the procedures for issuing certificates and the publication of a national certified products list. Others involve more technical matters; for example, assisting evaluators in the interpretation of the various criteria and the detailed resolution of vulnerabilities discovered during evaluation.

The author has been head of the CESG Certification Branch and, more recently, the national Certification Body for most of this formative period. Although having worked in related areas since 1970, this was his first direct involvement in technical computer security issues. The author was part of the team that developed the original ITSEC and continues to participate in the many national, EC, NATO and international fora which seek to extend the range of the ITSEC initiative.

Dr. Heiko Lippold

Strategie für die Informationssicherheit
- Grundsätze und Instrumente -

Inhaltsübersicht

1 Begriffe und Ziele der Informationssicherheit

2 Rahmenbedingungen und Ausgangspunkte einer ISi-Strategie

3 Instrumente einer ISi-Strategie

4 Strategie-Lebenszyklus

1 BEGRIFFE UND ZIELE DER INFORMATIONSSICHERHEIT

Begriffe der Informationssicherheit

Objekte	Tätigkeit	Ergebnis
personen-bezogene Daten	Datensicherung	Datenschutz
Informationen (personen- und sachbezogen) und weitere Komponenten der Informations-verarbeitung	Informations-sicherung	Informations-sicherheit

Anmerkungen:
Datenschutz =   Schutz vor unzulässiger Informationsverarbeitung
Datensicherung =   Sicherung der zulässigen Informationsverarbeitung
Informationssicherheit =   Sicherheit der Informationsverarbeitung

**Was ist eine
Strategie für die Informationssicherheit (ISi) ?**

*Eine Strategie ist - generell - das "Ergebnis bewußter, auf die Unternehmungs-
entwicklung gerichteter Planungs- und Entscheidungsprozesse. Im einzelnen geht
es dabei um die Abgrenzung und teilweise Ausfüllung von Ziel- und Aktions-
räumen unter dem Aspekt der Erschließung und / oder Sicherung der Erfolgs-
potentiale einer Unternehmung."*
(GROCHLA, Erwin: Grundlagen der organisatorischen Gestaltung. Stuttgart 1982, S. 112)

Eine Strategie muß also die Ausgangssituation beschreiben,
Ziele und Kriterien zur Erfolgsmessung definieren sowie Wege
und erforderliche Ressourcen zur Zielerreichung festlegen.

Eine ISi-Strategie dient der Erreichung von

ISi-Zielen

unter Berücksichtigung relevanter

Rahmenbedingungen

mit Hilfe ausgewählter

Instrumente und Maßnahmen.

Ziele der Informationssicherheit

Sachziele

- **Integrität**
- **Verfügbarkeit**
- **Vertraulichkeit**

Formalziele

- **Rechtmäßigkeit**
- **Wirtschaftlichkeit**
- **Soziale Akzeptanz**

Sachziele

- Integrität
  - von Programmen
  - von Informationen
  - von Prozessen
- Verfügbarkeit
  - in bestimmter Qualität
  - in bestimmter Zeit
  - an bestimmtem Ort
- Vertraulichkeit
  - der personenbezogenen Daten
  - der sachbezogenen Daten
  - der Prozesse

Formalziele

- Rechtmäßigkeit
  - gesetzliche Rechte und Pflichten
  - vertragliche Rechte und Pflichten
- Wirtschaftlichkeit
- Soziale Akzeptanz
  - Mitarbeiterzufriedenheit
  - Vertrauenswürdigkeit

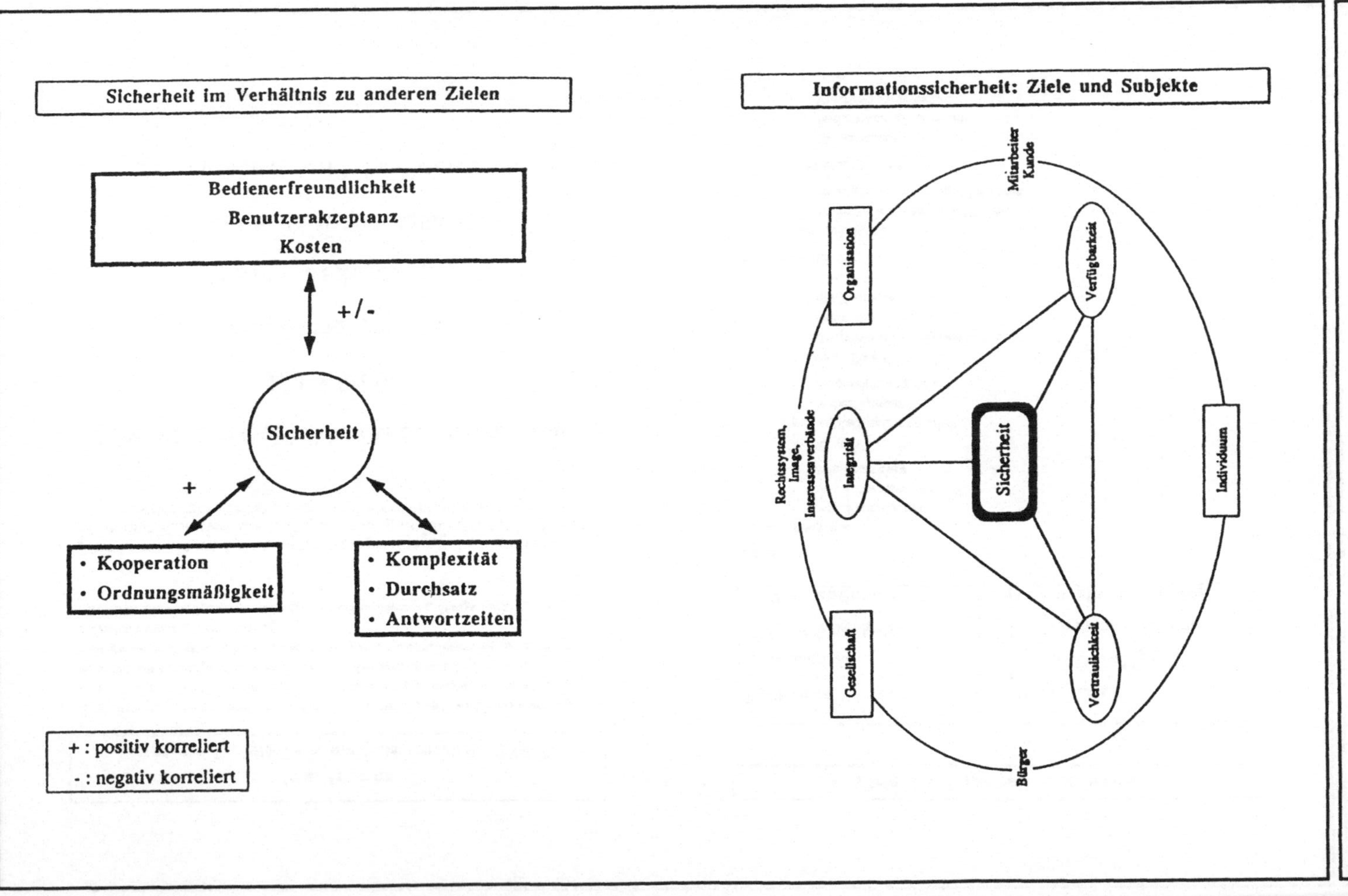
Sicherheit im Verhältnis zu anderen Zielen
Bedienerfreundlichkeit
Benutzerakzeptanz
Kosten
+ / -
Sicherheit
+
Kooperation
Ordnungsmäßigkeit
Komplexität
Durchsatz
Antwortzeiten
+ : positiv korreliert
- : negativ korreliert
Informationssicherheit: Ziele und Subjekte
Organisation
Mitarbeiter Kunde
Verfügbarkeit
Rechtssystem, Image, Interessenverbände
Integrität
Sicherheit
Individuum
Gesellschaft
Vertraulichkeit
Bürger

2 Rahmenbedingungen und Ausgangspunkte einer ISi-Strategie

Gesellschaft

- Wertewandel
- verändertes (Un-)Rechtsbewußtsein
- zunehmende Technikkenntnisse
  (= Bedrohungsmöglichkeiten)
- Sensibilität des Einzelnen und der Gesellschaft und daraus folgende Forderungen
- zunehmende Kritik an komplexen technischen Systemen
- 'sensationelje' Darstellung von Problemen in den Medien
- politische und wirtschaftliche Integration verschiedener sozialer, rechtlicher, religiöser ... 'Kulturen'

Organisation

- zunehmende
  - **Dezentralisierung**
    (z. B. Entscheidungsfindung, IDV),
  - **Integration (inner- und außerbetrieblich)**
    (z. B. Sachbearbeitung, Entscheidungsunterstützungssysteme,
    Kommunikation mit Dritten),
  - **Innovation**
    (z. B. Organisationsentwicklung, Corporate Identity)
- zunehmende IV-Durchdringung der Strukturen und Abläufe
- zunehmende Abhängigkeit von funktionsfähigen IV-Systemen
- Mangel an ISI-Konzepten
- Mangel an ISI-Instrumenten
  (z. B. für Risikoanalyse und Maßnahmenplanung)

Technik

- immer kürzere Innovationszyklen
- zunehmende
  - **Dezentralisierung**
    (z. B. verteilte Systeme, PC / Workstations),
  - **Integration**
    (z. B. multifunktionale Endgeräte, LAN, ISDN, weltweite
    Verknüpfung),
  - **Innovation**
    (z. B. neue Dienste, Öffnung der Systeme)
- immer kürzere Lern- und Eingewöhnungszeiten
- Mangel an Standards
- Mangel an Instrumenten für die Infrastruktur-Planung
- abnehmende 'Beherrschbarkeit'
- => steigende Abhängigkeit /
  abnehmende 'Überlebens'-Zeit
  - kritischer Systemkomponenten
  - der Unternehmung / Behörde insgesamt
- => zunehmende Bedrohungspotentiale (Risiken)
- => zunehmende Sicherungsmöglichkeiten (Chancen)

Management

- Mangel an ISI-Wissen, ISI-Bewußtsein und ISI-Promotion
- ISI-Strategie-Defizit
- Mangel an ISI-Instrumenten
  (der Analyse, Entscheidungsunterstützung und Steuerung)

Personal

- Balance von Mitarbeiter- und Institutions-Interessen
- Mangel an ISI-Wissen und ISI-Bewußtsein
- Mangel an ISI-Aus- und -Weiterbildung
  (z. B. Fallstudien, Planspiele)

Risikobetrachtung

- Häufigkeit - Eintrittswahrscheinlichkeit ?
- Schadenshöhe ?

Gefahren

- Mensch
  - unbeabsichtigt, Irrtum, Nachlässigkeit
  - beabsichtigt, Mißbrauch zum eigenen Vorteil; Sabotage, Vandalismus
    - Mitarbeiter
    - Externe
- Technik, Technische Mängel / Fehler
  (innerhalb des eigenen Einflußbereichs?)
- Natur, Höhere Gewalt
  (außerhalb des eigenen Einflußbereichs!)
- 'Meta'-Gefahrenklasse:
  unzureichende Ausgestaltung der ISI

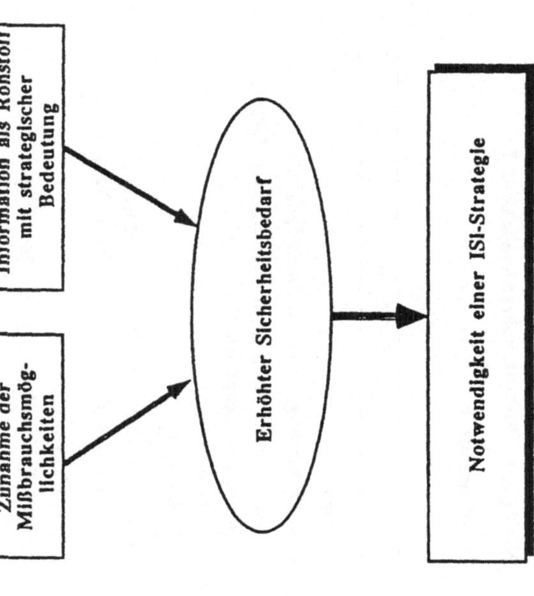

Information als Rohstoff mit strategischer Bedeutung
Zunahme der Mißbrauchsmög-lichkeiten
Erhöhter Sicherheitsbedarf
Notwendigkeit einer ISI-Strategie

Vielzahl und Verbund sensitiver Objekte = Systemkomponenten
Hardware
Software
Informationen
IV-Prozesse
Dokumentationen
Versorgungseinrichtungen / Infrastruktur
Betriebliche Funktionen
Organisationseinheiten
Personen
rechtlich-wirtschaftliche Aspekte

3 INSTRUMENTE EINER ISI-STRATEGIE

**Anforderungen an Instrumente für eine ISI-Strategie
und
Vorschlag von Instrumenten (I)**

- Unterstützung von Risiko- und Chancenmanagement
- Ermittlung der Verwundbarkeit der
  Unternehmung / Behörde
- Bestimmung der generellen ISI-Ausrichtung
  => 'Profil der ISI-Strategie' (I1)
- Unterstützung der Zuordnung zum
  => 'ISI-Strategie-Typ' (I2)
- Bestimmung von
  => 'Leitlinien der ISI-Strategie' (I3)
- Formulierung
  => 'Strategische ISI-Regeln' (I4)
- Aufzeigen von Gefahren, Bedrohungen, Risiken
- Aufzeigen sicherheitsrelevanter Objekte
- Ermittlung eines Risikoprofils
  => 'Analyse- & Planungs-Portfolio' (I5)
- Aufzeigen von Sicherungsmöglichkeiten
- Hilfestellung für die Planung und Durchführung von
  ISI-Projekten
- kontinuierliche Überwachung und Anpassung der
  ISI-Strategie

Profil der ISI-Strategie (I1)

1 Inhalt

1.1 Statements zur ISI in den Bereichen ...

- Leitung (der Unternehmung / Behörde)
- Organisation
- Personal
- (Informations- und Kommunikations-) Technik
- Controlling / Revision

1.2 Zustimmung / Ablehnung (z. B. auf einer 5er Skala)

2 Ziele des ISI-Profils

- Übersicht strategisch bedeutsamer ISI-Aspekte
- Hilfestellung zum systematischen Einstieg in die
  ISI auch für die Leitungsebene
- Definition der grundsätzlichen strategischen
  ISI-Positionen der Unternehmung / Behörde
- Konkretisierung des Grundtyps der
  anwenderspezifischen ISI-Strategie
  - Momentum-Strategie
  - Moderate Strategie
  - Offensive Strategie
  - Defensive Strategie

'Profil' der ISi-Strategie' (I1 ; Ausschnitt)

'Profil' der ISi-Strategie - Strategische Aussagen bezogen auf ...

U = Unternehmungsleitung - Schwerpunkt: Politische und psychologische Führungsrolle, Schwerpunktsetzung
O = Organisation - Schwerpunkt: Konzeptionelle Führungsrolle, Fachpromotion
P = Personal - Schwerpunkt: Gefahrenminimierung, Schärfung des Bewußtseins, Akzeptanzsicherung
T = Informationstechnik - Schwerpunkt: Massiver Einsatz nach Qualität definierter und einheitlicher ISi-Technik
C = Controlling, Revision - Schwerpunkt: ISi-Indikatoren (Frühwarnsystem, ...), ISi-Messung, Steuerung, Prüfung

5 Stimme vollständig zu
4 Stimme eher zu
3 Bin unentschieden
2 Lehne eher ab
1 Lehne vollständig ab

Unternehmungsleitung

	5	4	3	2	1
## ISi ist gleichrangiges Ziel der Informationsverarbeitung neben Bedarfsdeckung, Flexibilität, Termintreue, Wirtschaftlichkeit					
## ISi ist K. O.-Kriterium bei Softwareentwicklung, Anwendungen, Geräteauswahl					
## Oberste ISi-Verantwortung ist Sache des Vorstands					
## Die Unternehmungsleitung muß Vorbild bei der Einhaltung von ISi-Regelungen sein					
## ISi muß unternehmungsintern aktiv verkauft werden					
## Dominierender ISi-Handlungsschwerpunkt ist die Bekämpfung der 'Gefahren durch Interne'					

'ISI-Strategie-Typ'
- Raster für die Ermittlung -

Strategietyp	OFFENSIV	MODERAT	MOMENTUM	DEFENSIV
Unternehmungsleitung				
Organisation				
Personal				
Informationstechnik				
Controlling, Revision				
Gesamt				

'Leitlinien der ISI-Strategie' (I2)
- Möglicher Inhalt -

1 Warum Informationssicherheit?

2 Was ist Informationssicherheit?

3 Welche Gefahren bedrohen die Informationssicherheit?

4 Welche Objekte hat die Informationssicherheit?

5 Wer ist für die Informationssicherheit zuständig und verantwortlich?

6 Welche Konsequenzen ergeben sich aus Verletzungen der Informationssicherheit?

7 Welchen Stellenwert hat die Informationssicherheit?

8 Was wird die Unternehmung / Behörde für die Informationssicherheit tun?

'Strategische ISi-Regeln' (I3)

1 Vermeidung von Schäden
(Grundsatz der Prävention)

2 Methodische Fundierung

3 Frühzeitige Berücksichtigung der Sicherheit

4 Abstimmung von Strategien, Zielen und
Maßnahmen (Grundsatz der Konsistenz)

5 Reduzierung sicherheitskritischer Objekte und
Subjekte

6 Reduzierung von Außenbeziehungen

7 Herstellung und Aufrechterhaltung von Zustimmung
(Grundsatz der Akzeptanz)

8 Antizipierung von Entwicklungen

9 Fixierung von Ergebnissen in Richtlinien und
Berichten

10 Sicherung der Voraussetzungen für einen
erfolgversprechenden Strategie-Lebenszyklus

'Analyse- & Planungs-Portfolio' (I4)

Analyse der Ist-Situation und Planung angemessener
ISI-Maßnahmen

=> Basis für konkrete Umsetzung und Realisierung der
ISI-Strategie

• Schritte und Teilergebnisse
  - Generelle Bewertung der Gefahrenklassen
  - Generelle Bewertung der Objektklassen
  - Zusammenfassung zu 'Risikokombinationen'
  - Planung von Maßnahmen

'Analyse- & Planungs-Portfolio' (I4 ; Struktur)

Strategische Objektklassen	Strategische Gefahrenklassen	Gestaltungsbereiche	Organisationseinheiten
Anwendungen / Informationsbestände	Kombination 1 — In welchem Ausmaß werden die Objektklassen/Objekte durch die Gefahrenklassen bedroht? Welches Gewicht hat die einzelne Kombination von Objekt(klasse) und Gefahrenklasse? Seite 1 - 2	Kombination 5 — Welche Bedeutung haben die Gestaltungsbereiche für die Objektklassen/Objekte? Wie ist der Ist-Zustand und welches Gewicht ergibt sich für die einzelne Kombination? Seite 4 - 5	Kombination 8 — Welche Bedeutung haben die Objektklassen/Objekte für die Organisationseinheiten? Wie ist der Ist-Zustand und welches Gewicht ergibt sich für die einzelne Kombination? Seite 7 - 8
Informationstechnische Bereiche	Kombination 2 — In welchem Ausmaß werden die Objektklassen/Objekte durch die Gefahrenklassen bedroht? Welches Gewicht hat die einzelne Kombination von Objekt(klasse) und Gefahrenklasse? Seite 2	Kombination 6 — Welche Bedeutung haben die Gestaltungsbereiche für die Objektklassen/Objekte? Wie ist der Ist-Zustand und welches Gewicht ergibt sich für die einzelne Kombination? Seite 5	Kombination 9 — Welche Bedeutung haben die Objektklassen/Objekte für die Organisationseinheiten? Wie ist der Ist-Zustand und welches Gewicht ergibt sich für die einzelne Kombination? Seite 8
Gestaltungsbereiche	Kombination 3 — Welche Bedeutung haben die Gestaltungsbereiche für die Gefahrenklassen? Wie ist der Ist-Zustand und welches Gewicht ergibt sich für die einzelne Kombination? Seite 3		
Organisationseinheiten	Kombination 4 — Welche Bedeutung haben die Gefahrenklassen für die Organisationseinheiten? Wie ist der Ist-Zustand und welches Gewicht ergibt sich für die einzelne Kombination? Seite 3	Kombination 7 — Welche Bedeutung haben die Gestaltungsbereiche für die Organisationseinheiten? Wie ist der Ist-Zustand und welches Gewicht ergibt sich für die einzelne Kombination? Seite 6	

'Projekt-Portfolio-Datenbank' (I5 ; Aufbau Datensatz)

| Gestaltungsbereiche | Technische ISi |

Objektklasse — Kunden-DB Lebensversicherung

Gefahrenklasse — Irrtum, Sabotage
Gefahrenverursacher — Mitarbeiter

Organisationseinheit — Geschäftsbereich LV
Zuständigkeit — Bereichsleiter, RZ-Leiter

angestrebtes Sachziel — Verbesserung der Integrität

Priorität — hoch
Fristigkeit — kurzfristig

Start — Oktober 1990
geplantes Ende — Juni 1991

geplantes Ergebnis — Einrichtung automatischer und halbautomatischer
Kontrollen

Status — Ideensammlung, Expertenbefragung

Abhängigkeiten von — Faktoren — Ereignisse

intern — Absinken der Produktivität
bei der Vertragsauskunft
und -bearbeitung — Zustimmung von LV- und
IV-Leiter

extern — Verstärktes Bekanntwerden
von Unstimmigkeiten — Freigabe der neuen
DB-Release

Einsatz der ISi-Strategie-Instrumente: Ablaufschema
Genehmigung durch
Bearbeitung der Instrumente durch
IV-Vorstand
Oberster ISi-Fachverantwortlicher
andere interne / externe Experten
Gesamt-Vorstand
IV-Vorstand
IV-Vorstand
IV-Vorstand
IV-Vorstand
Profil der ISi-Strategie
A&P-Portfolio
Projekt-Portfolio
Leitlinien der ISi-Strategie
Strategische Regeln
Umsetzung/ Realisierung

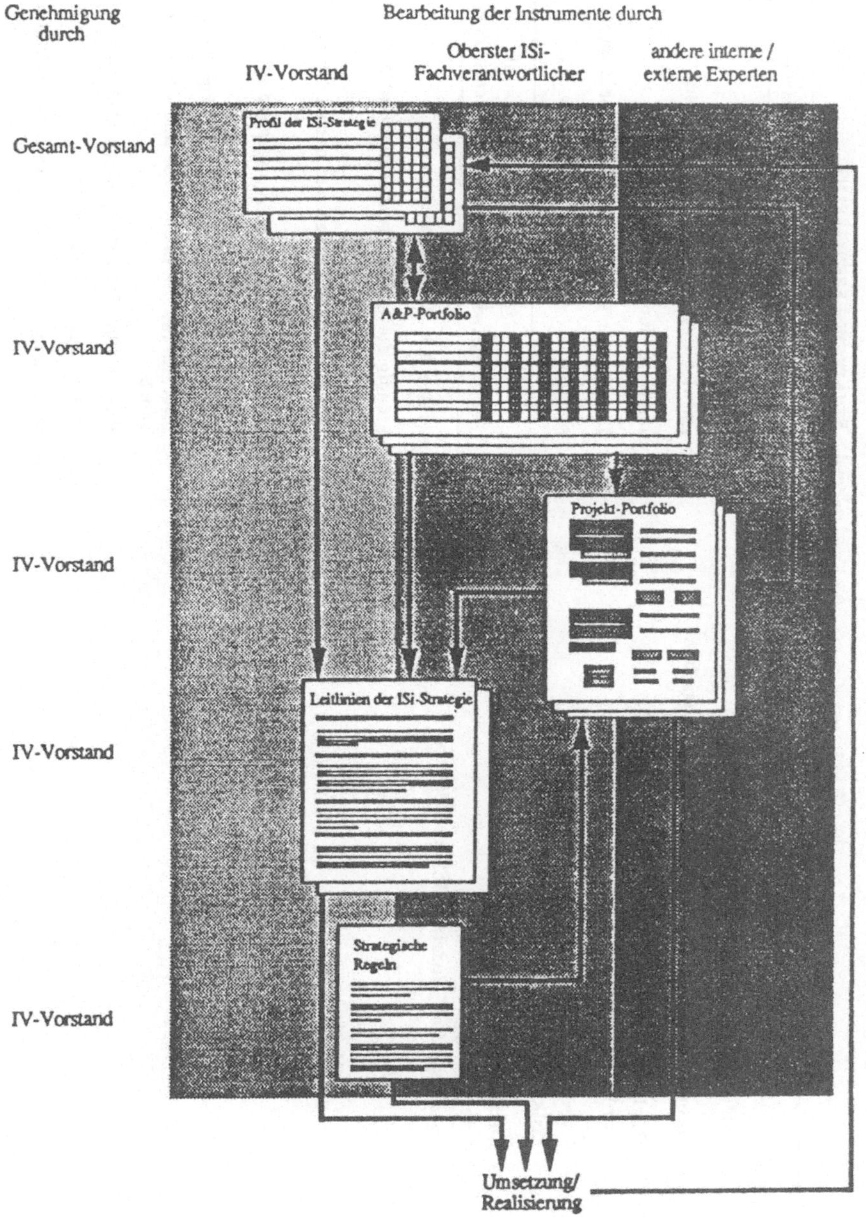

4 STRATEGIE-LEBENSZYKLUS

Strategie-Lebenszyklus (1)

Phasen

- Entwicklung und Weiterentwicklung
- Implementierung und Integration
- Umsetzung: Risiko- und Chancen-Management
- Prüfung

Strategie-Lebenszyklus (2): Entwicklung und Weiterentwicklung

Leitsätze der Visionsfindung

- Ständig die Umwelt beobachten und nicht nur auf Störungen reagieren
- In Alternativen denken und nach Ursachen für Fehler suchen
- Erfahrungen und neue Anregungen in die Betrachtung einbeziehen
- Aus Fehlern lernen und Rückschläge bewältigen
- Interesse für die Bedürfnisse und Probleme Anderer haben
- Realistische Zielvorstellungen entwickeln
- Distanz zur Aufgabe wahren
- Spekulationen über Dritte in Grenzen halten

Nutzen der skizzierten Vorgehensweise

- Anleitung zu systematischem Vorgehen
- Einbeziehung und Verpflichtung der Leitungsebene
- Möglichkeit arbeitsteiligen Vorgehens: Top-Management, ISI-Experten, ...
- Schwerpunktsetzung je nach individueller Risikosituation und deren Bewertung
- Zusammenhängende Betrachtung der einzelnen Analyseergebnisse
  => Integration einzelner ISI-Aktivitäten

Strategie-Lebenszyklus (3)

Implementierung und Integration

- Beschluß durch das Top Management
- Vorgabe als verbindliche Richtlinie
- Abstimmung mit anderen Strategien

Strategie-Lebenszyklus (4)

Umsetzung: Risiko- und Chancen-Management

- Beachtung der strategischen Leitsätze
- Bestimmung der individuellen strategischen Schwerpunkte
- Identifizierung und Start von Projektbündeln bzw. Projekten

Prüfung

- Analyse des inhaltlichen Teils der Strategie
- Berücksichtigung der evtl. geänderten Risikostruktur

Dr. Heinrich Kersten

Evaluierung und Zertifizierung von IT-Systemen

Evaluierung und Zertifizierung von Produkten und Systemen

Dr. Heinrich Kersten

Zusammenfassung

In Folge der Gründung des Bundesamtes für Sicherheit in der Informationstechnik zu Jahresbeginn konnten auch im Bereich der Evaluierung und Zertifizierung von Produkten die geplanten Verfahren in Kraft gesetzt werden. Durch gesetzliche Bestimmungen, zu erlassende Rechtsverordnungen und andere Einflüsse ist aber insbesondere der Zertifizierungsprozeß neu gestaltet worden. Eine Anerkennung von Prüfstellen wurde eingeleitet. Erste Zertifikate wurden vergeben. Vor allem auf dem Gebiet der internationalen Harmonisierung von Kriterien sind entscheidende Weichen gestellt worden. In Anlehnung an den thematisch ähnlichen Überblick auf der 1. Deutschen Konferenz über Computersicherheit im Mai 1990 soll hier insbesondere über die *neuen* Entwicklungen auf dem Gebiet der Evaluierung und Zertifizierung berichtet werden.

Gliederung

1. Einführung

Durch das im Herbst 1990 verabschiedete BSI-Gesetz wurde zum 1.1.91 das Bundesamt für Sicherheit in der Informationstechnik (BSI) gegründet. Seine Aufgaben sind gesetzlich vorgegeben und spiegeln sich in der Organisationsstruktur des BSI wider. So sind Abteilungen zu folgenden Arbeitsgebieten eingerichtet worden: Grundlagen der IT-Sicherheit und Zertifizierung, Mathematische Sicherungsverfahren, Technische und materielle Sicherungsverfahren, Sicherheit in Rechnersystemen, sowie eine zentrale Beratungskomponente in Fragen der Informationssicherheit. Mit ca. 280 Planstellen für das Jahr 1991 und einem geplanten Zuwachs in den folgenden Jahren wird das BSI die vorgesehenen Aufgaben im Bereich der IT-Sicherheit angehen.

Unter dem vielfach auftretenden Begriff *Sicherheit* ist hier das Ziel zu verstehen, informationsverarbeitende Systeme so zu entwerfen, herzustellen und einzusetzen, daß ein angemessenes Maß an Schutz gegenüber Bedienungsfehlern, technischem Versagen, katastrophenbedingten Ausfällen und absichtlichen Manipulationsversuchen gegeben ist. Angemessenheit ist dabei so zu verstehen, daß die getroffenen Maßnahmen, Anforderungen an Produkte, sonstige Schutzvorkehrungen nicht überzogen, sondern auf den Wert der zu schützenden Objekte auszurichten sind.

In einer ersten, noch oberflächlichen Klassifizierung der Gefährdungen sind insbesondere Aspekte der *Verfügbarkeit* von Informationen, Daten und Dienstleistungen, der *Vertraulichkeit* von Informationen, der *Integrität* von Informationen, Daten und Systemen. Ein besonderes Problem stellt außerdem die *Verbindlichkeit* von vertraglichen Transaktionen dar, die über Kommunikationssysteme - also auf elektronischem Wege - zustande kommen.

2. Sicherheitskriterien

Sicherheitskriterien formulieren Anforderungen an informationsverarbeitende Systeme im Hinblick auf das Sicherheitsziel, sowie Anforderungen an den Prüfvorgang, durch den der Erfüllungsgrad dieser Sicherheitsziele festgestellt werden soll. Dabei ist der Systembegriff bewußt offen gehalten worden. In der Praxis sind vor allem zwei Ausprägungen dieses Begriffes wichtig:

- Produkte bzw. Komponenten, die spezielle Aufgaben in einem umfassenden System zu erfüllen haben wie z.B. bestimmte Programme, Betriebssysteme, Datenbanken, spezielle Hardware-Einrichtungen, usw.

- der umfassende Ansatz, bei dem die personelle, materielle Sicherheit, Fragen der angemessenen Organisation sowie die Sicherheitseigenschaften der technischen Systemkomponenten mit einbezogen sind,

Sicherheitskriterien, nach denen das BSI Produkte prüft, sind:

1. Die *IT-Sicherheitskriterien* [ITSK89]; Sie sind am 1.6.89 im Bundesanzeiger-Verlag erschienen und öffentlich bekannt gemacht. Eine englische Fassung [ITSC90] ist im gleichen Verlag erschienen.

Die Kriterien wenden sich an die Anwender und Betreiber von IT-Systemen, die Hersteller von IT-Systemen, die Prüfstellen (BSI und andere). Mit den Kriterien ist eine vergleichende Bewertung der Sicherheitseigenschaften von IT-Systemen möglich.

Die Kriterien beinhalten eine Auflistung wesentlicher Grundfunktionen sicherer Systeme, definieren zehn Funktionalitätsklassen (F-Klassen) für typische IT-Anwendungen wie Betriebssysteme, Datenbanken, Prozeßrechner, Netzwerke, und legen eine Bewertungsskala von acht Qualitätsstufen (Q-Klassen) mit steigenden Anforderungen an die Stärke der Mechanismen und an die Tiefe und Präzision der System-Prüfung fest.

2. Die *Information Technology Security Evaluation Criteria* (kurz: ITSEC), die aus den bisher verwendeten nationalen Sicherheitskriterien einiger EG-Staaten hervorgegangen sind. In diesen Tagen ist die Herausgabe einer überarbeiteten Fassung geplant. Diese Fassung soll in den nächsten Monaten öffentlich bekannt gemacht werden. Diese Kriterien werden zukünftig die Basis für die meisten Evaluierungen im EG-Raum sein. Sie berücksichtigen explizit die beiden erwähnten unterschiedlichen Systembegriffe und sind in ihrem strukturellem Aufbau gegenüber [ITSK89] klarer gegliedert.

In die (ITSEC) wurden die Strukturen der deutschen IT-Sicherheitskriterien übernommen - wie etwa die Unterscheidung zwischen Funktionalität und Qualität. In einer Reihe von Punkten sind die Anforderungen im Vergleich zu [ITSK89] allerdings abgeschwächt worden, in einigen Details bleiben sie sogar weit hinter den IT-Sicherheitskriterien zurück.

Den Prüfvorgang beschreiben Evaluationshandbücher. Hierzu gehören:

3. Das *IT-Evaluationshandbuch* [ITEH90], das im August 1990 veröffentlicht wurde. Es existiert eine englische Fassung (auf Anfrage beim BSI erhältlich). Das IT-Evaluationshandbuch beschreibt den Prüfvorgang (die Evaluierung) eines Produktes und wendet sich in erster Linie an Hersteller von IT-Produkten und Prüfstellen. Es beschreibt den organisatorischen und fachlichen Ablauf des Evaluierungsprozesses, gibt Interpretationen der IT-Sicherheitskriterien, diskutiert Beispiele für die Bewertung von Mechanismen und erläutert Anforderungen an die Evaluierungsdokumente.

4. Das *Information Technology Security Evaluation Manual* (kurz: ITSEM), für das ein erster Entwurf Ende 1991 vorliegen wird. Es hat in Bezug auf die (ITSEC) die gleiche Funktion wie das IT-Evaluationshandbuch für die IT-Sicherheitskriterien.

Speziell im Hinblick auf die Beratungsaufgabe des BSI ist ein weiteres Werk zusehen:

5. Das *IT-Sicherheitshandbuch*, das voraussichtlich im Herbst 1991 erscheinen wird. Es wird Hilfestellung bei der Gefährdungsanalyse in konkreten Systemen geben und wendet sich somit in erster Linie an Anwender und Betreiber von IT-Systemen. Darüberhinaus ist es für die Prüfstellen von Belang, wenn es um die Evaluierung· eines umfassenden Systems im Sinne der obigen zweiten Definition geht.

Systemprüfungen nach den genannten Kriterien schließen (im positiven Fall) mit einem *Zertifikat* ab.

6. Für Systemprüfungen anderer Art (Abstrahlprüfungen, Prüfungen von Chiffriersystemen,...) werden neben den erwähnten Sicherheitskriterien andere angewendet, die zum überwiegenden Teil nicht öffentlich bekannt gemacht werden, da sie unter die Verschlußsachen-Anweisung fallen. Ergebnisse solcher Prüfungen sind in der Regel keine Zertifikate, sondern *Zulassungen* für bestimmte staatlich geregelte Bereiche.

Die erwähnten Dokumente müssen - sofern sie auch weiterhin angewendet werden - in regelmäßigen Abständen aktualisiert werden. Dabei spielen die im Rahmen von Produkt-Evaluierungen gewonnenen Erfahrungen, die Kritik der IT-Anwender und

Hersteller, die technische Weiterentwicklung der Systeme und natürlich auch die leider zu erwartende Fortentwicklung der Manipulationsmethoden eine Rolle.

3. Verfahren der Zertifizierung

In diesem Abschnitt werden folgende Einzelfragen näher behandelt:

- Antragsverfahren und Initiator

- Zielvorgabe

- Kriterienauswahl und technische Randbedingungen

- Reihenfolge der Zertifizierung verschiedener Produkte

- Zertifikat, Zertifizierungsbericht und BSI-Liste

- Zeitaufwand und Kosten

Alle diese Fragen werden durch die *BSI-Zertifizierungsverordnung* geregelt, welche in Kürze durch den Bundesminister des Innern erlassen wird. Danach ist die Zertifizierung eines Produktes durch den Hersteller bzw. Vertreiber eines Produktes (!) beim BSI zu beantragen. Folgende Antragsarten sind zu unterscheiden:

1. Der Zertifizierungsantrag schließt eine Evaluierung des Produktes durch das BSI ein.

2. Der Antrag beschränkt sich lediglich auf die Zertifizierung, da eine Evaluierung durch eine anerkannte Prüfstelle bereits erfolgt ist.

Im Rahme des Antrags werden folgende Daten erfaßt:

- die genaue Produktbezeichnung

- die anzuwendenden Sicherheitskriterien

- die vom Hersteller / Vertreiber angestrebte Sicherheitsstufe (z.B. eine Qualitätsstufe nach den IT-Sicherheitskriterien)

- die für den Prüfvorgang erforderlichen Produktbeschreibungen

- ggf. der Prüfbericht, sofern eine Prüfung bereits durch eine anerkannte Prüfstelle erfolgt ist.

Das BSI prüft den Antrag auf Vollständigkeit und setzt das betreffende Produkt auf die Liste der anstehenden Zertifizierungen. Diese Liste wird entsprechend dem BSI-Gesetz in der zeitlichen Reihenfolge des Eintrags bearbeitet - sofern nicht ein besonderes öffentliches Interesse eine andere Reihenfolge erfordert.

Aufgrund der vorgelegten Daten und Systembeschreibungen bestimmt das BSI die voraussichtliche Dauer des Verfahrens, kalkuliert die Kosten, und teilt beides dem Antragsteller mit. Der speziell für die Zertifizierung erforderliche Aufwand kann je nach Komplexität des Produktes und ggf. erforderlicher Abstimmungen mit der Prüfstelle bis zu einigen Mannwochen betragen. Die sich hieraus ergebenden Kosten werden gemäß der *BSI-Kostenverordnung*, die in Kürze erlassen wird, dem Antragsteller in Rechnung gestellt.

Im Falle noch erforderlicher (zusätzlich kostenpflichtiger) Evaluierungsarbeiten ruht das Zertifizierungsverfahren, bis der abschließende Evaluationsbericht vorgelegt wird.

Danach wird das Zertifizierungsverfahren fortgesetzt: Es wird zunächst aus dem in der Regel sehr umfangreichen (internen) Evaluationsbericht ein Konzentrat angefertigt, das alle für den Anwender, Käufer,... des Produktes erforderlichen Angaben enthält. Dazu zählen:

1. Formalia über die Rechtsgrundlage, die angewendeten Sicherheitskriterien, der Name der Prüfstelle, usw.

2. Das Zertifikat mit Angabe der erreichten Sicherheitsstufe

3. Eine auf die Sicherheitsproblematik ausgerichtete Beschreibung des Produktes

4. der Produktumfang (Hard- und Software-Komponenten, die zugehörige Dokumentation)

5. sicherheitstechnische Einzelbewertungen

6. Konfigurations- und Generierungsvorgaben

7. alle Auflagen an den Einsatz Produktes

8. Auszüge aus den angewendeten Sicherheitskriterien

Dieser *Zertifizierungsbericht* und das dazu gehörige *Zertifikat* werden veröffentlicht. Ziel ist es, die Fülle der Informationen verständlich, konsistent und für die Praxis anwendbar darzustellen.

Der Zertifizierungsbericht von Interessenten beim Hersteller / Vertreiber des Produktes angefordert werden. Im Einzelfall ist der Bericht auch beim BSI erhältlich. Vierteljährlich wird das BSI eine Liste herausgeben, in der alle bis dato zertifizierten Produkte aufgeführt sind. Sofern der Hersteller eines zu prüfenden Produktes zustimmt, können auch - in einem separaten Abschnitt - Produkte aufgeführt werden, die zwar geprüft werden, aber noch nicht zertifiziert sind.

Wesentliche Aufgabe der Zertifizierungsstelle des BSI ist generell die Sicherstellung der Gleichwertigkeit aller Prüfungen. Dazu wird jeder Evaluationsbericht auf Konformität mit den Kriterien geprüft. Es wird der Abgleich von Bewertungen mit anderen Evaluierungen vorgenommen. Bei komplexeren Produkten, die sich aus evaluierten Einzelkomponenten zusammensetzen, ist eine Verträglichkeitsprüfung unter dem Stichwort *Gesamtsicherheit* vorgesehen.

Werden zertifizierte Produkte durch den Hersteller geändert oder weiterentwickelt, so sind je nach Art und Umfang der Änderungen bestimmte Regeln für die *Reevaluation* (s. nächster Abschnitt) zu beachten, bevor das Zertifikat auf die neue Produktversion ausgedehnt werden kann.

4. Die Evaluierung

Es wird auf folgende Einzelfragen näher eingegangen:
- Träger einer Evaluierung

- Technischer Ablauf

- Nachbesserungen am Produkt

- interner Evaluierungsbericht

- Dauer und Kosten

- Reevaluierung neuer Releases und Versionen

Unter *Evaluierung* wird die Prüfung eines IT-Systems bzgl. seiner Sicherheitseigenschaften verstanden. Evaluierungen können vom BSI oder von einer anerkannten Prüfstelle durchgeführt werden. Dabei hat es sich nach vorliegenden Erfahrungen bewährt, ein Evaluationsteam bestehend aus mindestens drei, höchstens 6-8 Personen einzusetzen.

Die Evaluierungszeiten - und damit die Kosten - sind abhängig von der Komplexität des Prüfgegenstandes und ganz wesentlich von der angestrebten Qualitätsstufe. Sie können von wenigen Mannwochen z.B. für ein PC-Sicherheitsprodukt bis hin zu einigen Mannjahren bei komplexen Betriebssystemen und hoher Qualitätsstufe reichen. Die Prüfdauer kann z.T. erheblich verkürzt werden, wenn eine anforderungs-gerechte Dokumentation vorgelegt wird, Testinstallationen bereitgestellt werden und - vor allem - keine Nachbesserungszyklen erforderlich sind.

Die für eine Evaluierung entstehenden Kosten werden nach den Sätzen der BSI-Kostenverordnung bzw. den Honorarsätzen der anerkannten Prüfstellen berechnet.

Die folgenden Ausführungen geben einen Überblick über den Evaluierungsvorgang - genaueres ist den Evaluationshandbüchern zu entnehmen.

Vorbereitungsphase

In die Vorbereitungsphase einer Evaluierung fallen folgende Tätigkeiten: Personal- und Ressourcenplanung, ggf. Anfertigen von Voruntersuchungen oder Pilotstudien, Bildung eines Evaluationsteams, Schulung des Teams, Testinstallationen.

Dokumenten-Prüfung

Die technische Prüfung beginnt mit der Untersuchung der vom Hersteller vorge-legten Dokumentation. Entsprechend den anzuwendenden Sicherheitskriterien ist diese in eine Reihe von Teildokumenten gegliedert. Nach den IT-Sicherheitskrite-rien sind dies: die Beschreibung der *Sicherheitsanforderungen*, die verbale *Spezifikation* der zu evaluierenden Systemteile einschl. der Beschreibung der Mechanis-men aller implementierten Sicherheitsfunktionen, Beschreibung der *Abgrenzung* zu nicht zu evaluierenden Systemteilen, Beschreibung der *Anwendung der Sicherheitsfunktionen* aufgeteilt nach den festgelegten Rollen, Beschreibung der *sicherheitsrelevanten Aspekte* bei Systemgenerierung, Systemstart, Systemverwal-tung und Systemwartung, Beschreibung der verwendeten *Hard- und Firmware*, Bibliothek von *Testprogrammen* und Testdokumentation (ab Q2), *Quellcode* der zu evaluierenden Systemteile (ab Q3), *formales Sicherheitsmodell* mit Konsistenzbe-weisen (ab Q5).

Inhalt, Form und Breite der Darstellung sind von der angestrebten Qualitätsstufe abhängig. Erfahrungsgemäß sind mehrere Nachbesserungszyklen nötig.

System-Tests

Nachdem dem Team eine vollständige, in sich geschlossene und widerspruchsfreie Dokumentation vorliegt, wird diese auf Übereinstimmung mit der System-Realität überprüft. Je nach Sicherheitsstufe sind Tests, methodische Tests, informelle Validierungen, formale Verifikationen erforderlich, darüberhinaus Penetrationstests, Suche nach verdeckten Kanälen und Bestimmung der Bandbreite, Überprüfungen des Herstellungsvorgangs beim Hersteller, usw. Finden sich Widersprüche zwischen Dokumentation und Realität, hat der Hersteller im Rahmen des vereinbarten Zeitplans die Möglichkeit zur Nachbesserung.

Bewertungsphase

Nach Abschluß dieser Prüfungen liegen alle Informationen vor, um die Stärke von Methoden und Verfahren (*Mechanismen*) und die übrigen Qualitätseigenschaften (im wesentlichen *Korrektheitskriterien*) zu analysieren und zu bewerten. Bei geringfügigen Schwächen des Produktes gegenüber der angestrebten Sicherheitsstufe sind Nachbesserungen möglich.

Abschluß der Evaluierung

Den Abschluß der Evaluierung bildet ein interner *Evaluationsbericht*, der alle Protokolle, Ergebnisse und Bewertungen zusammenfaßt. Dieser Bericht wird zur Zertifizierung vorgelegt, ist aber wegen der vielen behandelten Produkt-Interna nicht öffentlich (Schutz des Firmen-Know-How).

Bei Änderungen an einem evaluierten bzw. zertifizierten Produkt sind folgende Fälle denkbar:
a) Systemänderungen sind rein dokumentativer Natur (seltener).
Es ist zu prüfen, ob bspw. Änderungen in den Sicherheitsanforderungen, in Design-Spezifikationen erfolgt sind, und welche Auswirkungen diese auf ein bestehendes Zertifikat haben.

b) Systemänderungen sind entstanden, weil Entwicklungswerkzeuge (z.B. Compiler) gewechselt wurden, möglicherweise andere Verifikationstools verwendet werden.

Es kann keine generelle Regel für Reevaluierungen aufgestellt werden, es ist vielmehr ein Einzelprüfung und Freigabe von Tools erforderlich.

c) Systemänderungen betreffen die Implementierung von Teilen eines Produktes (häufiger). Hierbei müssen folgende Fälle betrachtet werden:

1. Änderungen an Komponenten, die direkt zur Erfüllung der Sicherheitsanforderungen notwendig sind. (Mechanismen, die die Sicherheitsanforderungen realisieren.)

Dieser Fall erzwingt generell eine Reevaluation.

2. Änderung an Komponenten, die von den Sicherheitsfunktionen benutzt werden.

3. Änderung an Komponenten, die wegen der Struktur des betreffenden Systems nicht ausreichend von den Sicherheitsfunktionen getrennt werden können.

Die Fälle 2 und 3 können eine Reevaluierung notwendig machen. Aufgrund der Herstellerunterlagen ist eine Vorprüfung erforderlich.

4. Änderungen an nicht evaluierten Teilen des Systems.

Dieser Fall hat keinen Einfluß auf das Zertifikat.

5. Anerkannte Prüfstellen

Dieser Abschnitt gibt Auskunft über:

- Antragsverfahren zur Anerkennung

- Anerkennungsvoraussetzungen und deren Überprüfung

- entstehende Kosten

- Liste der anerkannten Prüfstellen

- Sicherstellung der Vergleichbarkeit von Prüfergebnissen

Mit dem Erscheinen der BSI-Zertifizierungsverordnung wird auch das Verfahren der Anerkennung von Prüfstellen geregelt. Den Status *anerkannte Prüfstelle* können solche Institutionen erhalten, die über das entsprechende Fachwissen verfügen, bestimmte Normen einhalten, eine objektive und neutrale Produktprüfung garantieren und einem mit dem BSI verabredeten Schema der Zusammenarbeit folgen.

Die Anerkennung erfolgt auf Antrag. Daran schließt sich eine Prüfung der genannten Anerkennungskriterien durch das Bundesamt an. Der hierfür erforderliche

Arbeitsaufwand wird gemäß der BSI-Kostenverordnung dem Antragsteller in Rechnung gestellt. Entfallen einzelne Voraussetzung für die Anerkennung, so kann diese auch entzogen werden.

Eine anerkannte Prüfstelle führt eigenständig Evaluierungen durch. In der Regel wird hierbei zwischen dem Hersteller eines Produktes und der Prüfstelle ein Vertrag geschlossen.
Die Prüfstelle hat während einer Evaluierung die Möglichkeit, sich bei den einzelnen Schritten fachlich mit dem Bundesamt abzustimmen. Das Bundesamt selbst kann jederzeit an Evaluierungssitzungen teilnehmen und Auskunft über Ablauf und Inhalte einer Evaluierung fordern.

Anerkannte Prüfstelle für die Evaluierung aller Produktarten sind zur Zeit:

Name	Anschrift
Rheinisch-Westfälischer TÜV	Steubenstr. 53; 4300 Essen
TÜV Bayern IQSE	Westendstr. 199; 8000 München 21
TÜV Rheinland	Am Grauen Stein; 5000;Köln 91

Zukünftig wird sich das BSI bei Fragen der Anerkennung von Prüfstellen und der Vergabe von Zertifikaten in Zusammenarbeit mit der *deutschen Koordinierungsstelle für IT-Normenkonformitätsprüfung und -zertifizierung* (DEKITZ) in die europäische Zertifizierungsstruktur eingliedern.

6. Praktische Erfahrungen und Ergebnisse

Zunehmend ist festzustellen, daß nach den Diskussionen zum Thema Sicherheit viele Anwender in Unternehmen und Behörden dazu übergehen, schon bei Beschaffungen die Erfüllung von Sicherheitskriterien zu fordern.
Das *IT-Rahmenkonzept* verpflichtet die Behörden, vor der Beschaffung von IT-Systemen ein *Sicherheitskonzept* zu erarbeiten. Zur Erfüllung der Sicherheitsanforderungen sollen möglichst geprüfte Produkte eingesetzt werden. Auch Beratungen im Bereich des Datenschutzes gehen in die gleiche Richtung. Im Verschlußsachen-

bereich besteht bereits eine Richtlinie zum Einsatz speziell hierfür zugelassener Produkte.

Es muß davon ausgegangen werden, daß sich eine Entwicklung, die in den USA bereits läuft, auch in Deutschland wiederholt: Mittelfristig wird durch eine Richtlinie festgelegt werden, daß in bestimmten staatlich geregelten Bereichen nur zertifizierte Produkte einzusetzen sind. In den USA läuft dies unter dem Motto "C2 by 92". (C2 ist eine Klasse in den amerikanischen Sicherheitskriterien). In den übrigen EG-Staaten sind ähnliche Entwicklungen zu beobachten.

Fazit: Die skizzierten Entwicklungen gehen dahin, daß Hersteller, deren Produkte sicherheitsmäßig bewertet sind, in vielen Marktsegmenten Vorteile haben werden. Nach den Erfahrungen mit amerikanischen Zertifikaten ist festzustellen, daß die Tatsache, zertifizierte Produkte in der Angebotspalette zu haben, auf viele weitere Produkte eines Herstellers ausstrahlt - auch wenn dies eine Zertifizierungsstelle im Einzelfall nicht immer begrüßen kann.

In der nachstehenden Liste sind die in Deutschland nach den IT-Sicherheitskriterien geprüften Produkte aufgeführt. (Stand: 1. Quartal 1991).

Bei den angegebenen Funktionalitäten ist eine Angabe wie *F1 - F2* so zu verstehen, daß das betreffende Produkt *alle* Anforderungen der Klasse F1 erfüllt - aber noch *nicht alle* Anforderungen der Klasse F2. Die Angabe *F2 + F7* bedeutet, daß das Produkt alle Anforderungen der Klassen F2 *und* F7 erfüllt.

Teil 1: Zertifizierte Produkte

Q1		
uti-maco	SAFE-Guard Professional 3.1 Z	F1 - F2

Q2		
Siemens	SINIX S 5.22	F1 - F2

Q3		
Tandem	GUARDIAN C90/	F2 + F7
	Safeguard C20	

Teil 2: In der Evaluierung befindliche Produkte
(Soweit der Hersteller einer Nennung zugestimmt hat.)

Hersteller	Produkt	Zertifizierung
Novell	Netware 2.15 C bzw. 2.2	4. Quartal 91
Siemens	BS2000 V 10	

7. Internationale Koordination

Nach den gegenwärtigen Planungen ist vorgesehen, daß ab dem 1.1.1992 von den nationalen Zertifizierungsstellen Zertifikate herausgegeben werden, die von den Mitgliedsstaaten der EG gegenseitig anerkannt werden. Als gemeinsame Prüfgrundlage dienen die (ITSEC) und die (ITSEM).

Es ist erklärtes Ziel des BSI, auch eine Anerkennung der bisherigen nationalen Zertifikate zu erreichen. Dabei besteht die Vorstellung, daß alle nationalen Zertifikate quasi per Verwaltungsakt in EG-Zertifikate umgeschrieben werden, sodaß keine erneute Prüfung zu leisten ist. Ein ähnliches Modell muß auch für den Fall gelten, daß über EG-Grenzen hinaus Zertifikate anerkannt werden.

Zwischenzeitlich sind Initiativen gestartet worden, um eine gegenseitige Anerkennung von Zertifikaten zwischen der EG und den USA und darüberhinaus zu erreichen.

In den USA sind mit dieser Aufgabe das *National Computer Security Center* (NCSC), zuständig für den militärischen Verschlußsachen-Bereich, und das *National Institute of Standards and Technology* (NIST), zuständig für alle übrigen Bereiche, befaßt. Das Orange Book beinhaltet die amerikanischen Sicherheitskriterien.

In Kanada wird eine Weiterentwicklung des Orange Book zugrunde gelegt, in der zwischen *Functionality* und *Assurance* unterschieden wird. Zuständige Behörde ist hier das Systems Security Centre (SSC) / Communications Security Establishment. In der NATO diente ursprünglich eine leicht geänderte Fassung des Orange Book, das sogenannte Blue Book als Bewertungsstandard. Im Herbst 1989 hat man sich in einer dafür zuständigen Arbeitsgruppe für die deutschen IT-Sicherheitskriterien als Grundlage für einen neuen NATO-Standard entschieden. Wegen der notwendigen Vereinheitlichung im Bereich der NATO ist zur Zeit noch nicht abzusehen, ob auch hier die ITSEC zum Zuge kommen werden.

8. Perspektive für den Anwender

Zunächst ist generell festzustellen, daß Sicherheit in einem IT-System (umfassender Systembegriff) nicht allein durch den Einsatz zertifizierter Produkte erreicht werden kann. Fragen der sinnvollen Organisation, materielle, personelle und juristische Aspekte müssen diskutiert werden. Ein äußert wichtiger Punkt ist das Thema der Akzeptanz der vorgesehenen Sicherheitsmaßnahmen bei den betroffenen Mitarbeitern. Dennoch leistet auch die Sicherheit der technischen Produkte einen hohen Beitrag. Insofern ist zu fragen:

Welche Vorteile bietet ein zertifiziertes Produkt? Je nach erreichter Qualitätsstufe
- besitzt ein solches Produkt niedrigere oder höhere Hürden gegen Manipulationsversuche und andere mögliche Schadenereignisse (soweit sie Gegenstand des Prüfverfahrens waren),
- ist der Nachweis der Korrektheit der Implementation und des korrekten Verhaltens in der Betriebsphase mit mehr informellen oder mehr formalen Methoden erbracht worden.

Solche Eigenschaften können auch nicht geprüfte Systemen besitzen, entscheidend ist hier aber, daß durch die Produktprüfung der Grad der Gewißheit oder der Zusicherung höher ist.

Darüberhinaus ist zwischen verschiedenen zertifizierten Systemen eine Vergleichbarkeit hinsichtlich Funktionalität und Qualität gegeben, was für den Anwender ein Auswahlkriterium bei der Beschaffung von Produkten darstellt, ihm eine genaue Anpassung an seine Anforderungen erlaubt.

Was bietet ein zertifiziertes Produkt nicht? Die dem zertifizierten Produkt bescheinigte Qualitätsstufe ist ein Maß für die Vertrauenswürdigkeit des Produktes.

Die Qualitätsstufen bilden ein *abgestuftes* Bewertungssystem. Ein zertifiziertes Produkt ist also nicht a priori ein absolut sicheres System (solche gibt es nicht!).
Ein Zertifikat beinhaltet in der Regel keine Aussage über die Sicherheit eines vollständigen Systems (Organisation, Umfeld, technisches System), dennoch werden in vielen Zertifikaten Auflagen an das Umfeld enthalten sein müssen. In [ITEH90] ist ein Beispiel für die Bewertung eines aus zertifizierten Einzelsystemen zusammengesetzten Systems gegeben. Nur unter ganz bestimmten Voraussetzungen kann das *Prinzip "Jedes System ist so schwach, wie sein schwächster Bestandteil* angewendet werden. In den meisten Fällen wird es einer zusätzlichen Analyse bedürfen. Auch mit dem Einsatz zertifizierter Produkte ist deshalb a priori keine Lösung des Sicherheitsproblems in heterogenen vernetzten Systemen verbunden.

Literaturverzeichnis

[ITSK89]   IT-Sicherheitskriterien: Kriterien für die Bewertung der Sicherheit von Systemen der Informationstechnik(IT), Bundesanzeiger-Verlag (1989), ISBN 3-88784-192-1

[ITSC89]   IT-Security Criteria: Criteria for the Evaluation of Trustworthiness of Information Technology (IT) Systems, Herausgeber: ZSI (ISBN 3-88784-200-6)

[ITEH90]   IT-Evaluationshandbuch: Handbuch für die Prüfung der Sicherheit von Systemen der Informationstechnik(IT), Herausgeber: ZSI (ISBN 3-88784-220-0)

[ITSEC]   Information Technology Security Evaluation Criteria (ITSEC), Harmonised Criteria of France, Germany, the Netherlands, the United Kingdom, Version 1.2

[ITSEM]   Information Technology Security Evaluation Manual (ITSEM), Draft

[TCSEC]   Trusted Computer System Evaluation Criteria, DOD 5200.28-STD, Department of Defense(1985)

[CTCPEC]   Canadian Trusted Computer Product Evaluation Criteria, Version 1.0 (Draft), Systems Security Centre / Communications Security Establishment, Government of Canada (1989)

[NTCSEC]   NATO Trusted Computer System Evaluation Criteria, NATO AC/35-D/1027(1987)

Sektion G

Forschung

Leitung:
Prof. Dr. Friedrich W. von Henke

Dr. Franz-Peter Heider

Verifikation von Systemsicherheit

Zusammenfassung

Selbst bei Systemen mit formal spezifizierten und
verifizierten Sicherheitseigenschaften bleibt ein schwer zu
erfassender Bereich an immanenten Informationsabläufen, die
von dem zugrundeliegenden formalen Sicherheitsmodell nicht
erfaßt werden. Die Verwendung formaler Spezifikations- und
Verifikations- methoden ist ein wichtiger Beitrag zur
Entwicklung sicherer IT-Systeme. Dies darf jedoch nicht zu
der Selbsttäuschung führen, daß der Einsatz solcher
Verfahren allein schon die Sicherheit eines IT-Systems
garantiert. Der vorliegende Beitrag soll diese Problematik
am Beispiel der Informationsflußkontrolle verdeutlichen,
die implizit den Forderungen der Funktionalitätsklassen F4
und F5 zugrundeliegt.

Verifikation von Systemsicherheit

Franz-Peter Heider
Michael Welschenbach

Systemhaus GEI

Gliederung:

1. Einleitung

Der Grad, in dem die für ein System festgelegten Prinzipien des Zugriffsschutzes durchgesetzt werden können, hängt entscheidend davon ab, in welchem Maße verdeckte Kanäle zur Informationsübertragung vorhanden sind bzw. von deren Art und Nutzbarkeit.

Das hierarchisch- modulare Design von informationstechnischen Systemen, wie es in den IT-Sicherheitskriterien für die höheren Qualitätsstufen gefordert wird, bezweckt insbesondere die Vermeidung der Entstehung verdeckter Kanäle während des Design-Vorgangs.

Man darf jedoch nicht übersehen, daß durch die mit dieser Vorstellung verbundene abstrakte Sichtweise verdeckter Kanäle die Wirklichkeit nicht vollständig erfaßbar ist. Selbst wenn das hierarchisch-modulare Designprinzip konsequent bis auf Quellcode-Ebene durchgeführt wird, existieren unterhalb davon immer noch zahlreiche weitere Ebenen, innerhalb derer der Systembetrieb mit nicht vorhersagbaren funktionalen und zeitlichen Ausprägungen abläuft. Diese Ebenen gehen erst aus der Interpretation der Quellcode-Ebene hervor und können verdeckte Kanäle beinhalten, die dem hierarchisch-modularen Design notwendigerweise entgehen.

Selbst bei Systemen mit formal spezifizierten und verifizierten Sicherheitseigenschaften bleibt daher ein schwer zu erfassender Bereich an immanenten Informationsabläufen, die von dem zugrundeliegenden formalen Sicherheitsmodell nicht erfaßt werden. Die Verwendung formaler Spezifikations- und Verifikationsmethoden ist ein wichtiger Beitrag zur Entwicklung sicherer IT-Systeme. Dies darf jedoch nicht zu der Selbsttäuschung führen, daß der Einsatz solcher Verfahren allein schon die Sicherheit eines IT-Systems garantiert. Der vorliegende Beitrag soll diese Problematik am Beispiel

der Informationsflußkontrolle verdeutlichen, die implizit
den Forderungen der Funktionalitätsklassen F4 und F5
zugrundeliegt.

2. Verdeckte Kanäle in formalen Sicherheitsmodellen

Die Sicherheitsgrundsätze des klassisch-materiellen
Geheimschutzes, formalisiert etwa durch das
Bell-LaPadula-Modell, betreffen die Zugriffskontrolle, d.
h. sie legen fest, ob und wie das Lesen oder Beschreiben
von Datenobjekten zulässig ist. Bei dieser Sichtweise
schreibt ein Subjekt (Prozeß) Daten in ein Objekt (Puffer,
Datei, I/O-Gerät), die ein anderes Subjekt daraus wieder
ausliest. Die Informationsübertragung erfolgt hier über
einen **direkten** Übertragungskanal, über ein Medium, welches
auf natürliche Weise als "Daten-Container" aufgefaßt
werden kann. Demgegenüber gibt es auch die Möglichkeit der
indirekten oder verdeckten Informationsübertragung
zwischen Subjekten, beispielsweise über die Statusbits der
CPU o.ä. Die formale Formulierung der
Bell-LaPadula-Sicherheit erfaßt diese Problematik nicht.
Dies wird unmittelbar klar, wenn man das
Bell-LaPadula-Modell unter dem Gesichtspunkt möglicher
Informationsflüsse betrachtet. Daß sozusagen "unter der
Aufsicht" der Zustandsübergangsregeln Information über
verdeckte Kanäle übertragbar ist, kann an Beispielen
leicht verständlich gemacht werden [HW87,II,1.1].

Das Prinzip dieser Kommunikation besteht darin, daß ein
Prozeß p Information über ein Objekt in einem
Systemzustand speichert und aus einem Folgezustand
ausliest. Die implizite Annahme des Bell-LaPadula-Modells,
daß p während eines Zustandsübergangs gedächtnislos ist,
steht hierzu nicht im Widerspruch.

In eindrucksvoller Weise erkennt man, daß durch die

gezielte Erzeugung von Abhängigkeiten die Information über
die Öffnung oder Schließung von Objekten als Datenbehälter
eine semantische Bedeutung erhält, die der Begriffsbildung
des Bell-LaPadula-Modells entgeht.

Dieser Mangel war sowohl den Verfassern des Orange Book
als auch denen der IT-Sicherheitskriterien bewußt, denn
die Analyse solcher verdeckten Kanäle wurde ausdrücklich
in den Prüfvorgang der Qualität der Spezifikation der
Qualitätsstufe Q6 aufgenommen. Mehr noch, hierzu wird
sogar der Einsatz formaler Methoden gefordert. Im Orange
Book sind zwar die zulässigen Höchstgrenzen für die
Übertragungsbandbreiten verdeckter Übertragungskanäle
angegeben, es werden aber keinerlei konkrete Hinweise auf
die Art der nötigen Prüfungen gemacht.

3. Die formale Analyse verdeckter Kanäle

Eine systematische Methodik zur Analyse verdeckter Kanäle
ist die als Shared Resource Matrix bekannte Methode von
Kemmerer [K83], [H87]. Ein Kanal zur verdeckten
Informationsübertragung besteht oft darin, ein zwischen
zwei Prozessen gemeinsam genutztes Betriebsmittel (shared
resource) als Übertragungsmedium zu verwenden.

Als **gemeinsam genutztes Betriebsmittel** wird dabei ein
Objekt (oder eine Menge von Objekten) eines Systems
bezeichnet, welches durch mehr als einen Prozess referiert
oder **modifiziert** werden kann.

Die Aufzählung der gemeinsam genutzten Betriebsmittel
allein ist für eine Detailanalyse aber zu grob, denn es
ist durchaus der Normalfall, daß zwei verschiedene
Prozesse nur gänzlich verschiedene Komponenten des selben
Betriebsmittels sehen. Es wird daher angenommen, daß die
gemeinsam genutzten Betriebsmittel durch einen Satz von

Attributen beschreibbar sind.

Die Existenz eines **Speicherkanals** setzt voraus

(1) den Zugriff von sendendem und empfangendem Prozeß auf dasselbe Attribut eines gemeinsam genutzten Betriebsmittels,

(2) für den sendenden Prozeß die Möglichkeit, dieses Attribut zu verändern,

(3) für den empfangenden Prozeß die Möglichkeit, solche Änderungen festzustellen sowie

(4) einen Mechanismus für die Initiierung und korrekte Übertragung der Änderungsereignisse.

Die Kriterien (1),(2) und (3) werden durch die Methode der Shared Resource Matrix zur Identifizierung verdeckter Kanäle herangezogen. Dieses Verfahren läuft algorithmisch ab.

Aus der so gefundenen Kandidatenmenge können noch alle Kanäle gestrichen werden, die zwischen Prozessen mit der gleichen Schutzdomäne bestehen, da diese ohnehin sogar über direkte Kanäle kommunizieren dürfen. In diese Kategorie gehören insbesondere Prozesse, die nur solche Modifikationen feststellen können, die sie **selbst** veranlaßt haben. Für die übrigbleibenden Kandidaten ist in einer **Individual-Analyse** festzustellen, ob ein Szenario gefunden werden kann, in dem auch Kriterium (4) gilt.

In jedem Einzelfall muß dann die maximale Übertragungs-bandbreite ermittelt werden.

Aufgrund dieses Wertes wird im letzten Schritt entschieden, ob der Kanal ignoriert werden kann oder

blockiert werden muß. Gegebenenfalls genügt es auch, die
Übertragungsbandbreite zu reduzieren.

Die zuletzt genannten Schritte sind nicht auf formalem
Wege zu bewältigen. Sie setzen Erfahrung und
Einfallsreichtum des betreffenden Analytikers voraus.
Untersuchungen von Kemmerer haben gezeigt, daß die
Methodik anwendbar ist

- sowohl für deskriptive allgemeine Spezifikationen

- als auch formale allgemeine Spezifikationen (in der
  Sprache der Prädikatenlogik 1. Stufe oder einer
  Erweiterung davon wie z. B. Ina Jo)

- und sogar für den Implementations-Quell-Code (in einer
  blockstrukturierten Sprache wie PASCAL oder MODULA2).

Experimente der Autoren haben diese Ergebnisse bestätigt.

4. Analytische Behandlung von Informationsflüssen in formal spezifizierten Systemen

Im vorangehenden Abschnitt wurde deutlich, daß eine auf
reinem Zugriffsschutz basierende Sicherheitsphilosophie
unzureichend ist. Es wurde dargelegt, daß unter Umständen
Möglichkeiten zur Implementierung logischer Übertragungskanäle mit relativ hohen Bandbreiten bestehen können.

Etwas vergröbert geht es hier um das Problem, daß an einer
bestimmten Stelle vorhandene Information nicht an einer
anderen Stelle verfügbar sein darf, die eine niedrigere
Sicherheitseinstufung hat. Dahinter steht der allgemeine
Sicherheitsgrundsatz, daß Information nicht von Objekten
mit hohen Sicherheitseinstufungen zu Objekten mit einer
niederen Sicherheitseinstufung fließen darf.

Solche Sicherheitsanforderungen sind charakteristisch für logische Filter, bei denen man sicherstellen muß, daß die Kommunikation zwischen gewissen Subsystemen nur über fest vorgegebene Kanäle verläuft.

In den USA wurden verschiedene Ansätze zur Formalisierung des Informationsfluß-Begriffs gemacht, deren Zielsetzung die Entwicklung automatischer Werkzeuge zur Untersuchung von Spezifikationen sicherer Systeme auf gefährliche Informationsflüsse war.

Diese Ansätze der Informationsflußkontrolle als Sicherheitsinstrument haben idealisierenden Charakter. Sie gehen von einer Systemdarstellung in Form eines abstrakten Zustandsautomaten aus, bei dem der jeweils aktuelle Zustand durch eine Wertebelegung der Zustandsvariablen beschrieben ist. Ein Zustandsübergang induziert einen **Informationsfluß** von einer Variablen in eine andere, wenn der neue Wert der letzteren vom alten Wert der ersteren abhängt. Informationsflüsse sind also durch funktionale Abhängigkeiten definiert, die dann durch eine **rein syntaktische Analyse** der Übergangs-Spezifikationen gefunden werden.

Die Analysierbarkeit verdeckter Speicherkanäle durch die Informationsfluß-Methode erfordert

- einen Satz von Informationsfluß-Regeln für die unter-
  liegende Spezifikationssprache, mit dessen Hilfe alle
  potentiellen Flüsse zwischen den deklarierten Zustandsvariablen des Systems syntaktisch generiert werden
  können,

- die Zuordnung von Sicherheitsklassen zu allen System-
  Variablen,

- und insbesondere die Formulierung der Sicherheitsgrundsätze in einer Form, die die Unterscheidung zwischen zugelassenen und unzulässigen Informationsflüssen
  ermöglicht.

Bei diesem Vorgehen muß die Zuweisung der Sicherheitsklassen so geschehen, daß die Hintereinanderausführung zuläs-
siger Flüsse wiederum einen zulässigen (indirekten) Fluß
bewirkt. Dies wird mathematisch formalisiert durch
eine transitive Ordnung der Menge der Sicherheitsklassen.

Der Kern neuerer Formalisierungen der Informationsfluß-
problematik liegt darin, daß die Sicherheitsmodelle zum
Ausdruck bringen können, daß unter gewissen Umständen
gewisse Operationen unsichtbar für gewisse Subjekte
ablaufen. Man kann es so sehen, daß die möglichen
Wechselwirkungen zwischen den Aktivitäten verschiedener
Subjekte Gegenstand dieser Modelle sind, und die
Sicherheitsgrundsätze gewisse Wechselwirkungen **aus-
schließen** sollen.

Bei der Bestandsaufnahme des BSI im Jahr 1989 zeigte sich,
daß automatische Werkzeuge zur Auffindung unzulässiger
Informationsflüsse fehlen. Unter den Experten, die die
Kriterien für die Zulassung von Werkzeugen zur formalen
Spezifikation und Verifikation formulierten, bestand
Übereinstimmung, daß solche Werkzeuge wünschenswert sind,
daß sie aber erst langfristig in der Bundesrepublik zur
Verfügung stehen werden [BSI90].

5. Literatur

[BSI89]   Kriterien für die Bewertung der Sicherheit von
          Systemen der Informationstechnik (IT), BSI, 1989

[BSI90]   Kriterien für die Zulassung von Werkzeugen zur
          formalen Spezifikation und Verifikation, BSI 1990

[H87]   Haigh, J.T., et al.: An Experience using two
          Covert Channel Analysis Techniques on a Real
          System Design, IEEE Trans. SE-13, 1987, 169-183

[HW87]   Heider, F.-P., Welschenbach, M.: Grundlagen der
          Konzeption eines nationalen Klassifikations- und
          Bewertungsschemas, ZSI-9003, 1987

[K83]   Kemmerer, R.A., Shared Resource Matrix
          Methodology: A practical Approach to identifying
          covert channels, ACM Trans. Comp. Syst. Vol. 1,
          1983, 256-277

Stefan Spöttl

Ein formales Sicherheitsmodell für eine vertrauenswürdige Schnittstellen-Komponente

Ein formales Sicherheitsmodell für eine vertrauenswürdige Schnittstellenkomponente

Stefan Spöttl
Siemens AG
Sicherungstechnik
Landshuter Straße 26, 8044 Unterschleißheim

Zusammenfassung

Die vertrauenswürdige Schnittstellenkomponente überwacht die Einhaltung von Sicherheitsanforderungen bei der Nachrichtenübertragung über ihre Schnittstelle. Die Komponente wird im Rahmen eines Projektes erstellt, das Software hoher Qualität zum Ziel hat. Unter anderem erbrachte die bisherige Projektarbeit ein formales Sicherheitsmodell, das alle Anforderungen aus den Bereichen Vertraulichkeit und Integrität abdeckt.

Im folgenden ist das formale Sicherheitsmodell zur vertrauenswürdigen Schnittstellenkomponente hinsichtlich seines Inhalts, der verwendeten Spezifikationstechnik und des anfallenden Beweisaufwandes für einen zugehörigen Konsistenzbeweis beschrieben. Nach einer Schilderung grundlegender Datenstrukturen wird die formale Spezifikation von Eigenschaften der Komponente exemplarisch skizziert und ein Überblick über die Gesamtheit aller Eigenschaften gegeben. Die Eigenschaften sind als Invariante in einem Zustandsübergangssystem niedergelegt. Zustandsübergänge finden in Modelloperationen ihr Bild, deren Spezifikation ebenfalls erläutert ist. Die Invarianten charakterisieren sichere Zustände. Das formale Sicherheitsmodell gilt als konsistent, wenn ein sicherer initialer Systemzustand existiert und ein sinnvoller Satz von Modelloperationen angegeben ist, der aus sicheren Zuständen nur in sichere führt. Die durch ein Werkzeug unterstützte Beweisarbeit ist kurz beschrieben.
Bei der Wahl von Spezifikationsmitteln zur formalen Fixierung von Eigenschaften und Modelloperationen war der Leitgedanke, das auf dem wp-Kalkül basierende, bewährte Instrumentarium zur Codeverifikation bereits zur Führung des Konsistenzbeweises im formalen Sicherheitsmodell einzusetzen. In einem Ausblick ist die methodische Vorgehensweise bei der Erstellung formal spezifizierter Entwicklungsanteile über das Sicherheitsmodell hinaus umrissen.

Sektion H

PC- und Workstation-Sicherheit

Leitung:
Dr. Hartmut Pohl

Dipl.-Kfm. Heinz A. Gartner

PC-Sicherheitsprodukte der Klasse F1
- Marktübersicht und Leistungen -

Inhaltsübersicht:

Daten zur Studie

Ordnungsraster für PC-Sicherheitsprodukte

Anforderungen an PC-Sicherheitsprodukte

Wesentliche Test-Ergebnisse

Weiteres Vorgehen

Anhang 1: Liste der erfaßten Produkte

Anhang 2: Funktionalitätsklasse F1

Anhang 3: Sicherheitsfunktionen der erfaßten Produkte

Anhang 4: Merkmale der Funktion 'Authentisierung durch Paßwort'

DATEN ZUR STUDIE (1)

- Titel:
  Erfassung und Bewertung von
  PC-Sicherheitsprodukten (PCSI / PECOS)

- Auftraggeber:
  Bundesamt für Sicherheit in der Informationstechnik
  (BSI)

- Zielsetzungen:
  Dokumentation vorhandener Produkte
  Grundlage für spätere Evaluierungen
  Grundlage für Anwenderberatung, speziell im Behör-
  denbereich

- Vorgehensweise:
  - Ermittlung relevanter Produkte
  - Entwicklung eines Ordnungsrasters, das eine
    standardisierte Beschreibung aller Produkte erlaubt
  - Beschaffung und Test der Produkte
  - Ergebnisdokumentation in einer Datenbank

DATEN ZUR STUDIE (2)

- **Gegenstand der Erfassung:**
  PC-Sicherheitsprodukte mit folgenden Merkmalen:

  - Erfüllung mindestens der Anforderungen der Funktionalitätsklasse F1 der IT-Sicherheitskriterien, d. h.
    - -- Identifikation und Authentisierung
    - -- Rechteverwaltung
    - -- Rechteprüfung
  - Lauffähig unter den Betriebssystemen MS-DOS und / oder OS/2
  - auf dem deutschen Markt erhältlich

- **Gegenstand von Test und Bewertung:**

  - Handhabbarkeit
  - Bedienungsfreundlichkeit
  - Übereinstimmung von Handbuch und Realität bei Installation und Betrieb

  <u>nicht</u> aber 'harte' Penetrationstests und <u>keine</u> Evaluierung

- **85 Produkte wurden ermittelt; davon sind:**

  14 nicht mehr erhältlich, weil die Firma das Produkt nicht mehr vertreibt oder die Firma in Konkurs gegangen hat;

  4 auf Wunsch des Vertreibers nicht berücksichtigt;

  16 zur Zeit in der Überarbeitung und werden auf Wunsch der Vertreiber deshalb erst in der nächsten Release der Studie berücksichtigt;

  51 in der PECOS-DB erfaßt.

ORDNUNGSRASTER (1)

- **Allgemeine Informationen**

  - Hersteller / Vertreiber
  - Betriebssystem(e)
  - Sicherheitsrelevante Funktionen
  - Zertifizierung
  - Lieferumfang / Unterstützung
  - Markteinführung / Installationen
  - Preise

- **Benutzerführung**

- **Handbuch**

- **Funktionalität**

  - Identifikation
  - Authentisierung
    - -- mit Paßwort
    - -- mit Chipkarte
  - Verschlüsselung
  - Zugriffsrechte
  - Löschen von Dateien
  - Bildschirmsperre
  - Protokollierung

ORDNUNGSRASTER (2)

- **Betrieb**
  - Verträglichkeit mit anderen Produkten
  - Verhalten im Fehlerfall
  - Umgehen des Zugriffskontrollsystems

- **Bewertung von Installation und Betrieb**

ANFORDERUNGEN AN PC-SICHERHEITSPRODUKTE (1)

- **Funktionale Minimalanforderung:**
  Zugriffskontrolle durch Erfüllung der
  Funktionalitätsklasse F1 (Details siehe Anhang 2)
  - Identifikation und Authentisierung
  - Rechteverwaltung
  - Rechteprüfung

- **Identifikation:**
  - unterschiedliche Produktphilosophien:
    Nur ein Benutzer je PC oder mehrere Benutzer je PC
  - Soweit mehrere Benutzer einen PC nutzen oder die PC
    vernetzt sind, sollte gegeben sein:
    -- Möglichkeit zum Einrichten mehrerer Benutzer
    -- zumindest Differenzierung der Rollen von
       'Systemverwalter' und 'Benutzer'

- **Authentisierung durch Paßwort**
  - mindestens 8 Zeichen sollten möglich sein
  - Kombinationen aus Buchstaben, Zahlen und
    Sonderzeichen müssen möglich sein
  - Gültigkeit von Paßwörtern sollte zeitlich begrenzbar sein
  - sichere Speicherung der Paßwörter

ANFORDERUNGEN AN PC-SICHERHEITSPRODUKTE (2)

- weitere mögliche Anforderungen:
  - -- Stopwortliste
  - -- Zeitliche Zugangsbeschränkung
  - -- Sekundärpaßwörter (Vier-Augen-Prinzip) für einzelne Funktionen
  - -- Sperre bereits verwendeter Paßwörter (PW-Historie)
  - -- Notverfahren bei Paßwortverlust

- **Rechteverwaltung**

  - möglichst differenzierte Rechte (z. B. Anlegen, Lesen, Schreiben, ...)
  - möglichst differenzierte Objekte
  - Problem: Wer darf Rechte vergeben und ändern?
    - -- nur Systemverwalter: relativ sicher, aber unflexibel
    - -- auch definierte Benutzer (z. B. Eigentümer): flexibel, aber u. U. weniger sicher (unkontrollierte Informationsverbreitung)

- **Rechteprüfung**

  - muß bei jedem Zugriff erfolgen
  - muß auch unter Anwendungsprogrammen und Benutzeroberflächen (z. B. Windows) wirksam sein
  - Maßnahmen bei Verstößen
    - -- wichtig: Sperre nach fehlerhaften Log-on-Versuchen
    - -- evtl. Sperre nach unberechtigten Zugriffsversuchen
    - -- wenn Protokollierung vorgesehen ist, müssen Verstöße natürlich erfaßt werden

ANFORDERUNGEN AN PC-SICHERHEITSPRODUKTE (3)

- **Verschlüsselung**

  - Funktion ist sicherlich nicht immer erforderlich
  - wichtige Anforderungen:
    - -- hohe Geschwindigkeit
    - -- nicht-triviales Verschlüsselungsverfahren
    - -- Differenzierung zu verschlüsselnder Objekte
  - Probleme:
    - -- Entscheidung zwischen automatischer online-Verschlüsselung und gezielter Verschlüsselung auf Anforderung
    - -- Notverfahren bei Schlüsselverlust

- **Protokollierung**

  - aus Gründen der Revisionsfähigkeit und der Kontrolle sollten zumindest die Systemverwalteraktivitäten protokollierbar sein
  - Protokollierung von Benutzeraktivitäten muß im Einzelfall geprüft werden (Mitbestimmung beachten)
  - wichtige Anforderungen:
    - -- konfigurierbarer Protokollumfang
    - -- manipulationssichere Speicherung
    - -- komfortable Auswertung (parametergesteuert, Hervorhebung sicherheitsrelevanter Ereignisse)

Anforderungen an PC-Sicherheitsprodukte (4)

- **Bildschirmsperre**
  - grundsätzlich als Ergänzung sinnvoll
  - Aktivierung sollte sowohl zeitabhängig ohne Benutzeraktivität als auch auf Anforderung erfolgen
  - Sperre sollte durch erneute Authentifizierung gesichert sein
  - Probleme mit Grafikkarten möglich

- **Löschen von Dateien**
  - Schutz gegen versehentliches Löschen sollte gegeben sein
  - gelöschte Dateien sollten inhaltsleer überschrieben werden

- **Benutzerfreundlichkeit**
  - deutschsprachiges System und Handbuch
  - Menüunterstützung
  - Online-Hilfe

- **Zu einem einem umfassenden Sicherheitskonzept gehört unbedingt ein Schutz gegen Programm-Manipulationen (Viren usw.).**

- **Neben dem Zugriffsschutz darf das Back-up der Informationen nicht vergessen werden!**

Wesentliche Testergebnisse (1)

- **Es existiert eine Vielzahl von Produkten, die neben den Minimalanforderungen der Funktionalitätsklasse F1 unterschiedliche weitere Funktionen bieten.**

- **Welche dieser Zusatzfunktionen wirklich erforderlich sind, muß individuell entschieden werden. Basis dieser Entscheidung muß eine Bewertung der Sensitivität der Informationen und der Risiken sein.**

- **Effektiver Zugriffsschutz muß vernünftig organisiert werden (Vergabe von Zugriffsrechten, Gruppenstrukturen usw.). Die Produkte stellen z. T. sehr gute Werkzeuge dar; organisieren muß aber der Anwender!**

- **Probleme bei der Installation traten häufig auf. Mögliche Gründe:**
  - Rechner ist nicht *'100 % kompatibel'*
  - bereits installierte Erweiterungen (z. B. Hauptspeicher, Karten jeder Art), die Installationsadressen der Produkte belegen, ohne daß dies über eine Installationsroutine abgefragt würde
  - Nutzung von *Windows*

- **Handbücher sind sehr unterschiedlich in Umfang und Qualität. Dabei muß ein dickes Handbuch nicht unbedingt besser sein; weniger wäre manchmal mehr.**

Wesentliche Testergebnisse (2)

- Der Verschlüsselungsvorgang einer gesamten Festplatte oder Partition wurde zweimal ohne erkennbaren Grund abgebrochen, ein Zugriff auf diese teilverschlüsselten Medien war nicht mehr möglich.

- Probleme im Betrieb:
  - nicht alle Produkte sind resistent gegen Utilities
  - zuweilen werden Zugriffsbeschränkungen von Anwendungsprogrammen aus nicht beachtet
  - kritisch kann die Funktion Bildschirmsperre sein (Wiederherstellen des ursprünglichen Bildschirminhalts)
  - bei voller Festplatte kommt es zuweilen zu Problemen, z. B.:
    -- wird die Installation undefiniert abgebrochen. In einem Fall war dies für den Benutzer nicht zu erkennen. Er mußte davon ausgehen, daß der Zugriffsschutz in Kraft sei, in Wahrheit war jedoch die Verschlüsselung der Festplatte nicht erfolgt.
    -- kommt es zum nicht dokumentierten Verlust von Protokollinformationen.

- da einige Produkte in den Bootvorgang eingreifen, kommt es häufig vor, daß der deutsche Tastaturtreiber noch nicht geladen ist; dies führt zu Unsicherheiten bei Login und Paßworteingabe. So werden y und z vertauscht. Besonders die Eingabe von Sonderzeichen, einem sehr sinnvollen Paßwortbestandteil, stößt dann auf erhebliche Schwierigkeiten.

Weiteres Vorgehen

- Übergabe der Ergebnisse an den Auftraggeber

- Veröffentlichung der Ergebnisse voraussichtlich in Loseblattform durch BIFOA

- 3 mal jährlich Überarbeitung der Studie:
  - Aufnahme neuer Produkte
  - Aktualisierung der Beschreibung bereits berücksichtigter Produkte bei neuen Releases

- Erweiterung der Studie um andere Sicherheitsprodukte wird diskutiert

ANHANG 1: LISTE ERFASSTER PRODUKTE

Anubis
BioPassword Model 2100
BSS Beyer-Security-System
C-SELEKT
CAR plus
CLAVIS plus
Close Access I,II,III
Crypt-it
Elkey 4 2.0
FSP Festplattenschutz
Grosses Datenschutz Paket
Login
MULTI - KEY II
NoAccess
OCULIS plus
NU-LOC
pc - encryptor
pc+crypton
pc+disklock
pc+softlock, pc+master, pc+pause
PC-DES 4.0
PC-Guard
PC-Mentor
PMM - Profi Menü Manager
ROCADA
A:Lock
SAFE-Board I
SAFE-Board II
SAFE-Guard Professional 3.2
SAFE-Guard Standard 3.0
Safeboard, -boot, -disk, - file, - user
Safety Plus (1.2)
SaveDir Version 3.0
Securex
Signum
TriSpan
Triumphl
Watchdog 5.2
w/p-soft
X-Lock 10
X-Lock 10 PS/2
X-Lock 50
w/p 300-z

ANHANG 2: FUNKTIONALITÄTSKLASSE F1

Funktionalitätsklasse F1
(abgeleitet aus der Funktionalität der Orange Book Klasse C1)

Identifikation und Authentisierung

Das System muß Benutzer identifizieren und authentisieren. Diese Identifikation und Authentisierung muß vor jeder anderen Interaktion des Systems mit dem Benutzer erfolgt sein. Nur nach einer erfolgreichen Identifikation und Authentisierung dürfen andere Interaktionen möglich sein. Die Authentisierungsinformationen müssen so gespeichert sein, daß nur autorisierte Benutzer Zugriff dazu besitzen.

Rechteverwaltung

Das System muß Zugriffsrechte zwischen Benutzern und/oder Benutzergruppen und Objekten, die der Rechteverwaltung unterliegen, kennen und verwalten. Dabei muß es möglich sein, Benutzern bzw. Benutzergruppen den Zugriff zu einem Objekt ganz zu verwehren. Vergabe und Entzug von Zugriffsrechten zu einem Objekt darf nur durch autorisierte Benutzer möglich sein.

Rechteprüfung

Das System muß bei jedem Zugriffsversuch von Benutzern bzw. Benutzergruppen zu den der Rechteverwaltung unterliegenden Objekten die Berechtigung überprüfen. Unberechtigte Zugriffsversuche müssen abgewiesen werden.

Quelle:
ZENTRALSTELLE FÜR SICHERHEIT IN DER INFORMATIONSTECHNIK - ZSI (Hrsg.):
IT-Sicherheitskriterien : Kriterien für die Bewertung der Sicherheit von Systemen der Informationstechnik. 1. Fassung vom 11. Januar 1989. Köln 1989, S. 27.

Begriff 'Rolle':
"Eine Rolle ist eine Gruppierung von Rechten, die einem Subjekt zugewiesen worden sind"[1].

---

[1] ZENTRALSTELLE FÜR SICHERHEIT IN DER INFORMATIONSTECHNIK - ZSI (Hrsg.): IT-Sicherheitskriterien : Kriterien für die Bewertung der Sicherheit von Systemen der Informationstechnik. 1. Fassung vom 11. Januar 1989. Köln 1989, S. 103

Produktname	Identifikation	Authentisierung	Rechteverwaltung	Rechteprüfung	Protokollierung	Wiederaufbereitung	Verschlüsselung	Bildschirmsperre	Veränderungsschutz
A:LOCK	nein	nein	nein	ja	nein	nein	nein	nein	nein
Anubis	ja	ja	ja	ja	nein	nein	nein	ja	ja
BIO Password Modell 2100	ja	ja	ja	ja	ja	nein	ja	ja	nein
BSS Beyer Security-System	ja	ja	ja	ja	ja	nein	nein	ja	nein
C-Selekt	ja	ja	ja	ja	ja	nein	ja	ja	ja
Car Plus	ja	ja	ja	ja	ja	nein	nein	nein	nein
Clavis Plus	ja	ja	ja	ja	nein	nein	ja	ja	ja
Close Access I, II oder III	ja	ja	ja	ja	ja	nein	ja	ja	ja
CRYPT-IT	nein	ja	nein	ja	nein	nein	ja	nein	nein
Das große Datenschutzpaket	ja	ja	(ja)	(ja)	nein	nein	ja	nein	ja
Elkey 4	ja	ja	nein	nein	ja	nein	ja	ja	nein
Festplattenschutzprogramm FSP	ja	ja	ja	ja	nein	nein	nein	nein	ja
Login	nein	ja	ja	ja	nein	nein	nein	nein	nein
Micronyx Triumph!	ja	ja	ja	ja	ja	ja	ja	ja	ja

Produktname	Identifikation	Authentisierung	Rechteverwaltung	Rechteprüfung	Protokollierung	Wiederaufbereitung	Verschlüsselung	Bildschirmsperre	Veränderungsschutz
MultiKey II	ja	ja	ja	ja	ja	nein	nein	ja	ja
NoAccess	ja	ja	nein	nein	nein	nein	ja	nein	nein
NU-LOC, NU-Super	nein	ja	nein	nein	ja	ja	ja	ja	nein
Oculis Plus	ja	ja	ja	ja	ja	nein	ja	ja	ja
pc+crypton	ja	ja	nein	nein	nein	nein	nein	nein	ja
pc+disklock	ja	ja	nein	nein	nein	nein	nein	nein	nein
PC - Encryptor	nein	ja	ja	ja			ja		ja
pc+softlock, pc+master, pc+pause	ja	ja	ja	ja	(ja)	ja	ja	ja	nein
PC-DES	ja	ja	nein	nein	nein	nein	ja	nein	nein
PC-Guard Professional	ja	ja	ja	ja	ja	ja	ja	ja	ja
PC-Mentor	nein	nein	nein	ja		nein	ja	nein	ja
PMM (Profi Menü Manager)	ja	ja	ja	ja	ja	nein	ja	ja	nein
Rocada	ja	ja	nein	ja	nein	ja	ja	ja	nein
SAFE-Board I	nein	nein	nein	nein	nein	nein	ja	nein	nein
SAFE-Board II	nein	nein	nein	ja	nein	nein	ja	nein	nein
SAFE-Guard HD	ja	ja	nein	nein	nein	nein	ja	ja	nein

Produktname	Identifikation	Authentisierung	Rechteverwaltung	Rechteprüfung	Protokollierung	Wiederaufbereitung	Verschlüsselung	Bildschirmsperre	Veränderungsschutz
SAFE-Guard Professional	ja	ja	ja	ja	ja	ja	ja	ja	ja
SAFE-Guard Standard	ja	ja	ja	ja	ja	nein	ja	ja	ja
Safety Plus	nein	ja	nein	nein	nein	nein	ja	nein	ja
Safeware Paket	ja	ja	ja	ja	ja	ja	ja	ja	ja
SaveDir®	ja	ja					ja		
Securex	ja	ja	ja	ja	ja	ja	ja	ja	ja
Signum	nein	ja	nein	nein	nein	nein	ja	nein	nein
Trispan	ja	ja	ja	ja	ja	ja	ja	ja	nein
w/p 300 Z	ja	ja	ja	ja	ja	ja	ja	ja	ja
w/p-Soft	ja	ja	ja	ja	ja	nein	ja	ja	nein
Watchdog	ja	ja	ja	ja	ja	nein	ja	ja	ja
X-Lock 10	ja	ja	ja	ja	ja	nein	ja	ja	ja
X-Lock 10 PS/2	ja	ja	ja	ja	ja	nein	ja	ja	ja
X-Lock 50	ja	ja	ja	ja	ja	nein	ja	nein	ja

Produktname	PW-Länge min…max		Stopwortliste	Wer vergibt die Paßworte?	Wie werden die Paßworte gespeichert?	Ist die Gültigkeit zeitlich begrenzbar?	Anzahl der in Folge verschiedenen PW	Funktionen mit Sekundär-PW (Vier-Augen-Prinzip)
A:LOCK								
Anubis	1	15	nein	Systemverwalter	asymmetrische verschlüsselt	nein	0	
BIO Password Modell 2100	6	12	nein	Systemverwalter, Benutzer	asymmetrisches Verfahren	ja	2	
BSS Beyer Security-System	5	10	nein	Benutzer	(a-)symmetrisch verschlüsselt	ja	2	
C-Selekt	4	8	nein	Benutzer	asymmetrisch verschlüsselt	ja	10	Verwaltungsfunktionen, Menüwechsel, Programmstart
Car Plus	0	15	nein			ja	0	
Clavis Plus	8	8	nein	Systemverwalter, Benutzer	(a-)symmetrisches Verfahren	nein		
Close Access I, II o. III	3	10	nein	Systemverwalter, Benutzer	symmetrisch verschlüsselt	nein	0	Revisionsauswertung
CRYPT-IT								
Das große Datenschutzpaket	1	204	nein	Systemverwalter, Benutzer	asymmetrisch verschlüsselt	nein		
Elkey 4	6	16	nein	PW-Generator Systemverwalter	symmetrisch verschlüsselt	ja	2	
Festplattenschutzp rogramm FSP	1	8	nein	Systemverwalter	unverschlüsselt	nein	0	

Produktname	PW-Länge min	PW-Länge max	Stop-wort-liste	Wer vergibt die Paßworte?	Wie werden die Paßworte gespeichert?	Ist die Gültigkeit zeitlich begrenzbar?	Anzahl der in Folge verschiedenen PW	Funktionen mit Sekundär-PW (Vier-Augen-Prinzip)
Login	1	8	nein	Systemverwalter	verschlüsselt	nein		
Micronyx Triumph!	0	10	nein	Benutzer	asymmetrisch verschlüsselt	ja	1	
MultiKey II	1	8	nein	Benutzer	verschlüsselt	nein	nein	
NoAccess	2	8	nein	Systemverwalter	asymmetrisch verschlüsselt	nein	0	
NU-LOC i.V.m. NU-Super	6	8	nein	Benutzer	asymmetrisch verschlüsselt	ja	5	Administration durch Supermanager
Oculis Plus	8	8	nein	Systemverwalter, Benutzer	(a-)symmetrisches Verfahren	nein		
pc+crypton	8	12	nein	Benutzer	asymmetrisches Verfahren	nein	0	
pc+disklock	8	12	nein	Benutzer	asymmetrisches Verfahren		egal	
PC - Encryptor	4	16	nein	PW-Generator	symmetrisch verschlüsselt	nein	0	Eingabe der Group/ Key - Access -Keys u. der Laufwerksschlüssel
pc+softlock, pc+master, pc+pause	5	10	nein	Benutzer (wenn Befehl bekannt)	asymmetrisches Verfahren	ja	2	

Produktname	PW-Länge min...max		Stop-wort-liste	Wer vergibt die Paßworte?	Wie werden die Paßworte gespeichert?	Ist die Gültigkeit zeitlich begrenzbar?	Anzahl der in Folge verschiedenen PW	Funktionen mit Sekundär-PW (Vier-Augen-Prinzip)
PC-DES	8	40		Benutzer	asymmetrisch verschlüsselt			
PC-Guard Professional	1	15	nein	Systemverwalter bei Erstpaßwort, Benutzer	asymmetrisch verschlüsselt	ja	12	bei paßwortgeschützten Daten und bei Verschlüsselung, Boot-Schutz
PC-Mentor	4	10	nein	Systemverwalter	asymetrisch verschlüsselt	nein	0	
PMM (Profi Menü Manager)	1	10	nein	Systemverwalter, Benutzer	asymmetrisches Verfahren	nein	2	
Rocada	4		nein	Benutzer		nein		
SAFE-Board I								
SAFE-Board II								
SAFE-Guard HD	1	8	nein	Systemverwalter, Benutzer	Einwegverschlüsselt	ja	4	
SAFE-Guard Professional	1	8	ja	Systemverwalter, Benutzer	asymmetrisch verschlüsselt	ja	4	Bearbeitung der Log-Datei, Programmaufruf
SAFE-Guard Standard	*	8	nein	Systemverwalter, Benutzer	verschlüsselt	ja	4	Ausdruck der Protokolldatei

Produktname	PW-Länge min…max		Stop-wort-liste	Wer vergibt die Paßworte?	Wie werden die Paßworte gespeichert?	Ist die Gültigkeit zeitlich begrenzbar? ·	Anzahl der in Folge verschiedenen PW	Funktionen mit Sekundär-PW (Vier-Augen-Prinzip)
Safety Plus			nein	Benutzer	asymetrisch verschlüsselt		0	
Safeware Paket	4	8	nein	Benutzer, Superuser, PW-Generator	unverschlüsselt in der Chipkarte	nein	0	
SaveDir®	4	60	nein	Systemverwalter, Benutzer	verschlüsselt	nein	0	
Securex	6	20	nein	Systemverwalter	symmetrisch verschlüsselt	ja	0	
Signum								
Trispan	0	10	nein	Benutzer	asymmetrisch verschl. im Token	ja	1	
w/p 300 Z	8	20	nein	Benutzer	symmetrisch verschlüsselt	ja	2	
w/p-Soft	1	20	nein	Systemverwalter	symmetrisches Verfahren	nein	0	
Watchdog	1	12	nein	Systemverwalter, Benutzer	asymmetrisch verschlüsselt	ja		Anmelden
X-Lock 10	1	20	nein	Systemverwalter	symmetrisches Verfahren	nein	0	
X-Lock 10 PS/2	1	20	nein	Systemverwalter	symmetrisches Verfahren	nein	0	
X-Lock 50	*	20	nein	Systemverwalter, Benutzer	symmetrisch verschlüsselt	nein	0	

* : Die minimale Paßwortlänge ist einstellbar.

Gregor Hohpe

Neue Entwicklung zur PC-Sicherheit

Der Sicherheits-PC

Christian Franke
Gregor Hohpe

Van den Berg Elektronik GmbH
Albert-Steiner-Straße 25
W-5120 Herzogenrath 1

in Zusammenarbeit mit

RWTH Aachen
Lehrstuhl für Informatik I
Ahornstraße 55
W-5100 Aachen

E-Mail: **franke@informatik.rwth-aachen.de**

Da Personal Computer unter MS-DOS inzwischen auch zahlreich in sicherheitskritischen Anwendungen eingesetzt werden, ist eine Erweiterung dieser Systeme um Sicherheitsfunktionen dringend erforderlich. Das Betriebssystem MS-DOS besitzt keinerlei Funktionen zur Zugangs- und Zugriffskontrolle. Aus historischen Gründen besitzen die Personal Computer keine hardwaregestützte Trennung zwischen Anwenderprogrammen und Betriebssystem, so daß alle Sicherheitskomponenten in der Betriebssystemsoftware umgangen werden können. Abhilfe über Erweiterungskarten in den Steckplätzen ist hier nur sehr eingeschränkt möglich.

In dieser Arbeit wird das Konzept eines Sicherheits-PC vorgestellt, bei dem diese Probleme beseitigt werden. Eine speziell entwickelte Zentraleinheit mit zwei getrennten Prozessoren für Betriebssystem und Anwenderprogramme realisiert den Schutz des Betriebssystems bei Gewährleistung höchstmöglicher Kompatibilität. Eine parallel entwickelte Erweiterung des Betriebssystems MS-DOS stellt die erforderlichen Sicherheitsfunktionen zur Verfügung.

Inhalt

1 Einführung

Personal Computer unter dem Betriebssystem MS-DOS wurden ursprünglich für den reinen Einbenutzerbetrieb konzipiert. Es sind keinerlei Maßnahmen vorgesehen, die verhindern, daß Unbefugte die dem auf dem PC gespeicherten Daten und Programme lesen oder modifizieren. Der inzwischen sehr breite Einsatz von Personal Computern auch in sicherheitskritischen Bereichen, insbesondere bei den Geld- und Kreditinstituten im beleglosen Zahlungsverkehr, macht geeignete Schutzmaßnahmen dringend erforderlich.

Im Herbst 1989 wurde am Lehrstuhl für Informatik I der RWTH Aachen in Zusammenarbeit mit der Firma van den Berg Elektronik GmbH mit der Konzeption eines sicheren Personal Computers (Sicherheits-PC) begonnen. Dabei wurden das Orange Book ([DOD85]) und die IT-Sicherheitskriterien ([ZSI89]) von Anfang an mit berücksichtigt.

Eine der Hauptforderungen beim Entwurf des Sicherheits-PC lautet: Existierende MS-DOS Anwenderprogramme müssen möglichst ohne Einschränkungen auf dem Sicherheits-PC ablauffähig sein. Dies gilt auch für die speicherresidenten Programme.

Ausgenommen von dieser Forderung sind selbstverständlich Programme, die es ermöglichen, sicherheitstechnisch nicht vertretbare Aktionen durchzuführen. Hierzu gehören beispielsweise solche Programme, die die direkte Manipulation der Festplatte auf der Sektorebene erlauben.

Der Sicherheits-PC besteht hauptsächlich aus zwei Grundkomponenten. Einerseits realisiert eine Softwarekomponente (*S-DOS*) die in MS-DOS fehlenden Sicherheitsfunktionen, wie Zugangs- und Zugriffskontrolle und Beweissicherung. Andererseits wird durch eine speziell konstruierte Zentraleinheit (*S-CPU*) das Betriebssystem einschließlich S-DOS vor Manipulationen durch die Anwenderprogramme geschützt.

2 Probleme bei Sicherheitserweiterungen

Bedingt durch die ursprüngliche Auslegung des Betriebssystems MS-DOS und der IBM-kompatiblen Personal Computer ergeben sich einige spezifische Schwierigkeiten bei der Erweiterung eines PC um Sicherheitskomponenten.

Bestimmte Funktionen lassen sich über die MS-DOS Systemschnittstelle überhaupt nicht, oder nur in völlig unzureichender Geschwindigkeit durchführen. Ein Beispiel hierfür ist die Ausgabe auf den Bildschirm, insbesondere in den Graphikmodi. Dies ist ein Grund dafür, daß Anwenderprogramme die MS-DOS Systemschnittstelle umgehen und über das BIOS oder auch direkt über die I/O-Ports auf Peripheriebausteine zugreifen.

Da das Betriebssystem MS-DOS ursprünglich für den 8086 Prozessor entwickelt wurde, haben Betriebssystem und Anwenderprogramme die gleichen Zugriffsrechte. Eine Trennung von Speicherbereichen erfolgt nicht. Softwaremäßige Sicherheitsmaßnahmen können leicht durch direkten Hardwarezugriff umgangen werden (siehe Abb. 1). Es ist aus Gründen der Kompatibilität auch nicht möglich, die erweiterten Möglichkeiten (Protected Mode) der Prozessoren 80286, 80386 und 80486 hierfür auszunutzen.

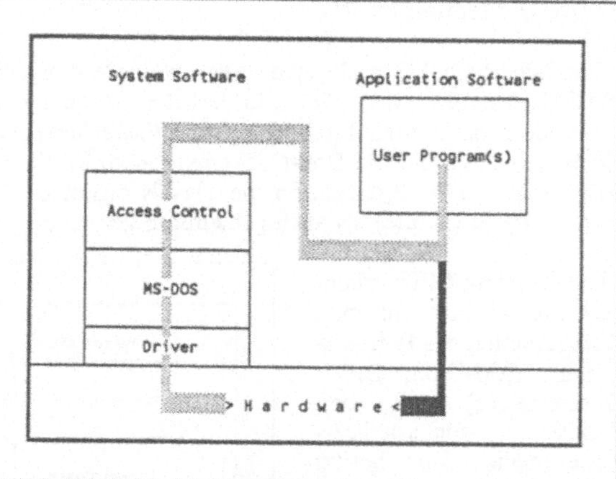

Abb. 1: Mögliche Zugriffspfade bei einem Standard-PC

In einen vorhandenen Personal Computer lassen sich zwar leicht zusätzliche Hardwarekomponenten integrieren. Da dies jedoch über die Steckplätze erfolgen muß, können keine Zugriffe, die Komponenten auf der Zentraleinheit (Motherboard) betreffen, kontrolliert und gezielt verhindert werden.

Im Sinne der IT-Sicherheitskriterien bedeutet dies: Durch die Erweiterung eines vorhandenen PC kann daher zwar eine hohe Stufe bezüglich der *Funktionalität* (Sicherheits-Software), aber nur eine niedrige Stufe bezüglich der *Qualität* (fehlende Hardwareunterstützung) erreicht werden.

Die Zentraleinheit des Sicherheits-PC stellt daher für die Sicherheit des Systems eine sehr wesentliche Komponente dar. Die Sicherheitserweiterungen des Betriebssystems sind reine Softwarelösungen. Es muß dafür gesorgt werden, daß die Sicherheitssoftware nicht durch Anwenderprogramme umgangen wird. Dies erfordert zwingend eine Hardwareunterstützung.

3 Die Sicherheits-CPU

Der Sicherheits-PC erhält eine stark erweiterte Zentraleinheit mit der *Sicherheits-CPU* (S-CPU). In ihr wird die erforderliche Trennung zwischen Betriebssystem und Anwenderprogrammen durch eine *physikalische* Aufteilung auf 2 getrennte Prozessoren, die *System-CPU* und die *User-CPU* (siehe Abb. 2). Beide stellen für sich eigenständige 80386 oder 80486 Prozessoren mit jeweils eigenem Hauptspeicher dar. Sie besitzen sowohl eigene (lokale) als auch gemeinsam genutzte (globale) Systemkomponenten.

Die System-CPU dient zum Ablauf der einzelnen Komponenten des Betriebssystems (MS-DOS, BIOS, Gerätetreiber) mit den S-DOS Sicherheitserweiterungen. Sie besitzt vollständige Kontrolle über die globalen Systemkomponenten des Sicherheits-PC.

Die User-CPU dient zum Ablauf der Anwenderprogramme, und hat daher keinen oder nur eingeschränkten direkten Zugriff auf Hardwarekomponenten.

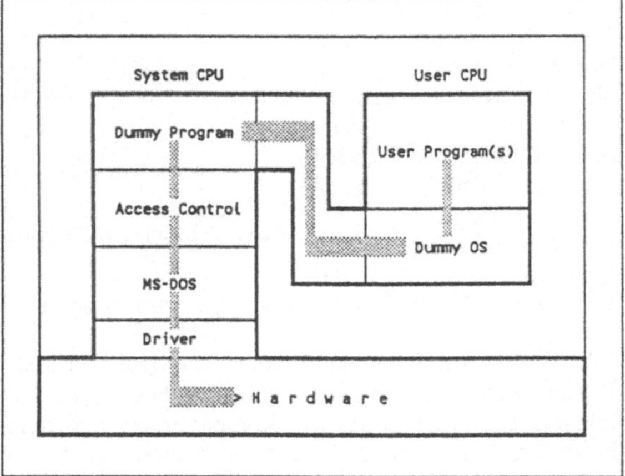

Abb. 2: Mögliche Zugriffspfade bei der S-CPU

Die Kommunikation zwischen System- und User-CPU wird durch ein Dual-Port-RAM und gegenseitige Interruptmöglichkeiten unterstützt. Eine als *Dummy-MS-DOS* bezeichnete Softwarekomponente wird auf der User-CPU an Stelle von MS-DOS vom Anwenderprogramm aufgerufen, wenn Aktionen des Betriebssystems erforderlich sind. Von hier aus wird die Anfrage über das Dual-Port-RAM an das *Dummy-Anwenderprogramm* auf der System-CPU übertragen. Dieses ruft dann das um S-DOS erweiterte MS-DOS auf und gibt anschließend das Resultat des Aufrufes an die User-CPU zurück.

Die System-CPU hat Zugriff auf Kontrollregister, mit denen die Sicherheitssoftware festlegen kann, auf welche Hardwareadressen die User-CPU Zugriff hat. So kann der Zugriff auf nicht-sicherheitskritische Komponenten gezielt freigegeben werden.

Führt das Programm auf der User-CPU einen nicht erlaubten Hardwarezugriff durch, so wird die User-CPU zunächst angehalten. Die System-CPU erhält Informationen über Adresse und Art des versuchten Zugriffes. Die Sicherheitssoftware auf der System-CPU kann nun das Programm auf der User-CPU abbrechen. Es ist jedoch auch möglich, daß die System-CPU die angesprochene Hardwarekomponente simuliert und anschließend der Zugriff der User-CPU noch fortgesetzt wird.

Mit diesen Maßnahmen wird erreicht, daß S-DOS nicht mehr von Anwenderprogrammen umgangen werden kann, wobei vorhandene MS-DOS Anwendungen
weiterhin ablauffähig bleiben. Eine solche Auslegung ist durch eine Sicherheits-
erweiterung durch Steckkarten grundsätzlich nicht möglich.

4 Die Betriebssystemerweiterung S-DOS

4.1 Zugangskontrolle

Eine Identifizierung der Benutzer findet durch Benutzerkennzeichen statt. Die
Authentisierung erfolgt durch Eingabe eines Passwortes. Dabei werden bestimmte
Bedingungen der Komplexität des Passwortes gefordert. Diese Bedingungen können vom
Systemverwalter eingestellt werden. In einer späteren Erweiterung ist der Einsatz einer
aktiven Chipkarte geplant.

4.2 Zugriffskontrolle

Ziel des Entwurfs der Zugriffskontrolle war es, eine Funktionalität gemäß der Klasse
F3 der IT-Sicherheitskriterien zu erreichen. Daher wird zur Rechteprüfung eine
Kombination einer benutzerbestimmbaren Zugriffskontrolle und einer festgelegten
(regelbasierten) Zugriffskontrolle verwendet. Zusätzlich sind einige Komponenten der
höheren Funktionalitätsklassen F4 und F5 integriert worden, wie z. B. die Definition
spezieller Rollen.

Die benutzerbestimmbare Zugriffskontrolle wird durch Zugriffskontroll-Listen für
Dateien, Verzeichnisse und Geräte realisiert. Die Kontroll-Listen sind für jedes
Verzeichnis jeweils in einer speziellen Systemdatei abgelegt. Die benutzerbestimmbare
Rechteverwaltung unterscheidet Rechte für folgende Personen und Personenkreise: den
Eigentümer eines Objektes, die Eigentümergruppe, einzelne Benutzer und Benutzer-
gruppen, den Systemverwalter, den Sicherheitsbeauftragten und alle Benutzer. Die
Zugriffskontroll-Listen sind so konzipiert, daß sowohl die Vergabe als auch der Entzug
von Rechten für jede der genannten Personen explizit für jede Datei und jedes
Verzeichnis möglich ist. In jedem Verzeichnis existiert eine Standard-Kontroll-Liste, die
neu angelegten Dateien automatisch zugewiesen wird.

Die Zugriffskontrolle unterscheidet je nach Art des Objektes, auf das zugegriffen wird,
verschiedene Zugriffsarten. Auf einer Datei werden die Operationen Lesen von Daten,
Überschreiben von Daten (Modifizieren), Anhängen von Daten, Löschen der Datei,
Ausführen der Datei unterschieden. Zusätzlich zu diesen Zugriffsrechten existiert ein
Recht zur Änderung der benutzerbestimmbaren Rechtebeziehungen.

Die Zugriffe auf Verzeichnisse werden analog zu Dateizugriffen behandelt, wobei
folgende Rechte unterschieden werden: Auflisten des Verzeichnisses, Umbenennen von

Dateien, Anlegen von Dateien, Löschen von Dateien, Suchen von Einträgen (wird z. B. zum Starten von Programmen benötigt) und das Entfernen des Verzeichnisses.

Auch jedem Gerät ist eine Zugriffskontroll-Liste zugewiesen, die die gleiche Funktionalität wie im Falle von Dateien aufweist, lediglich mit dem Unterschied, daß nur die Rechte Lesen, Schreiben und Steueroperation unterschieden werden.

Die Diskettenlaufwerke nehmen in diesem Konzept eine Zwischenstellung zwischen Geräten und Verzeichnissen ein, da sie sowohl dem Datenimport und -export als auch der Speicherung von Daten dienen können. Dadurch ist es beispielsweise möglich, einzelnen Benutzern oder Benutzergruppen den Zugriff auf die Diskettenlaufwerke völlig zu untersagen, oder den Zugriff auf den Datenimport zu beschränken.

Die festgelegte Zugriffskontrolle ist gemäß den Forderungen der Funktionalitätsklasse F5 ausgelegt. Jedem Subjekt ist ein zweiteiliges Sicherheitsattribut zugewiesen, welches vom Sicherheitsbeauftragten festgelegt wird. Ebenso weist das System jedem Objekt zum Zeitpunkt der Erzeugung ein Sicherheitsattribut zu. Die Sicherheitsattribute der Objekte werden zusammen mit den Zugriffskontroll-Listen in speziellen Systemdateien gespeichert.

In Erweiterung der Forderungen der IT-Sicherheitskriterien unterscheidet die regelbasierte Zugriffskontrolle Lesezugriffe sowie modifizierende und nicht modifizierende Schreibzugriffe. Die Regeln erlauben das uneingeschränkte Lesen von Dateien niedriger Sicherheitsklassifizierung, das in den Sicherheitskriterien festgelegte Schreiben von Dateien höherer Klassifizierung wird auf den Fall des nicht modifizierenden Schreibens (Anhängen von Daten) eingeschränkt. Modifizierendes Schreiben, d.h. Überschreiben bereits bestehender Daten, ist nur bei Gleichheit der Sicherheitsstufen von Benutzer und Datei erlaubt. Durch diese Regelung wird zusätzlich zum Schutz der Vertraulichkeit die Integrität hoch klassifizierter Daten gewahrt, ohne die Möglichkeit zur Übertragung von Informationen in höhere Sicherheitsstufen zu verlieren. Es besteht jedoch kein regelbasierter Mechanismus, um die Integrität von Daten niedriger Sicherheitsstufe zu gewährleisten. Dies kann nur über die benutzerbestimmbare Zugriffskontrolle erreicht werden.

Zur in der Praxis unabdingbaren Herabklassifizierung von Daten hoher Sicherheitsstufe wurde ein 4-Augen-Prinzip implementiert, das es dem Eigentümer einer Datei erlaubt, seine Datei mit einer Anforderung auf Änderung des Sicherheitsattributes sowie der gewünschten Sicherheitsklassifizierung zu versehen. Der Sicherheitsbeauftragte kann anschließend das Sicherheitsattribut der Datei im Bereich zwischen dem bestehenden und dem gewünschten Attribut neu festlegen.

Auch die Festlegung der Sicherheitsstufe der Benutzer erfolgt nach dem 4-Augen-Prinzip. Nur der Systemverwalter kann neue Benutzer einrichten, jedoch wird die Sicherheitsstufe vom Sicherheitsbeauftragten festgelegt, so daß eine Zusammenarbeit dieser beiden Personen notwendig ist.

Das Rollenkonzept wurde derart in das System integriert, daß mehrere Personen eine Rolle übernehmen können, es aber auch möglich ist, daß auf einem kleinen System ein Benutzer die Rolle von Systemverwalter und Sicherheitsbeauftragten inne hat.

4.3 Import und Export von Daten

Der Zugriffsschutz auf Import- und Exportkanäle ist auf Personal Computern ein besonders schwieriges Unterfangen. Durch den Aufbau des Sicherheits-PC mit zwei getrennten Prozessoren kann der direkte Hardwarezugriff auf Schnittstellen durch das selektive Einblenden der Portbausteine in den Speicherbereich der Anwender-CPU kontrolliert werden.

Die Funktionalität der Zugriffskontrolle erlaubt die Klassifizierung von Geräten für den Datenimport und -export (serielle Schnittstelle, Druckerschnittstelle) analog zu einer Datei. Gelesen werden kann nur von Geräten, deren Sicherheitsstufe kleiner oder gleich der des aktuellen Benutzers ist, nicht attributierte Daten erhalten die Sicherheitsstufe des angemeldeten Benutzers. Datenexport ist auf Geräten möglich, deren Sicherheitsstufe der des Benutzers entspricht. Somit ist sichergestellt, daß nur Informationen einer festgelegten Sicherheitsstufe übertragen werden, wie dies bei einstufigen Kanälen gefordert ist. Zusätzlich unterliegen die Geräte ebenso wie die Dateien einer benutzer-bestimmbaren Zugriffskontrolle.

Schwierigkeiten bereitet in diesem Zusammenhang die von den Sicherheitskriterien geforderte Kennzeichnung menschenlesbarer Ausgaben. Durch die große Vielfalt an Grafikadaptern und Druckern sowie durch eine fehlende Kompatibilität der Geräte, die über die Standards hinausgehen, ist eine solche Kennzeichnung nahezu unmöglich. Im Falle der Bildschirmausgaben ist eine Lösung in Form eines kleinen LC-Zusatzdisplays in Planung, welches die Sicherheitsstufe des angemeldeten Benutzers anzeigt. Auf eine Kennzeichnung von Druckerausgaben muß voraussichtlich verzichtet werden, wenn man sich nicht auf den Ausdruck reiner Textdateien auf standardisierten Druckern beschränkt.

Diskettenlaufwerke werden im Gegensatz zu den übrigen Geräten als mehrstufige Kanäle behandelt. Das Sicherheitsattribut wird zusammen mit den Daten auf der Diskette gespeichert. Während des Einlesens von Daten von der Diskette werden evtl. gespeicherte Sicherheitsattribute zur Prüfung des Lesezugriffs durch das Subjekt herangezogen. Die eingelesenen Daten erhalten jedoch automatisch die Sicherheitsstufe des importierenden Benutzers.

4.4 Beweissicherung

Der Beweissicherungsmechanismus hält sicherheitsrelevante Aktionen in einer Protokolldatei fest. Eine hohe Selektivität der Protokollierung von Dateizugriffen ist eine wesentliche Voraussetzung, um eine nicht mehr zu bewältigende Datenflut zu verhindern.

Das S-DOS-Protokollierungssystem erlaubt die Beschränkung der Protokollierung auf Zugriffe auf einzelne Dateien. Die Auswahl hierzu erfolgt analog zu den benutzerbestimmbaren Zugriffsrechten der Rechteverwaltung. Bei Bedarf können so für jede Datei nur die Zugriffe einzelner Benutzer oder Benutzergruppen, auch eingeschränkt auf bestimmte Zugriffsarten (Lesen, Schreiben etc), protokolliert werden. Zusätzlich kann die Protokollierung davon abhängig gemacht werden, ob einem Zugriff stattgegeben wurde, ob der Zugriff verweigert wurde, oder ob während des Zugriffs ein Fehler auftrat.

Durch Benutzung dieses Mechanismus können die anfallenden Protokolldaten signifikant reduziert werden. Dadurch ist ein besseres und schnelleres Arbeiten mit den Auswertungshilfsmitteln möglich. Diese Hilfsmittel dienen der Erzeugung von Reports, der Kompression und Archivierung der Protokolldatei. Geplant sind Werkzeuge zur automatischen Erkennung von Aktionen, die die Sicherheit des Systems gefährden können, wie z. B. eine Ausnutzung von verdeckten Kanälen.

5 Weitere Systemkomponenten

Der Sicherheits-PC wird durch weitere Komponenten vervollständigt, die hier nur kurz erwähnt werden sollen, da sie keine MS-DOS spezifischen Problembereiche betreffen:

Das Gehäuse wird in zwei getrennt abschließbare Bereiche aufgeteilt. Der äußere Bereich gewährt Zugang zu den Erweiterungssteckplätzen. Der innere Bereich enthält die restlichen Komponenten, insbesondere Zentraleinheit mit S-CPU und Magnetplatte.

Die Stromversorgung enthält eine Stromausfallüberbrückung. So wird ermöglicht, daß auch bei einem Ausfall der Netzversorgung die aktuell bearbeiteten Daten noch abgespeichert werden können.

Die auf der Magnetplatte abgelegten Daten werden permanent verschlüsselt. Ein Diebstahl der Magnetplatte ist daher zwecklos. Die Verschlüsselung erfolgt derzeit mittels des DES-Verfahrens. Eine auf dem Motherboard untergebrachte DES-Hardware sorgt dafür, daß keine unnötigen Geschwindigkeitsverluste durch den Ver-/Entschlüsselungsvorgang entstehen. Für Einsatzbereiche, in denen das DES-Verfahren nicht zugelassen ist, sind prinzipiell auch andere Verfahren möglich, sofern Hardwareunterstützung verfügbar ist.

Backup und Archivierung der Magnetplatte werden durch ein eingebautes Streamer-Laufwerk ermöglicht. Bei einem Backupvorgang werden die Daten verschlüsselt auf dem Band abgelegt, so daß sie sinnvoll nur auf dem gleichen PC wieder eingelesen werden können. Im Gegensatz dazu werden für Archivierungsvorgänge die Regeln für den Import und Export von Daten angewandt.

6 Zusammenfassung und Ausblick

Ausgehend von der Erkenntnis, daß durch die Erweiterung eines vorhandenen Personal Computers unter MS-DOS nur eine sehr beschränkte Qualitätsstufe erreicht werden kann, wurde hier ein neues Konzept für einen sicheren Personal Computer vorgestellt. Die in MS-DOS nicht vorhandenen Sicherheitsfunktionen werden durch die Betriebssystemerweiterung S-DOS bereitgestellt. Die Abgrenzung und damit der Schutz des Betriebssystems vor Manipulationen durch die Anwenderprogramme wird durch den Einsatz zwei getrennter Prozessoren in der S-CPU realisiert. Das Konzept der S-CPU ermöglicht es, eine hohe Qualität der Implementierung zu erreichen.

Ziel des Entwurfes war es, die Anforderungen der Funktionalitätklasse F3 der IT-Sicherheitskriterien zu erfüllen. Abstriche mußten hier insbesondere bei der Kennzeichnung menschenlesbarer Ausgaben gemacht werden. Andererseits konnten aber Elemente höherer Funktionalitätklassen (Rollentrennung) realisiert werden.

Im Rahmen dieses Projektes werden in Zukunft neben dem Aufbau eines Prototyps des Sicherheits-PC die gemäß den IT-Sicherheitskriterien ([ZSI89]) und dem IT-Evaluationshandbuch ([ZSI90]) geforderten Dokumente erstellt. Dabei soll der Schwerpunkt auf der formalen Spezifikation der Sicherheitseigenschaften des Sicherheits-PC liegen. Weiterhin soll untersucht werden, wie sich dieses Konzept in vorhandene Netzwerklösungen integrieren läßt.

7 Literaturverzeichnis

[DOD85] Department of Defense: *Department of Defense Trusted Computer System Evaluation Criteria*, DoD Standard 5200.28, December 1985.

[ZSI89] Zentralstelle für Sicherheit in der Informationstechnik (ZSI) (Hrsg.): *IT-Sicherheitskriterien*, 1. Fassung vom 11. Januar 1989, Bundesanzeiger, Köln, 1989.

[ZSI90] Zentralstelle für Sicherheit in der Informationstechnik (ZSI) (Hrsg.): *IT-Evaluationshandbuch*, 1. Fassung vom 22. Februar 1990, Bundesanzeiger, Köln, 1990.

Dipl.-Inform. (BA) Bernd Staudinger

Neue Lösungsansätze für den sicheren PC-Einsatz im Hause Daimler Benz

Neue Lösungsansätze für den sicheren PC-Einsatz im Hause Daimler-Benz

Personal Computer haben in den Unternehmen eine immer größere Bedeutung erlangt. Stetiger Preisverfall und steigende Leistungsfähigkeit lassen sie in Bereiche vorstoßen, die bisher den Großrechnern vorbehalten waren.

So werden Personal-Computer für die maschinelle Bearbeitung immer wichtigerer Funktionen und Geschäftsprozesse eingesetzt, während Sicherheitsaspekte weitgehend unberücksichtigt bleiben. Heute werden bereits Daten vom Großrechner auf den PC kopiert und dort ohne jeglichen Schutz be- und verarbeitet, während die gleichen Daten auf dem Großrechner einem strengen Zugriffsschutz unterliegen.
Dabei bestehen für Personal-Computer besondere Risiken, da sie in nahezu allen Fällen ohne Sicherheitsmechanismen ausgeliefert werden, obwohl sie durch ihre kompakte Größe sowie die Größe der Datenträger und Peripheriegeräte einen Diebstahl von Geräten oder Daten erleichtern. Weitere Risiken, wie Datenmanipulation und Datenverlust entstehen durch zunehmenden Einsatz von Spieleprogrammen oder Raubkopien, was die Gefahr einer Einschleusung von Computer-Viren drastisch erhöht.

Diesen Risiken wird mit einem technisch/organisatorischen Konzept zur PC-Sicherheit begegnet.

Zur Unterstützung der organisatorischen Regelungen im Unternehmen wurde in Zusammenarbeit mit AEG Olympia und CE-Infosys der "sichere PC ab Werk" als technische Lösung entwickelt.

Dieser PC wird schon beim Hersteller (AEG Olympia) mit Sicherheitsfunktionen wie:
        - Zugangskontrolle mittels Chipkarte
        - Verschlüsselung von Festplatte und Disketten
        - Zugriffskontrolle
        - Protokollierung
        - Programm-Schnittstelle (API)
ausgerüstet.

Dieses Konzept bietet folgende Vorteile:
        - Kosteneinsparung durch Wegfall der Nachrüstung im Hause
        - Einsparung eines Steckplatzes im PC
        - optimale Verträglichkeit durch Abstimmung von PC- und Sicherheitskomponenten
        - Service durch den PC-Hersteller
        - Niedrigere Kosten durch integrierte Bauweise

Als wesentliche Neuerung wird im Gegensatz zu anderen Konzepten die Verschlüsselung beim Datentransport durchgeführt. Damit wird eine Verschlüsselungsrate bis zu 12Mbyte/sec erreicht. Dies erlaubt den Einsatz des PC's als Server-Lösung sowie die Verschlüsselung von lagernden Daten auf nahezu allen Datenträgern wie Diskette, Band, Optical Disk, CD.

Der "sichere PC" ab Werk ist in ein Gesamtkonzept eingebettet, das heißt bereits im Hause installierte PC's (auch anderer Hersteller) können mit einer entsprechenden Sicherheits-Steckkarte (AEG-Olympia) nachgerüstet werden. Der sichere AEG Olympia PC und die nachgerüsteten PC's besitzen identische Verwaltermenüs, Verschlüsselungsalgorithmen und Programm-Schnittstelle. Im Laptop-Bereich bietet Toshiba eine entsprechende Lösung an. Damit wird eine einheitliche Sicherheitsinfrastruktur realisiert, die hinsichtlich Benutzerfreundlichkeit und Funktionalität eine wirksame Unterstützung der organisatorischen Regelungen im Unternehmen bietet.

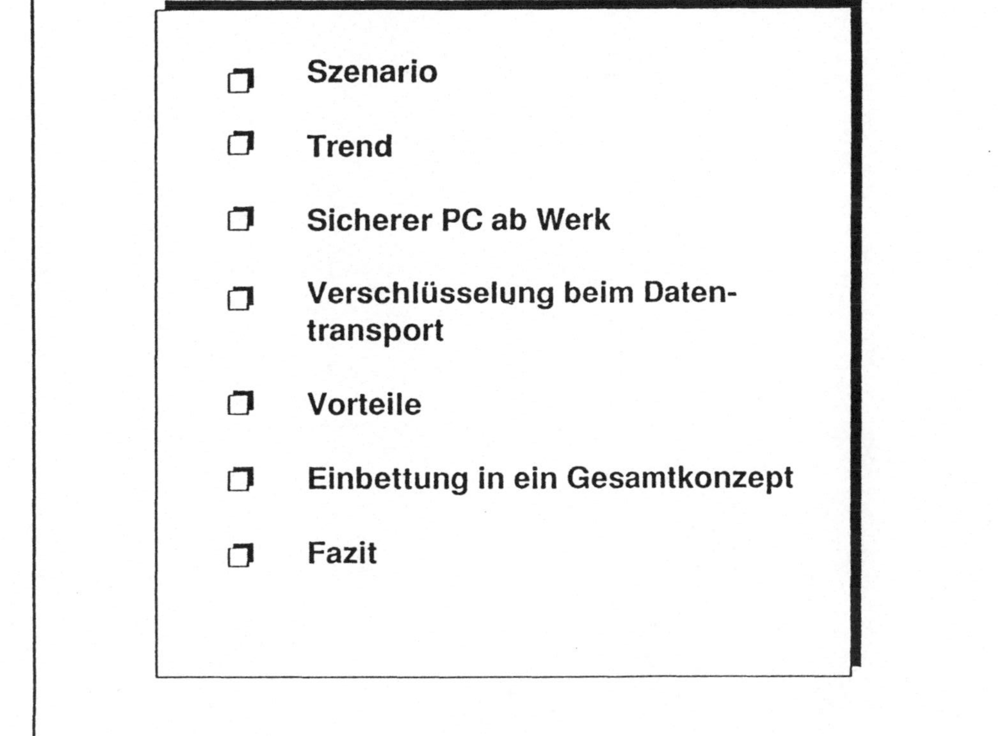
Gliederung

Szenario

Trend

Sicherer PC ab Werk

Verschlüsselung beim Datentransport

Vorteile

Einbettung in ein Gesamtkonzept

Fazit

Szenario

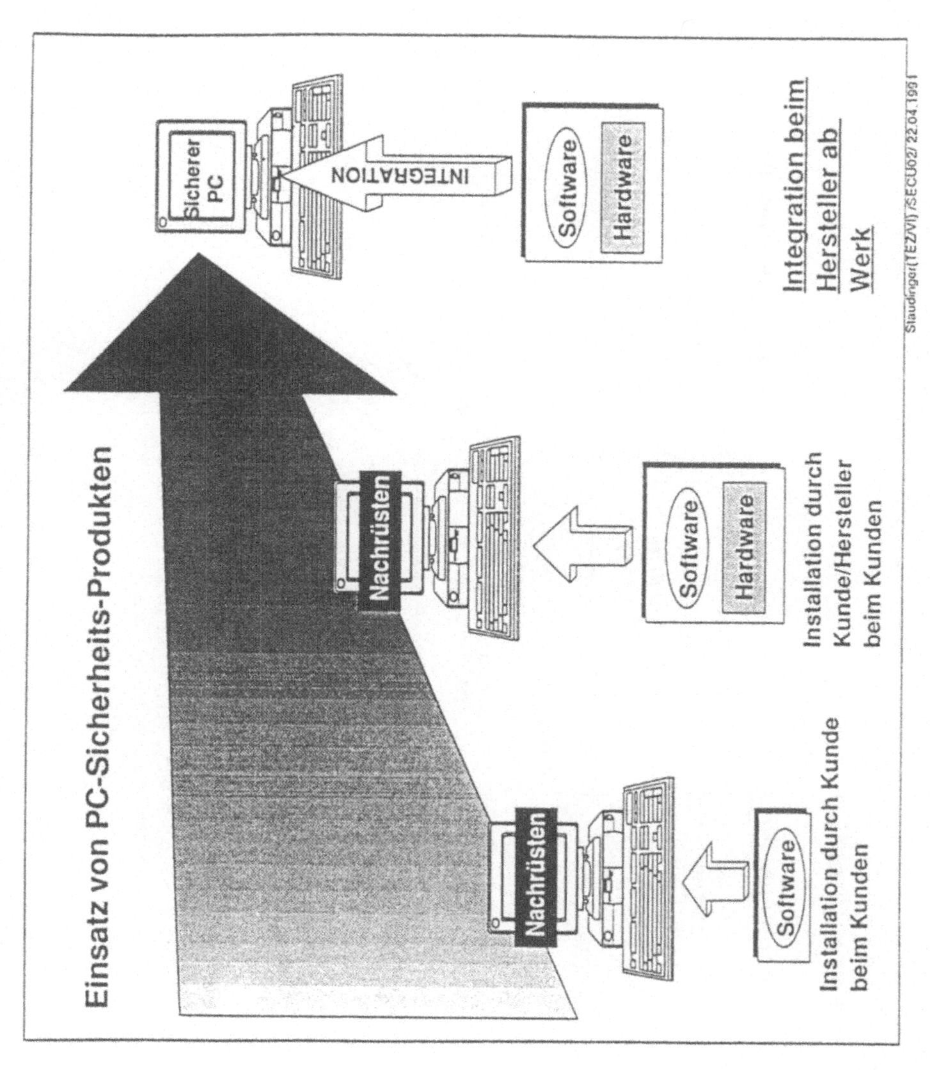
Trend
Einsatz von PC-Sicherheits-Produkten
Sicherer PC
INTEGRATION
Software
Hardware
Integration beim Hersteller ab Werk
Nachrüsten
Software
Hardware
Installation durch Kunde/Hersteller beim Kunden
Nachrüsten
Software
Installation durch Kunde beim Kunden
Staudinger(TEZ/VI)/SECU02/22.04.1991

Sicherer PC ab Werk
AEG Olympia

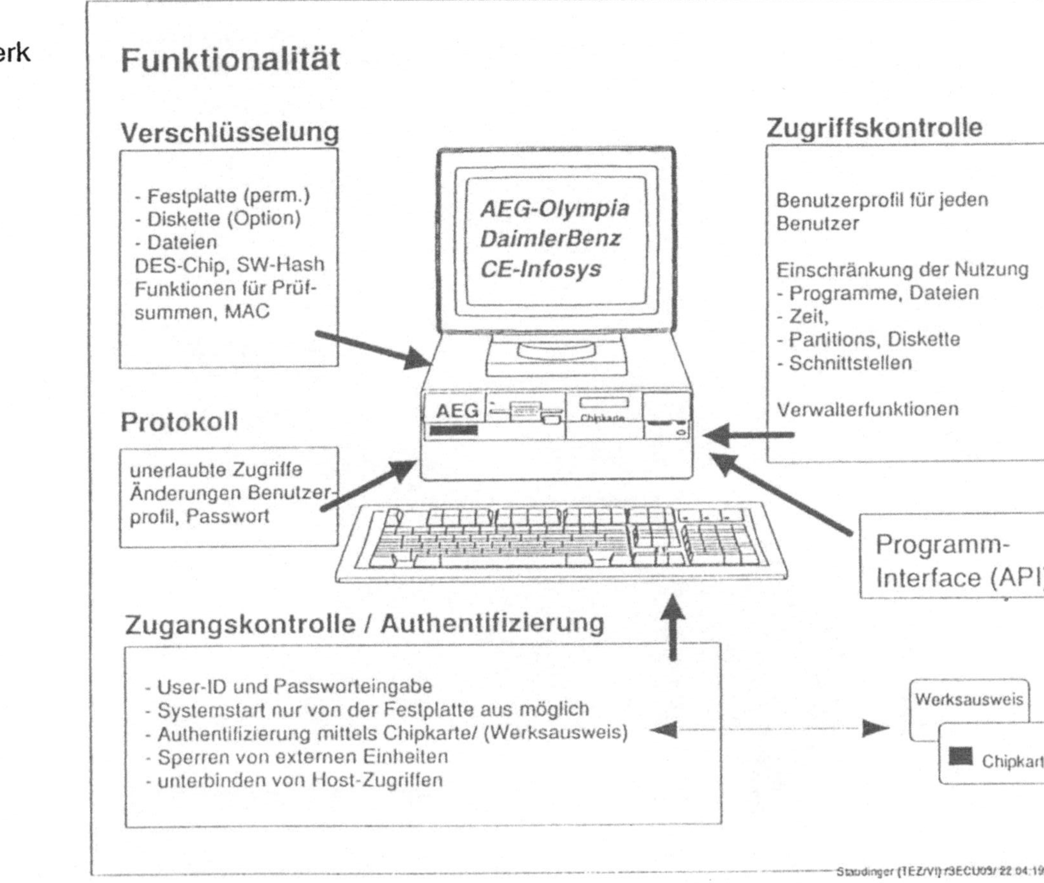

Verschlüsselung beim Datentrans- port

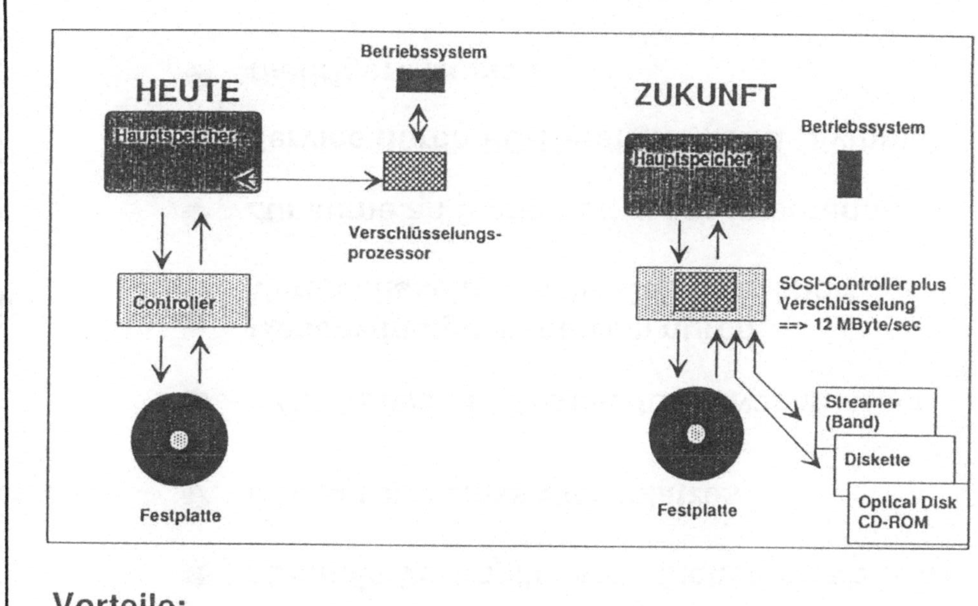

Vorteile:

- Die Verschlüsselung findet nicht mehr über den "Umweg" Hauptspeicher und Betriebssystem statt.
- Es können Daten auf allen am SCSI-Controller an- schließbaren Datenspeicher verschlüsselt werden.

hohe Performance und Sicherheit bei lagernden Daten

Vorteile

Vorteile des "Sicheren PC´s"

- optimale Verträglichkeit / Sicherheit ab Werk

- Einsparung eines Steckplatzes

- Kein Aufwand / Kosten durch Nachrüstung

- Geschwindigkeitsgewinn durch
  Verschlüsselung beim Datentransport

- Zunahme an Sicherheit durch Integration

- Service durch PC-Hersteller (AEG Olympia)

- niedrigere Kosten

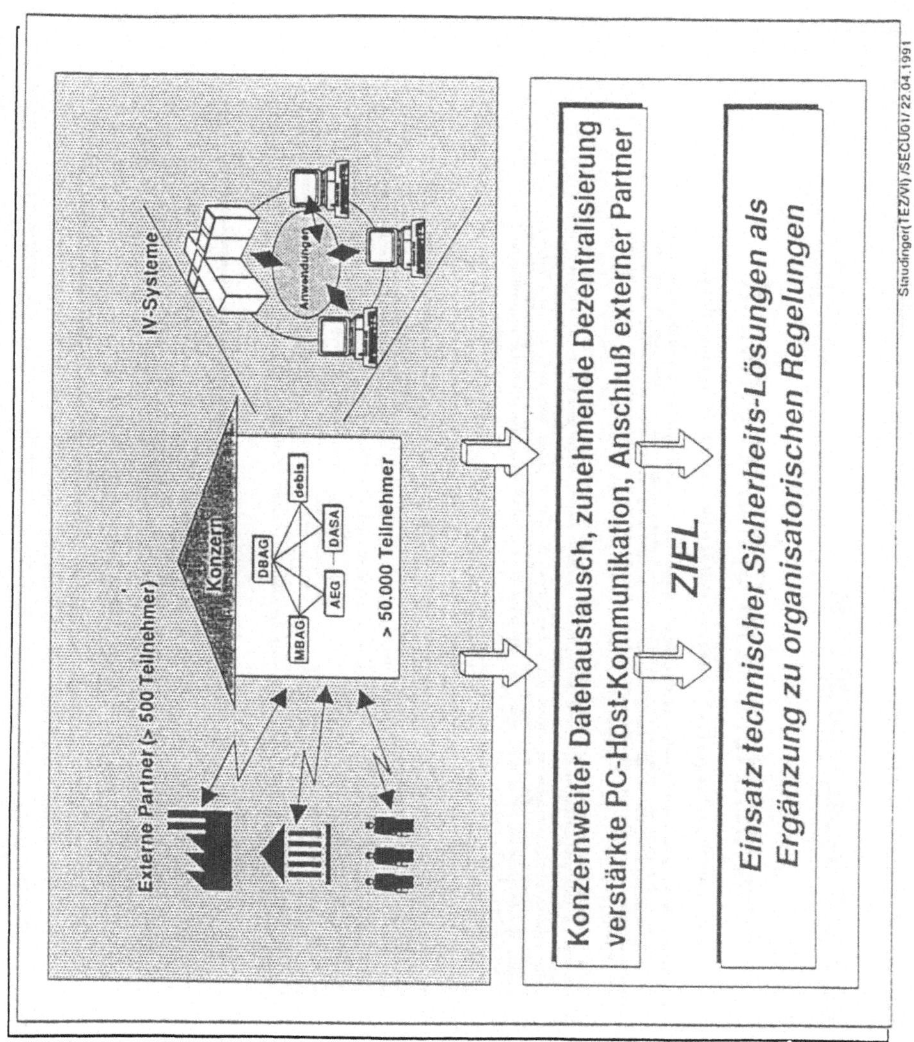
Einbettung in ein Gesamtkonzept
IV-Systeme
Anwendungen
Externe Partner (> 500 Teilnehmer)
Konzern
DBAG
debis
DASA
MBAG
AEG
> 50.000 Teilnehmer
Konzernweiter Datenaustausch, zunehmende Dezentralisierung
verstärkte PC-Host-Kommunikation, Anschluß externer Partner
ZIEL
Einsatz technischer Sicherheits-Lösungen als
Ergänzung zu organisatorischen Regelungen
Staudinger(TEZ/VI)/SECU01/22.04.1991

Fazit

Südwest-Presse vom 20.08.90

Sicherheitstechnik für Computer gefordert

Datenschutzbeauftragte Ruth Leuze: Wir müssen hier schon Pfeiler einschlagen

STUTTGART (lsw). Die technische Entwicklung der Computer muß sich nach Ansicht der Landesbeauftragten für Datenschutz, Ruth Leuze, an der Rechtsordnung orientieren. Der Gesetzgeber wolle in keiner Weise Innovationen hemmen, betonte Frau Leuze in einem Gespräch mit der Deutschen Presse-Agentur (dpa). Die öffentliche Hand müsse jedoch darauf dringen, daß Computer mit Sicherungsvorkehrungen ausgestattet seien, die unbefugte und illegale Zugriffe auf die Daten verhindern. Ruth Leuze: „Wir müssen hier schon Pfeiler einschlagen".

Die gesetzlichen Regelungen hinkten der technischen Entwicklung hinterher. Die Computerhersteller müßten Sicherheitssoftware zumindest anbieten, damit der Anwender die Möglichkeit habe, die erforderlichen Vorkehrungen zu treffen. Diese müßten jetzt in großem Umfang für alle Datenbereiche entwickelt werden, damit sie auch zu einem vernünftigen Preis auf den Markt kommen könnten. Inzwischen gebe es schon Sicherheitssoftware für Personal-Computer. Ob sie installiert werde, sei in diesen Fällen nur noch eine Frage des Geldes. Sicherheitseinrichtungen für Computer müßten jedoch „einfach selbstverständlich" werden. „Ich lasse ja auch kein Auto ohne Bremsen laufen", sagte die Datenschutzbeauftragte.

Ruth Leuze forderte, die Sicherheitstechnik müsse die Überprüfung ermöglichen, welche Daten von welchen Personen abgerufen wurden. „Nur so können die Daten vor Mißbrauch abgeschottet werden". Es solle zwar eine Zentralstelle für Sicherheitstechnik eingerichtet werden, die Hard- und Software prüfen könne, dies sei jedoch der „allererste Anfang". Mit zunehmender Vernetzung der Systeme, die inzwischen ein Abruf sensibler Daten fast an allen Personal-Computern in den Behörden zuließen, müsse einem Mißbrauch vorgebeugt werden.

Es sei heute kaum noch zu überschauen, wo die Daten flössen. Die einzelne Kontrolle werde immer schwieriger. Bei den dadurch steigenden Risiken des Mißbrauchs sei „nicht nur ein Quantitätssprung, sondern auch ein Qualitätssprung" zu beobachten. Frau Leuze erinnerte daran, daß ihre Behörde nur 15 Mitarbeiter habe. Ihnen stünden allein 8000 Behörden und Verwaltungen im Land gegenüber, die im Umgang mit Daten kontrolliert und beraten werden sollten.

„Ich glaube, daß uns gar nichts anderes übrig bleibt, als daß man hier auf Normen drängt, die diese Sicherheitstechnik garantieren", sagte die Datenschutzbeauftragte weiter. Auch dadurch sei der Schutz der Daten nicht hundertprozentig gewährleistet. Welche Informationen fließen dürften, müsse der Gesetzgeber regeln. Man könnte jedoch durch entsprechende Sicherheitstechnik „sehr viel datenschutzfreundlichere Verfahren haben als es zum Teil bislang der Fall ist".

Der sichere PC ab Werk: Ein Schritt in die richtige Richtung !

Sektion I

Sichere Datenbanken

Leitung:
M. A. Angelika Jennen

Teresa F. Lunt

Security in Database Systems - from a Researcher's View

Security in Database Systems: A Researcher's View

Teresa F. Lunt
Computer Science Laboratory
SRI International
Menlo Park, CA 94025

Abstract

Database security has been the subject of active research for the past several years. In the last five years, rapid progress has been made in defining what security means for such systems and in developing laboratory prototypes and even products that meet those definitions. However, much more work remains to be done in certain key research areas. This paper provides an overview of the database security issues for both mandatory· and discretionary security and describes areas of ongoing research.

1   Introduction

In database security we are concerned with the ability of the system to enforce a security policy governing the disclosure, modification, or destruction of information. For example, the DoD *mandatory security* (or multilevel security) policies restrict access to classified information to cleared personnel. Mandatory security requires that classified data be protected not only from direct access by unauthorized users, but also from disclosure through indirect means, such as covert signaling channels and inference. *Discretionary security* policies, on the other hand, define access restrictions based on the identity of users (or groups), the type of access (e.g., select, update, insert, delete), the specific object being accessed, and possibly other factors (time of day, which application program is being used, etc.). Different types of users (system managers, database administrators, and ordinary users) may have different access rights to the data in the system. The access controls commonly found in most database systems are examples of discretionary access controls.

Here we discuss both mandatory and discretionary security issues for database systems. Our emphasis is on the research perspective. Thus, we will discuss the

*This work was supported by the U. S. Air Force, RADC, under contract F30602-89-C-0158.

coming technology that is enabled by the current research in database security, and we will point to areas for future study where there remain problems to be addressed.

2   Multilevel Security

The need for multilevel security arises when a computer system contains information with a variety of classifications and has some users who are not cleared for the highest classification of data contained in the system. The classification of the information to be protected reflects the potential damage that could result from unauthorized disclosure of the information. The clearance assigned to a user reflects the user's trustworthiness to not disclose sensitive information to individuals not so trusted.

We use the term *access class* to refer to both user clearances and the classification of information. The set of access classes in the system forms a lattice [6]. We call the partial ordering relation on the lattice of security classifications the *dominance* relation.

A multilevel database system supports data having different classifications or *access classes* and users having different clearances. In the most general case, the ability to individually classify atomic facts in a database is required. In the relational model, this means that data is classified at the level of individual data elements. Special cases of multilevel relations may be classified at the attribute level (i.e., all the data associated with a particular attribute has the same classification); at the row level (i.e., every tuple has a single classification); or at the relation level (i.e., all the data in the relation has the same classification).

The mandatory access control requirements are formalized by two rules, the first of which protects data from unauthorized disclosure, and the second of which protects data from contamination:

1. A subject S is not allowed to read data of access class c unless $class(S) \geq c$, and

2. A subject S is not allowed to write data of access class c unless $class(S) \leq c$.

In the above rules, a *subject* is a process acting on a user's behalf; a process has a clearance level derived from that of the user.

Mandatory security means that a multilevel relation will appear differently to users with different clearances, because not all data are authorized to all users. Other requirements include the ability to derive classification labels for derived data (as in views, for example).

Subjects with different access classes may retrieve data from the same multilevel relation, but will see different instances, or versions, of the relation. Thus, in any given state, each relation has potentially different instances at different access classes. A subject's access class is an upper bound on the classes of all tuples and elements in the instance for that class.

In the most general case, we consider classification at the granularity of individual data elements. This case can be easily specialized to the case of row-level or table-level labeling. A model of security for multilevel relations with element-level labeling was formalized as part of the SeaView project [28].

We represent a multilevel relation R by a schema $R(A_1, C_1, \ldots, A_n, C_n, T)$, where each data attribute A_i has a corresponding *classification attribute* C_i. The *tuple class* T indicates the classification of information that may be encoded in the tuple. For a stored relation, the tuple class is simply the least upper bound of the element classes in the tuple. For a derived relation (i.e., a view or query result), the tuple class is the least upper bound of the tuple classes of the tuples that were used in the tuple's derivation. Figure 1 illustrates a multilevel relation with three data attributes. In the figure, the label "U" means the data is unclassified; the label "S" means the data is classified SECRET.

Flight	$C1$	Departs	$C2$	Dest	$C3$	T
964	U	1040	U	chicago	U	U
75	U	1400	U	berlin	S	S
1125	S	1730	S	s salvador	S	S

Figure 1: SECRET instance

The name of a relation R also has a classification, which we denote by $class(R)$. $Class(R)$ must be at least as low as the classification of any data contained in the relation. A relation R can be accessed by any user S where $class(S) \geq class(R)$. However, S can see only data that S is cleared to see. Figure 2 shows a SECRET view of the multilevel relation of Figure 1.

Flight	$C1$	Departs	$C2$	Dest	$C3$	T
964	U	1040	U	chicago	U	U
75	U	1400	U	null	U	U

Figure 2: Unclassified instance

Multilevel security affects the data model because not all data are visible to all users. One effect involves two basic properties: entity integrity and referential integrity. Another is polyinstantiation, which we describe shortly.

2.1 The Extended Relational Integrity Rules

In the relational data model, consistency is defined, in part, by the two basic integrity rules of the relational model: entity integrity and referential integrity.

Entity integrity concerns primary keys. A *primary key* is an attribute or set of attributes whose values uniquely identify a tuple in a relation. *Entity integrity* requires that no tuple in a relation can have null values for any of the primary key attributes. To satisfy this constraint for multilevel relations, in any given tuple, the elements forming the primary key must all have the same access class; otherwise, low users would see null values for some of the primary key elements. For example, if the first two data attributes form the primary key, the tuple (10, S, X, TS, 17, TS) has primary key elements with different access classes. A SECRET user's view of the tuple is (10, S, null, S, null, S), which violates entity integrity because part of the key appears to be null. In addition, the access class for the primary key must be dominated by the access classes of all other elements in the tuple; otherwise, the key would appear to be null to low users. For example, if the first two data attributes form the primary key, the tuple (20, TS, Y, TS, 34, S) has a key class greater than the class of the remaining data element. A SECRET user's view of the tuple is (null, S, null, S, 34, S) which violates entity integrity because the key appears to be null. We call these extensions *multilevel entity integrity*.

Referential integrity concerns foreign keys. A *foreign key* is an attribute of a relation that is designated as a reference to some other relation's primary key. *Referential integrity* requires that all tuples referenced by foreign key values must exist, that is, there can be no dangling references. In a multilevel database, we require in addition that a foreign key refers only to tuples with the same access class. We call this extension *multilevel referential integrity*.

2.2   Polyinstantiation

Multilevel security has a further unexpected but unavoidable effect, which we call polyinstantiation [28]. *Polyinstantiation* is the simultaneous existence of multiple data objects with the same name but different access classes.

Polyinstantiation is a phenomenon of multilevel data. As such, it exists as a property of information and is not merely the result of any specific technology. Thus, we cannot simply choose not to support it in our systems. Rather, we must investigate how best to reflect it in our developing technologies.

Polyinstantiation has two fundamental forms: polyinstantiated entities and polyinstantiated attributes of entities. These are described below.

2.2.1   Entity Polyinstantiation

Polyinstantiation arises when a person with a low clearance assigns what is intended to be a unique identifier (for example, employee ID number) to a real-world entity (for example, a person) known to people with low clearances, and is unaware that the identifier has already been assigned to some other real-world entity known only to persons with high clearances. The result will be that there are distinct two real-world entities having the same "unique" identifier. For example, in a computer system, a low user assigns the name "spy-operations" to a file, unaware of the fact that a high file named "spy-operations" already exists. To preclude the possibility of an insecure information flow, the low person cannot be informed of the name conflict.

Several means have been proposed for preventing this situation from occurring. One such means is to partition the global namespace into mutually exclusive low and high namespaces. Another is to prevent people with low clearances from assigning entity identifiers. There will always be situations in which neither of these solutions is appropriate; in such cases, polyinstantiation *must* be allowed to occur in order to preserve information flow security.

2.2.2   Attribute Polyinstantiation

Polyinstantiation also arises when a person with a low clearance assigns a value to some attribute of a real-world entity known to persons with low clearances, when that real-world entity has in fact a more highly classified value for that attribute. For example, a low space shuttle flight could have the low mission "space-exploration" known to people with low clearances, and the high mission "spying" known to people with high clearances.

Attribute polyinstantiation could be avoided by insisting that any entity have only a single value for any attribute. To do this, if a low entity has a high value for some attribute, this fact must be made known to low users. Attribute polyinstantiation cannot be avoided, however, if the very existence of the high attribute value is not known to people with low clearances. For example, if the fact that a low flight has a "spy-equipment" attribute is itself a high piece of information, people with low clearances cannot be securely prevented from associating a different low attribute called "spy-equipment" with the entity.

2.2.3   Cover Stories

Polyinstantiation can occur deliberately in the form of *cover stories*. Cover stories are designed to provide the unclassified world with plausible explanations for unavoidably observable information that could otherwise lead to partial or complete inference of sensitive information. A cover story is needed when some real-world entity is unavoidably visible to people with low clearances, but some attribute of that entity whose existence is known or can be assumed at the low level is classified higher than the entity itself. A cover story is used to give a plausible explanation to prevent the guessing or inference of the classified attribute value. For example, if massive troop movements are known at the low level (because it is impractical to hide the fact) and the reason is not known to people with low clearances, these people may speculate or infer the true reason unless a plausible explanation is given. In this example, "military exercise" may be a cover story for "staging for battle." Cover stories may be considered deliberate polyinstantiation. They are necessary from a security point of view to prevent undesired inferences.

2.2.4   Unnecessary Polyinstantiation

Polyinstantiation is not necessary, from a security point of view, as the result of actions by people with high clearances. Thus, for example, if a person with a high clearance associates a new entity identifier with some highly classified real-world entity, or associates some high attribute value with a low entity, it is not necessary to polyinstantiate if low data already exists, because there is no security vulnerability in simply informing the high person that low data already exists with that value or relationship.

2.2.5 Polyinstantiation in Multilevel Databases

The multilevel relational data model [7, 28] is an extension of the standard relational model in which the individual data elements in a relation are labeled with their classifications. In addition, each tuple has a tuple-class label, which for tuples belonging to an instance of a real relation is the least upper bound of the labels for the individual data elements for that tuple. Each multilevel real relation has a primary key defined for it, which is an attribute or uniformly classified group of attributes. This model was developed as part of the SeaView project. The concept of polyinstantiation, by which different versions of the same real-world entity can be represented in the database, where the different versions represent what is known to users at different clearance levels, was introduced by SeaView. SRI is currently building a prototype Class A1 database system based on that model [29].

In a multilevel database system, polyinstantiation arises in two varieties: polyinstantiated tuples and polyinstantiated elements [28]. Polyinstantiated tuples represent entity polyinstantiation, whereas polyinstantiated elements represent attribute polyinstantiation.

A tuple in a relation instance represents a real-world entity. The information in the tuple that defines the entity is the combination of the value and classification of the primary key (by primary key, here we mean what we defined as the *apparent primary key* in the SeaView model [28]). Thus, in the multilevel relational model, in which polyinstantiated tuples have the same primary key value but different primary key classifications, *polyinstantiated tuples represent different real-world entities.*

In the multilevel relational model, polyinstantiated elements are represented by a set of tuples all of which have the same primary key value and primary key classification. Thus, the set of tuples representing polyinstantiated elements *all refer to the same real-world entity.*

2.2.6 The Meaning of Polyinstantiation in Multilevel Relations

Polyinstantiation arises in two varieties: polyinstantiated tuples and polyinstantiated elements [28]. Here we give an interpretation for polyinstantiation in systems with element-level classification.

An entity is represented by a tuple in a relation instance. The information in the tuple that defines the entity is the combination of the value and classification of the primary key (by primary key, here we mean what we defined as the *apparent primary key* in the SeaView

model [28]).

In the multilevel relational model, polyinstantiated elements are represented by a set of tuples all of which have the same primary key value and primary key classification. For example, there could be an unclassified employee with employee number 12345 whose unclassified salary is $45,000 and whose SECRET salary is $75,000. Thus, the set of tuples representing polyinstantiated elements *all refer to the same real-world entity.* This fact motivates the operational behavior defined below, in which if a non-polyinstantiated element of such a set of tuples is updated, then the entire set of tuples is updated; and if one member of the set is deleted, then the entire set of tuples is deleted.

Also, in the multilevel relational model, polyinstantiated tuples have the same primary key value but different primary key classifications. For example, there could be a TOP SECRET employee with employee number 12345 and a *different* unclassified employee also having employee number 12345, but the fact that the TOP SECRET employee even exists is not known to unclassified users. Thus, *polyinstantiated tuples represent different real-world entities.* This fact motivates the operational behavior defined below, in which updates to a polyinstantiated tuple do not affect the other tuples that have the same primary key value but different primary key classifications.

We can summarize the meaning of polyinstantiation concisely as follows.

- *Polyinstantiated elements* represent the same real-world entity.

- *Polyinstantiated tuples* represent different real-world entities.

As an example of how polyinstantiation arises, suppose an unclassified subject adds a tuple with flight number 1125 to the unclassified relation shown in Figure 2. The outcome, as seen from a SECRET subject, is shown in Figure 3; the polyinstantiation is invisible to unclassified subjects.

Flight	$C1$	Departs	$C2$	Dest	$C3$	T
964	U	1040	U	chicago	U	U
75	U	1400	U	berlin	S	S
1125	S	1730	S	san salvador	S	S
1125	U	1925	U	san francisco	U	U

Figure 3: A polyinstantiated tuple

As another example, suppose our unclassified subject now replaces the perceived null value for the destination

of flight number 75 (see Figure 2) with the value "paris."
The outcome, as seen by a SECRET subject, is as shown
in Figure 4. The unclassified subject does not see the
polyinstantiation, but sees the relation instance shown
in Figure 5.

Flight	$C1$	Departs	$C2$	Dest	$C3$	T
964	U	1040	U	chicago	U	U
75	U	1400	U	berlin	S	S
75	U	1400	U	paris	U	U
1125	S	1730	S	san salvador	S	S
1125	U	1925	U	san francisco	U	U

Figure 4: A polyinstantiated element

Flight	$C1$	Departs	$C2$	Dest	$C3$	T
964	U	1040	U	chicago	U	U
75	U	1400	U	paris	U	U
1125	U	1925	U	san francisco	U	U

Figure 5: View of polyinstantiated element to an unclassified subject

The SeaView model includes a polyinstantiation integrity property to control the effects of polyinstantiation [28].

2.3   An Operational Semantics for Mul-
tilevel Relations

This interpretation of polyinstantiated tuples elements
can form part of the basis of a theory of multilevel relational databases, which in turn can be used as a foun-
dation upon which to define the semantics of update,
insert, and delete operations on multilevel relations.

The definition of a semantics for the multilevel relational model should be motivated by the desire to define
the behavior of the system in a way that is closest to
what we believe users will intuitively expect the system
to do. Thus, we should define the system behavior so
as to satisfy the following goals [27]:

- The system behavior should be as close as possible
  to that of standard relational systems.

- The system behavior should reflect the security
  needs of the real world. In particular, the need
  to represent both polyinstantiation entities and
  polyinstantiated attributes of entities should be
  supported.

- The system behavior for select, update, and delete
  operations should reflect the selection criteria specified by the user; that is, system operations should
  not be defined in such a way that the selection criteria specified make no difference on the outcome
  of the operation, in the general case, as compared
  to specifying no selection criteria.

- The system should provide the ability to define selection criteria that can refer not only to data values but to the data classifications as well.

We have begun an initial investigation into developing
such a semantics [27, 30].

2.4   Multilevel Prototypes and Products

There have been three efforts to design Class A1 relational database systems.

- SeaView, being developed at SRI by T. Lunt et
  al., provides element-level labeling and derives labels for derived data. It includes a multilevel query
  language called MSQL for defining and manipulat-
  ing multilevel data. Its design has been partially
  verified using EHDM, a formal verification system
  developed at SRI [2, 3, 4, 5, 39, 40, 41, 42]. SeaView
  uses a conventional relational engine and a com-
  mercially available reference monitor [28, 31, 32].

- A group at Secure Computing Technology Corporation (SCTC) has produced a design for LOCK
  Data Views (LDV), a relational system that allows
  an application to specify rules for how incoming
  and outgoing data are to be labeled. LDV relies on
  special-purpose security hardware being developed
  at SCTC [38].

- ASD is a prototype developed at TRW. It provides
  row-level labeling [17].

In addition, several vendors, including Oracle Corporation and Sybase, have announced or released products
designed to meet some of the DoD criteria.

3   Discretionary Security

The discretionary access controls in today's database
systems are designed to enforce a specific access control
policy. Applications whose access control policies do not
easily match the policy that is "wired" into the system
are forced to "work around" that wired-in policy. As a
result, the application itself must enforce discretionary
security and cannot make use of the assurances of the
computer system's discretionary access controls.

Traditional discretionary security mechanisms in database systems are usually based on a form of access control list. These mechanisms tend to restrict one's thinking about access control policies to the abilities of the mechanisms. In addition to the usual access control lists, there are other dimensions to discretionary access control policies whose interpretations are ambiguous and which have largely been ignored in today's commercial systems. However, some of these dimensions, such as support for user groups and for specific denial of authorization, are required at the higher evaluation classes of the *DoD Trusted Computer System Evaluation Criteria* [8], and others, such as support for role-based access controls, are commonly required for military applications. The result is that it is apparently impossible for a single general-purpose system to satisfy the discretionary access control requirements of all, or even most, applications. Thus, until now, vendors have been forced to make arbitrary choices, and the users of such systems have had to force their security policies into the vendor-supplied access control mechanisms.

Because so many alternative formulations of discretionary access control policies are possible, it is unnecessarily limiting to have to "wire" a specific policy into a system. What is needed are systems that could enforce any of a number of discretionary access control policies, where each installation would instantiate the particular policy to be enforced. This would allow users to implement a discretionary access control policy that is tailored to their application, rather than having to work around a specific policy that is wired into the database system. Such a mechanism should be designed into a system in such a way that high assurance could be obtained that the security policy that the user selects will be enforced. The benefit of this is obvious: with a wired-in policy, only the single policy that is wired into the system can be enforced with any assurance. If an application works around the wired-in policy to implement an application-specific policy, there will be no assurance that this application-specific policy will be correctly enforced. With a more general approach in which a user can express a wide variety of security policies, whatever policy the user expresses can be enforced with the same degree of assurance.

This approach would provide database systems with sufficient generality to allow users to implement policies that are tailored to their application, rather than having to work around a specific policy that is wired into the computer system. Each such specifiable policy should be implemented with a common mechanism, so that each could be enforced with the same degree of assurance. The capability for a single system to enforce arbitrary application-specific discretionary security policies would materially increase the security of database systems by allowing users to rely on the evaluated system-provided mechanisms to enforce their specific policies, rather than having to encode such policies in the (perhaps untrustworthy) applications themselves.

3.1 Issues in Discretionary Access Control

Discretionary security policies for most operating systems and file systems are fairly simple and straightforward. These policies can be easily modeled using the Graham-Denning access matrix model [13]. This model defines an access matrix in which the rows represent *subjects* (users, processes), the columns represent *objects* (e.g., files, programs, subsystems), and the intersection of a row and a column contains the access modes (e.g., read, write, execute) that the subject has authorization for with respect to the object.

The Graham-Denning model leave many questions unanswered, however. Particularly troubling are some of the requirements in the *DoD Trusted Computer System Evaluation Criteria* [8] for support for such things as group authorization and explicit denial of authorization.

3.1.1 Groups

Discretionary security policies are concerned not only with which subjects may obtain access to which objects, but also with the granting, revoking, and denying of authorizations to and from users and groups. Given the set of authorizations for users and groups, some rule must be applied for deriving authorizations for *subjects*.

In the general case, a user may belong to more than one group. In assigning privileges to subjects acting on behalf of a user, one can choose to

- Have the subject operate with the union of the privileges of all the groups to which the user belongs as well as all his or her individual privileges

- Have the subject operate with the privileges of only one group at a time as well as all his or her individual privileges

- Allow the subject to choose whether to operate with its user's privileges or with the privileges of one of the groups to which its user belongs

- Implement some other policy.

The second and third options above provide a means to support the concept of least privilege.

Note that even if a subject S is constrained to be associated with at most one group to which its associated user U belongs, a user is still not constrained to operate with the authorizations of only one group at a time. For example, if user U belongs to a group G_1 that is authorized for a relation or view R, and U also belongs to another group G_2 that has is not authorized for R, then U can still gain access to R by employing a subject whose associated group is G_1. Thus, this choice of policy constrains subjects rather than users, and can be thought of as a form of least privilege.

3.1.2 Roles

Some applications may require that discretionary access controls be specified on the basis of user roles. Many systems have some built-in roles (e.g., system administrator, database administrator, system security officer). However, different users are likely to have different requirements and definitions for such roles. In addition, many applications require that arbitrary user job access control requirements be formalized in terms of roles (for example, the secure military message system [22]). Thus, a generic capability for application-defined roles is desirable.

The relationship between a user's role authorizations and his or her user and group authorizations probably depends on the application. Whether a user acting in a certain role is to be prohibited from granting some of his or her role privileges to a user acting in another role is also probably application-dependent.

Recently a roles-like extension to the SQL query language for relational database systems has been adopted by ANSI for a future version of the ANSI SQL standard [1]. This extension aims to improve database system security by simplifying security administration. Discretionary security in SQL is based on access control lists. In most database applications, the users interact with the system at a much higher conceptual level that that of individual relations. For example, a typical database application might present the user with a set of menus and fill-in-the-blank screens, and provide the user with a set of function keys with specific operations defined for each screen. Users who interact with such an application are unlikely to be aware of how the data is organized into relations. Thus, an access control list mechanism for discretionary security requires users to specify the security attributes at too low a conceptual level in the system. The application's security policy is likely to be expressed in terms of the entities defined for the application, rather than in terms of the underlying relations. Typically, in these applications, managing the access control lists on the underlying data is performed by a security administrator. But managing a large collection of access control lists is a hard problem [10]. Part of what makes the problem so hard is that the security administrator must maintain a conceptual mapping in his or her head for how the application is mapped onto individual relations or columns of relations. In addition, typical application-specific security policies may be of the form "this user can access that data only if he is running one of these application programs" [1]; such policies are impossible to express in terms of simple access control lists.

The ANSI SQL roles facility addresses these problems by introducing the concept of *named protection domains* (NPDs) [1]. A named protection domain is way of grouping privileges and assigning the resultant collection of privileges to specific individuals. They are introduced to simplify security administration. For example, the ability to update the SALARY column in the EMPLOYEES table can be granted to a named protection domain called SALARY-CLERK. All the other specific authorizations required by a salary clerk would also be granted to the SALARY-CLERK named protection domain. Then, when a new salary clerk joins the organization, it is a simple matter to grant the new individual authorization for the SALARY-CLERK named protection domain. The NPDs can be designed by the applications designers and set up by the applications builders; then the administration of security becomes a relatively simple task that can be performed by someone with little or no knowledge of the underlying implementation of the application in terms of relations and views. If the system is designed so that only one NPD can be active at any one time, then it becomes possible to enforce a separation-of-duties policy with this mechanism

3.1.3 Explicit Denial of Authorization

In the higher evaluation classes of the *DoD Trusted Computer System Evaluation Criteria* [8], users must be able to specify which users and groups are authorized for specific modes of access to named objects, as well as which users and groups are explicitly *denied* authorization for particular named objects. Note that explicit denial of authorization is *not* the same as simple *lack* of authorization. For example, the set of users and groups authorized for an object might be implemented as an ACL (access control list) and the set of users and groups explicitly denied authorization as an XACL (*exclusionary* access control list), as in the naval surveillance model [14]. Because the set of users and groups authorized for an object may be independent of the set of users and groups denied authorization, there may be apparent conflicts between the two sets. For example, consider the following ACL and XACL for a relation R.

ACL: U_1, U_2, G_1, G_2
XACL: U_1, G_2, U_3, G_3

Now consider the following questions:

- Is U_1 authorized for R?
- If $U_2 \in G_3$, is U_2 authorized for R?
- If $U_1 \in G_1$, is U_1 authorized for R?
- If $U_1 \in G_1$ and $U_1 \in G_2$, is U_1 authorized for R?
- If $U_3 \in G_1$, $U_3 \notin G_2$, and $U_3 \notin G_3$, is U_3 authorized for R?

The answers to questions such as these are not provided by the *DoD Trusted Computer System Evaluation Criteria*. Specific choices have been made by particular systems designed for these evaluation classes; however, such choices are arbitrary and may not be suitable for all applications. Lunt [24, 23] goes into detail about a number of specific alternative approaches to these questions. However, choices about the meaning of denial and about how to reconcile the authorizations granted to users individually and as members of groups are application-dependent. Thus, such choices could be specified at system-installation time using a mechanism such as is proposed in this report.

3.1.4 Propagation of Authorization

Several database systems, for example ORACLE, use *grantflags* to control the propagation of authorizations. In these systems, grantflags are specified for each user for a relation or view and access mode. The grantflag can have the value "grant" or "nogrant." The "grant" flag allows a user to grant and revoke the corresponding access mode. In addition, a user with a "grant" flag for a relation or view R and mode m can give and rescind that grantflag.

In SeaView [28, 31], the propagation of access modes is controlled through the access modes "grant" and "give-grant." If a user U is authorized the "grant" access mode for a relation or view R, then U can grant or revoke any access mode other than "grant" and "give-grant" for R. A user U that is authorized the "give-grant" access mode for R can additionally grant and revoke the "grant" and "give-grant" access modes for R.

3.2 Propagation of Revocations

In System R [15], when a user A revokes an access mode from another user B, the mode is also revoked from all users to whom B had granted the mode (which in turn starts several other chains of revocations). This policy is called *cascading revocation*. If user B had granted many authorizations over a long period of time, as would be the case if user B were, say, a system security administrator or a database administrator, then the revocation of B's authorizations can have far-reaching, unpredictable, and undesired effects. Managing these difficulties is sufficiently complex that the vendors of the products that implement this cascading revocation policy recommend that, rather than assign individual usernames to security administrators and database administrators, a single role name be used for all such users. That is, these vendors recommend that all system administrators login under a single SYSADMIN username, and all database administrators login under a single DBA username. This has the obvious drawback that such users cannot then be held individually accountable for their actions. To lessen these difficulties, some database system vendors provide two types of revocation: cascaded and simple. Cascaded revocation is as described above; simple revocation simply revokes the specified authorization from the named group or individual. In SeaView, for example, revocation is not propagated.

3.2.1 Authorizations for Views

In many relational database systems, a user may be authorized for a view without being authorized for the underlying relation(s). In such systems, granting authorization for a view but not for the underlying relation is a means of restricting authorization to a subset of the data contained in the relation.

SeaView does not require that a user be authorized for a relation in order to access a view defined on that relation. Instead, SeaView includes a *reference* mode that can be used to control which users and groups can gain access to stored data through views. In SeaView, a user can exercise access mode m for a view only if he or she is authorized for the reference mode on all referenced relations at the time the view is accessed. A user can withhold the ability to reference a relation through a view by not granting the reference mode.

The Sybase Secure Dataserver takes another alternative, in which users cannot obtain data through a view unless they have the corresponding authorizations for all the referenced relations. No authorization information is kept for views [35].

A consequence of the SeaView approach is that when a user creates a view, he or she becomes authorized for only those access modes for it for which the user is authorized for each underlying relation. The set of users and groups authorized for a view is modified as access modes are subsequently granted and revoked for that view, independently from the granting and revoking of modes for the underlying relation(s). As a result, if a user or group G is later granted additional authorizations for the underlying relations, G does not thereby gain the corresponding authorizations for the views defined on those relations. Another consequence is that view authorizations are not revoked when authorization for an underlying relation is revoked.

With the Sybase approach, view authorizations are computed from the authorizations for the underlying relations at the time the view is accessed. With this approach, if a user's authorization for an underlying relation is revoked, the user can no longer access the view.

4 Assurance

The "trust" in trusted computer systems rests on the ability to provide convincing arguments or proofs that the security mechanisms work as advertised and cannot be disabled or subverted. In building secure database systems, providing such assurance is especially challenging because large, complex mechanisms may be involved in policy enforcement. To satisfy mandatory security requirements, we assign access classes to processes, or subjects, derived from the clearance of the user on whose behalf the subject is operating. Traditional practice is to segregate the security-relevant functions into a security kernel or reference monitor. The reference monitor mediates each reference to an object by any subject, and allows or denies the access according to a comparison of the access classes associated with the subject and with the object. The reference monitor must be tamperproof; it must be invoked for every reference; and it must be small enough to be verified to be correct and secure with respect to the policy it enforces. A high degree of assurance must be provided not only that the mandatory security mechanisms control access to sensitive information, but also that they enforce confinement, or secure information flow. The reference monitor forms the core of the trusted computing base (TCB), which contains all security-critical code. The U.S. DoD *Trusted Computing System Evaluation Criteria* includes requirements for "minimizing the complexity of the TCB, and excluding from the TCB modules that are not protection-critical," so that the reference monitor is "small enough to be verifiable" [8]. Without such a requirement, a high degree of assurance would not be feasible.

4.1 TCB Subsetting

TCB subsetting is a design approach that reuses and extends previously built and verified trusted systems [37]. It is motivated by the need to be able to extend a trusted computing base (TCB) by building on an existing one without disturbing its basis for verification. This is essential when a vendor wants to build a trusted database system on another vendor's trusted operating system.

The TCB subsetting concept evolved from earlier work by Marv Schaefer and Roger Schell on extensible TCBs [36]. With the TCB subsetting approach, the TCB is structured in layers, with each layer enforcing its own policies and with each layer constrained by the policies enforced by the layers beneath it. In particular, the lowest layer is a mandatory TCB that enforces mandatory security for all the layers above it. TCB subsetting is particularly useful when one vendor builds a layer of TCB enforcing a discretionary security policy on another vendor's mandatory TCB. TCB subsetting not only allows reuse of existing TCBs but also permits the evaluation process to take advantage of the known, verified security properties of the previously evaluated TCB.

An advantage of the TCB subsetting approach is that it allows vendors to build independent products to extend an operating system's TCB to enforce additional discretionary policy without having to verify mandatory security. Thus, building multilevel database systems using this approach may be the quickest and most viable approach to getting a multilevel database product evaluated.

The use of TCB subsetting also provides the greatest degree of security possible for mandatory security. Because no there is no trusted component in the database system itself, the risk of disclosure of sensitive data is considerably reduced. This is because the database system is governed by the mandatory TCB of the underlying operating system, which partitions multilevel data by their classification. Thus, a database system subject, when operating on behalf of a user, cannot gain access to any data whose classification is not dominated by the user's clearance. This means that database operations can be handled by *single-level* untrusted subjects. This is the most conservative approach possible for mandatory security.

---

[0]In recent drafts of the forthcoming U.S. *Trusted Database Interpretation* of the Orange Book, the approach we describe in this paper has been called *constrained* or *self-contained* TCB subsetting.

4.2 Alternatives to TCB Subsets

The research community is coming to recognize that there are issues to be resolved when hosting a trusted subject on a mandatory TCB [21]. The issues have to do with how trusted subjects can be used (for example in a database system hosted on a trusted operating system) without invalidating the evaluation of the underlying operating system. The problem is that the use of a trusted subject in combination with the operating system's TCB can introduce new information flows beyond those that can be discovered by performing a flow analysis on the trusted subject alone; such flows can be discovered only by performing a flow analysis on the combination of the trusted subject and operating system TCB, a task that may not be possible for a database system vendor to do.

The use of trusted subjects within the database system to perform routine data processing (for example, to implement concurrency controls using a trusted scheduler, to enforce global integrity, or to implement a mandatory security filter), while perhaps reducing the complexity of the functional design, increases the inherent security risk. We should not be willing to accept this risk for routine query and transaction processing; the use of trusted subjects should be reserved for privileged operations such as downgrading. Meaningful auditing of the covert channels introduced by trusted components of the database system will be infeasible if such components are used for routine data processing. Moreover, the interaction of the channels introduced by the database system's trusted components and the information flows of the underlying trusted operating system may be potentially dangerous; there is currently no known theory to form a basis for reasoning about such interactions. Thus, at the higher evaluation classes, there is no way to achieve high assurance for such a design without performing a flow analysis on the combination of the trusted subjects in the database system and the operating system TCB. Another drawback to using trusted components within the database system is that isolation of the security-relevant trusted portion of the system may become infeasible. Such isolation is crucial at the higher evaluation classes in order to demonstrate the high assurance required. Thus, the use of trusted components for routine data processing is inconsistent with high assurance.

As an important first step in understanding the issues in hosting a trusted database system on a trusted operating system, Tom Hinke has recently developed a taxonomy of database system TCBs [16]. Some of these database system TCBs require a trusted component whose incorrect operation could lead to a violation of the system's security policy. Hinke cites four ways in which this could occur:

- The database system's trusted component could incorrectly grant access to data under its control.

- The database system's trusted component could incorrectly modify the security labels of data under its control such that access is later incorrectly granted to the data.

- The database system's trusted component could modify the operating system's TCB such that it incorrectly grants access to the data its exclusive control.

- The database system's trusted component could modify the security labels of data under the exclusive control of the operating system TCB such that access is later incorrectly granted to the data.

Hinke evaluated five database system architectures with respect to the potential for a security violation in one of the four areas above. He notes that architectures that do not require any trust for mandatory or discretionary security within the database system itself (relying instead on the underlying operating system to enforce mandatory security), such as the Hinke/Schaefer [18] architecture, do not have any of the four vulnerabilities above. Systems with architectures similar to that of Hinke/Schaefer but that enforce discretionary security in the database system, such as SeaView or Trusted ORACLE, are partially vulnerable to the first two categories, but for discretionary security vulnerabilities only. These are the systems that employ the TCB subsetting architecture.

Systems that use a "monolithic" approach (with a single TCB for the combined database system/operating system), such as the Sybase secure database system, are vulnerable to all four categories above. Systems such as TRW's ASD system [17] that run as a trusted process on the operating system's TCB are vulnerable to the first two categories. A database TCB that is partitioned among several machines is also vulnerable to the first two categories above.

¿From this analysis, it seems clear that in database system architectures other than TCB subsetting, there is work to be done to demonstrate that the "trust" in the database system does not invalidate the trust certified in the operating system.

4.3 Implications for Database System Architectures

The constrained or self-contained TCB subsetting approach segregates all code enforcing mandatory security or trusted with respect to mandatory security to a single nonbypassable TCB subset responsible for mandatory security. The database system will belong to a different TCB subset, one that is constrained by the underlying mandatory TCB subset.

The difficulty of using the self-contained TCB subsetting approach is great for those database systems vendors whose processing model consists of a single server process servicing all user requests. A more natural model for a self-contained TCB subsetting approach is a processing model consisting of multiple database server instances, each servicing the requests of subjects at a single access class.

Some vendors whose processing model makes the self-contained TCB subsetting approach infeasible have argued that the self-contained approach implies reduced performance for the database system. However, at least one database system vendor includes a multi-instance processing model in a standard (not multilevel) product whose performance is comparable to that of the other vendors' products. Thus, the empirical evidence does not support this claim. More importantly, at the higher evaluation classes, tradeoffs between performance and security must be made in favor of security. Users demanding Class B3 or A1 database systems will not demand such high assurance frivolously; such high assurance will be demanded for extremely sensitive applications where the concern for mandatory secrecy is overriding.

5 Ongoing Research

Ongoing research in the database security community is focused on the following areas.

- *Defining an operational semantics for multilevel database operations* [30]. There is a need to define the intended semantics for the basic data manipulation operations insert, update, and delete for a multilevel database system with classification at the element level. This will effect, for example, how much polyinstantiation can occur as a result of an update operation, and which polyinstantiated instances are deleted in a delete operation.

- *Support for classification constraints.* Classification constraints are analogous to database integrity constraints, except that they are used to govern the labels that can be assigned to data, rather than the data values. Integrity constraints are used to ensure that only valid data enters the database. These constraints may define, for example, ranges for attribute values or invariant relationships among various data elements. Classification constraints are used to assign classification labels to data that is entered into the database; these rules can assign a classification based on the data value or its relationship to other data in the database.

- *Extending multilevel security to other data models* [11, 19, 20, 26, 34]. Preliminary work has begun to develop multilevel security models for object-oriented databases, entity-relationship databases, and knowledge-based systems.

- *Extending multilevel security to distributed database systems* [9, 33]. Researchers are beginning to address such issues as architectures for secure distributed database systems and balancing the security, consistency, and availability of distributed data.

- *Preventing undesired inferences* [25, 12]. The multilevel inference problem arises whenever some data x can be used to derive partial or complete information about some other data y, where y is classified higher than x. In some cases, even learning of the existence of the information may be unacceptable. This problem commonly arises when the individual data items may be classified low, but the relationship among the data items is considered to be highly sensitive. The aggregation problem also arises from an attempt to protect a sensitive relationship among otherwise nonsensitive data.

The possibility of statistical inference has been largely ignored in the multilevel database security community, even in projects which have proposed solutions to the multilevel "inference problem." While at first glance the problems appear to be quite different, upon deeper inspection it seems apparent that techniques of statistical inference will have to be considered in any comprehensive approach to the multilevel inference problem.

In contrast with the work to date on multilevel inference and aggregation, which has not resulted in any formal or quantitative definition of the problem, there has been a great deal of quantitative work in the statistical database security community, where the problem has been precisely defined. Most multilevel aggregation problems are phrased in the most vague and general terms, where an entire collection of data is, say, TOP SECRET, and single data items are unclassified, but certain subsets of the data may allow you to form a larger picture (although still just a part of the "big" picture) and thus may be considered, say, SECRET. However, these subsets are not generally identified; the problem is too fuzzy.

Government agencies have traditionally taken a very conservative approach to the statistical inference problem by making only static datasets available that have been adequately masked so that undesirable inferences cannot be made. In the multilevel world, however, most people see a need for online interactive query of dynamic databases.

Data design strategies have been proposed to segregate the sensitive associations and to give those sensitive associations high classifications while giving the individual data items low classifications [25]. This has the result that low data is available to users with low clearances while users with high clearances can make sensitive associations among the data.

Work is beginning at SRI in the area of inferential security for multilevel database systems. We are beginning to investigate data design techniques that will minimize the amount of illegal inferences that can occur. Consideration of possible statistical attacks will have to be considered in any comprehensive approach to the problem. The eventual goal is to design and build tools for the data designer to use when constructing a multilevel application on a multilevel database. Although such an analysis can never be complete, such a tool will certainly reduce the amount of analysis that must be done by hand.

6   Summary

We have described the database security issues for both mandatory and discretionary security. For mandatory security, these issues include the effects of multilevel security on data integrity, and polyinstantiation. For discretionary security, these issues concern the ability to provide a flexible policy specification facility in secure database systems. We also discussed the issue of assurance, and we outlined the areas of ongoing research

References

[1] Robert W. Baldwin. Naming and grouping privileges to simplify security management in large databases. In *Proceedings of the 1990 IEEE Symposium on Research in Security and Privacy*. May 1990.

[2] EHDM *Specification and Verification System Version 4.1— User's Guide*. Computer Science Laboratory, SRI International, Menlo Park, CA 94025, November 1988. See [4] for the updates to Version 5.1.

[3] EHDM *Specification and Verification System Version 5.0— Description of the EHDM Specification Language*. Computer Science Laboratory, SRI International, Menlo Park, CA 94025, January 1990. See [4] for the updates to Version 5.1.

[4] EHDM *Specification and Verification System—Version 5.1 Supplement to User's and Language Manuals*. Computer Science Laboratory, SRI International, Menlo Park, CA 94025, April 1990.

[5] J. S. Crow, R. Lee, J. M. Rushby, F. W. von Henke, and R. A. Whitehurst. EHDM verification environment: An overview. In *Proceedings of the 11th National Computer Security Conference*, October 1988.

[6] D. E. Denning. *Cryptography and Data Security*. Addison-Wesley, Reading, Massachusetts, 1982.

[7] D. E. Denning, T. F. Lunt, R. R. Schell, M. Heckman, and W. R. Shockley. A multilevel relational data model. In *Proceedings of the 1987 IEEE Symposium on Security and Privacy*, April 1987.

[8] *Department of Defense Trusted Computer System Evaluation Criteria, DOD 5200.28-STD*. Department of Defense, December 1985.

[9] A. Downing, I. Greenberg, and T. F. Lunt. Issues in distributed database security. In *Proceedings of the 5th Aerospace Computer Security Conference*, December 1989.

[10] D. D. Downs, J. R. Rub, K.C. Kung, and C.S. Jordan. Issues in discretionary access control. In *Proceedings of the 1985 IEEE Symposium on Security and Privacy*, 1985.

[11] T. D. Garvey and T. F. Lunt. Multilevel Security for Knowledge-Based Systems. In *Proceedings the EISS Workshop on Database Security*, European Institute for System Security, Karlsruhe, W. Germany, April 1990.

[12] T. D. Garvey, T. F. Lunt, and M. E. Stickel. Abductive and approximate reasoning models for characterizing inference channels. In *Proceedings of the Fourth Workshop on the Foundations of Computer Security*, June 1991.

[13] G. S. Graham and P. J. Denning. Protection—principles and practice. In *Proceedings of the Spring Joint Computer Conference*, volume 40, Montvale, New Jersey, 1972. AFIPS Press.

[14] R. D. Graubart and J. P. L. Woodward. A preliminary naval surveillance DBMS security model. In *Proceedings of the 1982 IEEE Symposium on Security and Privacy*, April 1982.

[15] P. P. Griffiths and B. W. Wade. An authorization mechanism for a relational database system. *ACM Transactions on Database Systems*, 1(3), September 1976.

[16] T. H. Hinke. DBMS trusted computing base taxonomy. In *Proceedings of the Third IFIP Workshop on Database Security*. September 1989.

[17] T. H. Hinke, C. Garvey, N. Jensen, J. Wilson, and A. Wu. A1 secure DBMS design. In *Proceedings of the 11th National Computer Security Conference - Appendix*, October 1988.

[18] T. H. Hinke and M. Schaefer. Secure Data Management System. Technical Report RADC-TR-75-266, System Development Corporation, November 1975.

[19] S. Jajodia and B. Kogan. Integrating an object-oriented data model with multilevel security. In *Proceedings of the 1990 IEEE Symposium on Security and Privacy*, May 1990.

[20] T. F. Keefe, W. T. Tsai, and M. B. Thuraisingham. SODA: A secure object-oriented database system. Technical report, TR89-12, University of Minnesota, Computer Science Department, 1989.

[21] J. Landauer, T. Redmond, and T. Benzel. Formal policies for trusted processes. In *Proceedings of the Second Workshop on the Foundations of Computer Security*, June 1989.

[22] C. E. Landwehr, C. L. Heitmeyer, and J. McLean. A security model for military message systems. *ACM Transactions on Computer Systems*, 2(3), August 1984.

[23] T. F. Lunt. Access control policies for database systems. In C. E. Landwehr, editor, *Database Security II: Status and Prospects*. North Holland, 1989.

[24] T. F. Lunt. Access control policies: Some unanswered questions. *Computers and Security*, February 1989.

[25] T. F. Lunt. Aggregation and inference: Facts and fallacies. In *Proceedings of the 1989 IEEE Symposium on Research in Security and Privacy*, May 1989.

[26] T. F. Lunt. Multilevel security for object-oriented database systems. In D. L. Spooner and C. E. Landwehr, editors, *Database Security III: Status and Prospects*. Elsevier, 1990.

[27] T. F. Lunt. The true meaning of polyinstantiation: Proposal for an operational semantics for a multilevel relational database system. In *Proceedings of the Third RADC Database Security Workshop*, June 1990.

[28] T. F. Lunt, D. E. Denning, R. R. Schell, W. R. Shockley, and M. Heckman. The SeaView security model. *IEEE Transactions on Software Engineering*, June 1990.

[29] T. F. Lunt and D. Hsieh. The SeaView secure database system: A progress report. In *Proceedings of the 1990 European Symposium on Research in Computer Security*, October 1990.

[30] T. F. Lunt and D. Hsieh. Update semantics for a multilevel relational database system. In *Proceedings of the 4th IFIP WG11.3 Workshop on Database Security*, Halifax, England, September 1990.

[31] T. F. Lunt, R. R. Schell, W. R. Shockley, M. Heckman, and D. Warren. A near-term design for the SeaView multilevel database system. In *Proceedings of the 1988 IEEE Symposium on Security and Privacy*, April 1988.

[32] T. F. Lunt, R. R. Schell, W. R. Shockley, M. Heckman, and D. Warren. Toward a multilevel relational data language. In *Proceedings of the Fourth Aerospace Computer Security Applications Conference*, December 1988.

[33] W. T. Maimone and I. B. Greenberg. Single-level multiversion schedulers for multilevel secure database systems. In *Proceedings of the Sixth Annual Computer Security Applications Conference*, December 1990.

[34] J. K. Millen and T. F. Lunt. Secure knowledge-based systems. Technical Report SRI-CSL-90-04, Computer Science Laboratory, SRI International, Menlo Park, California, August 1989.

[35] P. A. Rougeau and E. D. Sturms. Sybase secure dataserver: A solution to the multilevel secure dbms problem. In *Proceedings of the 10th National Computer Security Conference*, September 1987.

[36] M. Schaefer and R. R. Schell. Toward an understanding of extensible architectures for evaluated trusted computer system products. In *Proceedings of the 1984 IEEE Symposium on Security and Privacy*, April 1984.

[37] W. R. Shockley and R. R. Schell. TCB subsetting for incremental evaluation. In *Proceedings of the Third AIAA Conference on Computer Security*, December 1987.

[38] P. D. Stachour and B. Thuraisingham. Design of ldv: A multilevel secure relational database management system. *IEEE Transactions on Knowledge and Data Engineering*, 2:2, June 1990.

[39] Friedrich von Henke and John Rushby. *Introduction to* EHDM. Computer Science Laboratory, SRI International, Menlo Park, CA 94025, September 28, 1988.

[40] Friedrich von Henke, Natarajan Shankar, and John Rushby. *Formal Semantics of* EHDM. Computer Science Laboratory, SRI International, Menlo Park, CA 94025, January 1990. This document describes EHDM Version 5.0, see [4] for informal descriptions of the changes in Version 5.1.

[41] R. Alan Whitehurst and T. F. Lunt. The SeaView verification. In *Proceedings of the Second Workshop on the Foundations of Computer Security*, June 1989.

[42] R. Alan Whitehurst and T. F. Lunt. The SeaView verification effort. In *Proceedings of the 12th National Computer Security Conference*, October 1989.

Dipl.-Ing. Karin Sondermann

Sicherheit und Fehlertoleranz von INFORMIX OnLine

Vortrag: "Sicherheit und Fehlertoleranz von INFORMIX-OnLine"

Kurzfassung:

INFORMIX-OnLine, das OLTP Datenbanksystem von INFORMIX, bietet
sowohl überlegene Online Transaktionsverarbeitung als auch
Multimedia- Datenverwaltungsfähigkeiten auf dem neuesten Stand der
Technik. OnLine unterstützt die gesamte INFORMIX-Reihe an
Anwendungsentwick- lungstools auf SQL-Basis und ist auf dem
Großteil von Computer- systemen auf UNIX-Basis in selbständigen
oder vernetzten Umgebungen lauffähig.
INFORMIX-OnLine besitzt ein ausgeprägtes Datensicherheitskonzept,
mit dem Fehler verschiedenen Ursprungs, die zu Inkonsistenzen
führen können, unterschiedlich behoben bzw. vermieden werden
können.
Neben der Intergrität wird das Datensicherheitskonzept
erläutert. Dieses umfaßt bei INFORMIX-OnLine die Transaktions-
protokollierung mit physikalischen und logischen Protokollen, die
Kontrollpunkte und das "fast recovery". Weiterhin werden
auch Datensicherheitsaspekte, wie verschiedene
Online-Archivierungs- möglichkeiten und die Plattenspiegelung vom
Server aus, vor- gestellt. Durch das Zusammenspiel dieser
verschiedenen, technologischen Elemente, bietet INFORMIX-OnLine ein
Datenbanksystem für den 24*7 Std.-Betrieb im UNIX-Markt.
Der in INFORMIX-OnLine enthaltene DB-Monitor stellt eine
menügesteuerte Bildschirmoberfläche für die Installation,
Verwaltung, Protokollierung, Archivierung, Wiederherstellung
und Optimierung dar.

In Verbindung mit INFORMIX-STAR, der Netzwerkkomponente für
verteilte Datenbanken von INFORMIX, ermöglicht es OnLine,
verschiedene Datenbanken an verschiedenen Stellen in Verbindung
zu bringen. Mit INFORMIX-OnLine und INFORMIX-STAR verwaltet jeder
unabhängige Datenbank-Server seine eigenen lokalen Datenbanken
und steuert alle Sperren, Protokollierungen und
Wiederherstellungen selbst ("site Autonomie").

I.   Datenbank INFORMIX-OnLine
II.   Fehlerquellen für Inkonsistenzen
III.   Datensicherheit
            - Integrität
            - Transaktionsprotokollierung
            - Kontrollpunkte
            - "fast recovery"
IV.   Verfügbarkeit
            - Online Archivierung
            - Plattenspiegelung
            - DB-Monitor
V.   Verteilte Datenbanken

Merkmale von Informix – OnLine

- hohe Performance (raw device, shared memory)
- hohe Verfügbarkeit
- Datensicherheit
- Integrität
- multimediale Datenbank
- verteilte Datenbanken
- benutzerfreundlicher DB–Monitor

Fehlerquellen für Inkonsistenzen

- Programmfehler: Abfangen von Fehlern in den Applikationen durch den Programmierer

- Systemfehler: Datenverlust im Arbeitsspeicher

- Plattenfehler: Datenverlust durch mechanische oder verwaltungstechnische Plattenfehler

- Kombinationen unterschiedlicher Fehler

OnLine   Integrität

- 4 Sperrebenen (granularity):
  Satz–, Tabellen–, Seiten– und Datenbankebene

- 3 Sperrmechanismen (lock–type):
  shared–, update– und exclusive–lock

- 4 Isolationsstufen (isolation level):
  dirty read, committed read,
  cursor stability, repeatable read

OnLine　　　　　　Datensicherheit

- gepufferte oder ungepufferte Tranaktionsproto-
kollierung in physikalischen und logischen
Protokollen

- Kontrollpunkte

- schneller Wiederanlauf (fast recovery)

- User– und Passwortschutz, sowie
SQL–Schutzmechanismen (GRANT, REVOKE)

OnLine

Datensicherheit, Fehlertoleranz

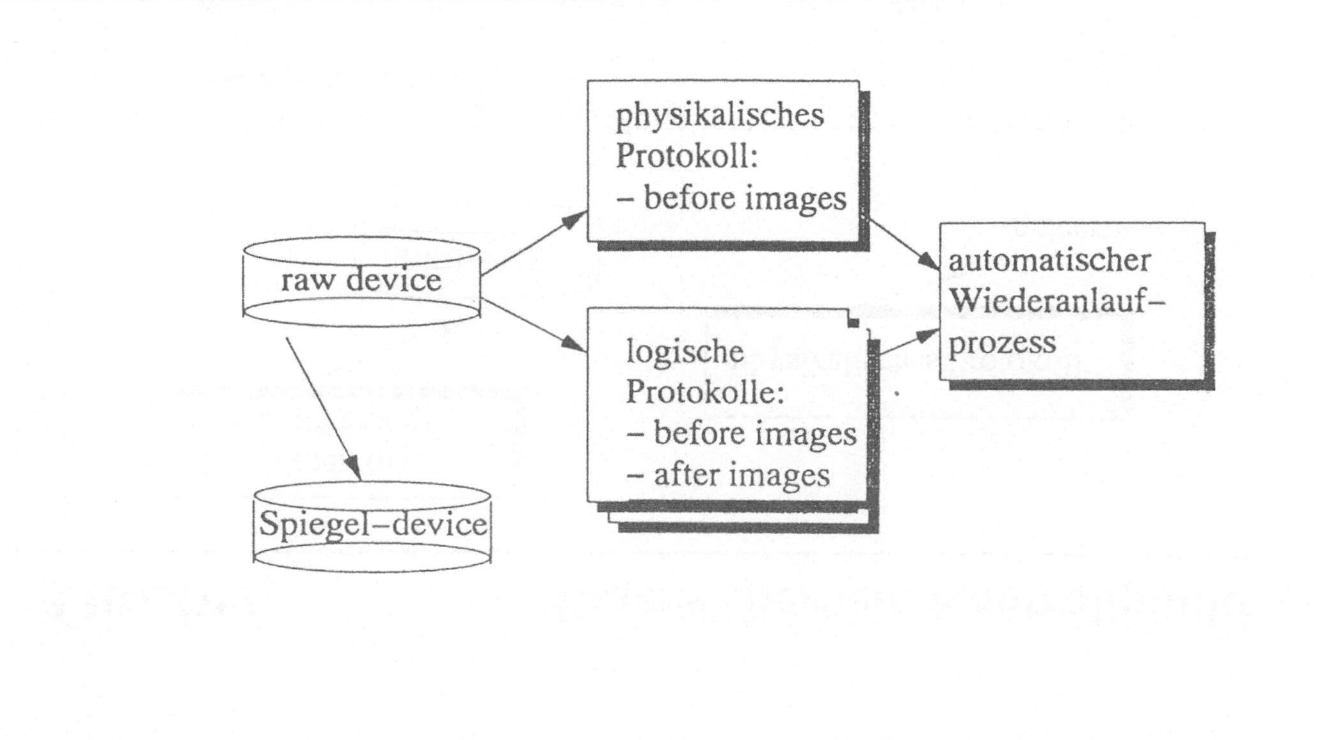

OnLine — Datensicherheit, Kontrollpunkt

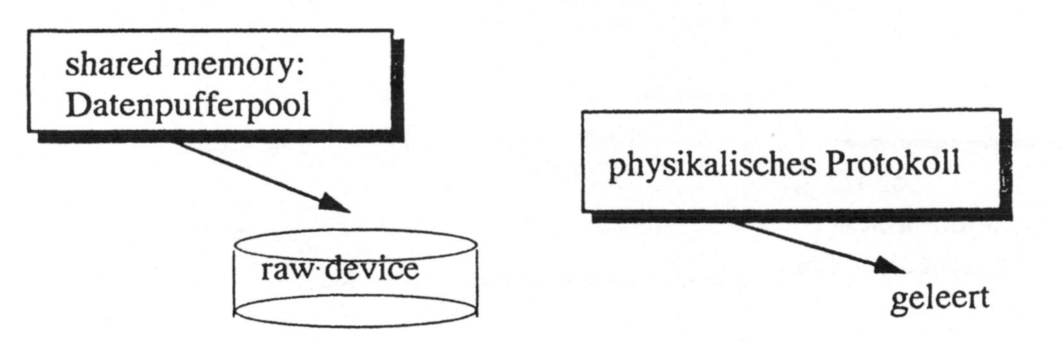

- Datenpuffer und logische Protokollpuffer werden geleert und auf Platte geschrieben

- physikalisches Protokoll wird geleert, OnLine–System ist synchronisiert

OnLine   Datensicherheit, fast recovery

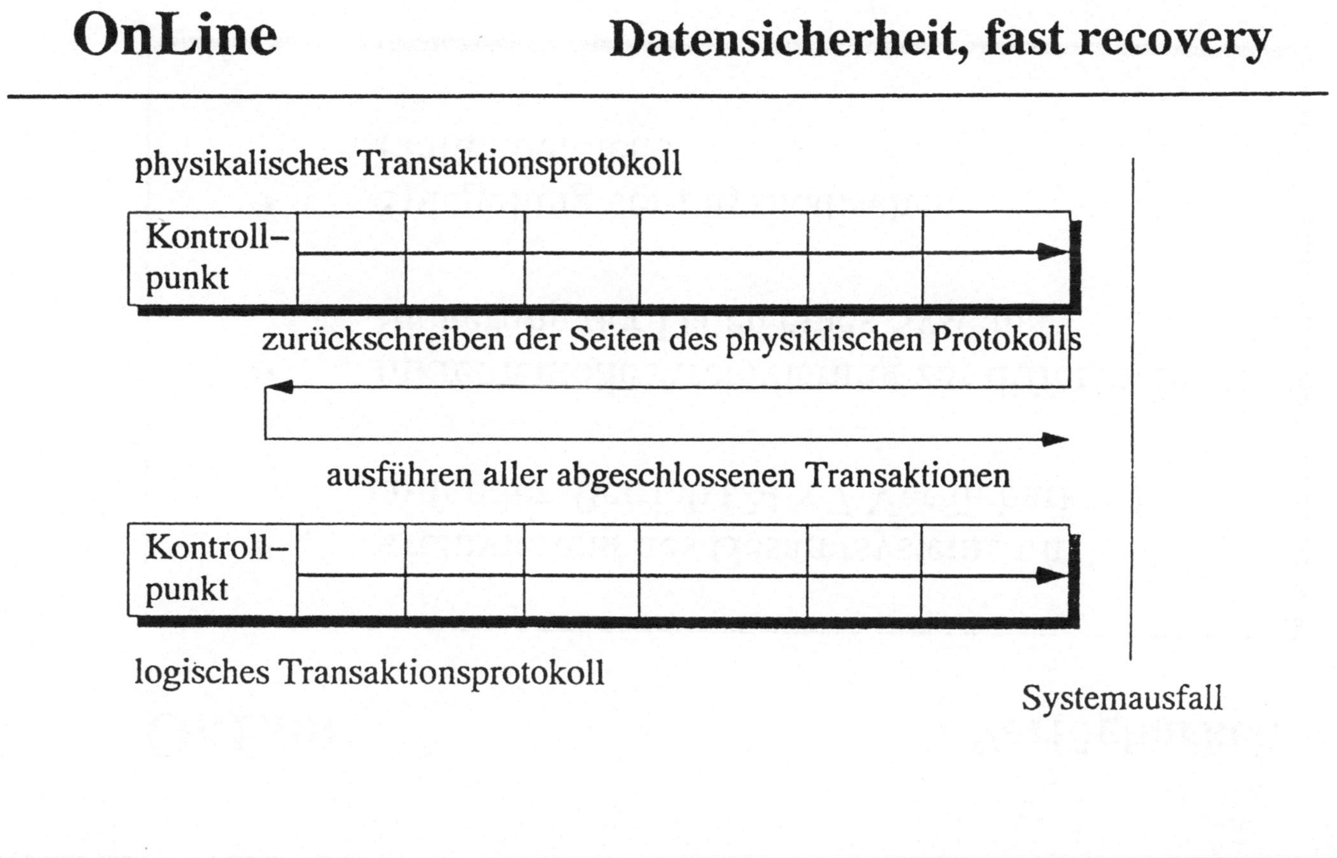

OnLine

Verfügbarkeit

- Archivierung des Gesamtsystems im laufenden Betrieb (24 x 7 Verfügbarkeit)

- inkrementelle Archivierung zur differenzierten Sicherung der Daten eines Systems

- Spiegelung der physikalischen Plattenbereiche

OnLine — Verfügbarkeit, Archivierung

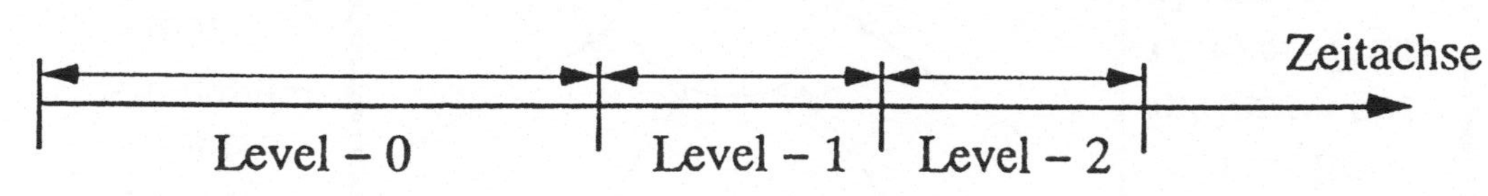

Level–0: sichert die gesamten Daten innerhalb eines
OnLine–Systems

Level–1: sichert alle Daten eines OnLine–Systems,
die seit Level–0 geändert wurden

Level–2: sichert alle Daten eines OnLine–Systems,
die seit Level–1 oder Level–0 geändert wurden

OnLine Verfügbarkeit, Archivierung

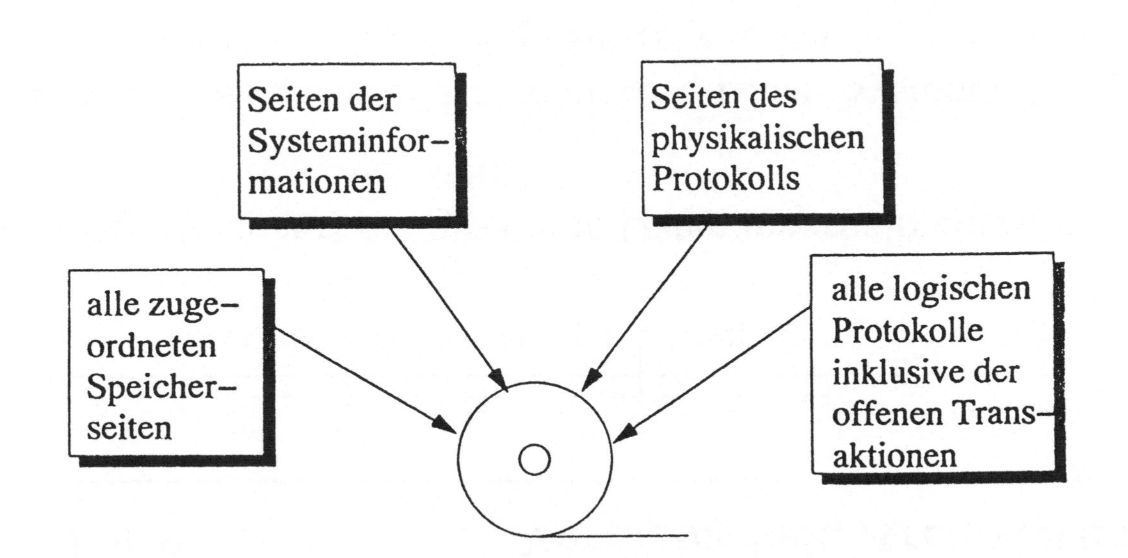

OnLine — Verfügbarkeit, Plattenspiegelung

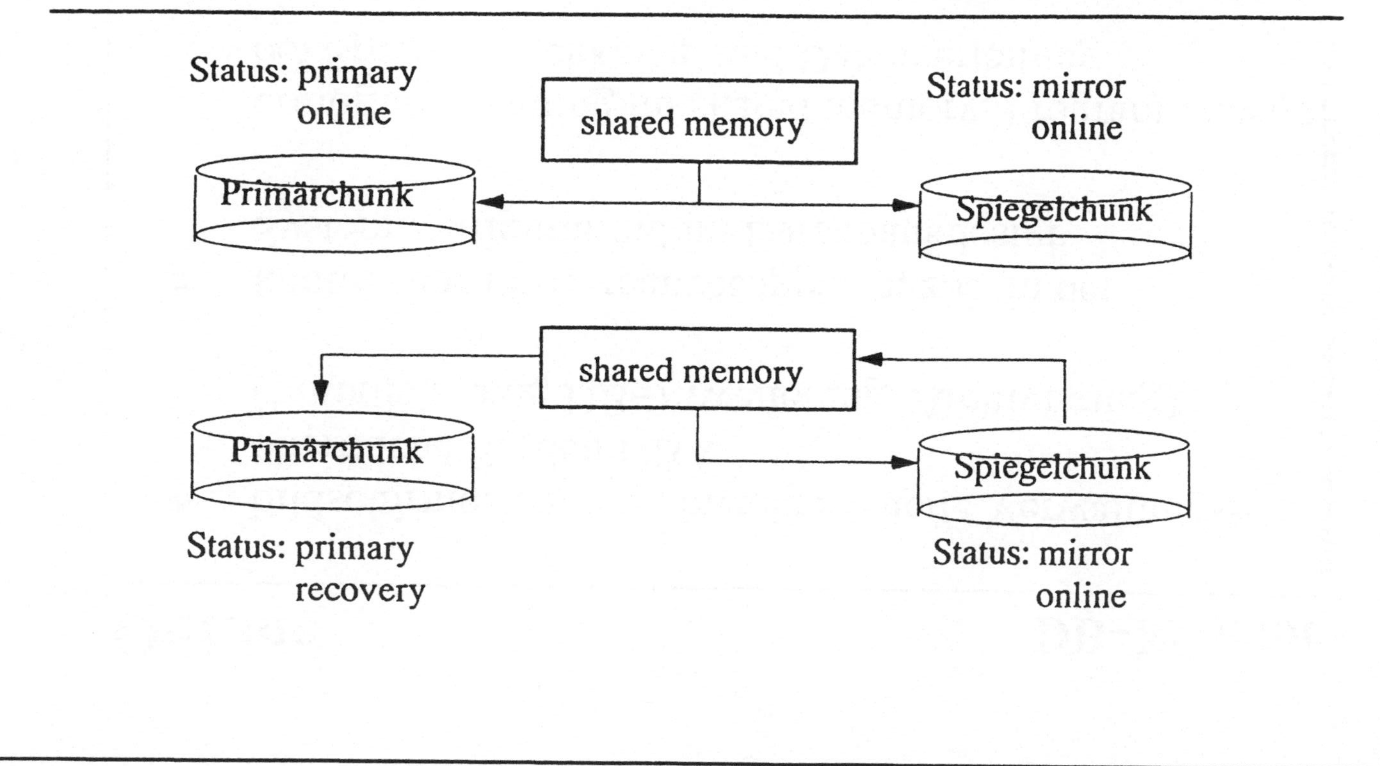

OnLine　　　DB–Monitor

- bildschirmorientierte, menügesteuerte Verwaltungs–
  oberfläche für den DBA
  (Initialisierung, DB–Erweiterung, Archivierung)

- kontrolliert Performanceengpässe, z.B. in der
  Systemkonfiguration, im Datenbankdesign

- ermöglicht Tuning im shared memory, Programmdesign,
  bei Sperrmöglichkeiten und Datenverteilung

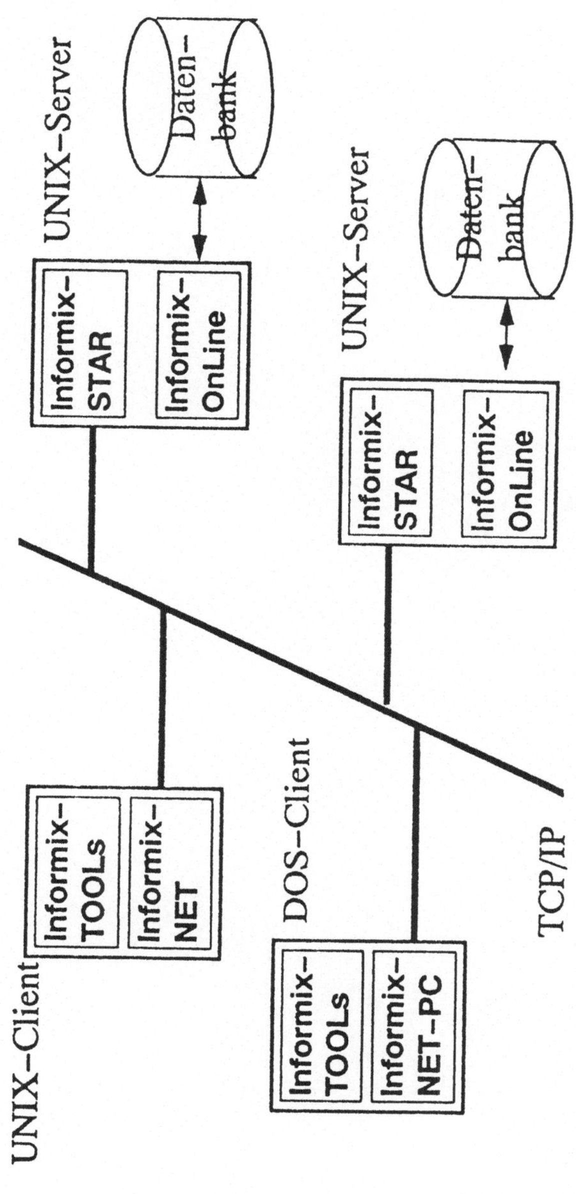
OnLine verteilte Datenbanken
UNIX-Client
Informix-TOOLS
Informix-NET
DOS-Client
Informix-TOOLS
Informix-NET-PC
TCP/IP
UNIX-Server
Informix-STAR
Informix-OnLine
Daten-bank
UNIX-Server
Informix-STAR
Informix-OnLine
Daten-bank

Martin Forster

B1-Level-Security am Beispiel des SYBASE Secure SQL Server

Der Sicherheit-SQL Server von SYBASE

Der **Sicherheit-SQL Server von SYBASE** ist das erste und einzige
relationale DBMS, das den Anforderungen mehrstufiger Datensicherheit gerecht wird. Der Sicherheit-SQL Server verbindet die
Vorteile eines bewährten sehr performanten SQL-basierten RDBMS mit
der Fähigkeit, Daten mit unterschiedlichen Sicherheitsklassifizierungen in einer einzigen Datenbank zu speichern. Dies ist das
Ergebnis einer jahrelangen Forschung und Entwicklung.

Der Sicherheit-SQL Server von SYBASE bietet Ihnen:

-    **Sicherheit bis zur Klasse B des 'Orange Books'**; das Design des
     Systems ist so angelegt, daß es den Anforderungen des ameri-
     kanischen NCSC (National Computer Security Center) bis zur
     Ebene B gerecht wird.

-    **Datensicherheit über mehrere Stufen**; der Sicherheit-SQL Server
     ermöglicht die Speicherung von Daten nach einem mehrstufigen
     Sicherheitskonzept in einer einzigen Datenbank.

-    **Datenintegrität**; darüberhinaus stellt SYBASE sowohl die
     physische als auch die logische Integrität der Daten sicher.

-    **Migrationspfad**; bestehende Anwendungen können mit geringem
     Aufwand vom Standard SYBASE SQL Server in den Sicherheit-SQL
     Server mit den Sicherheitsklassen B1 und B2 übernommen werden.

Somit setzt sich die Gruppe der sicherheitsbezogenen Produkte aus
insgesamt drei Klassen zusammen. Die Standardanforderungen an ein
relationales DB-System werden vom SYBASE SQL Server abgedeckt. Zur
Bereitstellung der höheren Sicherheitsklassen B1 und B2 wird der
Sicherheit-SQL Server verwendet.

Die Bedeutung der Sicherheitsklasse B für ein RDBMS

Das 'National Computer Security Center (NCSC)' hat ein Regelwerk
veröffentlicht, das die verschiedenen Klassen geprüfter Systeme
definiert und Kriterien für die Evaluierung dieser Systeme
bereitstellt. Die Kategorien reichen dabei von der Klasse A1, der
höchsten Sicherheitsstufe, bis zur Klasse D, die keinerlei Prüfung
sicherstellt. Diese Kriterien, die ursprünglich für ein Betriebssystem entwickelt wurden, sind vom NCSC für die Definition eines
geprüften DBMS interpretiert worden. Der Sicherheit-SQL Server
wendet die Prinzipien, die auf die bereits existierenden Kriterien
zurückgehen, und die sich entwickelnden Interpretationen für
Datenbanken auf ein RDBMS an.

Sybase bietet Ihnen die folgenden Leistungsmerkmale:

- mehrstufige Datensicherheit durch Sicherheitskennzeichen,

- gesicherte Zugriffskontrolle auf Satzebene in Abhängigkeit von der Benutzerberechtigung,

- unbeschränkte Zugriffskontrolle auf Tabellen und Datenbanken in Abhängigkeit der Benutzeridentifikation und der angeforderten Kommandos,

- Identifikation und Überprüfung von Benutzern,

- Protokollierung aller sicherheitsrelevanten Ereignisse (Auditing),

- voneinander getrennte Benutzer, Datenbankbesitzer, System- und Sicherheitsadministratoren,

- Implementierung eines Referenzmonitors, der die Einhaltung der Sicherheitsrichtlinien unter allen Umständen erzwingt,

- einen geprüften Zugriffspfad für die Kommunikation zwischen Benutzern und der sicherheitsgeprüften Datenbasis sowie

- ein formales Modell einer Sicherheitsrichtlinie, die in der Verifizierungssprache Gypsy geschrieben und geprüft worden ist.

Bemerkungen zur Datensicherheit

Die Notwendigkeit für ein sicherheitssensitives DB-System

Problembereiche eines DBMS mit einstufigem Sicherheitskonzept

Ohne ein Konzept zur mehrstufigen Sicherheit in einem DBMS können sensible Daten gegen einen versehentlichen oder auch absichtlichen Zugriff durch unautorisierte Benutzer nur geschützt werden, indem das gesamte System der höchsten überhaupt erforderlichen Sicherheitsklasse untergeordnet wird oder indem für jede Sicherheitsstufe separate Datenbanken vorgehalten werden. Diese voneinander getrennten Datenbanken müssen, falls kein geeignetes sicherheitsgeprüftes Betriebssystem verfügbar ist, auf verschiedenen Rechnern bereitgestellt werden. Der Betrieb mit einem System, das sich an der höchsten Sicherheitsklassifizierung ausrichtet, bedeutet:

- Alle Benutzer müssen sich auf der höchsten Sicherheitsstufe im System anmelden. Die Daten können durchaus auf vielen Ebenen abgelegt werden; allerdings kann der Sicherheitskennzeichnung nicht getraut werden, da es keine verläßlichen Sicherheitsmechanismen gibt.

- Benutzer mit einer umfassenden Berechtigung müssen den
  Benutzern mit eingeschränktem Zugriff manuell Daten
  extrahieren.

- Berechtigten Benutzern wird der Zugriff auf nichtklassi-
  fizierte Daten verwehrt, da diese in einem Datenbanksystem
  abgelegt sind, das in einer Systemumgebung mit höchster Sicherheitsklassifizierung betrieben wird.

Es ist zeitaufwendig, ineffizient und teuer, Daten in einem derartigen System zu speichern und zu verwalten. In einem DBMS mit
mehrstufigem Sicherheitskonzept können Daten mehrerer Sicherheitsklassen in der gleichen Datenbank abgelegt werden, ohne daß dabei
der Schutz vor unberechtigtem Zugriff gefährdet ist; so erübrigt
sich die Notwendigkeit für Konfigurationen mit mehreren Rechnern
und manuellen Eingriffen.

Die Anforderungen der amerikanischen Regierungsstellen

Ab 1992 werden alle Anbieter aufgefordert, ausschließlich Systeme
bereitzustellen, die mindestens der Klasse C2 eines sicherheitssensitiven Systems entsprechen. Tatsächlich erfordern aber viele
Systeme der Bundesbehörden einen höheren Grad an Sicherheit als
die mit der Klasse C2 garantierte. Diese Anforderungen konnten
bisher nicht abgedeckt werden, da sie von keinem RDBMS erfüllt
wurden. Erst die Verfügbarkeit eines geprüften RDBMS von Sybase,
das der Klasse B gerecht wird, ermöglicht jetzt die Implementierung solcher Systeme.

Anforderungen der Wirtschaft

Der Bedarf für ein sicherheitssensitives DBMS ist nicht notwendigerweise auf Regierungsstellen beschränkt. Datensicherheit in
Wirtschaftsunternehmen gewinnt zunehmend an Bedeutung, wo zum
Beispiel für den Börsenhandel und Banken die Verläßlichkeit von
hoch sensiblen Datenbanken unverzichtbar ist.

Hohe Kosten von selbst entwickelten Systemen

Es ist äußerst kostspielig, sicherheitssensitive Systeme selbst zu
entwickeln. Der Verfügbarkeit eines generell geprüften DBMS
reduziert dagegen die Kosten bei der Entwicklung von derartigen
Systemen erheblich.

Bemerkungen zur Entwicklung eines sicherheitssensitiven DBMS

Der Umfang des Codes

Das auf Sicherheit geprüfte Rechnersystem (TCB = Trusted Computing
Base), das den Datenschutzmechanismus bereitstellt, muß so klein
wie möglich sein, so daß

- es möglich ist, zu prüfen, daß das System erwartungsgemäß arbeitet und daß die Sicherheitsrichtlinien korrekt implemen-

tiert worden sind. Ein aufwendiges Design oder einen umfangreichen Code zu evaluieren, ist schwierig und unzuverlässig,

-    im System für die Klasse B2 das Konzept des 'geringsten
     Privilegs' zur Anwendung kommt. Das bedeutet, daß sich in
     jedem Modul das Minimum des erforderlichen Privilegs befindet,
     das zur Erfüllung seiner Aufgabe erforderlich ist.

Wie in der Klassifizierung für B2 gefordert, trennt das Design für
den Sicherheit-SQL Server das DBMS in geprüften und nicht geprüften Code. Geprüfter Code ist verifiziert und validiert, einem
formalen Modell für Sicherheitsrichtlinien entsprechend zu arbeiten. Dadurch wird ein hohes Maß an Sicherheit erwirkt, daß
geprüfter Code wie entworfen implementiert wird.

Die Komplexität von Code

Das auf Sicherheit geprüfte System muß außerdem so einfach wie
möglich aufgebaut sein, um es validieren zu können. In anderen
Systemen mit hunderttausenden LOC (LOC = Lines of Code) wäre es
nahezu unmöglich sicherzustellen, daß der Code überprüft werden
kann. Das Basisprodukt von SYBASE ist bereits unter Sicherheitsaspekten entworfen worden, indem durch eine überragende System-
architektur eindeutige Schnittstellen und aufgabenorientierte
Module vorgesehen wurden. Der Sicherheit-SQL Server nutzt diese
Architektur mit seinen Erweiterungen.

Das Zusammenwirken zwischen DBMS und dem Betriebssystem

Läuft ein sicherheitssensitives DBMS auf einem ebenfalls sicherheitssensitiven Betriebssystem, muß ebenfalls die Sicherheitsklassifizierung bzgl. der Interaktion zwischen beiden betrachtet
werden. Das erste Release des SQL Servers für die B1-Klassifi-
zierung kann unverändert auf jedem B1-Betriebsstem betrieben
werden.

Performance

Unabhängig davon, wie sicher ein System ist, muß es eine akzep-
table Performance bieten. Allerdings verursacht Sicherheit notwendigerweise eine zusätzliche Belastung. In der Vergangenheit waren
einige sicherheitssensitive Systeme derart langsam, daß sie für
den praktischen Einsatz ungeeignet waren. Der Sicherheit-SQL
Server nutzt das gleiche Design wie der Basis-SQL Server, um eine
hohe Performance zu realisieren.

Funktionalität

Sicherheitssensitive Systeme müssen eine geeignete Funktionalität
für die Anforderungen durch die Benutzer aufweisen. Benutzer, die
Datensicherheit fordern, sollen nicht auf die Funktionen einer
hochmodernen relationalen Datenbank für die Abarbeitung ihrer
komplexen Anwendungen verzichten müssen. Die Funktionen des
Sicherheit-SQL Servers sind nahezu identisch mit denen des

Standard SQL Servers; Sie erhalten so ein mächtiges, leicht zu
nutzendes und sicheres DBMS.

Subjekt-Objekt Beziehungen

In sicherheitssensitiven RDBMSen kann das Ausmaß einer gesicherten
Zugriffskontrolle variieren. Im SQL Server werden Benutzerprozesse
als Subjekte, Reihen, Tabellen und Datenbanken als Objekte
bezeichnet. Objekte werden vor unerlaubtem Zugriff durch Subjekte
mit Maßnahmen zu gesichertem und allgemeinem Zugriff geschützt.

Produktmerkmale

Das hochmoderne relationale DBMS

Der Sicherheit-SQL Server von SYBASE ist aus dem ursprünglichen
SYBASE SQL Server entstanden. SYBASE ist das erste RDBMS mit einer
Performance und Mächtigkeit, um Online-Anwendungen zu bewältigen.
SYBASE unterstützt mehrere GB große Datenbestände und trans-
aktionsintensive Applikationen.

Beide, das Standardprodukt von SYBASE und der Sicherheit-SQL
Server bieten diese überragende Leistungsfähigkeit, da sie in
einer echten Client/Server Architektur aufgebaut sind. Funktionen
wie die Präsentationslogik, die Bildschirmformatierung und die
Benutzerschnittstelle sind unabhängig vom RDBMS Server. Die
Verarbeitung kann auf den geeignetsten Rechnertyp gelegt werden.
Der SQL Server läuft als effiziente Datenbankmaschine auf Standard
Hardware-Plattformen; das Multitasking für seine Benutzer und die
erforderlichen Locking-Mechanismen mit eigener Speicherverwaltung
werden unabhängig vom Betriebssystem im DBMS vollzogen. Dadurch
wird ein Großteil der betriebsystembedingten Arbeitslast
beseitigt.

Die Architektur des Standard SYBASE SQL Servers ist die ideale
Grundlage für ein geprüftes DBMS. Eine einzige Kopie des SYBASE
Sicherheit-SQL Servers kann so viele Nutzer mit verschiedenen
Sicherheitsklassifizierungen auf vielen Servern innerhalb des
Netzwerkes bearbeiten, wie es das Betriebssystem erlaubt.

Sybase hat die Client/Server Architektur mit seinem SQL Toolset
und dem SQL Server implementiert. Diese Architektur unterstützt
Online-Anwendungen mit Vorteilen in folgender Hinsicht:

Skalierbare hohe Performance

Sowohl der Standard SYBASE SQL Server als auch der B1 Sicherheit-
SQL Server bieten die Performance, die für Online Transaktions-
systeme benötigt werden, indem 90% der Arbeitslast durch das
Betriebssystem beseitigt werden und vorkompilierte Prozeduren
(sog. Stored Procedures) benutzt werden.

Integritätssicherung und Datensicherheit im Server

SYBASE ermöglicht eine größere Kontrolle über die Anwendungen und
die Zuverlässigkeit der Daten mit reduziertem Aufwand für
Entwicklung und Wartung, indem die gesamte Integritäts- und
Transaktionslogik zentral im Sicherheit-SQL Server abgelegt wird,
anstatt diese in jedem Anwendungsprogramm separat vorzuhalten.
SYBASE erreicht dies durch die Verwendung von

-   **Triggern**; ein Trigger ist eine spezielle Variante von
    'stored procedures', der bei einem 'insert', 'update'
    oder 'delete' eines Datenwertes automatisch ausgeführt
    wird. Mit Triggern wird eine datengetriebene Integri-
    tätssicherung implementiert (im Unterschied zur anwen-
    dungsgetriebenen Datenintegrität), indem Veränderungen
    der Daten direkt überwacht werden. Mit Triggern kann die
    referentielle Integrität einschließlich kaskadierender
    Updates vom RDBMS geprüft werden; bei Nichteinhalten wird
    die Transaktion nicht abgeschlossen, und der Benutzer
    wird mit einer Fehlernachricht darüber informiert. Sind
    die Trigger einmal im 'Dictionary' aufgenommen, kann auf
    jede Art von redundanter Codierung in den Anwendungs-
    programmen verzichtet werden.

-   **Rules**; eine Rule spezifiziert den gültigen Wertebereich
    für eine Tabellenspalte oder einen Datentyp (Domain-
    Konzept). So kann entweder ein Satz diskreter Werte, ein
    Wertebereich oder ein Format definiert werden. Rules
    verhindern, daß Werte in die Datenbank gelangen können,
    die nicht erwünscht sind.

-   **NULL Values**; SYBASE unterscheidet NULLs (Nichteingaben)
    klar von irgendeiner bestimmten Eingabe; dies schließt
    '0' für ein numerisches Feld oder 'blanks' für ein
    Zeichenkettenfeld ein. Dieses gilt ebenfalls für Sicher-
    heitskennzeichen; ein Sicherheitskennzeichen wird grund-
    sätzlich immer initialisiert, so daß jede Tabellenreihe
    eine bekannte Sicherheitsklassifizierung hat.

-   **Defaults**; Ein Default liefert einen vordefinierten Wert,
    wenn explizit kein Wert spezifiziert ist; sie können für
    einen oder mehrere Spalten oder Datentypen definiert
    werden.

-   **benutzerdefinierte Datentypen**; SYBASE ermöglicht Be-
    nutzern, eigene Datentypen zu kreieren. Benutzer-
    definierte Datentypen sichern die Konsistenz von Typ,
    Länge, Default, Rule und NULL/NOT NULL Definitionen aller
    Spalten, die den entsprechenden Datentyp verwenden.

Hohe Verfügbarkeit

Mit SYBASE können alle Wartungsoperationen wie Datensicherung,
Wiederanlaufverfahren, Designänderungen in der Datenbank oder
Änderungen der Benutzungsprotokollfunktionen (Auditing) im Online
vorgenommen werden. Somit ist SYBASE für den Anwender, den System-
und den Sicherheitsadministrator permanent verfügbar.

Window-basierende Werkzeuge

Das 'Toolset' für den Sicherheit-SQL Server verbessert die
Produktivität der Anwendungsentwickler mit Hilfe einer leicht zu
lernenden Benutzerschnittstelle.

In der Summe machen die hier aufgeführten Leistungsmerkmale den
Sicherheit-SQL Server von SYBASE zu einer idealen Basis für
sicherheitsrelevante Online-Anwendungen.

Kompatibilität des sicherheitssensitiven DBMS mit dem Standard Produkt

Sowohl der B1 Sicherheits SQL Server als auch das Pendant für die B2 Sicherheitsklassifizierung sind bezogen auf die eingesetzten Anwendungen voll kompatibel mit dem Standard SQL Server von SYBASE. Anwendungen, die unter dem Standard SQL Server entwickelt worden sind, können später für den Sicherheits-SQL Server übernommen werden. Systeme, die heute vielleicht noch keine B-Klassifizierung benötigen, machen dies in Zukunft u.U. erforderlich. Der Sicherheits-SQL Server gibt Ihnen die Gewähr, daß Anwendungen, sollten sich die Anforderungen verändern, in Systeme mit einer höheren Sicherheitsklassifizierung migriert werden können.

Nur wenige Änderungen in den Anwendungsprogrammen sind erforderlich, wenn diese vom Standard SQL Server auf den Sicherheit-SQL Server übernommen werden. Deshalb sollten bereits beim Design von Systemen, die später einmal übernommen werden sollen, die folgenden Hinweise beachtet werden:

- Einige SQL-Kommandos und 'Stored Procedures' werden dann über das geprüfte Interface ausgeführt.

- Einige Funktionen, die Sicherheitsanforderungen nicht entsprechen, sind beseitigt worden; dazu gehört z.B. die Vergabe von Alias-Namen für Benutzernamen. Dies kann das Design von Anwendungen verändern.

- Da jede Reihe im sicherheitssensitiven DBMS über ein Sicherheitetikett verfügen muß, sollte die erste Spalte einer Tabelle, die später übernommen wird, für dieses Kennzeichen reserviert werden.

- Die Tabellen-Schemata sollten gesichert werden, damit sie später beim Aufbau der Datenbanken im Sicherheit-SQL Server wieder verwendet werden können.

Kriterien für die Sicherheitsklassifizierung B

Nach den Richtlinien des NCSC für geprüfte Computersysteme muß ein Produkt, das der Klasse B entspricht, folgenden Anforderungen gerecht werden:

- Das Produkt muß auf einem geprüften Rechnersystem basieren,

    - das sowohl eine gesicherte als auch die Möglichkeit einer allgemeinen Zugriffskontrolle bereitstellt,

    - das alle sicherheitsrelevanten Ereignisse protokolliert,

    - das die Identität, Autentizität und Benutzerberechtigungen der Benutzern auf allen Sicherheitsstufen verifiziert,

       - das sicherstellt, das die Sicherheitsklassen der
        Anwender die Einstufung der Objekte, auf die sie
        zugreifen, übersteigt,

       - das separate Funktionen für die Sicherheitsverwaltung
        zur Verfügung stehen,

       - das alle Speicherallokationen kontrolliert werden,

       - das sicherstellt, daß Speicherbereiche, die einem
        Prozeß zugeordnet sind, vom Zugriff durch andere
        Prozesse geschützt sind,

       - das sich einen eigenen Ausführungsbereich verwaltet, um
        sich so vor Beeinträchtigungen von außen zu schützen.

- Es muß über Einrichtungen verfügen, die benutzt werden können,
   um sicherzustellen, daß Hardware- und Firmware-Komponenten des
   geprüften Computersystems korrekt arbeiten.

- Die Einhaltung von scharfen Designanforderungen zur Code Kontrolle, zum Konfiguration Management, der System Dokumentation
   und von Testfolgen muß gewährleistet sein.

Der SYBASE Sicherheit-SQL Server ist so aufgebaut, das er leicht
mit anderen Komponenten eines sicherheitssensitiven Systems
integriert werden kann. Sybase steht an der Spitze von neuen
Entwicklungen in der Industrie und der SYBASE Sicherheits-SQL
Server wird mit anderen Sicherheitsprodukten zusammenwirken,
sobald diese verfügbar sind.

Eine Schlüsselkomponente in einem integrierten System

Die Leistungsmerkmale des SYBASE Sicherheits SQL Server

Gesicherte Zugriffskontrolle

Der Sicherheit-SQL Server erzwingt eine abgesicherte Zugriffskontrolle auf Satzebene. Jede Reihe in einer Tabelle ist mit einer
von 16 hierarchischen Zugriffsebenen und bis zu 64 verschiedenen
Abteilungsklassifizierungen gekennzeichnet. Um auf diese Daten
zugreifen zu können, muß die Zugriffsberechtigung des Anwenders
über der Kennzeichnung der Daten liegen. Das Kennzeichen der Reihe
in einer Tabelle wird bei Einfügen oder Ändern dieser Reihe durch
den geprüften Code angebracht. So werden alle Objekte mit einem
eindeutig geprüften Kennzeichen versehen; dies gilt auch für die
Einträge im 'Data Dictionary', so daß unautorisierte Benutzer von
der Existenz der Tabellen oder Datenbanken, auf die sie keinen
autorisierten Zugriff haben, keinerlei Kenntnis haben. Der
Sicherheit-SQL Server erzwingt dies automatisch mit Hilfe seines
geprüften Codes.

Allgemeine Zugriffskontrolle

Die SQL Kommandos 'grant' und 'revoke' werden im Sicherheit-SQL
Server nicht mehr bereitgestellt. Diese Funktionalität wird statt-

dessen direkt durch eine spezielle benutzerbezogene geprüfte
Schnittstelle abgedeckt. So wird sichergestellt, daß die Mechanismen zur allgemeinen Zugriffskontrolle zuverlässig arbeiten. Für
jede Abfrage, die an das System abgegeben wird, verifiziert das
geprüfte System, daß der Benutzer über die notwendige Berechtigung
verfügt, um die Abfrage ausführen zu lassen. Der Zugriff auf Tabellen und Datenbanken basiert auf der Benutzer-Id.

Prüf- und Aufzeichnungsverfahren (Auditing)

'Login', 'Grant' und 'Revoke' von Zugriffsberechtigungen,
Hinzufügen oder Löschen von Benutzern und erfolglose Versuche des
Zugriffs sind einige der Ereignisse, die immer protokolliert
werden. Der Sicherheitsadministrator kann darüberhinaus entscheiden, Zugriffe auf jedes Objekt in der Datenbank oder jede
Benutzeraktion aufzuzeichnen. Das gibt ihm die Möglichkeit, jeden
Zugriff auf jede Reihe in der Datenbank zu protokollieren. Falls
dieses allerdings über die Anforderungen hinaus geht, kann die
Aufzeichnung auch auf Tabellen und oder Benutzer beschränkt
bleiben. So kann beispielsweise der SELECT-Zugriff auf eine bestimmte Tabelle durch den Sicherheitsadministrator zur Protokollierung festgelegt werden. Bei jedem prüfungsrelevanten
Ereignis wird eine Nachricht auf einen Drucker und eine interne
Tabelle geschrieben. Diese Systemtabelle kann dann vom Sicherheitsadministrator mit SQL-Mitteln abgefragt werden.

Die Trennung von Funktionen

Im Sicherheit-SQL Server werden die Funktionen und Verant-
wortungsbereiche strikt voneinander getrennt. Es wird zwischen den
folgenden Funktionen unterschieden:

-       Der **Sicherheitsadministrator** kontrolliert sicherheits-
        relevante Operationen. Dies schließt Hinzufügen, Löschen
        und Ändern von Benutzereintragungen, das Setzen der
        höchsten Sicherheitsklassifizierung für Benutzer, die Zu-
        ordnung oder Löschung der Möglichkeit, sich als Sicher-
        heits- oder Systemadministrator anzumelden, der Spezi-
        fizierung von Ereignissen, die für Prüfzwecke aufge-
        zeichnet werden sollen und die Durchführung von Ver-
        ringerungen der Sicherheitsklassifizierung einzelner
        Reihen. Alle Operationen des Sicherheitsadministrators
        werden über die ihm zugeordnete sicherheitsgeprüfte
        Schnittstelle durchgeführt.

-       Der **Systemadministrator** (SA) hat systembezogene Verant-
        wortungsbereiche für Datenbankfunktionen wie die Verwal-
        tung von Speicherbereichen oder das Anlegen und Ändern
        von Datenbanken.

-        Der **Datenbankbesitzer** (DBO) hat einen Verantwortungs-
         bereich auf Datenbankebene. Dieses schließt das Ändern
         des Besitzers einer Datenbank, Hinzufügen bzw. Löschen
         von Benutzern und Gruppen einer Datenbank, Sichern der DB
         und ihres Transaktions-Logs sowie die Vergabe oder Ver-
         weigerung der Benutzerberechtigungen, Tabellen in der
         Datenbank anzulegen, ein.

Die geprüfte Schnittstelle des Sicherheitsadministrators

Die geprüfte Schnittstelle für den Sicherheitsadministrator ist
ein Terminal, das direkt an einen Prozeß des geprüften Systems,
der die Operationen des Sicherheitsadministrators kontrolliert,
gekoppelt ist. Die Verbindung zum Sicherheit-SQL Server besteht
über einen geprüften Zugriffspfad.

Die geprüfte Benutzerschnittstelle

Jeder Benutzer kann sich über die benutzergeprüfte Schnittstelle
anmelden, um sicherheitsrelevante Funktionen wahrzunehmen. DBOs
und SAs benutzen sie für einige ihrer Aufgaben ebenfalls. Besitzer
von Tabellen können das Interface benutzen, um generelle Zugriffsberechtigungen auf ihren Tabellen zuzuweisen. Für die Änderung des
Passwortes müssen alle Benutzer diese Schnittstelle verwenden. Das
Interface ist über einen geprüften Pfad mit dem Sicherheit-SQL
Server verbunden.

Herabsetzen der Sicherheitsklassifizierung

Nur der Sicherheitsadministrator ist berechtigt, die Sicherheitsstufe von einer oder mehreren Reihen durch eine Änderung des
Sicherheitskennzeichens herabzusetzen.

Blockieren von Benutzerberechtigungen

Der Sicherheitsadministrator kann den Zugriff eines Benutzers auf
das System blockieren, ohne den Benutzereintrag zu löschen.

Ablauf des Passwortes

Für das Passwort kann ein Gültigkeitszeitraum definiert werden.
Das Gültigkeitsintervall wird durch den Sicherheitsadministrator
gesetzt. Nach dem Ablauf eines Passwortes ist der betreffende
Benutzer ausschließlich über das geprüfte Benutzer-Interface
berechtigt, das Passwort zu ändern. Alle anderen Funktionen sind
gesperrt, bis das Passwort geändert worden ist.

Besonderheiten

Die strikte Einhaltung der Sicherheit erfordert, daß eine Reihe
nur verändert werden darf, wenn die Sicherheitsklassifizierung der
Benutzeranmeldung genau identisch ist mit dem Sicherheitskennzeichen der Reihe. Unterscheidet sich die Sicherheitsklassifizierung des Benutzers von der der Reihe, muß die Reihe dupli-
ziert, dann verändert und schließlich mit der Sicherheitseinstufung des Benutzers neu eingefügt werden, um so versteckte
Zugriffsmöglichkeiten zu vermeiden. Darüberhinaus ist ein
Benutzernicht berechtigt, eine Reihe zu löschen, solange seine
Sicher-heitsklassifizierung nicht exakt mit der der Reihe
übereinstimmt. Über einen Systemeinstellung ist es allerdings
möglich, Benutzern das Recht zu geben, alle Reihen, die unterhalb
ihrer eigenen Sicherheitsklassifizierung liegen, zu löschen.

Zusammenfassung

Der SYBASE Sicherheit-SQL Server ist das erste moderne RDBMS, das
eine Sicherheit gemäß der Klassifizierung B für Daten mit
mehrstufigem Sicherheitskonzept bietet. Er besteht aus der
gleichen Client/Server Architektur wie der ursprüngliche SYBASE
SQL Server; damit sind die Voraussetzungen gegeben für die
Performance, die bei der Bearbeitung von GB-großen Datenbanken und
transaktionsintensiven Anwendungen benötigt wird.

Zwei Versionen des Sicherheits SQL Servers werden bereitgestellt:
Eine B1-Version, die auf Basis eines B1 Sicherheits-Betriebs-
systems arbeitet und eine B2-Version, die eine noch höhere
Sicherheit anbietet. Die B1-Version ist verfügbar; über die B2-
Version geben Ihnen unsere Vertriebsmitarbeiter gerne Auskunft.
Beide Versionen sind funktional gleich; sie enthalten Leistungs-
merkmale wie

-    gesicherte Zugriffskontrolle auf Satzebene,

-    allgemeine Zugriffskontrolle auf Tabellen- und Datenbankebene,

-    umfassende und flexible Protokollierverfahren,

-    eine separate Schnittstelle für den Sicherheitsadministrator
     und

-    einen geprüften Kommunikationspfad zwischen den Benutzern und
     dem geprüften Rechnersystem.

Sicherheit-SQL Server sind auf der Anwendungsebene mit dem
Standard SQL Server kompatibel. Das gibt Ihnen die Möglichkeit,
einen Migrationspfad vom Standard SQL Server auf eine B2-Sicher-
heit zu nutzen und selbst, wenn sich die Anforderungen verändern
können die Anwendungen auf eine höhere Sicherheitsstufe gebracht
werden.

Diese Charakteristika machen den SYBASE Sicherheit-SQL Server zu
einer idealen Antwort auf die Herausforderungen für die Notwendigkeiten moderner geprüfter Systeme.

Sektion J

Abstrahlsicherheit

Leitung:
Dipl.-Ing. Markus Ullmann

Volker Fricke

Das Zonenmodell bei der kompromittierenden Abstrahlung

Das Zonenmodell bei der kompromittierenden Abstrahlung

Volker Fricke

Bundesamt für Sicherheit in der Informationstechnik (BSI)
Am Nippenkreuz 19, 5300 Bonn 2

Zusammenfassung

Bei der Informationsverarbeitung mit elektronischen Geräten tritt als "Schmutzeffekt" fast unweigerlich kompromittierende Abstrahlung (KA) auf, die zum Verlust der Vertraulichkeit führen kann. Die KA kann mit geeigneten Maßnahmen (Quellenentstörung, Schirmung) auf ein nicht auswertbares Maß reduziert werden. Diese Maßnahmen bedingen jedoch einen erhöhten Entwicklungs- bzw. Fertigungsaufwand.

Das Zonenmodell berücksichtigt die Tatsache, daß informationstechnisches (IT-) Gerät üblicherweise in eine Infrastruktur (Gebäude, gesichertes Gelände) eingebunden wird, die oft einen zusätzlichen Schutz durch Dämpfung der kompromittierenden Abstrahlung bietet.

Im BSI wurden einfach anzuwendende Meßverfahren zur abgestuften Beurteilung sowohl der Infrastruktur-Dämpfung als auch der Abstrahlung von IT-Gerät entwickelt.

Das Zonenmodell wird zur Zeit im Rahmen des staatlichen Geheimschutzes erprobt und eingesetzt; die Einbindung eines ähnlichen Verfahrens in die KA-Sicherheitskriterien, die momentan im BSI erarbeitet werden, ist geplant.

Gliederung

1.   Grundbegriffe kompromittierender Abstrahlung
1.1   Entstehung und Ausbreitung
1.2   Schutzmaßnahmen

2.   Grundidee und Bestandteile des Zonenmodells

3.   Beurteilung der Infrastruktur-Dämpfung
3.1   Koppelpfade der kompromittierenden Abstrahlung
3.2   Voraussetzungen zur Anwendung des Zonenmodells
3.3   Festlegung der KA-Zonenbereichsgrenze
3.4   Festlegung der Standorte des Sende- und Empfangssystems
3.5   Durchführung und Auswertung der Dämpfungsmessungen
3.6   Blockschaltbilder des Sende- und Empfangssystems
3.7   Berücksichtigung der leitungsgebundenen Abstrahlung

4.   Beurteilung der IT-Geräte

5.   Derzeitiger und zukünftiger Einsatz des Zonenmodells

6.   Ausblick

1.   Grundbegriffe kompromittierender Abstrahlung

Da die Entstehung und Ausbreitung kompromittierender Abstrahlung
sowie die Schutzmaßnahmen in einem anderen Beitrag zu dieser Veranstaltung ausführlich behandelt werden, wird darauf im folgenden
nur kurz der Vollständigkeit halber eingegangen.

1.1   Entstehung und Ausbreitung

Während der Informationsverarbeitung finden in elektronischen Geräten Spannungs- und Stromänderungen statt, die - physikalischen
Gesetzen folgend - zur Abstrahlung und Ausbreitung von elektromagnetischen Wellen führen. Diese Abstrahlung kann, muß aber nicht
in jedem Fall mit der verarbeiteten Information behaftet sein.
Wenn die Abstrahlung an einem anderen Ort mit geeigneten Mitteln
empfangen werden kann und die verarbeitete Information daraus
rekonstruierbar ist, spricht man von <u>kompromittierender Abstrahlung (KA)</u>.
Die KA breitet sich als elektromagnetische Raumwelle aus, wird
aber auch auf metallische Leiter gekoppelt und als leitungsgebundene Abstrahlung übertragen.

1.2   Schutzmaßnahmen

Folgende Schutzmaßnahmen gegen kompromittierende Abstrahlung kön-
nen - vom Zonenmodell abgesehen - angewendet werden:
- Verringerung der Geräteabstrahlung durch Quellenentstörung
- Verringerung der Geräteabstrahlung durch Gehäuseschirmung
- Betreiben der Geräte in einem elektromagnetisch abgeschirmten

Bereich (z.B. geschirmte Kabine).
Von den o.g. Maßnahmen ist die Quellenentstörung zu bevorzugen, da
sie bei höheren Gerätestückzahlen im Gegensatz zu Schirmungsmaßnahmen nur mit einem geringfügig erhöhten Kostenaufwand verbunden
ist. Ferner führen Schirmungsmaßnahmen oft zu einer schlechteren
Ergonomie. Leider hat sich die Quellenentstörung bei der Entwicklung von IT-Geräten noch nicht allgemein durchgesetzt.

2.   Grundidee und Bestandteile des Zonenmodells

Das Zonenmodell beruht auf der physikalischen Gegebenheit, daß die
Reichweite jeder Art elektromagnetischer Abstrahlung und damit die
Auswertbarkeit der KA bestimmt wird z.B. durch
- die Intensität und den Frequenzbereich der Strahlung,
- die Abnahme der Strahlungsintensität mit steigender Entfernung
  zum Verursacher,
- die Dämpfungseigenschaften von Stoffen, durch die die Strahlung
  dringt (Fensterscheiben, Mauerwerk),
- den Störeinfluß des Umweltspektrums (andere Strahlunsquellen,
  natürliches Rauschen).

Der Einfluß der o.g. Faktoren auf das Maß des notwendigen Schutzes
gegen Vertraulichkeitsverlust durch KA soll an folgenden Beispielen verdeutlicht werden:
- Das zu schützende IT-Gerät befindet sich in einem gemieteten
  Büroraum. Der benachbarte Raum, nur durch eine dünne Wand vom
  eigenen getrennt, wird von einer unbekannten Firma genutzt.
  Da in diesem Fall ein Abhörangriff schon aus dem Nachbarraum
  möglich ist, muß die KA des IT-Geräts auf ein sehr geringes Maß
  begrenzt werden.
- Das Bürohaus, in dem sich das zu schützende IT-Gerät befindet,
  steht auf einem weiträumigen, firmen- bzw. behördeneigenen
  Gelände. Ein Abhörangriff ist im ungünstigsten Fall an der
  Grenze des umzäunten Geländes möglich, da am Eingangstor eine
  Zutrittskontrolle stattfindet. In diesem Fall kann gefahrlos
  wesentlich stärker kompromittierend abstrahlendes IT-Gerät als
  im erstgenannten verwendet werden.

Mit dem Zonenmodell werden die Dämpfungseigenschaften der vorhan-
denen Infrastruktur sowie die Intensität der KA des einzusetzenden
IT-Geräts zur Ermittlung der Gefährdungslage herangezogen. Um das
Verfahren gut handhabbar zu gestalten, erfolgt die meßtechnische
Beurteilung dieser Faktoren in abgestufter Form.
Die Grundbestandteile des Zonenmodells sind daher:
- Abgestufte Beurteilung der hochfrequenten Infrastruktur-Dämp-
  fung,
- Abgestufte Beurteilung der kompromittierenden Abstrahlung von
  IT-Geräten.

3.   Beurteilung der Infrastruktur-Dämpfung

3.1 Koppelpfade kompromittierender Abstrahlung

Zum Verständnis des Meßverfahrens zur Beurteilung der hochfrequenten Infrastruktur-Dämpfung ist die Kenntnis der Koppel- und Über-

tragungspfade der KA notwendig.

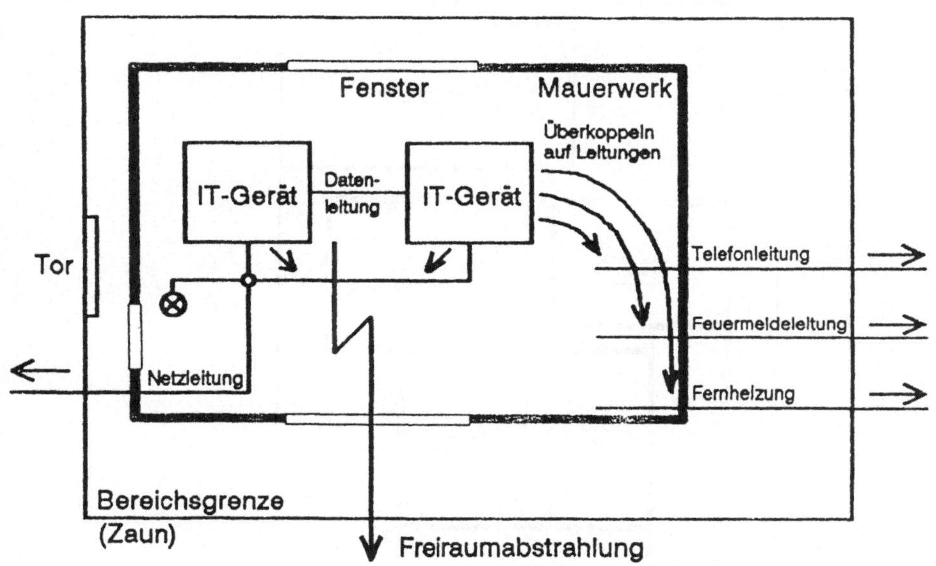

Bild 1: Koppelpfade kompromittierender elektromagnetischer Abstrahlung

Die in Bild 1 dargestellte Konfiguration aus 2 IT-Geräten könnte
beispielsweise ein Computer sein, an den über eine Datenleitung
ein Drucker angeschlossen ist. Die KA kann sich zunächst als elektromagnetische Welle (Freiraumabstrahlung) ausbreiten. Ferner kann
die KA auf metallische Leiter, an die das IT-Gerät angeschlossen
ist oder die sich nahe dem Gerät befinden, ein- und übergekoppelt
werden. Dabei kann es sich auch um Leiter handeln, die nicht für
den Transport elektrischer Signale vorgesehen sind, z.B. Heizungs-
leitungen oder Klimaanlagenschächte. Die KA kann durch Erdschleifen, wie sie in Bild 1 durch die Daten- und Netzleitungen gebildet
wird, verstärkt werden.
Die Dämpfung der KA - sowohl der Freiraumabstrahlung als auch der
leitungsgebundenen - bis zur Bereichsgrenze ist von sehr vielen
Faktoren abhängig und kann daher nicht rechnerisch, sondern nur
meßtechnisch mit hinreichender Genauigkeit ermittelt werden.

3.2 Voraussetzungen zur Anwendung des Zonenmodells

Um das Zonenmodell anwenden zu können, muß eine ähnliche wie die
in Bild 2 dargestellte Infrastruktur vorhanden sein.

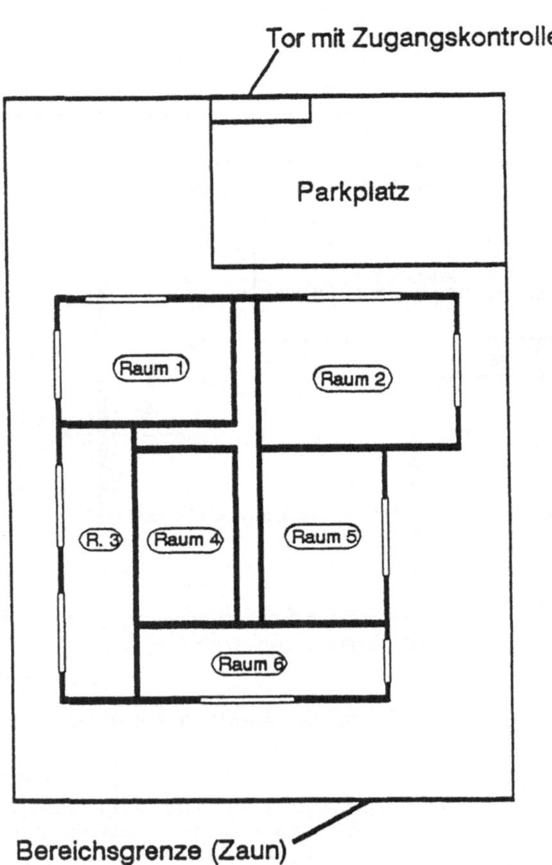

Bild 2: Schematisches Beispiel einer Liegenschaft

Es muß sichergestellt sein, daß ein möglicher Abhörangriff nicht
aus dem Gebäude, in dem sich das zu schützende IT-Gerät befindet,
oder aus dem umgebenden Gelände stattfinden kann. Im o.a. Beispiel
findet beim Betreten des Geländes eine Zugangskontrolle statt, die
das Einbringen eines zum Aufnehmen und Verarbeiten der KA geeigneten Empfangssystems durch firmen- bzw. behördenfremde Personen
verhindert.
Das Zonenmodell kann jedoch nicht angewendet werden, falls
- keine zuverlässige Zugangskontrolle stattfindet, der
  "Innentäter" also nicht auszuschließen ist,
- keine eindeutige Bereichsgrenze definierbar ist, weil beispielsweise das betreffende Gebäude direkt an einer öffentlichen
  Straße liegt oder das Gebäude auch durch andere, nicht kontrol-
  lierbare Personen genutzt wird.

3.3 Festlegung der KA-Zonenbereichsgrenze

Als KA-Zonenbereichsgrenze wird die Begrenzung des Geländes definiert, bis zu der ein möglicher Abhörangreifer vordringen kann, ohne sofort entdeckt werden zu können. Im Normalfall wird die KA-Zonenbereichsgrenze identisch mit der Umzäunung des Geländes sein, sie kann jedoch auch weiter innen oder außen verlaufen. Das Beispiel in Bild 3 berücksichtigt, daß firmen- bzw. behördenfremde Fahrzeuge, in denen sich ein Empfangssystem befinden könnte, ohne Durchsuchung die Zugangskontrolle passieren können, aber nur auf dem gekennzeichneten Parkplatz parken dürfen. Der Parkplatz liegt daher außerhalb der KA-Zonenbereichsgrenze. Andererseits ist die Verlegung der KA-Zonenbereichsgrenze nach außen möglich, wenn beispielswiese das Gelände direkt an einer Straße liegt, an der absolutes Halteverbot besteht.

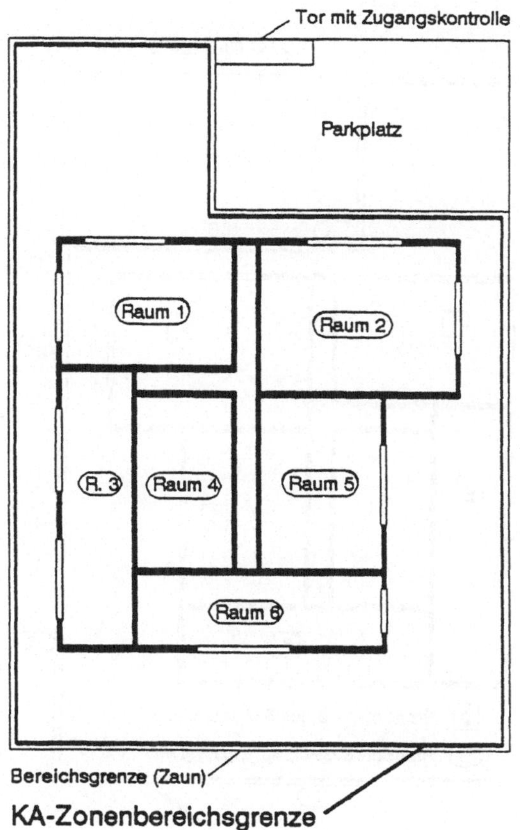

Bild 3: Liegenschaft mit KA-Zonenbereichsgrenze

3.4 Festlegung der Standorte des Sende- und Empfangssystems

Zum Ermitteln der Infrastruktur-Dämpfung ist es gleichgültig, ob
sich der Sender des Meßsystems im Gebäude befindet und der Empfänger im Fahrzeug an der KA-Zonenbereichsgrenze oder umgekehrt. In
der Praxis hat es sich als günstiger erwiesen, den Sender im
Gebäude zu betreiben.

Die Standorte von Sende- und Empfangssystem werden, wie in Bild 4
gezeigt, so gewählt, daß der ungünstigste Fall (geringe Dämpfung)
zu erwarten ist. Dabei ist die Entfernung des Sendesystems zur KA-
Zonenbereichsgrenze zu berücksichtigen sowie beispielsweise die
Tatsache, daß Fensterglas eine wesentlich geringe Dämpfung aufweist als Mauerwerk. Im Zweifelsfall müssen für einen Raum mehrere
Messungen mit verschiedenen Standorten an der KA-Zonenbereichsgrenze vorgenommen werden.

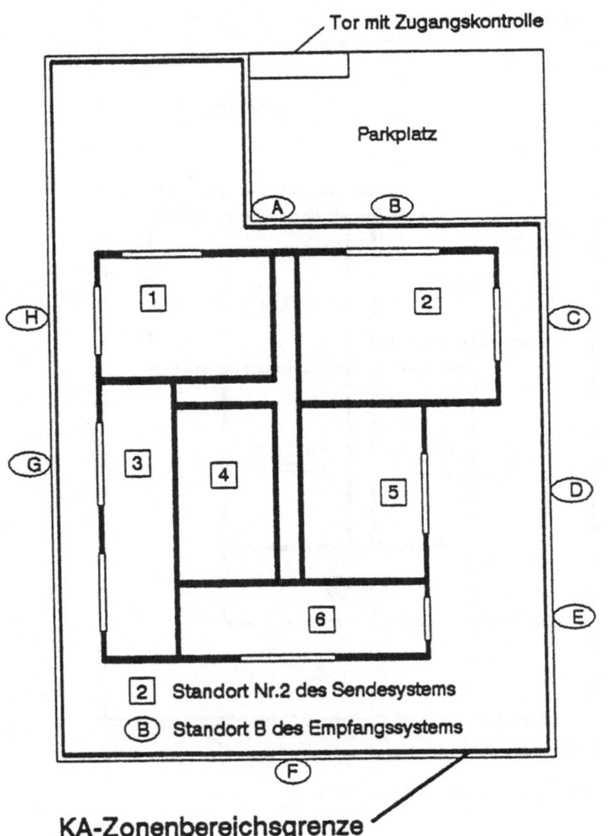

Bild 4: Standorte des Sende- und Empfangssystems

Um den Ablauf der Messungen zügig zu gestalten, wird vorbereitend
eine Matrix der erforderlichen Messungen angelegt, aus der zu
jedem Empfängerstandort die abzuarbeitenden Senderstandorte zu
ersehen sind.

Empfängerstandort	Senderstandort(e)	
A	1	4
B	2	
C	2	
D	4	5
E	6	
F	4	6
G	3	4
H	1	

Tabelle 1: Matrix der erforderlichen Messungen

3.5 Durchführung und Auswertung der Dämpfungsmessungen

Die Dämpfungsmessungen werden im gesamten Frequenzbereich, der für
die Entstehung und Ausbreitung von KA erfahrungsgemäß in Frage
kommt, durchgeführt. Dabei werden feste, eng beieinanderliegende
Frequenzen benutzt. Dieses Verfahren bietet gegenüber dem kontinu-
ierlichen Verstimmen der Sender- bzw. Empfängerfrequenz den Vorteil höherer Störsicherheit und Empfindlichkeit. Die Ablauf-
steuerung der Messung wird durch ein Rechnerprogramm vorgenommen,
woraus sich eine kurze Meßzeit (ca. 15 Minuten für den gesamten
Frequenzbereich) ergibt.

Bei der ebenfalls rechnergesteuerten Auswertung der Messung werden
die gespeicherten Daten (abgestrahlte Senderleistung, beim Empfänger gemessene Strahlungsintensität) mit den Daten einer Referenz-
messung verglichen, die bereits vorher unter genau definierten
Randbedingungen vorgenommen wurde. Das Ergebnis der Vergleichs-
rechnung ist für jeden Frequenzpunkt ein Dämpfungswert in Dezibel
(dB), der in ein Diagramm eingetragen wird. Die daraus resultie-
rende Ergebniskurve ist in Bild 5 dargestellt.

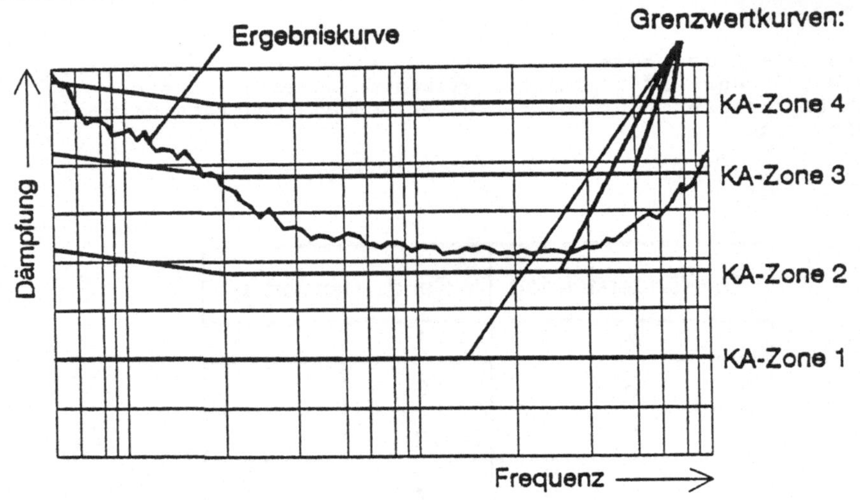

Bild 5: Auswertung der Dämpfungsmessung

Die Ergebniskurve wird mit vier abgestuften Grenzwertkurven (KA-Zonen 1 - 4) verglichen. Das Gesamtergebnis der Einzelmessung ergibt sich aus der höchsten Grenzwertkurve, die durch die Ergebniskurve im gesamten Frequenzbereich überschritten wird. Im o.a. Beispiel lautet das Ergebnis der Einzelmessung "KA-Zone 2".

Falls für einen Raum mehrere Messungen mit verschiedenen Empfängerstandorten durchgeführt worden sind, so ist von den Ergebnissen der Einzelmessungen das schlechteste, also die niedrigste KA-Zone, das Gesamtergebnis für den betreffenden Raum. Dieser Zusammenhang wird mit Tabelle 2 verdeutlicht.

Standort Empf. / Raum-Nr.	Ergebnis: (KA-Zone)								
	Einzelmessungen								Gesamt
	A	B	C	D	E	F	G	H	
1	2							1	1
2		*	1						*
3							1		1
4	4			4		4	4		4
5				3					3
6				2		2			2

* : Keine KA-Zone

Tabelle 2: Ergebnisse der Einzelmessungen und Gesamtergebnis

Die graphische Darstellung der Ergebnisse aus Tabelle 2 zeigt
Bild 6. Das Beispiel faßt die Erfahrungen zusammen, die mit dem
Zonenmodell bisher gesammelt wurden:
- Räume mit großen Fenstern, die nahe der KA-Zonenbereichsgrenze
  liegen, werden mit einer schlechten bzw. mit keiner KA-Zone
  beurteilt. Andererseits lassen sich die Schirmungseigenschaften
  von Fensterglas durch eine Metallbedampfung verbessern, wie es
  hier für Raum 5 angenommen wurde.
- Fensterlose Räume, die im Gebäudekern liegen, werden in der
  Regel mit einer guten KA-Zone beurteilt.

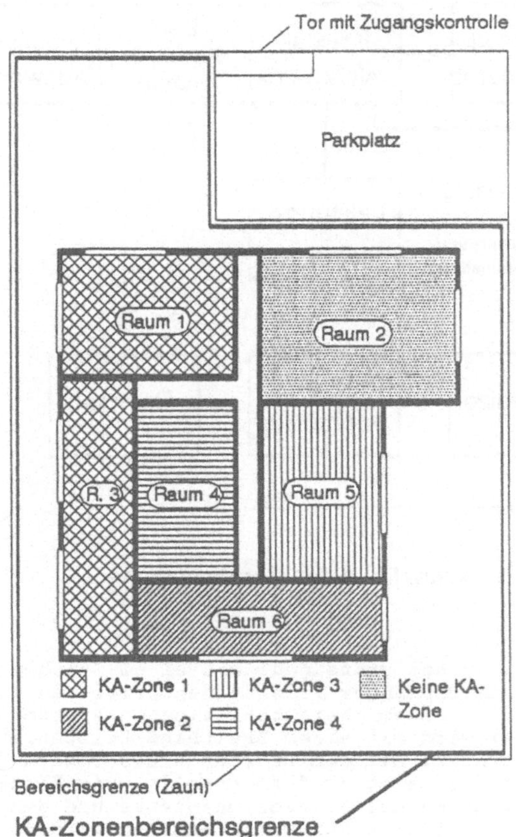

Bild 6: Für die Räume ermittelte KA-Zonen

3.6 Blockschaltbilder des Sende- und Empfangssystems

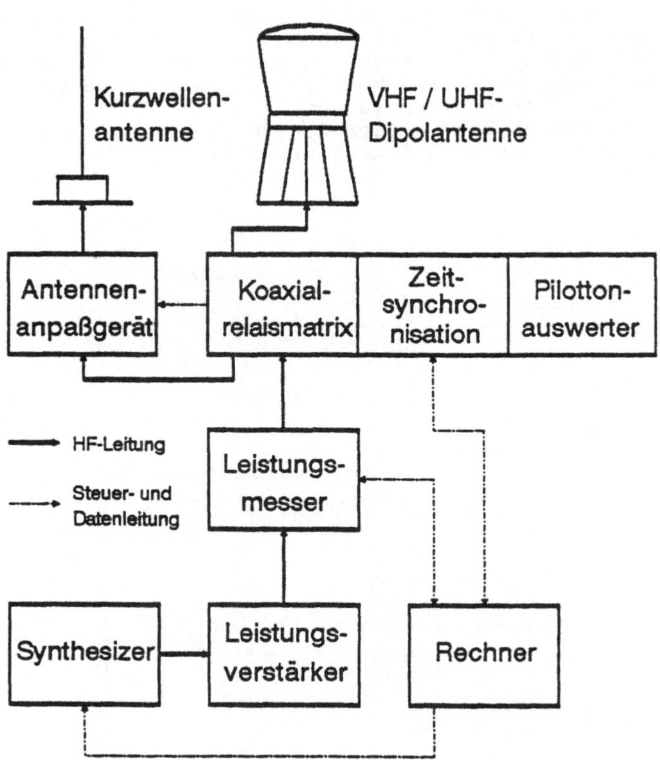

Bild 7: Blockschaltbild des Sendesystems

Im Sendesystem wird das Prüfsignal mit einem Synthesizer erzeugt.
Um das Signal beim Empfänger leicht identifizieren zu können, wird
es schmalbandig mit einem charakteristischen Prüfton frequenzmodu-
liert. Das Signal wird mit einem Breitband-Leistungsverstärker auf
etwa 5 Watt verstärkt. Mit dem Leistungsmesser wird die tatsächlich abgestrahlte HF-Leistung festgestellt. Die Koaxial-Relaisma-
trix schaltet zwischen der Kurzwellenantenne und dem VHF/UHF-
Breitbanddipol um. Für die Kurzwellenantenne wird zur optimalen
Leistungsabstrahlung ein Anpaßgerät eingesetzt. Die Zeitsynchronisation zwischen Sende- und Empfangssystem wird mit einer hoch-
genauen Uhr vorgenommen. Der gesamte Meßvorgang wird vom Rechner
gesteuert, die Meßdaten werden auf Diskette abgelegt. Der Pilot-
tonauswerter wird im Sendesytem nicht verwendet.
Das Sendesystem ist von der Deutschen Bundespost als Sendeeinrich-
tung zu Versuchszwecken zugelassen.

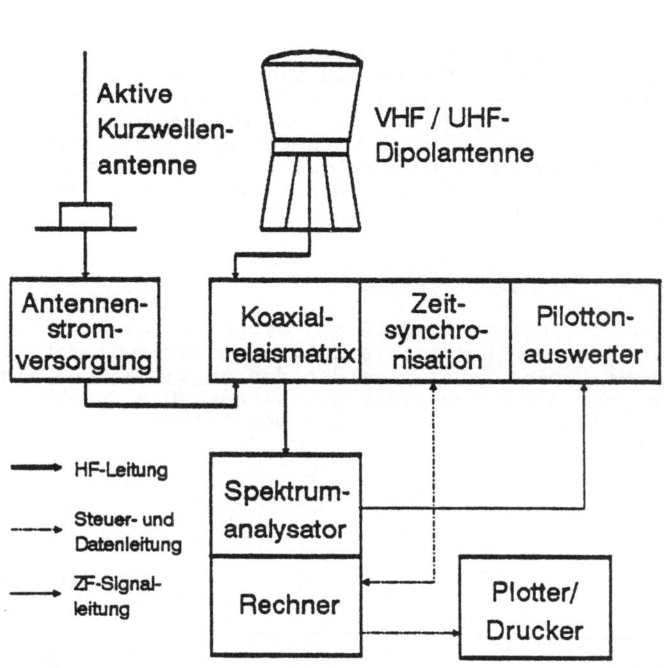

Bild 8: Blockschaltbild des Empfangssystems

Im Empfangssystem wird das vom Sendesystem ausgestrahlte Signal
von einer aktiven Kurzwellenantenne bzw. von einem VHF/UHF-Breit-
banddipol empfangen und dem Spektrum-Analysator über die Koaxial-
Relaismatrix zugeführt. Dort wird für jeden Frequenzpunkt der
zugehörige Empfangspegel gemessen. Zusätzlich überprüft der Pilot-
tonauswerter, ob in der Zwischenfrequenz des Spektrum-Analysators
das vom Sendesystem aufmodulierte charakteristische Prüfsignal
vorhanden ist. Hierdurch kann automatisch festgestellt werden, ob
das empfangene Signal durch das Sendesystem oder durch eine Stör-
quelle verursacht wird. Die Zeitsynchronisation zwischen Sende-
und Empfangssystem wird mit der gleichen Uhr vorgenommen, die auch
im Sendesystem eingesetzt wird. Der Rechner, der im Spektrum-Analysator eingebaut ist, steuert den Meßvorgang und legt die gemes-
senen Daten auf Diskette ab. Zusätzlich besteht die Möglichkeit,
mit dem Rechner die Meßdaten des Sende- und Empfangssystems
gemeinsam zu verarbeiten und mit dem Drucker bzw. Plotter ein Meß-
protokoll wie in Bild 5 gezeigt anzufertigen.

3.7 Berücksichtigung der leitungsgebundenen Abstrahlung

Wie bereits in 3.1 erläutert wurde, kann KA auch auf metallische

Leiter auf- und übergekoppelt werden. Daher muß für Leiter, die
den KA-Zonenbereich verlassen und daher einem möglichen Abhörangriff ausgesetzt sind, eine Mindestdämpfung für ungewollt übertra-
gene HF-Signale gefordert werden. Die Beurteilung der Leitungs-
dämpfung kann im Zweifelsfall wiederum meßtechnisch erfolgen.
Nachbesserungsmaßnahmen können, falls erforderlich, mit relativ
geringem Aufwand durch Filterung bzw. Isolation vorgenommen
werden.

4.   Beurteilung der IT-Geräte

Die Messung der KA von IT-Geräten, deren Einsatz im Rahmen des
Zonenmodells vorgesehen ist, erfolgt in elektromagnetisch abgeschirmten Meßkabinen. Dafür werden den abgestrahlten Signalen
angepaßte Empfängerbandbreiten angewendet. Die Ergebniskurven der
Messungen werden gemäß Bild 9 mit abgestuften Grenzwertkurven
verglichen.

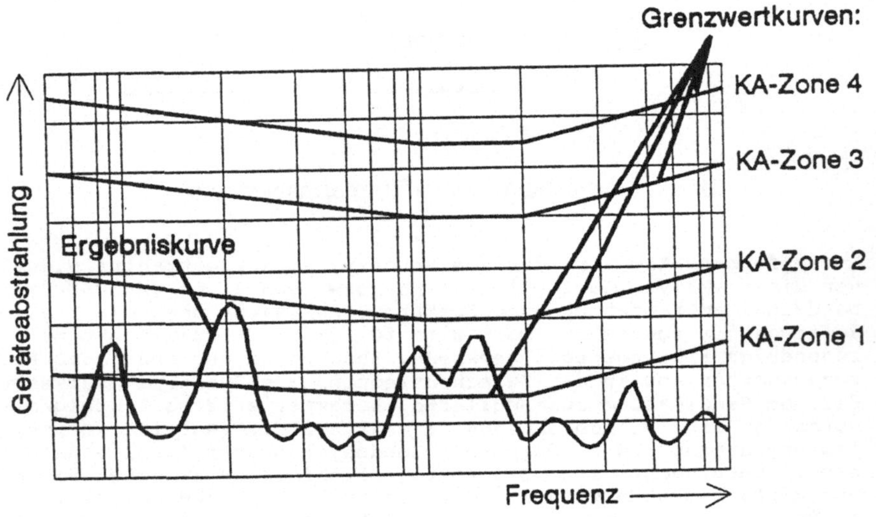

Bild 9: Vermessung von IT-Geräten nach dem Zonenmodell

Ein IT-Gerät, dessen Ergebniskurven beispielsweise - wie in Bild 9
dargestellt - vollständig unter den Grenzwertkurven für die KA-
Zone 2 liegen, wird für die KA-Zonen 2 - 4 freigegeben.

5.   Derzeitiger und zukünftiger Finsatz des Zonenmodells

Das Zonenmodell wird zur Zeit ausschließlich im Rahmen des staatlichen Geheimschutzes, also im Behördenbereich zur Verarbeitung von Verschlußsachen, erprobt und eingesetzt.

Die Einbindung eines dem Zonenmodell ähnlichen Verfahrens in die KA-Sicherheitskriterien, die im BSI zur Zeit in Arbeit sind und die nicht der Geheimhaltung unterliegen werden, ist geplant.

6.   Ausblick

Das Zonenmodell bietet mit seinen einfach anzuwendenden Meßverfahren die Möglichkeit, in geeigneten Infrastrukturen relativ stark kompromittierend abstrahlendes, in vielen Fällen sogar handelsübliches IT-Gerät gefahrlos einzusetzen. Daher wird das Zonenmodell auch zukünftig einen wichtigen Rang unter den Schutzmaßnahmen gegen kompromittierende Abstrahlung einnehmen und solange eine gute Alternative zu voll abstrahlsicheren Geräten darstellen, bis die Gerätehersteller durch gezielte preiswerte Entstörkonzepte, angewandt schon in der Entwicklungsphase von IT-Geräten, zur Entwicklung preiswerter abstrahlarmer Geräteversionen kommen.

Joachim Opfer

Schutzmaßnahmen gegen kompromittierende Abstrahlung - dargestellt an ausgewählten Beispielen

Schutzmaßnahmen gegen kompromittierende Abstrahlung

Zusammenfassung

Nahezu jedes informationsverarbeitende System verursacht kompromittierende Abstrahlung, aus der die verarbeiteten Daten über eine
größere Distanz hinweg rekonstruiert werden können (Verlust der
Vertraulichkeit). Ein wirksames Konzept zur Gewährleistung der
Computersicherheit muß daher neben der Softwaresicherheit auch den
Schutz gegen kompromittierende Abstrahlung berücksichtigen.

Schutzmaßnahmen sind die Erhöhung der hochfrequenten Dämpfung des
Gebäudes und der Einsatz abstrahlarmer Geräte. Derartige Vorkehrungen sind bisher nur im Rahmen des staatlichen Geheimschutzes
vorgeschrieben.

Mit der Umwandlung der Zentralstelle (ZSI) in das Bundesamt entfiel die Beschränkung der Zuständigkeit auf den Verschlußsachenbereich. Zielsetzung des BSI ist nun, abstrahlgeschützte Geräte
für alle Anwender der Informationstechnik ohne erheblichen Aufpreis und ohne ergonomische Nachteile auf dem Markt verfügbar zu
machen.

Mit der Ausarbeitung neuer Sicherheitskriterien will das BSI dazu
beitragen, daß dieses Ziel gemeinsam mit der DV-Industrie erreicht
wird. Kerngedanke dieses Kriterienkataloges ist, nicht die maximale Abstrahlsicherheit anzustreben, sondern nur solche Schutzmaßnahmen zu treffen, die an das individuelle Risiko des Anwenders
angepaßt sind und damit wesentlich kostengünstiger realisierbar
sind. Weiterhin beschreibt der Katalog ein Verfahren, welches die
Zertifizierung abstrahlgeschützter Geräte wesentlich erleichtern
soll.

Gliederung

1. Was ist kompromittierende Abstrahlung?

1.1 Begriffsbestimmung

Jedes elektronische Gerät, das Informationen verarbeitet, speichert oder überträgt, erzeugt aufgrund physikalischer Gesetze
elektromagnetische Felder, die sich entlang elektrisch leitender
Gerätekomponenten (z.B. Netzkabel, Datenkabel, Gehäuseteile) oder
auch in Form von elektromagnetischen Wellen ohne leitendes Übertragungsmedium durch den Raum ausbreiten.
Diese elektromagnetischen Felder machen sich als **Störstrahlung**
bemerkbar.
Aufgrund unerwünschter "Schmutzeffekte" ist es möglich, daß diese
elektromagnetischen Felder mit informationstragenden Signalen verknüpft sind (Modulation). Dann besteht die Möglichkeit, diese Felder mit geeigneten Sensoren (z.B. Antennen) in einigem Abstand von
dem strahlenden Gerät aufzufangen und mit Signalanalyseverfahren
die Information zu gewinnen.

Ist die Störstrahlung eines informationsverarbeitenden Gerätes mit
der verarbeiteten Information moduliert, spricht man von **"kompromittierender Abstrahlung"**.

Beispiele für Vorgänge, die in einem PC-System kompromittierende
Abstrahlung verursachen können, sind:

- Beschreiben des Bildschirms (50 mal/sec wiederholt)
- die Abfrage der Tastaturmatrix und Erkennung der gedrückten
  Tasten
- die Datenübertragung zwischen Tastatur und Rechner
- Schreib- und Lesevorgänge auf Diskette oder Festplatte
- Datenübertragung zu einem Drucker oder Modem
- Ansteuerung des Druckkopfs bei Nadel- oder Typenraddruckern

1.2 Ausbreitungswege

Kompromittierende Abstrahlung kann sich in Form von elektromagnetischen Wellen als **Freiraumabstrahlung** oder entlang elektrisch leitender Gebilde als **leitungsgebundene Abstrahlung** ausbreiten. Diese metallischen Leiter müssen dazu nicht notwendigerweise mit dem strahlenden Gerät verbunden sein, auch die sogenannten **Zufallsleiter**, die sich in der Nähe des Gerätes oder dessen Zuleitungen befinden, können als Ausbreitungsmedium für kompromittierende Abstrahlung dienen und die Reichweite der Abstrahlung erheblich erhöhen.

1.3 Einfluß der Installation

Werden verschieden informationsverarbeitende Geräte miteinander verbunden (z.B. mehrere PC's in einem LAN), kann durch diese Verbindung die Abstrahlung der Geräte erheblich verstärkt werden. So können zum Beispiel bei Drahtverbindungen die übertragenen Signale vom Kabel selbst abgestrahlt und von anderen Kabeln, die eventuell parallel verlegt sind, aufgenommen und weitergeleitet werden. Besonders kritisch sind in diesem Zusammenhang die sogenannten "Erdschleifen" die über den Kabelschirm des Datenkabels und den Schutzleiter des 220V-Netzes gebildet werden. In einer solchen Schleife können datenabhängige Ausgleichsströme fließen, die elektromagnetische Feldern mit hoher Intensität hervorrufen.

Der ideale Weg, diese installationsbedingte Abstrahlung zu unterbinden, ist der konsequente Einsatz von Lichtwellenleitern zur Datenübertragung. Diese verursachen keinerlei elektromagnetische Abstrahlung und verhindern gleichzeitig die Ausbildung von Erdschleifen.

1.4 Reichweite

Die Reichweite der kompromittierenden Abstrahlung ist von vielen Faktoren abhängig, die zum Teil zufällig und nicht kontrollierbar auftreten. Es kann daher keine allgemeingültige Angabe zur Reichweite gemacht werden. Erfahrungsgemäß ist es jedoch unter günstigen Umständen durchaus möglich, kompromittierende Abstrahlung in einer Entfernung von bis zu 100 Metern auszuwerten. In Einzelfällen können auch größere Reichweiten erzielt werden.

Einige Faktoren, die die Reichweite beeinflussen, sind:

- die Stärke und der Frequenzbereich der Abstrahlung
- die Komplexität der abgestrahlten Signale
- die Dämpfung durch das Gebäude und die Umgebung
- Reflexionen durch größere Metallteile
- Zufallsleiter in der Umgebung des Gerätes
- Störstrahlung von anderen Geräten und Maschinen
- Aufwand auf der Seite des Angreifers (z.B. Richtantennen,
  empfindliche Empfänger, rechnergestützte Signalanalyse)

1.5 Empfangs- und Auswertemöglichkeiten

Kompromittierende Abstrahlung in Form von Freiraumabstrahlung kann
mit geeigneten Antennen aufgefangen werden, die leitungsgebundene
Abstrahlung kann mit Sensoren (z.B. Stromzange, Tastkopf) direkt
von der Leitung, die die Abstrahlung führt, abgegriffen werden.
Die so aufgefangene Strahlung wird einem Empfänger, dessen Frequenzbereich und Bandbreite an die gesuchte Abstrahlung angepasst
ist, zugeführt. Als Empfänger können je nach Art der Abstrahlung
z.B. Fernsehtuner, Allwellenempfänger oder Amateurfunkgeräte verwendet werden.
Das Ausgangssignal des Empfängers kann direkt einer Auswerte-
einrichtung zugeführt werden. Soll die Abstrahlung eines PC-Bild-
schirmes sichtbar gemacht werden, genügt im einfachsten Falle ein
Monitor gleicher Bauart oder jeder extern synchronisierbare Monitor und eine Synchronisationsvorrichtung.
Bei anderen Arten von kompromittierender Abstrahlung wäre es unter
Umständen einfacher, die empfangenen Signale zunächst mit einem
Video- oder Cassettenrecorder aufzuzeichnen und später mit Hilfe
von Signalanalyseprogrammen auf einem PC auszuwerten.

Aus dieser kurzen Beschreibung wird ersichtlich, daß die Aufnahme
und Auswertung von kompromittierender Abstrahlung mit relativ
geringem Hardwareaufwand unter Verwendung handelsüblicher Geräte
möglich ist. Die Entwicklung leistungsfähiger Signalanalyse-Soft-
ware kann jedoch je nach Komplexität der zu analysierenden Signale
sehr zeitaufwendig sein und setzt eingehende Fachkenntnisse voraus.

1.6 Gefährdung durch kompromittierende Abstrahlung

Die Gefährdung durch kompromittierende Abstrahlung ist in erheblichem Maße von den technischen Fähigkeiten des Anwenders abhängig. Anhand der oben geschilderten Voraussetzungen, die für die
erfolgreiche Auswertung kompromittierender Abstrahlung nötig sind,
läßt sich erkennen, daß eine Bedrohung nicht nur durch Geheim-
dienste, die über umfangreiche finanzielle Mittel und Spezial-
kenntnisse verfügen, gegeben ist, sondern auch - und dies trifft
besonders auf die leicht auswertbare Videoabstrahlung zu - durch
versierte Bastler und "Computerfreaks".

Mit dieser Einführung sollte gezeigt werden, daß in einem wirk-
samen Konzept für die Computersicherheit neben der Softwaresicherheit in gleichem Maße auch die Abstrahlsicherheit berücksichtigt
werden muß. Die besten Sicherungsverfahren werden wirkungslos,
wenn schutzbedürftige Daten auf dem Wege der kompromittierenden
Abstrahlung von Unbefugten mitgelesen werden können.

1.7   Vorführung von kompromittierender Abstrahlung
          anhand eines praktischen Beispiels

2. Schutzmaßnahmen

Ziel aller Schutzmaßnahmen ist es, die Reichweite der kompromittierenden Abstrahlung in dem Maße zu verringern, daß an den für einen Abhörangriff geeigneten Orten keine auswertbare Strahlung mehr nachweisbar ist. Es gibt zwei sinnvolle Möglichkeiten, die Reichweite der kompromittierenden Abstrahlung zu reduzieren:

2.1. Erhöhung der Dämpfung des Gebäudes

Hier wird auf der Geräteseite ein gewisses Maß an Abstrahlung zugelassen. Als Ausgleich dafür wird sichergestellt, daß die Strahlung auf ihrem Ausbreitungsweg soweit reduziert wird, daß sie außerhalb des Gebäude bis unter die Auswertbarkeitsgrenze abgeklungen ist.

Dies geschieht am wirksamsten, indem ein Raum vollständig und konsequent als Faraday'scher Käfig ausgebildet wird.

Vorteile:

- Die Schirmung kann so wirksam gestaltet werden, daß keinerlei Anforderungen an den Abstrahlschutz der Geräte gestellt werden müssen. Geräte können dann beliebig ausgetauscht bzw. durch modernere ersetzt werden.

- Bei meßtechnischem Nachweis der Dämpfung kann auch eine weniger konsequent durchgeführte Raumschirmung (z.B. nur Verwendung reflektierender Fenster, Auskleiden der Wände mit leitenden Tapeten) zu verringerten Anforderungen an den Abstrahlschutz der Geräte führen.

Nachteile:

- Konsequente Raumschirmung ist aufwendig und kann unter ergonomischen Gesichtspunkten problematisch sein.
- Die Wirksamkeit teilweiser Schirmung ist schwer abzuschätzen und kann erst nach Fertigstellung meßtechnisch nachgewiesen werden.
- Konzentration der Datenverarbeitung auf wenige geschirmte Räume (Zentralisierung, häufig unerwünscht).

Anwendungsgebiete:

- Wenn Zentralisierung der Datenverarbeitung möglich ist.
- Wenn hochspezialisierte Geräte, die nicht in abstrahlarmer Ausführung erhältlich sind, eingesetzt werden müssen.
- Wenn bei hoher Gerätefluktuation die einmaligen Mehrkosten für die Raumschirmung durch die Einsparungen beim Neukauf von stärker strahlenden Geräten ausgeglichen werden.

2.2. Verringerung der Gerätestrahlung

Die kompromittierende Abstrahlung von Geräten kann auf zwei verschiedene Arten reduziert werden:

2.2.1 Gehäuseschirmung

Dabei wird die Abstrahlung des Gerätes durch Schirmungs- und Filterungsmaßnahmen am Gehäuse verringert, an der Geräteelektronik selbst wird nichts verändert.

Vorteile:

- Vergleichsweise geringe Entwicklungskosten
- Bereits entwickelte Geräte können nachträglich in einer abstrahlgeschützten Version hergestellt werden.
- hohe elektromagnetische Verträglichkeit, da die gesamte Störstrahlung abgeschirmt wird

Nachteile:

- Bei Verwendung von Metallgehäusen schwer und unhandlich
- Hoher Anteil an mechanischen Arbeiten bei der Herstellung
- Unter Umständen erschwerte Bedienung (Bei Druckern Papierwechsel nur nach Öffnen des Gehäuses)
- Gefahr des Dämpfungsverlustes durch Korrosion von Kontaktflächen

Anwendung:

- Wenn bei geringen Stückzahlen hohe Entwicklungskosten nicht vertretbar sind.
- Wenn bei bereits entwickelten Geräten kurzfristig eine abstrahlgeschützte Version verlangt wird.

2.2.2. Quellenentstörung

Bei quellenentstörten Geräten wird die kompromittierende Abstrahlung bereits am Entstehungsort innerhalb des Gerätes unterdrückt
oder so verändert, daß sie nicht mehr auswertbar ist. Dies kann
z.B. geschehen durch

- konzentrierten Aufbau und Schirmung kritischer Baugruppen,
- Einbau von elektronischen Kompensationsschaltungen,
- Verwendung absorbierender Materialien (Ferrite),
- Reduzierung der Flankensteilheit von informationstragenden
  Digitalsignalen auf ein Minimum,

Vorteile:

- keine wesentlich höheren Fertigungskosten als bei nicht-
  entstörten Geräten,
- keine ergonomischen Probleme, daher bessere Akzeptanz beim
  Anwender.

Nachteile:

- Abstrahlschutz muß bereits bei der Geräteentwicklung
  berücksichtigt werden, daher nur möglich bei Neuentwicklungen.
- Höherer Entwicklungsaufwand als bei Gehäuseschirmung.

Anwendung:

Wenn bei großen Stückzahlen die höheren Entwicklungskosten durch
die reduzierten Fertigungskosten ausgeglichen werden können.

3. Vorschriften und Richtlinien:

3.1 Maßnahmen im Rahmen des staatlichen Geheimschutzes

Bis zur Gründung des Bundesamtes für Sicherheit in der Informationstechnik war die Vorgängerbehörde (ZfCh bzw. ZSI) auf dem Gebiet der Abstrahlsicherheit ausschließlich zuständig für Geräte, die im **Behördenbereich zur Bearbeitung von Verschlußsachen (VS)** benutzt werden. Zu ihren Aufgaben gehörte und gehört u.a. die Ausarbeitung von Vorschriften, die Zulassung von abstrahlgeschützten Geräten sowie die Beratung und Schulung von Anwendern in Fragen der Abstrahlsicherheit.

Dieses Aufgabenfeld ist mit Errichtung des BSI auch auf den Nicht-VS-Bereich erweitert worden. Um diese neue, zusätzliche Aufgabe zu bewältigen, wurde zunächst damit begonnen, ein völlig neues Konzept für die Entwicklung, Zertifizierung und den Einsatz abstrahlsicherer Geräte zu erarbeiten.

Es liegt zwar nahe, die bisher für den VS-Bereich existierenden Vorschriften (z.B. die NATO-Vorschrift AMSG 720B oder das daraus abgeleitete Zonenmodell) auch für den Nicht-VS-Bereich einfach zu übernehmen. Diese Vorgehensweise ist jedoch nicht durchführbar, da die genannten Vorschriften der Geheimhaltung unterliegen und die danach zugelassenen Geräte nicht frei verkäuflich sind. Obgleich diese Einschränkungen einer weiten Verbreitung von abstrahlgeschützten Geräten im Wege stehen, lassen sie sich mit Rücksicht auf den Geheimschutz und internationale Verpflichtungen nicht umgehen.

3.2 Die neuen KA-Sicherheitskriterien

Aus diesem Grunde soll ein völlig neues Sicherheitskonzept (Arbeitstitel: KA-Sicherheitskriterien) erarbeitet werden, welches zwar auf den Erfahrungen, die mit der AMSG 720B und dem Zonenmodell gemacht wurden, aufbaut, jedoch auch wesentliche neue Ansätze enthält.
Dieses neue Konzept wird nicht der Geheimhaltung unterliegen, demzufolge wird es für die danach zertifizierten Geräte auch keine Verkaufsbeschränkungen geben.

Der erste Entwurf dieses Konzeptes liegt nun vor und soll in Kürze mit Vertretern der DV-Geräte-Industrie und mit den europäischen Partnerbehörden des BSI diskutiert werden. Mit der Industrie soll dabei abgeklärt werden, inwieweit die Vorgaben der neuen Richtlinien kostengünstig und in großer Stückzahl realisiert werden können. Mit den Partnerbehörden soll der Entwurf dahingehend abgestimmt werden, daß er EG-weit einheitlich anwendbar ist.

Oberstes Gebot bei diesem Konzept ist, bei minimalem Zusatzaufwand für den Anwender ein Optimum an Abstrahlsicherheit zu gewährleisten. Dies ist nur möglich, wenn der Umfang der Abstrahlschutzmaßnahmen sinnvoll an die tatsächliche, je nach Einsatzfall sehr unterschiedliche, Bedrohung angepaßt wird.

Um dieses Ziel zu erreichen, wurden die Sicherheitskriterien in zwei Hauptteile unterteilt: Der erste Teil enthält eine detaillierte Meßvorschrift, nach der ein Prüfling zertifiziert wird. Im zweiten Teil wird ein Bedrohungsmodell entwickelt, nach dem ein Anwender entscheiden kann, welches Maß an Abstrahlsicherheit für seinen Zweck erforderlich ist.

3.2.1 Die Meßvorschrift

Bei der Ausarbeitung der Meßvorschrift wurden folgende Aspekte berücksichtigt:

- **Abgestufte Beurteilung der Geräte**

  Es sind vier "Güteklassen" vorgesehen. Welche Güteklasse benötigt wird, wird anhand des Bedrohungsmodells entschieden.

- **Zielvorgaben für die gewünschte Güteklasse**

  Der Hersteller hat die Möglichkeit, vorab Zielvorgaben für die gewünschte Güteklasse zu machen und diese ggf. im Laufe des Zertifizierungsprozesses abhängig von den Meßergebnissen zu modifizieren.

- **Berücksichtigung der Komplexität der informationstragenden Signale**

  Die informationstragenden Signale in dem Prüfling werden nach ihrer Komplexität in drei Klassen eingeteilt. Für sehr komplexe Signale, die bei der Auswertung einen hohen Analyseaufwand erfordern (z.B. paralleles Schnittstellensignal), gelten höhere Grenzwerte als für leicht auswertbare Signale (z.B. Videosignal). Besonders eindringlich muß dabei untersucht werden, welche Signale als kompromittierend angesehen werden müssen und wie sie in die drei Klassen eingestuft werden.

- **Ermittlung neuer Grenzwertkurven**

  Diese Grenzwertkurven sollten nach Möglichkeit von einer Institution, der die militärischen Grenzwertkurven nicht bekannt sind, unter Berücksichtigung der physikalischen Gesetze und der praktischen Erfahrung in Form einer vom BSI zu vergebenden Studie erarbeitet werden.

- Schrittweises Vorgehen während der Zertifizierungsmessung

Die Zertifizierungsmessung beginnt mit einer schnellen Über-
sichtsmessung ohne Unterscheidung zwischen kompromittierenden
und nicht-kompromittierenden Signalen. Diese Messung liefert
anhand einer ersten sehr groben "Worst-Case-Abschätzung" bereits
ein Ergebnis. Entspricht dieses Ergebnis der Zielvorgabe, erhält
das Gerät ein Zertifikat über die erreichte Güteklasse.

Andernfalls kann in zwei weiteren Meßdurchläufen mit Hilfe verschieden aufwendiger Signalanalyseverfahren das Ergebnis um
jeweils eine Güteklasse verbessert werden.
Bei dieser Signalanalyse, die mit einem eigens hierfür entwik-
kelten Korrelationsmeßplatz automatisch durchgeführt werden
soll, wird nur noch der kompromittierende Anteil der Störstrahlung bewertet. Nicht-kompromittierende Störstrahlung hat keinen
Einfluß auf die Güteklasse.

Mit dieser Vorgehensweise soll erreicht werden, daß sowohl quel-
lenentstörte als auch vollständig geschirmte Geräte mit minimalem Zeitaufwand und möglichst realistisch gemessen werden können. Bei geschirmten Geräten mit insgesamt geringer Störstrahlung genügt u.U. der erste Meßdurchlauf, bei quellenentstörten
Geräten verhindert die Signalanalyse in den weiteren Durchläufen
eine zu schlechte Bewertung des Gerätes, weil die nicht-kompromittierende Störstrahlung unterdrückt wird.

3.2.2 Das Bedrohungsmodell

Das Bedrohungsmodell dient als Richtschnur für die Entscheidung,
welche Güteklasse für einen gegebenen Einsatzfall erforderlich
ist. Folgende Aspekte sollen in das Bedrohungsmodell einfließen:

- Dämpfung des Gebäudes und der Umgebung
- Dauer der Schutzbedürftigkeit der verarbeiteten Information
- Wichtigkeit der Information
- Häufigkeit und Dauer der Bearbeitung
- Organisatorische Sicherheitsmaßnahmen am Einsatzort
  (Zugangskontrolle, besonders geschützte Bereiche)

3.2.3. Zusammenfassung

Um der Gefährdung durch kompromittierende Abstrahlung zu begegnen, ist der Einsatz von abstrahlarmen Geräten in allen sicherheitsrelevanten Bereichen der Informationverarbeitung unerläßlich. Das Ziel des BSI ist, daß in absehbarer Zeit abstrahlarme Geräte ohne nennenswerten Aufpreis und ohne ergonomische Nachteile in großer Auswahl auf dem Markt angeboten werden. Diese Aufgabe kann nur in enger Zusammenarbeit mit der Industrie gelöst werden.

Den Herstellern wird dabei die Aufgabe zukommen, entsprechende Geräte zu entwickeln, damit dem steigenden Sicherheitsbedürfnis der Anwender entsprochen werden kann.

Das BSI muß im Dialog mit der Industrie überprüfen, ob die Sicherheitsvorgaben so gestaltet sind, daß sie sich kostengünstig in einer großen Serie realisieren lassen. Weiterhin müssen bestehende Meßverfahren dahingehend weiterentwickelt werden, daß sie mit minimalem Zeitaufwand automatisch ablaufen können.

Mit dem Entwurf der neuen KA- Sicherheitskriterien soll der erste Schritt auf diesem Weg getan werden.

Teilnehmer an der Podiumsdiskussion

Dr. Alfred Büllesbach,
Leiter Datenschutz und IV-Sicherheit, debis Systemhaus, Stuttgart

Prof. Dr. Matthias Lehnhardt,
Freier Journalist und Datenkünstler,
NDR-Fernsehen / Hochschule für bildende Künste, Hamburg

Dr. Hartmut Pohl,
DV-Sicherheitsberatungen, Köln

Prof. Dr. jur. Alexander Roßnagel,
Fachhochschule Darmstadt, Darmstadt

Prof. Dr. Ulrich Sieber,
Universitätsprofessor, Lehrstuhl für Strafrecht, Strafprozeßrecht und
Rechtsphilosophie der Bayerischen Julius-Maximilians-Universität, Würzburg

Dr. Eckart Werthebach,
Präsident des Bundesamtes für Verfassungsschutz, Köln

Sektionsleiter und Referenten

Hans-Jürgen Bartels, Abteilungsleiter, Volkswagen AG, Wolfsburg

Helmut Bongarz, Bereichsleiter EDV/Filialsysteme, Kaufhof Holding AG, Köln

Klaus-M. Bornfleth, Leitender Handlungsbevollmächtigter, COLONIA VERSICHERUNG AG, Köln

Dr. Werner Dinkelbach, Leiter DV-Controlling / DV-Sicherheit,
Westdeutsche Landesbank Girozentrale, Düsseldorf

Reiner Exner, Gruppenleiter Netzwerktechnik, GERLING-KONZERN Zentrale Verwaltungs-AG, Köln

Martin Forster, Direktor Vertrieb, SYBASE GmbH, Düsseldorf

Volker Fricke, BSI - Bundesamt für Sicherheit in der Informationstechnik, Bonn

Dipl.-Kfm. Heinz A. Gartner, Projektleiter Informationssicherheit, BIFOA, Köln

Manfred Güss, Abteilungsdirektor Systeme und Methoden,
GERLING-KONZERN Zentrale Verwaltungs-AG, Köln

Michael Hange, BSI - Bundesamt für Sicherheit in der Informationstechnik, Bonn

Privatdozent Dr. Franz-Peter Heider, Abteilungsleiter IT-Sicherheit, Systemhaus GEI, Bonn

B.S. David Herson, Head of Certification Body - U.K. IT-Security Evaluation and Certification Scheme,
CESG Communications, Cheltenham

Gregor Hohpe, Lehrstuhl für Informatik, RWTH, Aachen / van den Berg Elektronik GmbH, Herzogenrath

Dr. Roland Hüber, Direktor, Kommission der Europäischen Gemeinschaft, Bruxelles

M. A. Angelika Jennen, Referat Evaluierung,
BSI - Bundesamt für Sicherheit in der Informationstechnik, Bonn

Privatdozent Dr. Heinrich Kersten, Referatsleiter Evaluierung,
BSI - Bundesamt für Sicherheit in der Informationstechnik, Bonn

Dr. Stefan Klein, Wissenschaftler, GMD - Gesellschaft für Mathematik und Datenverarbeitung mbH, Köln

Karl-Heinz Kronenberger, Leiter Informationssicherheit / Datenschutz
COLONIA VERSICHERUNG AG, Köln

Andrea Kubeile, Vertriebsleiterin Großkunden West, NOVELL GmbH, Düsseldorf

Dipl.-Kfm. Erich Kuhns, Geschäftsführer, LION Gesellschaft für Systementwicklung mbH, Köln

Dr. Arndt Liesen, Leiter Abteilung Informationsverarbeitung, Bundesamt für Finanzen, Bonn

Dr. Heiko Lippold, Geschäftsführer des BIFOA, Köln

Dipl.-Wirtsch.-Ing. (FH) Konrad Louis, Abteilungsbevollmächtigter, Siemens AG, München

Teresa F. Lunt, Program Manager Secure Systems, SRI International, Menlo Park, CA

Dipl.-Inform. Helmut Meitner, Projektleiter,
IAO Fraunhofer-Institut für Arbeitswirtschaft und Organisation, Stuttgart

Walter Monzel, Leitender Berater, IBM Deutschland GmbH, Stuttgart

Joachim Opfer, BSI - Bundesamt für Sicherheit in der Informationstechnik, Bonn

Dr. Hartmut Pohl, DV-Sicherheitsberatungen, Köln

Prof. Dr. Reinhard Posch, o. Universitätsprofessor, Institutsvorstand, Institut für Angewandte Informationsverarbeitung und Kommunikationstechnologie, Technische Universität Graz, Graz

Gerhard Scheibe, Leiter Datenverarbeitung-Planung, RWE Energie AG, Essen

Ministerialrat Dr. Werner Schmidt, Referatsleiter, Bundesbeauftragter für den Datenschutz, Bonn

Prof. Dr. Paul Schmitz, Direktor des BIFOA, Bergisch Gladbach

Dr. Ulrich Seidel, Rechtsanwalt, GMD Gesellschaft für Mathematik und Datenverarbeitung mbH, Bonn

Dipl.-Ing. Karin Sondermann, Presales Engineer, INFORMIX Software GmbH, Ismaning bei München

Dipl.-Ing. Stefan Spöttl, Siemens Nixdorf Informationssysteme AG, Unterschleißheim

Dipl.-Inform. (BA) Bernd Staudinger, Projektleiter PC-Sicherheit, Daimler-Benz AG, Stuttgart

Dr. Horst Teschke, Direktor Zentralvertrieb und Marketing, GE Information Services, Hürth-Efferen

Dipl.-Ing. Markus Ullmann, Referat Evaluierung,
BSI - Bundesamt für Sicherheit in der Informationstechnik, Bonn

Ministerialrat Dr. Dr. Gerhard van der Giet, Leiter Referat ZT 3 / Kommunikationstechnik,
Deutscher Bundestag, Bonn

Prof. Dr. Friedrich W. von Henke, Universität Ulm, Ulm/Donau

Dr. Udo Winand, Leiter Forschungsstelle für Informationswirtschaft,
GMD - Gesellschaft für Mathematik und Datenverarbeitung mbH, Köln

Dr. Manfred Windfuhr, Direktor ZDV, Hoesch AG, Dortmund

Dipl.-Math. Klaus-Dieter Wolfenstetter, Forschungsgruppenleiter Kryptologie,
Forschungsinstitut der DBP TELEKOM, Darmstadt

Ministerialrat Dipl.-Ing. Heinrich Wortmann, BMI Bundesministerium des Innern, Bonn

Dipl.-Inform. Rüdiger Zeyen, Geschäftsführer, CoNet Consulting GmbH, Hennef

Programm- und Organisations-Komitee

Rechtsanwalt Herbert Burkert, GMD - Gesellschaft für Mathematik und Datenverarbeitung mbH, Köln

OTL Dietrich Cerny, Referent, Bundesministerium des Innern, Bonn

Klaus O. Fruhner, Dezernent für Wirtschaft und Stadtentwicklung der Stadt Köln, Köln

Dipl.-Kfm. Heinz A. Gartner, Projektleiter Informationssicherheit, BIFOA, Köln

Dipl.-Ing. Michael Hegenbarth, Referent, Interner Kommunikationsberater,
Femmeldetechnisches Zentralamt, Darmstadt

Dipl.-Betriebsw. Hermann Josef Hoss, Mitglied des Vorstandes,
GERLING-KONZERN Zentrale Verwaltungs-AG, Köln

Privatdozent Dr. Heinrich Kersten, Referatsleiter Evaluierung,
BSI - Bundesamt für Sicherheit in der Informationstechnik, Bonn

Andrea Kubeile, Vertriebsleiterin Großkunden West, NOVELL GmbH, Düsseldorf

Dr. Heiko Lippold, Geschäftsführer des BIFOA, Köln

Dr. Hartmut Pohl, DV-Sicherheitsberatungen, Köln

Dr.-Ing. Karl Rihaczek, Geschäftsführer, TeleTrusT Deutschland e.V., Bad Homburg

Prof. Dr. Paul Schmitz, Direktor des BIFOA, Bergisch Gladbach

Prof. Dr. Günter Sieben, o. Prof. für Betriebswirtschaftslehre, Universität zu Köln, Köln

Dipl.-Volkswirt Werner Stüttem, Referent für Technologietransfer der Stadt Köln, Köln

Prof. Dr. Friedrich W. von Henke, Universität Ulm, Ulm/Donau

Dr. Udo Winand, Leiter Forschungsstelle für Informationswirtschaft,
GMD - Gesellschaft für Mathematik und Datenverarbeitung mbH, Köln

Dr. Manfred Windfuhr, Direktor ZDV, Hoesch AG, Dortmund

Ministerialrat Dipl.-Ing. Heinrich Wortmann, BMI Bundesministerium des Innern, Bonn

An der Ausstellung teilnehmende Firmen und Verlage

5S GmbH, Kaufbeuren

AEG Olympia Office GmbH, Wilhelmshaven,

ANT Nachrichtentechnik GmbH, Backnang

Benzing Zeit- und Daten GmbH, Neu-Isenburg

CCI Competence Center Informatik GmbH, Meppen

CGN Data Trading GmbH, Köln

CSS GmbH, Essen

C&K SOFTWARE LTD, Düsseldorf

DATACOM-Verlag, Bergheim

DATAKONTEXT-VERLAG, Köln

Datamedia Corporation Ltd., Taufkichen

Datenschutz-Berater, Frechen

Deutsche Bundespost Telecom, Fernmeldeamt Siegen

digital Kienzle GmbH, Bonn

Dynatech Gesellschaft für Datenverarbeitung mbH, Friedrichsdorf

Fast Electronic GmbH, München

FastNet Computers GmbH, Bochum

FBO Verlag, Baden Baden

GIK Gesellschaft für Information und Kommunikation Frankfurt mbH, Frankfurt

GPP Gesellschaft für Prozeßrechnerprogrammierung mbH, Oberhaching b. München

IBD GmbH, Frankfurt

Kriminalistik Verlag, Mettmann

KryptoKom, Aachen

MARX Datentechnik GmbH, Pförring-Wackerstein

mbp Software & Systems GmbH, Dortmund

MITSUBISHI ELECTRIC EUROPE GMBH, Ratingen

NCR GmbH, Augsburg

NOKIA DATA GmbH, Düsseldorf

NOVELL GmbH, Düsseldorf

NU Unternehmens-Beratung GmbH, Hamburg

Oldenbourg-Verlag,

OMNIKRON SOFTWARE ENGINEERING GMBH,
Leer / Ostfriesland

pc-plus GmbH, München

Pro Press Verlag, Bonn

Richard Boorberg Verlag GmbH & Co., Stuttgart

R. Oldenbourg Verlag GmbH, München

SecuMedia Verlags-GmbH, Ingelheim

Siemens Nixdorf Informationssysteme AG, Bonn

Siemens Nixdorf Informationssysteme AG, München

SmartDiskette GmbH, Idstein

SUN Microsystems GmbH, Düsseldorf

SYSTAG Systeme für Information und Kommunikation AG,
Metzingen

TECHNOLOGIES (Deutschland) Software GmbH, Hamburg

uti-maco Software GmbH, Oberursel

Vieweg Verlag, Wiesbaden